Pi, Archimedes' constant, the ratio of a circle's circumference to its diameter. I guess you know that, since you are reading this book. π is irrational, but even randomness seem very not random at all, if you look at enough randomness. A sequence of six 9s occurs in the decimal representation of π, starting at the 762nd decimal place. It has become famous because of the mathematical coincidence and because of the idea that one could memorize the digits of π up to that point, recite them and end with "nine nine nine nine nine nine and so on", which seems to suggest that π is rational. The earliest known mention of this idea occurs in Douglas Hofstadter's 1985 book Metamagical Themas, where Hofstadter states:

"I myself once learned 380 digits of π, when I was a crazy high-school kid. My never-attained ambition was to reach the spot, 762 digits out in the decimal expansion, where it goes "999999", so that I could recite it out loud, come to those six 9's, and then impishly say, 'and so on!' " Douglas Hofstadter

The sequence of six nines is sometimes called "Feynman point" after physicist Richard Feynman, who has also been claimed to have stated this same idea in a lecture. It is not clear when, or even if, Feynman made such a statement, however; it is not mentioned in published biographies or in his autobiographies and unknown to his biographer, James Gleick.

The Feynman point is marked in bold in this book.

There are no occurrences of the sequence 123456 in the first million digits of pi -- but of the eight 12345s that do occur, three are followed by another 5. The sequence 012345 occurs twice and, in both cases, it is followed by another 5.

How many decimals do we really NEED? Lets ask NASA!

"Let's go to the largest size there is: the visible universe. The radius of the universe is about 46 billion light years. Now let me ask a different question: How many digits of pi would we need to calculate the circumference of a circle with a radius of 46 billion light years to an accuracy equal to the diameter of a hydrogen atom (the simplest atom)? The answer is that you would need 39 or 40 decimal places. If you think about how fantastically vast the universe is — truly far beyond what we can conceive, and certainly far, far, far beyond what you can see with your eyes even on the darkest, most beautiful, star-filled night — and think about how incredibly tiny a single atom is, you can see that we would not need to use many digits of pi to cover the entire range." Marc Rayman, director and chief engineer for NASA's Dawn mission.

But there is no end to pi. If one looks for information in pi, one will find something thats does not look random at all. It will look like hidden information. What if we would use all the hidden information?

"Imagine a superfast computer hooked up to a television set. The computer calculates the digits of pi and transmits them to the television screen. The screen uses the digits to specify the states of successive (ten-state) pixels. Thus the simple definition of pi specifies a TV "show" that will go on forever. Von Neumann's analysis found no evidence for patterns i pi beyond what one would expect in a perfectly random string of digits. By the same token, pi's evident randomness virtually ensures that all possible patterns of digits occur somewhere in the expansion. It is now known, for instance, that a string of six consecutive 9s occurs. This would flash by as a monocolor spike on the TV screen. By and large, pi's expansion would produce video snow, but any conceivable TV image most occur somewhere in pi. If you watched long enough, you would even see pi run through every possible TV show. And yet everything you would see is somehow latent in the ratio of a circle's circum-ference to its diameter." William Poundstone, The recursive universe

And here we are: One Million digits of Pi:

...and the whole shebang

3.

1415926535897932384626433832795028841971693993751 0

5820974944592307816406286208998628034825342117067 9

8214808651328230664709384460955058223172535940812 8

4811174502841027019385211055596446229489549303819 6

4428810975665933446128475648233786783165271201909 1

4564856692346034861045432664821339360726024914127 3

7245870066063155881748815209209628292540917153643 6

7892590360011330530548820466521384146951941511609 4

3305727036575959195309218611738193261179310511854 8

0744623799627495673518857527248912279381830119491 2

9833673362440656643086021394946395224737190702179 8

6094370277053921717629317675238467481846766940513 2

0005681271452635608277857713427577896091736371787 2

1468440901224953430146549585537105079227968925892 35

4201995611212902196086403441815981362977477130996 0

51870721134**999999**8372978049951059731732816096318 59

5024459455346908302642522308253344685035261931188 1

7101000313783875288658753320838142061717766914730 3

4

5982534904287554687311595628638823537875937519577818577805321712268066130019278766111959092164201989380952572010654858632788659361533818279682303019520353018529689957736225994138912497217752834791315155748572424541506959508295331168617278558890750983817546374649393192550604009277016711390098488240128583616035637076601047101819429555961989467678374494482553797747268471040475346462080466842590694912933136770289891521047521620569660240580381501935112533824300355876402474964732639141992726042699227967823547816360093417216412199245863150302861829745557067498385054945885869269956909272107975093029553211653449872027559602364806654991198818347977535663698074265425278625518184175746728909777727938000816470600161452491921732172147723501414419735685481613611573525521334757418494684385233239073941433345477624168625189835694855620992192221842725502542568876717904946016534668049886272327917860857843838279679766814541009538837863609506800642251252051173929848960841284886269456042419652850222106611863067442786220391949450471237137869609563643719172874677646575739624138908658326459958133904780275900994657640789512694683983525957098258226205224894077267194782684826014769909026401363944374553050682034962524517493996514314298091906592509372216964615

57098583874105978859597729754989301617539284681382
6868386894277415599185592524595395943104997252468O
8459872736446958486538367362226260991246080512438B
4390451244136549762780797715691435997700129616089A
4169486855584840635342207222582848864815845602850G
0168427394522674676788952521385225499546667278239B
6456596116354886230577456498035593634568174324112S
1507606947945109659609402522887971089314566913686T
2287489405601015033086179286809208747609178249385B
9009714909675985261365549781893129784821682998948T
2265880485756401427047755513237964145152374623436A
5428584447952658678210511413547357395231134271661O
213596953623144295248493718711014576540359O279934A
03742007310578539062198387447808478489683321445713
8687519435064302184531910484810053706146806749192T
8191197939952061419663428754440643745123718192179B
9839101591956181467514269123974894090718649423196I
5679452080951465502252316038819301420937621378559S
663893778708303906979207734672218256259966150142IS
0306803844773454920260541466592520149744285073251B
6660021324340881907104863317346496514539O5796285G
10055081066587969981635747363840525714591O2897O64I
4011O97120628043903975951567715770042033786993600I
2305587631763594218731251471205329281918261861258G
732157919841484882916447060957527069572209175671IG

7229109816909152801735067127485832228718352093539657251210835791513698820914442100675103346711031412
6711136990865851639831501970165151168517143765761835155650884909989859982387345528331635507647918535
8932261854896321329330898570642046752590709154814165498594616371802709819943099244889575712828905923
2332609729971208443357326548938239119325974636673058360414281388303203824903758985243744170291327656
1809377344403070746921120191302033038019762110110044929321516084244485963766983895228684783123552658
2131449576857262433441893039686426243410773226978028073189154411010446823252716201052652272111660396
6655730925471105578537634668206531098965269186205647693125705863566201855810072936065987648611791045
3348850346113657686753249441668039626579787718556084552965412665408530614344431858676975145661406800
7002378776591344017127494704205622305389945613140711270004078547332699390814546464658807972708266830
6343285878569830523580893306575740679545716377525420211495576158140025012622859413021647155097925923
0990796547376125517656751357517829666454779174501129961489030463994713296210734043751895735961458901
9389713111790429782856475032031986915140287080859904801094121472213179476477262241425485454033215718530614228813758504306332175182979866223717215916 0

7716692547487389866549494501146540628433663937900397692656721463853067360965712091807638327166416274
8888007869256029022847210403172118608204190004229661711963779213375751149595015660496318629472654736
4252308177036751590673502350728354056704038674351362222477158915049530984448933309634087807693259939
7805419341447377441842631298608099888687413260472156951623965864573021631598193195167353812974167729
4786724229246543668009806769282382806899640048243540370141631496589794092432378969070697794223625082
2168895738379862300159377647165122893578601588161755782973523344604281512627203734314653197777416031
9906655418763979293344195215413418994854447345673831624993419131814809277771038638773431772075456545
3220777092120190516609628049092636019759882816133231666365286193266863360627356763035447762803504507
7723554710585954870279081435624014517180624643626794561275318134078330336254232783944975382437205835
3114771199260638133467768796959703098339130771098704085913746414428227726346594704745878477872019276
7152807317679077071572134447306057007334924369311383504931631284042512192565179806941135280131470130
4781643788518529092854520116583934196562134914341595625865865570552690496520985803385072242648293972
8584783163057777560688876446248246857926039535277

4803048029005876075825104747091643961362676044 9256
2742042083208566119062545433721315359584506877 2460
2901618766795240616342522577195429162991930645 5377
9914037340432875262888963995879475729174642635 7455
2540790914513571113694109119393251910760208252 0261
8798531887705842972591677813149699009019211697 1737
2784768472686084900337702424291651300500516832 3364
3503895170298939223345172201381280696501178440 8745
1960121228599371623130171144484640903890644954 4400
6198690754851602632750529834918740786680881833 8510
2283345085048608250393021332197155184306354550 0766
8282949304137765527939751754613953984683393638 3047
4611996653858153842056853386218672523340283087 1123
2827892125077126294632295639898989358211674562 7010
2183564622013496715188190973038119800497340723 9610
3685406643193950979019069963955245300545058068 5501
9567302292191393391856803449039820595510022635 3536
1920419947455385938102343955449597783779023742 1617
2711172364343543947822181852862408514006660443 3258
8856986705431547069657474585503323233421073015 4594
0516553790686627333799585115625784322988273723 1989
8757141595781119635833005940873068121602876496 2867
4460477464915995054973742562690104903778198683 5938
1465741268049256487985561453723478673303904688 3834
3634655379498641927056387293174872332083760112 3029

9113679386270894387993620162951541337142489283072201269014754668476535761647737946752004907571555278196536213239264061601363581559074220203187277605277219005561484255518792530343513984425322341576233610642506390497500865627109535919465897514131034822769306247435363256916078154781811528436679570611086153315044521274739245449454236828860613408414863776700961207151249140430272538607648236341433462351897576645216413767969031495019108575984423919862916421939949072362346468441173940326591840443780513333894525742399508296591228508555821572503107125701266830240292952522011872676756220415420516184163484756516999811614101002996078386909291603028840026910414079288621507842451670908700069992821206604183718065355672525325675328612910424877618258297651579598470356222629348600341587229805349896502262917487882027342092222453398562647669149055628425039127577102840279980663658254889264880254566101729670266407655904290994568150652653053718294127033693137851786090407086671149655834343476933857817711386455873678123014587687126603489139095620099393610310291616152881384379099042317473363948045759314931405297634757481193567091101377517210080315590248530906692037671922033229094334676851422144773793937517034436619910403375111735471918550464490263655128162 28

8244625759163330391072253837421821408835086573917
1509682887478265699599574490661758344137522397096
3408005355984917541738188399944697486762655165827
5848358845314277568790029095170283529716344562129
4043523117600665101241200659755851276178583829204
9748442360800719304576189323492292796501987518721
7267507981255470958904556357921221033346697499235
3025494780249011419521238281530911407907386025152
7429958180724716259166854513331239480494707911915
2673430282441860414263639548000448002670496248201
9289647669758318327131425170296923488962766844032
2609275249603579964692565049368183609003238092934
9588970695365349406034021665443755890045632882250
4525564056448246515187547119621844396582533754388
6909411303150952617937800297412076651479394259029
9695946995565761218656196733786236256125216320862
6922210327488921865436480229678070576561514463204
9279068212073883778142335628236089632080682224680
2248261177185896381409183903673672220888321513755
0037279839400415297002878307667094447456013455641
2543709069793961225714298946715435784687886144458
2314593571984922528471605049221242470141214780573
5510500801908699603302763478708108175450119307141
2339086639383395294257869050764310063835198343893
1596131854347546495569781038293097164651438407007

7360411237359984345225161050702705623526601276484 8
3084076118301305279320542746286540360367453286510 5
7065874882256981579367897669742205750596834408697 3
5020141020672358502007245225632651341055924019027 4
2162484391403599895353945909440704691209140938700 1
2645600162374288021092764579310657922955249887275 8
4610126483699989225695968815920560010165525637567 8
5667227966198857827948488558343975187445455129656 3
4434803966420557982936804352202770984294232533022 5
7634180703947699415979159453006975214829336655566 1
5678736400536665641654732170439035213295435291694 1
4599041608753201868379370234888689479151071637852 9
0234529244077365949563051007421087142613497459561 5
1384987137570471017879573104229690666702144986374 6
4595280824369445789772330048764765241339075920434 0
1963403911473202338071509522201068256342747164602 4
3354400515212669324934196739770415956837535551667 3
0273900749729736354964533288869844061196496162773 4
4951827369558822075735517665158985519098666539354 9
4810688732068599075407923424023009259007017319603 6
2254756478940647548346647760411463233905651343306 8
4495397907090302346046147096169688688501408347040 5
4607429586991382966824681857103188790652870366508 3
2431974404771855678934823089431068287027228097362 4
8093996270607472645539925399442808113736943388729 4

0630792615959954626246297070625948455690347 1197299
6409089418059534393251236235508134949004364 2785271
3831591256898929519642728757394691427253436 6941532
3610045373048819855170659412173524625895487 3016760
0298865925786628561249665523533829428785425 3404830
8330701653722856355915253478445981831341129 0019992
0598135220511733658564078264849427644113763 9386692
4803118364453698589175442647399882284621844 9008777
6977631279572267265556259628254276531833001 34070922
3343657791601280931794017185985999338492354 9564005
7099558561134980252499066984233017350358044 0811685
5265311709957089942732870925848789443646005 0410892
2669178352587078595129834417295351953788553 4573742
6085902908176515578039059464087350612322611 2009373
1080485485263572282576820341605048466277504 5003126
2008007998049254853469414697751649327095049 3463938
2432227188515974054702148289711177792376122 5788734
7718819682546298126868581705074027255026332 9044976
2778944236216741191862694396506715157795867 5648239
9391760426017633870454990176143641204692182 3707648
8783419689686118155815873606293860381017121 5855272
6683008238340465647588040513808016336388742 1637140
6435495561868964112282140753302655100424104 8967835
2858829024367090488711819090949453314421828 7661810
3100735477054981596807720094746961343609286 1484941

7850171807793068108546900094458995279424398139213
0558642219648349151263901280383200109773868066287
9239718014613432445726400973742570073592100315415
8936793008169980536520276007277496745840028362405
4603726341655425902760183484030681138185510597970
6640075094260878857357960373245141467867036880988
6097164258497595138069309449401515422221943291302
7391253835591503100333032511174915696917450271494
3151558854039221640972291011290355218157628232831
2342548326111912800928252561902052630163911477247
3148573910777587442538761174657867116941477642144
1112635835538713610110232679877564102468240322648
4641766369806637857681349204530224081972785647198
9630878154322116691224641591177673225326433568614
1865452226812688726844596844241610785401676814208
8850280054143613146230821025941737562389942075713
2751674573189189456283525704413354375857534269869
4725470316566139919996826282472706413362221789239
3176085428943733935618891651250424404008952719837
7386480584726895462438823437517885201439560057104
1194988423906061369573423155907967034614914344788
3604103182350736502778590897578272731305048893989
0992391350337325085598265586708924261242947367019
9077271307068691709264625484232407485503660801360
6689511840093668609546325002145852930950000907151

5823626729326453738210493872499669933942468551648 3
2611341461106802674466373343753407642940266829738 6
5220935701626384648528514903629320199199688285171 8
3953669134522244470804592396602817156551565666111 3
5982311225062890585491450971575539002439315351909 0
2107119457300243880176615035270862602537881797519 4
7806101371500448991721002220133501310601639154158 9
5780371177927752259787428919179155224171895853616 8
0594741234193398420218745649256443462392531953135 1
0331147639491199507285843065836193536932969928983 7
9149419394060857248639688369032655643642166442576 0
7914710869984315733749648835292769328220762947282 3
8153740996154559879825989109371712621828302584811 2
3890119682214294576675807186538065064870261338928 2
2994972574530332838963818439447707794022843598834 1
0035838542389735424395647555684095224844554139239 4
1000162076936368467764130178196593799715574685419 4
6334893748439129742391433659360410035234377706588 8
6778113949861647874714079326385873862473288964564 3
5987746676384794665040741118256583788784548581489 6
2961273998413442726086061872455452360643153710112 7
4680977870446409475828034876975894832824123929296 0
5829486191966709189580898332012103184303401284951 1
6203534280144127617285830243559830032042024512072 8
7253558119584014918096925339507577840006746552603 1

44616705082768277222353419110263416315714740612385
04258459884199076112872580591139356896014316682831
76323567325417073420817332230462987992804908514094
79036887868789493054695570307261900950207643349335
91060245450864536289354568629585313153371838682656
17862273637169757741830239860065914816164049449650
11732131389574706208847480236537103115089842799275
44268532779743113951435741722197597993596852522857
45263796289612691572357986620573408375766873884266
40599099350500081337543245463596750484423528487470
14435454195762584735642161981340734685411176688311
86544893776979566517279662326714810338643913751865
94673002443450054499539974237232871249483470604406
34716063258306498297955101095418362350303094530973
35834462839476304775645015008507578949548931393944
89921612552559770143685894358587752637962559708167
76438001254365023714127834679261019955852247172201
77723700417808419423948725406801556035998390548985
72354674564239058585021671903139526294455439131663
13453089390620467843877850542393905247313620129476
91874975191011472315289326772533918146607300089027
76896311481090220972452075916729700785058071718638
10549679731001678708506942070922329080703832634534
52038027860990556900134137182368370991949516489600
75504934126787643674638490206396401976668559233565

4639138363185745698147196210841080961884605456039038455343729141446513474940784884423772175154334260
3066988317683310011331086904219390310801437843341513709243530136776310849135161564226984750743032971
6746964066653152703532546711266752246055119958183196376370761799191920357958200759560530234626775794
3936307463056901080114942714100939136913810725813781357894005599500183542511841721360557275221035268
0373572652792241737360575112788721819084490061780138897107708229310027976659358387589093956881485602
6322439372656247277603789081445883785501970284377936240782505270487581647032458129087839523245323789
6029841669225489649715606981192186584926770403956481278102179913217416305810554598801300484562997651
1212415363745150056350701278159267142413421033015661653560247338078430286552572227530499988370153487
9300806260180962381516136690334111138653851091936739383522934588832255088706450753947395204396807906
7086806445096986548801682874343786126453815834280753061845485903798217994599681154419742536344399602
9025100158882721647450068207041937615845471231834600726293395505482395571372568402322682130124767945
2264482091023564775272308208106351889915269288910845557112660396503439789627825001611015323516051965
5904211844949907789992007329476905868577878720982917

0135295661397888486050978608595701773129815531495 1
6814671769597609942100361835591387778176984587581 0
4466283998806006162298486169353373865787735983361 6
1338413385368421197893890018529569196780455448285 8
4837011709672125353387586215823101331038776682721 1
5726949518179589754693992642197915523385766231676 2
7547570354699414892904130186386119439196283887054 3
6777432242768091323654494853667680000010652624854 7
3055861598999140170769838548318875014293890899506 8
5453076511680333732226517566220752695179144225280 8
1651716677667279303548515420402381746089232839170 3
2754257508676551178593950027933895920576682789677 6
4453184040418554010435134838953120132637836928358 0
8271937831265496174599705674507183320650345566440 3
4490453627560011250184335607361222765949278393706 4
7842645676338818807565612168960504161139039063960 1
6202215368494109260538768871483798955999911209916 4
6464411918568277004574243434021672276445589330127 7
8158686952506949936461017568506016714535431581480 1
0545886056455013320375864548584032402987170934809 1
0556211671546848477803944756979804263180991756422 8
0987399876697323769573701580806822904599212366168 9
0259627304306793165311494017647376938735140933618 3
3216142802149763399189835484875625298752423873077 5
5955595546519639440182184099841248982623673771467 2

26061633643296406335728107078875816404381485018841

1431885988276944901193212968271588841338694346828 5

9006664080631407757725705630729400492940302420498

4165654797367054855804458657202276378404668233798 5

2827105784319753541795011347273625774080213476826 0

4502285157979579764746702284099956160156910890384 5

8245026792659420555039587922981852648007068376504 1

8365620945554346135134152570065974881916341359556 7

1964965403218727160264859304903978748958906612725 0

7948282769389535217536218507962977851461884327192 2

3223810158744450528665238022532843891375273845892 3

8442253547265309817157844783421582232702069028723 2

3300538621634798850946954720047952311201504329322 6

6282727632177908840087861480221475376578105819702 2

2630971749507212724847947816957296142365859578209 0

8307332335603484653187302930266596450137183754288 9

7557971449924654038681799213893469244741985097334 6

2679332107268687076806263991936196504409954216762 7

8409146698569257150743157407938053239252394775574 4

1591845821562518192155233709607483329234921034514 6

2643744980559610330799414534778457469999212859999 9

3996122816152193148887693880222810830019860165494 1

6542616968586788372609587745676182507275992950893 1

8052187292461086763995891614585505839727420980909 7

8172932393010676638682404011130402470073508578287 2

46271349463685318154696904669686939254725194139929

14652423857762550047485295476814795467007050347999

5888676950161249722820403039954632788306959762493 6

1510102436555352230690612949388599015734661023712 2

3547891129254769617600504797492806072126803922691 1

0277722610254414922157650450812067717357120271802 4

2968106203776578837166909109418074487814049075517 8

2038565390991047759414132154328440625030180275716 9

6508209642734841469572639788425600845312140659358 0

9041271135920041975985136254796160632288736181367 3

7324450607924411763997597461938358457491598809766 7

4470930065463424234606342374746660804317012600520 5

5928493695941434081468529815053947178900451835755 1

5412522359059068726487863575254191128887737176637 4

8602766063496035367947026923229718683277173932361 9

2007774522126247518698334951510198642698878471719 3

9664976907082521742336566272592844062043021411371 9

9227852699846988477023238238400556555178890876613 6

0130477098438611687052310553149162517283732728676 0

0724817298763756981633541507460883866364069347043 7

2066886512756882661497307886570156850169186474885 4

1679154596507234287730699853713904300266530783987 7

6385032381821553559732353068604301067576083890862 7

0498418885951380910304235957824951439885901131858 3

5840667472370297149785084145853085781339156270760 3

5639076394731145549583226694570249413983163433237 8
9759556808568362972538679132750555425244919435891 2
8405045226953812179131914513500993846311774017971 5
1228378546011603595540286440590249646693070776905 5
4810288502080858008781157738171917417760173307385 5
4758006056014337743299012728677253043182519757916 7
9296996504146070664571258883469797964293162296552 0
1687973000356463045793088403274807718115553309098 8
7025505207680463034608658165394876951960044084820 6
5967379473168086415645650530049881616490578831154 3
4548505266006982309315777650037807046612647060214 5
7505793270962047825615247145918965223608396645624 1
0519551052235723973951288181640597859142791481654 2
6328920042816091369377372229998332708208296995573
7727375667615527113922588055201898876201141680054 6
8736558063347160373429170390798639652296131280178 2
6797172898229360702880690877686605932527463784053 9
7691848082041021944719713869256084162451123980620 1
1318454124478205011079876071715568315407886543904 1
2108730324020106853419472304766667217498696685470 7
6781205124736792479193150856444775379853799732234 4
5612278584329684664751333657369238720146472367942 7
8700425032555899268843495928761240075587569464137 0
5625140011797133166207153715436006876477318675587 1
4878398908107429530941060596944315847753977009439 88

39491443235366853920994687964506653398573888786614
76294434140104988899316005120767810358861166020296
11936396821349607501116498327856353161451684576956
87109002999769841263266502347716728657378579085746
64607722834154031144152941880478254387617707904300
01566986776795760909966936075594965152736349811896
41304331166277471233881740603731743970540670310967
67657486953587896700319258662594105105335843846560
23391796749267844763708474978333655579007384191473
19886271352595462518160434225372996286326749682405
80602964211463864368642247248872834341704415734824
81833301640566959668866769563491416328426414974533
34999948000266998758881593507357815195889900539512
08535103572613736403436753471410483601754648830040
78464167452167371904831096767113443494819262681110
73994825060739495073503169019731852119552635632584
33909982249862406703107683184466072912487475403161
79699411397387765899868554170318847788675929026070
04321266617919223520938227878880988633599116081923
53555704646349113208591897961327913197564909760001
39962344455350143464268604644958624769094347048293
29414041114654092398834443515913320107739441118407
41076849810663472410482393582740194493566516108846
31256785297769734684303061462418035852933159734583
03845541033701091676776374276210213701354854450926

30719011473184857492331816720721372793556795284439
25481560913728128406333039373562420016045664557414
58816605216660873874804724339121295587776390696903
70788285277538940524607584962315743691711317613478
38827194168606625721036851321566478001476752310393
57860689611125996028183930954870905907386135191459
18195102973278755710497290114871718971800469616977
70017913919613791417162707018958469214343696762927
45910994006008498356842520191559370370101104974733
94938778859894174330317853487076032219829705797511
91440510994235883034546353492349826883624043327267
41554030161950568065418093940998202060999414021689
09007082133072308966211977553066591881411915778362
72927461561857103721724710095214236964830864102592
88745799932237495519122195190342445230753513380685
68073544649951272031744871954039761073080602699062
58076020292731455252078079914184290638844373499681
45827337207266391767020118300464819000241308350884
65841521489912761065137415394356572113903285749187
69094413702090517031487773461652879848235338297260
13611098451484182380812054099612527458088109948697
22161285248974255555160763716750548961730168096138
03811914361143992106380050832140987604599309324851
02516829446726066613815174571255975495358023998314
69822036133808284993567055755247129027453977621404

9318201465800802156653606776550878380430413431 0591
8046068008345911366408348874080057412725867047 9225
8319127415739080914383138456424150940849133918 0968
4025116399193685322555733896695374902662092326 1318
8558915808324555719484538756287861288590041060 0607
3746501402627824027346962528217174941582331749 2396
8353013617865367376064216677813773995100658952 8877
4276626368418306801908046098498094697636673356 6228
2915132352788806157768278159588669180238940333 0764
4191240341202231636857786035727694154177882643 5238
1319050280870185750470463129333537528538660588 890
4583111450773942935201994321971171642235005644 0429
7989208159430716701985746927384865383343614579 4634
1759225738985880016980147574205429958012429581 0545
6510831046297282937584161162532562516572498078 4920
9989799062003593650993472158296517413579849104 7111
6607915874369865412223483418877229294463351786 5385
6731962559852026072947674072616767145573649812 1056
7771689348491766077170527718760199908144113058 645
5779105256843048114402619384023224709392498029 3355
0731845890355397133088446174107959162511714864 8744
6861124760542867343670904667846867027409188101 4249
7111496578177242793470702166882956108777944050 4843
7528443375108828264771978540006509704033021862 5561
4733211777117441335028160884035178145254196432 0309

5760186946490886815452856213469883554445602495566

8436602922195124830910605377201980218310103270417 8

3866544718126039719068846237085751808003532704718 5

6594994761242481109992886791589690495639476246084 2

4065930948621507690314987020673533848349550836366 0

1784877106080980426924713241000946401437360326564 5

1845667924566695510015022983307984960799498824970 6

1723674493612262229617908143114146609412341593593 0

9585407913908720832273354957208075716517187659944 9

8569379562387555161757543809178052802946420044721 5

3962807463602113294255916002570735628126387331060 0

5891065245708024474937543184149401482119996276453 1

0680066311838237616396631809314446712986155275982 0

1451410275600689297502463040173514891945763607893 5

2855505317331416457050499644389093630843874484783 9

6168405184527328840323452024705685164657164771393 2

3775517294795126132398229602394548579754586517458 7

8771331813875295980941217422730035229650808917770 5

0682592488223221549380483714547816472139768209633 2

0508305647920482085920475499857320388876391601995 2

4091893894557676874973085695595801065952650303626 6

1597506622250840674288982659075106375635699682115 1

0949669744580547288693631020367823250182323708459 7

9011154847208761821247781326633041207621658731297 0

8112307581598212486398072124078688781145016558251 3

25

6178903070860870198975889807456643955157415363193 1
9198107057533663373803827215279884935039748001589 0
5194208797113080512339332219034662499171691509485 4
1401871060354603794643379005890957721180804465743 9
6280618671786101715674096766208029576657705129120 9
9079443046328929473061595104309022214393718495606 3
4056189342513057268291465783293340524635028929175 4
7087256484260034962961165413823007731332729830500 1
6025672401418515204189070115428857992081219844931 5
6999059182011819733500126187728036812481995877070 2
0753240636125931343859554254778196114293516356122 3
4966615226147353996740515849986035529533292457523 8
8810136202347624669055816438967863097627365504724 3
4864307121849437348530060638764456627218666170123 8
1277156213797461498613287441177145524447089971445 2
2885662942440230184791205478498574521634696448973 8
9206240194351831008828348024924908540307786387516 5
9113028739587870981007727182718745290139728366148 4
2142871705531796543076504534324600536361472618180 9
6997693348626407743519992868632383508875668359509 7
2655748154319401955768504372480010204137498318722 5
9677387154958399718444907279141965845930083942637 0
2087563539821696205532480321226749891140267852859 9
6734052420310917978999057188219493913207534317079 8
0023736590985375520238911643467185582906853711897 9

5262623449248339249634244971465684659124891855 6629
5893299090352392333336474352037070101084388003290
7598342170185542283861617210417603011 64591 87805393
6744747205998502358289183369292233732 3999480437108
4196594731626548257480994825099918330069 7656936715
9689364493348864744213500840700660883597 2350395323
4017958255703601693699098867113210979889 7070517280
7558551912699306730992507040702455685077 8679069476
6126298082251633136399521170984528092630 3759224267
4257559989289278370474445218936320348941 5521044597
2618838003006776179313813991620580627016 5102445886
9247649246891924612125310275731390840470 0071435613
6231699237169484813255420091453041037135 4532966206
3921054798243921251725401323149027405858 9206321758
9494345489068463993137570910346332714153 1622328055
2297297953801880162859073572955416278867 6498274186
1642187898857410716490691918511628152854 8679417363
8906653885764229158342500673612453849160 6741373401
7357277995634104332688356950781493137800 7362354180
0706191802673285511919426760912210359874 6924117283
7493126163395001239599240508454375698507 9570462226
6461900010350049018303415354584283376437 8111988556
3187777925372011667185395418359844383052 0376281944
0761594106820716970302285152250573126093 0468984234
3315273213136121658280807521263154773060 4423774753

5059522871744026663891488171730864361113890694202 7
9088143119448799417154042103412190847094080254023 9
3294294549387864023051292711909751353600092197110 5
4120966831115163287054230284700731206580326264171 1
6165957613272351566662536672718998534199895236884 8
3099930275741991646384142707798870887422927705389 1
2271724863220288984251252872178260305009945108247 8
3572905691988555467886079462805371227042466543192 1
4528176074148240382783582971930101788834567416781 1
3989547504483393146896307633966572267270433932167 4
5421824557062524797219978668542798977992339579057 5
8189062252547358220523642485078340711014498047872 6
6919901864388229323053823185597328697809222535295 9
1017341407334884761005564018242392192695062083183 8
1454698392366461363989101210217709597670490830508 1
8547041946643713122996923588953849301363565761861 0
6062228705599423371631021278457446463989738188566 7
4626087948201864748767272722062676465338099801966
8836809941590757768526398651462533363124505364026 1
0569605513183813174261184420189088853196356986962 7
9503673842431301133175330532980201668881748134298 8
6815855778103432317530647849832106297184251843855 3
4427620128234570716988530518326179641178579608888 1
5032960229070561447622091509473903594664691623539 6
8092013945781758910889319921122600739281491694816 1

28

52738427362642980982340632002440244958944561291670
4950823581248739179964864113348032475777521970 8932
7722623494860150466526814398770516153170266969 2970
4928316285504212898146706195331970269507214378 2304
7687528028735412616639170824592517001071418085 4800
6369232594620190022780874098597719218051585321 4739
2653251559035410209284665925299914353791825314 5452
9059841581763705892790690989691116438118780943 5371
5213322614436253144901274547726957393934815469 1631
1624928873574718824071503995009446731954316193 8554
8520766573882513963916357672315100555603726339 4867
2082078086537349424401157996675073607111593513 3195
9197120948964717553024531364770942094635696982 2266
7377520994516845064362382421185353488798939567 3187
8066061078854400055082765703055874485418057788 9171
9207881423351138662929667179643468760077047999 5378
8338787034871802184243734211227394025571769081 9603
0920182401884270570460926225641783752652633583 2424
0661253311529423457965569502506810018310900411 2453
7901533296615697052237921032570693705109083078 9479
9990049993953221536227484766036136776979785673 8658
4670936679588583788795625946464891376652199588 2869
3380183601193236857855855819555604215625088365 0203
3220245137621582046181067051953306530606065010 5488
7167245377942831338871631395596905832083416898 4760

6560711834713621812324622725884199028614208728495 6
8796393254642853430753011052857138296437099903569 4
8885285190402956047346131138263878897551788560424 9
9874831638280404684861893818959054203988987265069 7
6202019955484126500053944282039301274816381585303 9
6439925470201672759328574366661644110962566337305 4
0921951967514832873480895747777527834422109107311 1
3518280460363471981856555729571447476825528578633 4
9342858423118749440003229690697758315903858039353 5
2135886007960034209754739229673331064939560181223 7
8128545843176055617338611267347807458506760630482 2
9409653041118306671081893031108871728167519579675 3
4718853722930961614320400638132246584111115775835 8
5811350185690478153689381377184728147519983505047 8
1297718599084707621974605887423256995828892535041 9
3795826061621184236876851141831606831586799460165 2
0577405294230536017803133572632670547903384012573 0
5912339601880137825421927094767337191987287385248 0
5742124892118347087662966720727232565056651293331 26
0595057772754247124164831283298207236175057467387
0128209575544305968395555686861188397135522084452 8
5264008125202766555767749596962661260456524568408 6
1392382657685833846984997787267065551918544686984 6
9478495734622606294219624557085371272776523098955 4
5019303773216664918257815467729200521266714346320 9

6378918523232150189761260343736840671941930377468 8
0999296877582441047878123266253181845960453853543 8
391144967753128642609252115376732588667226040425 23
491087026958099647595805794663973419064010036361 90
404203311357933654242630356145700901124480089002 08
014780566037101541223288914657223931450760716706 43
556827437743965789067972687438473076346451677562 10
309860409271709095128086309029738504452718289274 96
892121066700816485833955377359191369501531620189 08
887484210798706899114804669270650940762046502772 52
865072890532854856143316081269300569378541786109 69
692025388650345771831766868859236814884752764984 68
821949739729707737187188400414323127636504814531 12
285099002074240925585925292610302106736815434701 52
523487863516439762358604191941296976904052648323 47
009911154242601273438022089331096686367898694977 99
400126016422760926082349304118064382913834735467 97
253992623387915829984864592717340592256207491053 08
531537182911681637219395188700957788181586850464 50
769934394098743351443162633031724774748689791820 92
394808331439708406730840795893581089665647758599 05
563769525232653614424780230826811831037735887089 24
061303133647737101162821461466167940409051861526 03
600925219472188909181073358719641421444786548995 28
582343947050079830388538860831035719306002771194 55

8021911942899922722353458707566246926177663178855 1
4435021828702668561066500353105021631820601760921 7
9846849368631612937279518730789726373537171502563 7
8733579771808184878458866504335824377004147710414 9
3492743845758710715973155943942641257027096512510 8
1155482479394035976811881172824721582501094960966 2
5393395380922195591918188552678062149923172763163 2
1833989693807561685591175299845013206712939240414 4
5938623988093812404521914848316462101473891825101 0
9096773869066404158973610476436500068077105656718 4
8628149637111883219244566394581449148616550049567 6
9826903089111856879869294705135248160917432430153 8
3684707292898982846022237301452655679898627767968 0
9146979837826876431159883210904371561129976652153 9
6354644208691975673700057387649784376862876817924 9
7469438427465256316323005551304174227341646455127 8
1278457777245752038654375428282567141288583454443 5
1325620544642410110379554641905811686230596447695 8
7054072141985212106734332410756767575818456990693 0
4604752277016700568454396923404171108988899341635 0
5851578873534308155208117720718803791040469830695 7
8685473937656433631979786803671873079693924236321 4
4845035477631567025539006542311792015346497792906 6
2415083288583952905426376876689688050333172278001 8
5885069736232403894700471897619347344308437443759 9

2503417880797223585913424581314404984770173236 1694
7197657153531977549971627856631190469126091825 9124
9890367654176979903623755286526375733763526969 3443
5440047306719886890196814742876779086697968852 2501
6369498567302175231325292653758964151714795595 3878
4278499866456302878831962099830494519874396369 0706
8276265748581043911223261879405994155406327013 1989
8957037611053236062986748037791537675115830432 0849
8720920280929752649812569163425000522908872646 9252
8466610466539217148208013050229805263783642695 9733
7070539227891535105688839381132497570713310295 0443
0346715989448786847116438328050692507766274500 1220
0352620370946602341464899839025258883014867816 2196
7751945831677187627572005054397944124599007711 5205
1546199305098386982542846407255540927403132571 6326
4079293418334214709041254253352324802193227707 5355
5467958716383587501815933871742360615511710131 2352
5633485820365146141870049205704372018261733194 7157
0086757853933607862273955818579758725874410254 2077
1054753612940474601000940954449596628814869159 0389
9071865980563617137692227290764197755177720104 2764
9694961105622059250242021770426962215495872645 3989
2276976603105249808557594716310758701332088614 6326
6412591148633881220284440694169488261529577625 3250
1987035987067438046982194205638125583343642194 9232

2759372212890564209430823525440841108645453694049692714940033197828613181861888111118408257865928757426384450059944229568586460481033015388911499486935436030221810943466764000022362550573631294626296096198760564259963946138692330837196265954739234624134597795748524647837980795693198650815977675350553918991151335252298736112779182748542008686895396583594219633315028695611920122988889887006079992795411188269023078913107603617634779489432032102773359416908650071932804017163840644987871753756781185321328408216571107549528294974936214608215583205687232185574065161096274874375098092230211609982633033915469494644491004515280925089745074896760324090768983652940657920198315265410658136823791984090645712468948470209357761193139980246813405200394781949866202624008902150166163813538381515037735022966074627952910384068685569070157516624192987244482719429331004854824454580718897633003232525821581280327467962002814762431828622171054352898348208273451680186131719593324711074662228508710666117703465352839577625997744672185715816126411143271794347885990892808486694914139097716736900277758502686646540565950394867841110790116104008572744562938425494167594605487117235946429105850909950214958793112196135908315882620682332156153086833730838173279328196983
87

5087083483880463884784418840031847126974543709373298362402875197920802321878744882872843727378017827008058782410749357514889978911739746129320351081432703251409030487462262942344327571260086642508333187688650756429271605525289544921537651751492196367181049435317858383453865255656640657251363575064353236508936790431702597878177190314867963840828810209461490079715137717099061954969640070867667102330048672631475510537231757114322317411411680622864206388906210192355223546711662137499693269321737043105987225039456574924616978260970253359475020913836673772894438696400028110344026084712899000746807764844088711341352503367877316797709372778682166117865344231732264637847697875144332095340001650692130546476890985050203015044880834261845208730530973189492916425322933612431514306578264070283898409841602950309241897120971601649265613413433422298827909921786042679812457285345801338260995877178113102167340256562744007296834066198480676615805021691833723680399027931606420436812079900316264449146190219458229690992122788553948783538305646864881655562294315673128274390826450611628942803501661336697824051770155219626522725455850738640585299830379180350432876703809252167907571204061237596327685674845079151147313440001832570344920909712435809447900462

9431345502890068064870429353403743603262582053579O

1183956490893543451013429696175452495739606214902S

8728932792520696535386396443225388327522499605986S

7475988232991626354597332444516375533437749292899O

5811757863555556269374269109471170021654117182197S

0519831787137106051063795558588905568852887989084T

5091576463907469361988150781468526213325247383765l

1929901561091897779220087057933964638274906806987G

9168197492365624226087154176100430608904377976678S

1966189140414492527048088197149880154205778700652l

5940092897776013307568479669992955433656139847738OG

0394368895887646054983871478968482805384701730871l

1776115966350503997934386933911978988710915654170S

1330826076474063057114110988393880954814378284745Z

883836807941888434266622207043872288741394780101TT

2139228191199236540551639589347426395382482960903G

900288359327745855060801317988407162446563997948ZT

578365019551422155133928197822698427863839167971SO

9126241054872570092407004548848569295044811073808T

996547481568913935380943474556972128919827177020TG

6613602489581468119133614121258783895577357194986S

172108443989014239484966592517313881716026632619Sl

0653665350414730708044149391693632623737677770958S

0313255990095762731957308648042467701212327020533T

42667053142448208168130306397378736642483672539837

4876909806021827857862165127385635132901489035098 8
3270617258932575363993979055729175160097615459044 7
7169226580631511102803843601737474215247608515209 9
0161585823125715907334217365762671423904782795872 8
1505095633092802668458937649649770232973641319060 9
8274063353108979246424213458374090116939196425045 9
1288134034988106354008875968200544083643865166178 8
0557608956896727531538081942077332597917278437625 6
6118431989102500749182908647514979400316070384554 9
4653859460274524474668123146879434416109933389089 9
2638411847425257044572517459325738989565185716575 9
6148126602031079762825416559050604247911401695790 0
3383565748692528007430256234194982864679144763227 7
4005529460903940177536335655471931000175430047504 7
1914489984104001586794617924161001645471655133707 4
0739502604427695385538343975505488710997852054011 7
5169747581344926079433689543783221172450687344231 9
8987884412854206474280973562580706698310697993526 0
6933921356858813912148073547284632277849080870024 6
7776303605551232386656295178853719673034634701222 9
3958160679250915321748903084088651606111901149844 3
4123501246469280288059961342835118847154497712784 7
3361766285062169778717743824362565711779450064477 7
1837022199910669502165675764404499794076503799995 4
8450027106659878136038023141268369057831904607927 6

37

5297277694043613023051787080546511542469395265127 1

01052927070306673024447125973939950514628404767431

36373997825918454117641332790646063658415292701903

02760173394748669603486949765417524293060407270050

59039503148522921392575594845078867977925253931765

15641619716844352436979444735596426063339105512682

60615957262170366985064732812667245219890605498802

80782881429796336696744124805982192146339565745722

10229867759974673812606936706913408155941201611596

01902377535255563006062479832612498812881929373434

76862689219239777833910733106588256813777172328315

32908252509273304785072497713944833389255208117560

84529665905539409655685417060011798572938139982583

19293679100391844099286575605993598910002969864460

97471471847010153128376263114677420914557404181590

88000649432378558393085308283054760767995243573916

31221886057549673832243195650655460852881201902363

64471270374863442172725787950342848631294491631847

53475314350413920961087960577309872013524840750576

37199253650470908582513936863463863368042891767107

60211115982887553994012007601394703366179371539630

61398636554922137415979051190835882900976566473007

33879314678913181465109316761575821351424860442292

44530411316065270097433008849903467540551864067734

26035834096086055337473627609356588531097609942383

4738222208729246449768456057956251676557408841032 1
7313456277358560523582363895320385340248422733716 3
9123973215995440828421666636023296545694703577184 8
7344203422770665383738750616921276801576618109542 0
0977083636043611105924091178895403380214265239489 2
9686439808926114635414571535194342850721353453018 3
1587562827573389826889852355779929572764522939156 7
4775666760510878876484534936360682780505646228135 9
8885879259940946446041705204470046315137975431737 1
8775603981596264750141090665886616218003826698996 1
9655805872086397211769952194667898570117983324406 0
1811575658074284182910615193917630059194314434605 1
5404771057005433900018245311773371895585760360718 2
8605063564799790041397618089553636696031621931132 5
0223851791672055180659263518036251214575926238369 3
4822266589557699466049193811248660909979812857182 3
4940066155521961122072030922776462009993152442735 8
9488710576623894693889446495093960330454340842102 4
6240104872332875008174917987554387938738143989423 8
0117627008371960530943839400637561164585609431295 1
7597713935396074322792489221267045808183313764165 8
1826956210587289244774003594700926866265965142205 0
6300785920024882918608397437323538490839643261470 0
0532423540647042089499210250404726781059083644007 4
6638002087012666420945718170294675227854007450855 2

3777208905816839184465928294170182882330149715 5423

5235911774818628592967605048203864343108779562 8929

2540563894662194826871104282816389397571175778 6915

4301650586029652174595819888786804081103284327 3986

7198621306205559855266036405046282152306154594 4744

8990883908199973874745296981077620148713400012 2535

5222466954093152131153379157980269795557105085 0747

3874750758068765376445782524432638046143042889 2359

3485296105826938210349800040524840708440356116 7817

1705128133788057056434506161193304244407982603 7795

1198548694559152051960093041271007277849301555 0388

9536033826192934379708187432094991415959339636 8110

6275572952780042548630600545238391510689989135 7882

0019411786535682149118528207852130125518518493 7115

0342215954224451190020739353962740020811046553 0207

9328672547405436527175958935007163360763216147 2581

5407642053020045340183572338292661915308354095 1202

2632916505442612361919705161383935732669376015 6914

4299449437448568097756963031295887191611292946 8188

4936338647392747601226964158848900965717086160 5981

4720446742866420876533479985822209061980217321 1614

2304194777549907387385679411898246609130916917 7227

4207233367635032678340586301930193242996397204 4451

7928812285447821195353089891012534297552472763 5730

2262813820918074397486714535907786335301608215 5991

1314144205091447293535022230817193663509346865858 6

5631485557586244781862010871188976065296989926932 8

1787055764351433820601410773292610634315253371822 4

3385263520217735440715281898137698755157574546939 7

2715048846979361950047772097056179391382898984532 7

4262272886471088832701737232588182446584362495805 9

2560338105215606206155713299156084892064340303395 2

6226345145428367869828807425142256745180618414956 4

6861116354049718976821542277224794740335715274368 1

9409892050113653400123846714296551867344153741615 0

4256325671343024765512521921803578016924032669954 1

7460875924092070046693403965101781348578356944407 6

0470232540755557764728450751826890418293966113310 1

6013111907739863246277821902365066037404160672496 2

4901374332172464540974129955705291424382080760983 6

4823465973886691349919784013108015581343979194852 8

3043673901248208244481412809544377389832005986490 9

1595053228579145768849625786658859991798675205545 5

8099004556461178755249370124553217170194282884617 4

0273664997847550829422802023290122163010230977215 1

5694464279098021908266898688342630716092079140851 9

7695235553488657743425277531197247430873043619511 3

9611908003025587838764420608504473063129927788894 2

7291897271698905759252446796601897074829609491906 4

8764693702750773866432391919042254290235318923377 2

9316673608699622803255718530891928440380507103006 4
7768478632431910002239297852553723755662136447400 9
6760539439838235764606992465260089090624105904215 4
5392790441152958034533450025624410100635953003959 8
8644661695956263518780606885137234627079973272331 3
4693971456285542615467650632465676620279245208581 3
4771760852169134094652030767339184114750414016892 4
1213198268815686645614853802875393311602322925556 1
8941042995335640095786495340935115266454024418775 9
4931693056044868642086275720117231952640502309977 4
5676478384889734643172159806267876718380052476968 8
4084989185086149003432403476742686245952395890358 5
8213500645099817824463608731775437885967767291952 6
1112138591947254514003011805034378752776644027626 1
8941017576872680428176623860680477885242887430259 1
4524707395054652513533945959878961977891104189029 2
9438185672050709646062635417329446495766126519534 9
5701860015412623962286413897796733329070567376962 1
5649818450684226369036784955597002607986799626101 9
0393312637685569687670292953711625280055431007864 0
8728939225714512481135778627664902425161990277471 0
9033593330930494838059785662884478744146984149906 7
1237647895822632949046798120899848571635710878311 9
1848630254501620929805829208334813638405421720056 1
2198935366937133673339246441612522319694347120641 7

3754912163570085736943973059797097197266666 4226743
1117762176403068681310351899112271339724036 8870009
9686292254646500638528862039380050477827691 2835603
3725482557939129852515068299691077542576474 8832534
1412132800626717094009098223529657957997803 0182824
2849022147074811112401860761341515038756983 0918652
7806588966823625239378452726345304204188025 0844236
3190383318384550522367992357752929106925043 2614469
5010986108889991465855188187358252816430252 0939285
2580779697376208456374821144339881627100317 0315133
4402309526351929588680690821355853680161000 2137408
5115448491268584126869589917414913382057849 2800698
2551957402018181056412972508360703568510553 3178784
0829000041552511865779453963317538532092149 7205266
0783126028196116485809868458752512999740409 2797683
1766399146553861089375879522149717317281315 1793290
4431121815871023518740757222100123768721944 7472093
4931232410706508061856237525673254073332487 5754482
9675734500193219021991199607979893733836732 4257610
3938985349278777473980508080015544764061053 5222023
2540944356771879456543040673589649101761077 5948364
5408234861302547184764851895758366743997915 0851285
8020607820554462991723202028222914886959399 7299742
9747115537185892423849385585859540743810488 2624648
7880533042714630119415898963287926783273224 5610385

2197011130466587100500083285177311776489735230926 6

6123458887310288351562644602367199664455472760831 0

1187883891511493409393447500730258558147561908813 9

8752357812331342279866503522725367171230756861045 0

0454897036007956982762639234410714658489578024140 8

1584052295369374997106655948944592462866199635563 5

0652623405339439142111271810691052290024657423604 1

3009369188925586578466846121567955425660541600507 1

2766417660568742742003295771606434486062012398216 9

8271723197826816628249938714995449137302051843669 0

7672357740005393266262276032365975171892590180110 4

2903842741855078948874388327030632832799630072006 9

8012244365116394086922220745320244624121155804354 5

4206421512158505689615735641431306888344318528085 3

9759277344336553841883403035178229462537020157821 5

7373265523185763554098954033236382319219892171177 4

4946940367829618592080340386757583411151882417743 9

1450773663840718804893582568685420116450313576333 5

5509440319236720348651010561049872726472131986543 4

3545040913185951314518127643731043897250700498198 7

0521762724940652146199592321423144397765467083517 1

4749367986186552791715824080651063799500184295938 7

9915835017158075988378496225739851212981032637937 6

2183224565942366853767991131401080431397323354490 9

0824910499143325843298821033984698141715756010829 7

0658306521134707680368069532297199059990445120908 7

2757762253510409023928887794246304832803191327104 9

5478599180196967835321464441189260631526618167443 1

9355081708187547705080265402529410921826485821385 7

5266881555841131985600221351588872103656960875150 6

3187533002942118682221893775546027227291290504292 2

5978771066787384000061677215463844129237119352182 8

4998243509208918016855727981564218581911974909857 3

0570332667646460728757430565372602768982372597450

8447964954564803077159815395582777913937360171742 2

9960273531027687194494449179397851446315973144353 5

1850491413941557329382048542123508173912549749819 3

0871439661513294204591938010623142177419918406018 0

3479498876910515579055548069538785400664533759818 6

2846419905220452803306263695626490910827627115903 8

5699505124652999606285544383833032763859980079292 2

8466595035512112452840875162290602620118577753137 4

7949362055496401073001348853150735487353905602908 9

3352640071327473262196031177343394367338575912450 8

1493357369116645412817881714540230547506671365182 5

8284898099512139193995633241336556777098003081910 2

7204099714868741813466700609405102146269028044915 9

6465453301077546954130887141653125448130611924078 2

1188690056027781824235022696189344352547633573536 4

8561936325441775661398170393063287216690572225974 5

45

20919291726219984440964615826945638023950283712168
64465617852355651641277128269186886155727162014749
34052276946595712198314943381622114006936307430444
17328478610177774383797703723179525543410722344551
25555899986461838767649039724611679590181000350989
28641204195163551108763204267612979826529425882951
14127584126273279079880755975185157684126474220947
97218433093529726652100156625145529947451276315509
17636730259462132930190402837954246323258550301096
70692272022707486341900543830265068121414213505715
41750575086399076739463351462090828889349383764393
99256900604067311422093312195936202982972351163259
38677224147791162957278075239505625158160313335938
23115005186268905306583681299881086632632719806112
71548858798093487912913707498230575929091862939195
01472119758606727009254771802575033773079939713453
95326461952699965963856549175904583335857991020127
13204583903200853878881633637685182083727885131175
22776960978796214237216254521459128183179821604411
13116714069148271709810154577819392023115638719508
05024679725792497605772625913328559726371211201905
72077140914864507409492671803581515757151405039761
09638467555692989703835473141002238025834687673501
29775413279532060971154506484212185936490997917766
87477448188287063231551586503289816422828823274686

6106592732197907162384642153489852476216789050260
9804526648392954235728734397768049577409144953839
5755654854590589764951985138010079580107837599457
5299196700547602252552034453988712538780171960718
6407812484784725791240782454436168234523957068951
2722697504318736332630111030534233358216093331912
8806608268341428910415173247216053355849993224548
3077882290525232423486153152097693846104258284971
9634753418375620030149157032796853018686315724884
1526639835689563634657435321783493199825542117308
6774529708583950761645822963032442432823773745051
0285606980678895217681981567107816334052667595394
4926280756968326107495323390536223090807081455919
3735537774874202903901814293731152933464446815121
9450975965343062842153194457271186149000176505581
7095302468875263250119705209476159416768727784472
0019278913725184162285778379228443908430118112149
3664246590336341945406571835447719124466212593926
6620306888520055599121235363718226922531781458792
9375044144893398160865790087616502463519704582889
4817937566810464746141051424988702521399368705093
2305447734112641354892806841059107716677821238332
1026218558775131272117934444820144042574508306394
7383637939062830089733062413806145894142276947479
1665717623182472168350678076487573420491557628217

8397297513447899069658953254894033561561316740327 6
4724692125057591162515296545685446334981143176702 5
7295661844775487469378464233737238981920662048511 8
9437886822480727935202250179654534375727416391079 1
9729529508129429222053477173041844779156739917384 1
8311710362524395716152714669005814700002633010452 6
4354786590329073320546833887207873544476264792529 7
6901709120078741837367350877133769776834963442524 1
9949951388315074877537433849458259765560996555954 3
1804092017849718468549737069621208852437701385375 7
6814166327224126344239821529416453780004925072627 6
5150789085071265997036708726692764308377229685985 1
6912230503746274431085293430527307886528397733524 6
0174635277032059381791253969156210636376258829375 7
1373840754406468964783100704580613446731271591194 6
0843593582598778283526653115106504162329532904777 2
1740835593497237585521380483050900096466760883015 4
0612824308740645594431853413755220166305812111033 4
5312074508682433943215904359443031243122747138584 2
0303901060709403152355561727679941600203939750998 9
7629335325855575624808996691829864222677502360193 2
5797472674257821111973470940235745722227121252685 2
3842958742735015636600931880454933389897415714905 4
4182559738080871565281430102670460284316819230392 5
3529779576586241439270154974087927313105163611913 7

5770089295648233236482982630246079758757677453771601024908046243018565241617566556001608591215345562676021926899828553778725831451440826545834844094784631787773747946535801699607794055687011923286080411309046293508718271259346687127666948738998245985277864995691654640294589350649643358098247659651651420909867552038083092032304873427034682887516040715466538346196112230137594515792526967436425319273900360386082364507626988274976187235754767628899507521148048525279508450339585708381304769378813211236742813194879502280663201700224603319896719706491637411758548518784840120548446725888514015627250198217190669608126277854859648183696214107217142149863619187747545096503089570994709343378569816744658282679119406119560378453978558392407612763441057667510243075598145527861678159496570625597550743065210853015979080733437360794328667578905334836695554868039134337201564988342208933999716414797469386969054800891930671380571715058573071488156499207140867582596028760564597824237702424698053280566327870419267684671162668794634869504645074202193739452592626686135529406247813612062026364981999994984051438682852589563422643287076632993048917234007254717641886853513723326678779217383475414800228033929973579361524127558295692768372312347989894462743304 5

4566790062032420516396282588443085438307201495672 1
0646053323853720314324211260742448584509458049408 1
8209276391400085404220235562602185643489941454399 5
0410980591817948882628052066441086319001688568155 1
6922948620301073889718100770929059048074909242714 1
0189335428184299959881696609938369616443815288772 1
4085268088757488293258735809905670755817017949161 9
0611400190855374488272620093668560447559655747648 5
6740081773817033073803054769736097865438593821872 2
0583902344443508867499866506040645874346005331827 4
3629617786251808189314436325120510709469081358644 0
5192295129324500788333987884293934243512634336520
4385812912834345297308652909783300671261798130316 7
9438553572629699874035957045845223085639009891317 9
4759487521263970783759448611394519602867512105616 3
8976008880092746115860800207803341591451797073036 8
3519697776607637378533301202412011204698860920933 9
0853657732223924124490515327809509558664594776344 8
2269986074813297302630975028812103517723124465095 3
4965369309001863776409409434983731325132186208021 4
8099226855029484546618147155574447096695301776904 3
4272031892770604717784527939160472281534379803539 6
7986142437095668322149146543801459382927739339603 2
7540480095522318166673803571839327570771420467238 3
8624617803976292377131209580789363841447929802588 0

6552212926209362393063731349664018661951081158347 1
1733120258058667276399927635790780638188130691563 6
6274125431259589936119647626101405563503399523140 3
2311381965623632719896183725484533370206256346422 3
9527669435683767613687119629218187545760816170530 3
1590728828700712313666308722754918661395773730546 0
6599743781098764980241401124214277366808275139095 9
3134041558262667895108467761186659576601659981780 8
9414985754976284387856100263796543178313634025135 8
1416115190209649913354873313111502270068193013592 9
5959716401971960536250335584799809634887180391116 1
2813595968565478868325856437896173159762002419621 5
5289629790481982219946226948713746244472909345647 0
0285376949588595916067892824910544125159963007813 6
8367490209374915732896270028656829344431342347351 2
3929825916673950342599586897069726733258273590312 1
2887466604514614878503461428277659916080903986525 7
5717263081833494441820193533385071292345774375579 3
4406217871133006310600332405399169368260374617663 8
5657588775802012293663532702671006812618251729146 0
8202541892885935244491070138206211553827793565296 9
1457650204864328286555793470720963480737269214118 6
8954673227677513356901901537236690368653891612916 8
8887876407525493494249733427181178892759993159671 93
5475898809792452526236365903632007085444078454479 7

3482918020820449266706344204375553250505275228337
8887040804033531923407685630109347772125639088640
1310107381785333831603813528082811904083256440184
0537467929926220376987180180611226244909092426419
5820861751177113789051609140381575003366424156095
1632819712233502316742260056794128140621721964184
7057843289598028823350598282081966662490358577899
0333152274817776952843681630088531769694783690580
7106482808359804669884109813515865490693331952239
3632879239905348109878302745001720654336990661177
4554364687723631844464768069142828004551074686645
9280539940910875493916609573161971503316696830992
4663491427987808422572206971488755806374803088629
5118473187124777291910070227588893486939456289515
0296537215040960310776128983126358996489341024703
0366450586872875890514068412381242473863854279082
2733827973326885504935874303160274749063129572349
4261122151741715313361862241091386950068883589896
3492763173164783400774608866555987333821138299287
6911495492184192087771606068472874673681886167507
2101726110383067178785669481294878504894306308616
9487987031605158841082823512741535385133658953329
8629494495061868514779105804696039069372662670386
1290520113781085861618888694795760741358553458515
7680519733443349523012039577073962377131603024288

7200537320998253008977618973129817881944671731 1606

4723147624845755192873278282512718244680782421 5216

4695678192940982389262849437602488522790036202 1938

6696482215628093605373178040863727268426696421 9299

4681921490870170753336109479138180406328738759 3848

2695355830773957614479972700034728801827852813 8950

3217986345216111066608839314053226944905455527 8678

9441757920244002145078019209980446138254780585 8048

4424164047750315360549065914300781583724301231 3751

1562284015838644270890718284816757527123846782 4595

3433444962201009607105137060846180118754312072 5491

3349942476171156333214089346091565615506003173 8421

8701570226103101916603887064661438897736318780 9407

1152752817468957640158104701696524755774089164 4568

6777171585005832699434016772021567677240681283 6656

5264122982439465133197359199709403275938502669 5574

7023181320324371642058614103360652453693916005 0644

9530601612678226489424373971667176612310489750 3188

5732165554988342121802846912529086101485527815 2776

2562375045637576949773433684601560772703550962 9049

3924870884062810679436224187047470083688426710 2255

8302403599841645951122485272633632645114017395 2480

8619463584078375356885622317115520947223065437 092

6067973510005655493812245754837285457117973936 1575

6167641692895805257297522338558611388322171107 3622

6581621884244317885748879810902665379342666421699091405653643224930133486798815488662866505234699723557473842483059042367714327879231642240387776433019260019228477831383763253612102533693581262408686669973827597736568222790721583247888864236934639616436330873013981421143030600873066616480367898409133592629340230432497492688783164360268101130957071614191283068657732353263965367739031766136131596555358499939860056515592193675997771793301974468814837110320650369319289452140265091546518430993655349333718342529843367991593941746622390038952767381333061774762957494386871697845376721949350659087571191772087547710718993796089477451265475750187119487073873678589020061737332107569330221632062843206567119209695058576117396163232621770894542621460985841023781321581772760222273813349541048100307327510779994899197796388353073444345753297591426376840544226478421606312276964696715647399904371590332390656072664411643860540483884716191210900870101913072607104411414324197679682854788552477947648180295973604943970047959604029274629920357209976195014034831538094771460105633344699882082212058728151072918297121191787642488035467231691654185225672923442918712816323259696541354858957713320833991128877591722611527337901034136208561457799239877832508355073

19981845902595835598926055329967377049172245493532
9683300002230181517226575787524058832249085821 2800
8974790932610076257877042865600699617621 21 76845478
9964407050662417102133274867962374302291 5535820078
0141165348065647488230615003392068983794766255036 5
4982280532966286211793062843017049240230198571997 8
9488368971830438051821744191476604297524372516834 3
5411217038631379411422095295885798060152938752753 7
9903093887168357209576071522190027937929278630363 7
2687658226812419933848081660216037221547101430073 7
7537792699069587121289288019052031601285618254944
1335382078488346531163265040764242839087012101519 4
2319616522684220037112304643006734420647477180213 5
3070124098860353399152667923871101706221865883573 7
8121093517977560442563469499978725112544085452227 4
810914874307259869602040275941178942581281882159 95
2359658979181144077653354321757595255536158128001 1
638467203193465072968079907939637149617743121 1940 2
0212975731251652537680173591015573381 5377200195244
454362007184847566341540744232862106099761 32434875
488474345396659813387174660930205350702719529 83943
27142537115576660002578442303107342955153394506048
62227649666876240793243531929926392537310768921353
52572321080889819339168668278948281 170472624501948
40970097576092098372409007471 79733407881 41 82519584

2598096241747610138252643955135259311885045636264118830033853965243599741693132289471987830842760040136807470390409723847394583489618653979059411859931035616843686921948538205578039577388136067954990008512325944252972448666676683464140218991594456530942344065066785194841776677947047204195882204329538032631053749488312218039127967844610013972675389219511911783658766252808369005324900459741094706877291232821430463533728351995364827432583311914445901780960778288358373011185754365995898272453192531058811502630754257149394302445393187017992360816661130542625399583389794297160207033876781503301028012009599725222228080142357109476035192554443492998676781789104555906301595380976187592035893734197896235893112598390259831026719330418921510968915622506965911982832345550305908173073519550372166587028805399213857603703537710517802128012956684198414036287272562321442875430221090947272107347413497551419073704331827662617727599688882602722524713368335345281669277959132886138176634985772893690096574956228710302436259077241221909430087175569262575806570991201665962243608024287002454736203639484125595488172727247365346778364720191830399871762703751572464992228946793232269361917764161461879561395669956778306829031658969943076733350823499079062410020 25

0613405734430069574547468217569044165154063658468 0
4636926212742110753990421887161276177870142588648 2
5775223889184599523376292377915585744549477361295 5
2595222657863646211837759847370034797140820699414 5
5807190802135907322692331008317595106590191212947 9
5408603640757358750205890208704579670007055262505 8
1142066390745921527330940682364944159089100922029 6
6805233252661989113118420162916310768940847235643 6
6808182168657219688268358402785500782804043453710 1
8365109695178233574303050485265373807353107418591 7
7056103973950626403554422751561011072617793706347 2
3804990666922161971194259120445084641746383589938 2
3994651739550900085947999013602667426149429006646 7
1150671754221770387745076735637421547829059110126 1
9157555870238957001405117822646989944917908301795 4
7587676016809410013583761357859135692445564776446 4
1786671153919513576961048649224900834467154863830 5
4477914330097680486878348184672733758436892724310 4
4740680768527862558516509208826381323362314873333 6
7147645204508766276149503899495048095604609896043 2
9123358348859990294526400284994280878624039811814 8
8476730121675416110662999553668193123287425702063
7383520200868636913117334697317412191536332467453 2
5630871347302792174956227014687325867891734558379 9
6435135880095935087755635624881049385299900767513 5

51352779241242927748856588856651324730251471021057

53525165118148509027504768455182520963318990685276

14435138213662152368890578786699432288816028377482

03550601602989400911971385017987168363374413927597

36440170070147637066557035043381211135764150184518

21413619823495159601064752712575935185304332875537

78305750956742544268471221961870917856078393614451

13833356491032564057338986671781239722375193164306

17013859539474367843392670986712452211189690840236

32741149660124348309892994173803058841716661307304

00675883804321115553794406549772170594282151488 61

65672771240903387727745629097110134885184374118695

65544974573684521806698291104505800429988795389902

78043835962824094218605562877884288021275538848037

28640019441614257499904272009595204654170598104989

96750451193647117277222043610261407975080968697517

66002371877483480161203102346805671126447661237476

27852190241202569943534716226660893675219833111813

51114650385489502512065577263614547360442685949807

43969323312971273771573470997139522911826534851555

87137336629120242714302503763269501350911612952993

78586468130722648600827088133353819370368259886789

33212383270532976258573827900978264605455985551318

36688844628265133798491667839409761353766251798258

24966345877195012438404035914084920973375464247448

8176184070023569580177410177696925077814893386672S
5789856458985105689196092439884156928069698335224O
2256345704973122452693541938370048431833571965166Z
6721575524193401933099018319309196582920969656247G
6768365964701959575473934551433741370876151732367Z
20422738567427917069820454995309591887243493952409
44416789988463198455048523936629720797774528143994
18256789457795712552426826089940863317371538896262
88962940211210888442737656862452761213037101730078
51357154045330415079594477761435974378037424366469
73247138410492124314138903579092416036406314038149
83148190525172093710396402680899483257229795456404
27017577229041732347960736187878899133183058430693
94825961318713816423467218730845133877219086975104
94284376932502498165667381626061594176825250999374
16728839517440669325496534031014522253161890092353
76486378482881344209870048096227171226407489571939
0029185733074601043607291909457679946149292904279S
16877294264877299528584346477538690695014898413W
24540394144680263625402118614317031251117577642829
91464453340892097696169909837265236176874560589470
49681701369749095230720826828878907301900182534258
05343421705928713931737993142410852647390948284596
41809361413847583113613057610846236683723769591349
26158245162215521348792441450417568480641206365201

7038633012953277769902311864802006755690568229501635493199230591424639621702532974757311409422018019936803502649563695586642590676268568737211033915679383989576556519317788300024161353956243777784080174881937309502069990089089932808839743036773659552489130015663329407790713961546453408879151030065132193448667324827590794680787981942501958262232039513125201410996053126069655540424867054998678692302174698900954785072567297879476988883109348746442640071818316033165551153427615562240547447337804924621495213325852769884733626918264917433898782478927846891882805466998230368993978341374758702580571634941356843392939606819206177333179173820856243643363535986349449689078106401967407443658366707158692452118299789380407713750129085864657890577142683358276897855471768718442772612050926648610205153564284063236848180728794071712796682006072755955590404023317874944734645476062818954151213916291844429765106694796935401686601005519607768733539651161493093757096855455938151378956903925101495326562814701199832699220006639287537471313523642158926512620407288771657835840521964605410543544364216656224456504299901025658692727914275293117208279393775132610605288123537345106837293989358087124386938593438917571337630072031976081660446468393772580690923 7297

5234867029169104263692620901996052041210240776481 9

0316014085863558427609537086558164273995349346546 3

1450404019952853725200495780525465625115410925243 7

9913262627136090994029022620628367521323050651839 3

4057450112099341464918433323646569371725914489324 1

5900624202061288573292613359680872650004562828455 7

5745965921205303413101118275013069615098355156320 0

4310784601906565493806542525229161991819959602752 3

2770224985573882489988270746593635576858256051806 8

9642853768507720122203479209939361792682065901421 6

5615925306737944568949070853263568196831861772268 2

4991147261573203580764629811624401331673789278868 9

2290325933498617970219949819257396176730758344170 9

8559222170171825712777534491508205278430904619460 8

3521740200583867284970941102326695392144546106621 5

0064106747402070091899119513764669044812672536915 3

7162290791385403937560077835153374167747942100384 0

0230895185099454877903934612222086506016050035177 6

2648316111533255877050735412792499098593734737870 8

1194253055121436979749914951860535920403830235716 3

5272763087469321962219006426088618367610334600225 5

4774778136410126919065696864950126883762969072339 6

1276287223041141813610060264044030035996988919945 8

2739762411461374480405969706257676472376606554161 8

5746905272292382282751867991569833907476711461030 2

2776606020061246876477728819096791613354019881402757992174167678799231603963569492851513633647219540611171767387372555728522940054361785176502307544693869307873499110352182532929726044553210797887711449898870911511237250604238753734841257086064069052058452122754533848008205302450456517669518576913200042816758054924811780519832646032445792829730129105318385636821206215531288668564956512613892261367064093953334570526986959692350353094224543865278677673027540402702246384483553239914751363441044050092330361271496081355490531539021002299595756583705381261965683144286057956696622154721695620870013727768536960840704833325132793112232507148630206951245395003735723346807094656483089209801534878705633491092366057554050864111521441481434630437273271045027768661953107858323334857840297160925215326092558932655600672124359464255065996771770388445396181632879614460817789272171836908880126778207430106422524634807454300476492885553409062185153654355474125476152769772667769772777058315801412185688011705028365275543214803488004442979998062157904564161957212784508928489806426497427090579129069217807298769477975112447305991406050629946894280931034216416629935614828130998870745292716048433630818404126469637925843094185442216359084576146078558562473814962

3142707826621518554160387020687698046174740080832४
3436653823545551094494984310934947599446726736653५
2517662706772194183191977196378015702169933675083७
6005716345464367177672338758864340564487156696432१
0412825956453498413884128904206820470076155969168४
3038999348366793542549210328113363184722592305554३
8305820694167562999201337317548912203723034907268१
0685344540359935618235763128377676406310131253352१
2141994611869350833176587852047112364331226765129९
6417132521751355326186768194233879036546890800182७
1352835848884441117612341011799187092365071848578५
6221021104009776994453121795022479578069506532965९
4038398736990724079767904082679400761872954783596३
4927939045769736616434053597922192858705749574816९
6694062334272619733518136626063735982575552496509८
0726012366828360592834185584802695841377255897088३
7899429105498003311138846034019391661221866960584९
1571485733568286149500019097591125218800396419762१
6355937574371801148055944229873041819680808564726५
7135476128316292004498803154021055305970766663627४
9328308916880932359290081787411985738317192616728८
3491840242972129043496552694272640255964146352591४
3484006758676903503823205729341329815935330444464९
6829441367323442158380761694831219333119819061096१
4295220153617029857510559432646146850545268497576४

8078080092213358113781977492717685450755383287687

4474591593731162470601091244609829424841287520224

6259447763874949199784044682925736096853454984326

5368628444893657041118177938064416165312236002149

8768769467398407517176307516849856359201486892943

0594020245796962292456664488196757629434953532638

1716133957577907663707645695702597388004384158058

4336137106551859987600754924187211714889295221737

2114608115434498266547987258005667472405112200738

4592715757277152185899469481179406444663994323700

4291140747218180224825837736017346685300744985564

1542003612359339731291445859152288740871950870863

2188372882628228846318437172619033057771476515641

3822306791847386039147683108141358275755853643597

2165002827780371342286968878734979509603110889919

1433866640684506974207877002805093672033872326296

7856038653216432348815557557018469089074647879122

3637555666867806761054495501726079114293083128576

2544819444494732448190937953690082063846316782250

4809531810406570254327604385703505922818919878065

6541218429921727372095510324225107971807783304260

0867942734289557355592527238055114404380012390416

7716445180226491681641927401106451622431101700056

9112173318942340054795968466980429801736257040673

2821299621536848814041021944634246462207455756439

0452985313071409084608499653767803793201899140865 8
1466217531933766597011433060862500982956691763884 6
0567629729314649114937046244693519840395344491351 4
1193667933301936617663652555149174982307987072280 8
6085962611266050428929696653565251668888557211227 6
8027727437089173896397722575648905334010388559311 2
5679991516589025016486961427207005916056166159702 4
5198905183296927893555030393468121976158218398048 3
9605625230914626384473862960398489243861872985077 7
5928792722068554807210497817653286210187476766897 2
4884113956034948037672703631692100735083407386526 1
6845074824964485974281349364803724261167042668708 3
1925040997615319076855770327421785010006441984124 2
0739640013960360158381056592841368457411910273642 0
2741637234882145241013477165296031284086584197879 5
1116511529827814620379139855006399960326591248525 3
0849369031313010079997719136223086601109992914287 1
2493885416120380204113401888872196934779044975274 5
4288072803509305828754420755134816660927879353566 5
2125562013998824962847872621443236285367650259145 0
4683776352825876521391564809721419296755493843755 8
2600253168536356731379262475878049445944183429172 7
5698837622626184636545274349766241113845130548144 9
8363117897844897320767195087841586188796929558197 3
3250699951402601511675529750575437810242238957925 7

8656212843273120220071673057406928686936393018676̲5

9582513264991459502609170693475194089753574640168̲3

0811798846452473618956056479426358070562563281189̲2

6966302647953595109712765913623318086692153578860̲7

8127599105371714022045061860753748663063505914839̲1

6467656723205714516886170790984695932236724946737̲5

8309960704258922048155079913275208858378111768521̲4

2693347869218952406226579210436203488529262679840̲1

3953216458791151579050460579710838983371864038024̲4

1751134722647254701079479399695355466961972676325̲5

2299146549334996632341859514503609803440922122067̲1

2567698723427940708857070474293173329188523896721̲9

7135392449242617864118863779096281448691786946817̲7

5917171506691114800207594320120619696377951032270̲8

9029566085562225452602610460736131368869009281721̲0

6819861855378098201847115416363032626569928342415̲5

0236009780464171085255376127289053350455061356841̲4

3775854429677977014660294387687225115363801191758̲1

5402812081825560648541078793359892106442724489861̲8

9616294134180012951306836386092941000831366733721̲5

3008352696235737175330738653338204842190308186449̲1

8409372394403340524490955455801640646076158101030̲1

7674884750176619086929460987692016912021816882910̲4

0870709560951470416921147027413390052253340834812̲8

7035303102391969997859741390859360543359969707560̲4

4601342424536824960987725813110247327985620721 2657
2499003468293886872304895562253204463602639854 2252
5841646432427161141981780248259556354490721922 6583
8636626637508359443148776351561457107455280161 5967
7048442714194435183275698407552677926411261765 2506
1596523545718795667317091331935876162825592078 3080
1852068901515047133403861003100559148178521103 8475
4542933389188444120517943969970194112695119526 5649
1959418997541839323464742429070271887522353439 3673
6336632003072327470374071239825620246626519740 9019
9762452056198557625760008708173083288344381831 0700
5451449354588542267857855191537229237955549433 3410
1744201696000906964156127322977702212179518683 7635
9082255128816470021992348864043959153018464004 7143
2118636062252701154112228380277853891109849020 1342
7410141215597699654388771974853764311582298385 3312
3071751132961904559007938064276695819014842627 9912
2179294798734890186847167650382732855205908298 4529
8062592503521284519259279865935061329619467962 5237
3972565584157853744567558998032405492186962888 4903
3256085145534439166022625777551291620077279685 2629
3879375304541810807292858919897153817973434961 8723
2927614747850192611450413274873242970583408471 1123
3374627461727462658241532427105932250625530231 4738
7592517247873228814914559156050363345754242337 7916

0374952502493022351481961381162563911415610326844 9
5807250827343176594405409826976526934457986347970 9
7431244982719331138638731596363612186234972614095 5
6079920628316999420072054811525353393946076850019 9
0988655386143349578165008996164907967814290114838 7
6456821749140756237676184537751440314754112067601 6
0726460556859257799322070337333398916369504346690 6
9482843662998003741452762771654762382554617088318 9
8108688068478537055364804693509588180253605297407 9
3538676511195079373282083146268960071075175520614 4
3378411454995013643244632819334638905093654571450 6
9008644834401804283633905135781572739733345372842 6
3372174065775771079830517555721036795976901889958 4
9413019599957301790124019390868135658553966194137 1
7944876320798688003716073032205474235722668968018 8
2123424391885984168972277652194032493227314793669 2
3400484897605903795809469604175427961378255378122 3
9476461478329269765451622902817011004378460387565 4
4151739433960048915318817576650500951697402415644 7
7129365661425394936888423051740012992055685428985 3
8979426699567770270891465137368922061044154816621 5
6804219838476730871787590279209175900695273456682 0
2651337311151800018143412096260165862982107666352 3
3617740078377834237091526440630540718078433580610 7
2961105550020415131696373046849213356837265400307 5

0982908936461204789111475303704989395283345782408 2
8173864413227100029683119402033234564208264732762 3
3830294639378998375836554559919340866235090967961 1
3400486702712317652666371077872511186035403755448 7
4186935197336566217723592293967764632515620234875 7
0113795712096237723431370212031004965152111976013 1
7641940820343734851285260291333491512508311980285 0
1778557107253731491392157091051309650598859999315 6
0863655477403551898166733535880048214665099741433 7
6118277772335191074121757284159258087259131507460 6
0256349037772633739144613770380213183474473011130 3
2670296917335047701632106616227830027269283365584 0
1179141944780874825336071440329625228577500980859 9
6090409363126356213281620714534061042241120830100 0
8587264252112262480142647519426184325853386753874 0
5474349107271004975428115946601713612259044015899 1
6002298278017960351940800465135347526987776095278 3
9984368086908989197839693532179980139135442552717 9
1022539701081063214304851137829149851138196914304 3
4975001899806816444121232733283071928243624067331 9
6554692677851193152775113446468905504248113361434 9
8460484905125834568326644152848971397237604032821 2
6602535166939140820499473204860216277597917712347 5
1097502403078935759937715095021751693555827072533 9
1189233407022383207758580213717477837877839101523 4

1320984894234596136923404979982793041444631627072l
4796117456975719681239291913740982925805561955207l
3424329598289898052923336641541925636738068949420l
4712413405250722040617943552525552250087487900865l
8314542835167750542294803274783044056438581591952l
6675828292970522612762871104013480178722480178968l
0524079243605827424674430767216452703134513541676l
9668901274786801010295133862698649748212118629040l
3769156857624069929637249309720162870720018983542l
6903641492702369619385473724803298550451120891928l
9829874467864129159417531675602533435310626745254l
0711418148323988060729714023472552071349079839898l
3552687239509093656678789923837125789762487559904l
3228895388377317348941122757071410959790047919301l
4674075041143538178246463079598955563899188477378l
3413470702467473621120489862269918885174562517325l
9341352038115863350123913054441910073628447567514l
6105041097350585276204448919097890198431548528053l
9857778443139338839943104444656692445508859463140l
1751220331390681596592510546858013133838152176418l
1043342978882611963044311138879625874609022613090l
8499754303957712432306169062629194039214397402708l
4777663702488155499322458825979020631257436910946l
9325280624164247686849545532493801763937161563684l
8598237159023854212658406153672286071317026747401l

1145261063765383390315921943469817605358380310612 8

878520515469336392410884676320095670897183674905 78

163085158138161966882220475704375906143380407258 5

386208356517699842677452319582418268369827016023 74

149383634966293515768540613973427464708996856181 70

160551104880971554859118617189668025973541705423 98

513556001872033507906094642127114399319604652742 40

508822253597734815191354385712532585404939460108 65

793798058620143366078825219717809025817370870916 46

045272797715350991034073642502038638671822052287 96

944583876529479510486607173902293274554267856697 76

865939923416834122274663015062155320502655341460 99

524935605085492175654913483095890653617569381763 74

736441833789742297007035452066631709296075919896 27

732423090252397443861014263098687733913882518684 31

650102796491149773758288891345034114886594867021 54

921010843280807834280894172980089832975369406449 69

903125399863919581601468995220880662285408414864 27

478628197554662927881462160717138188018084057208 47

158689068369193933818642784545379567192723979723 64

651667592011057995663962598535512763558768140213 40

982901629687342985079247184605687482833138125916 19

624761569028759010727331032991406238646083333786 38

257926302391590003557609032477281338887339178096 96

660146961503175422675112599331552967421333630022 29

71

6490648093458200818106180210022766458040027821333675857301901137175467276305904435313131903609248909
7246427928455549913490005180295707082919052556781889913899625138662319380053611346224294610248954072
4048571232566288889317221164329478161905548680549434410340906807160880282279596869501336438142682521
7047287086301013730115523686141690837567574763723976318575703810944339056456446852418302814810799837
6918512127201935044041804604721626939445788377090105974693219720558114078775989772072009689382249303
2368305158626572811146379969831375179376232151112523497343052406221052442343537329056551634066695061
6589287821870775679417608071297378133518711793165003315552382248773065344417945341539520242444970341
0120874072188109388268167512042299404948179449472732894770111574139441228455521828424922240658752689
1722727806071167540469730080370396187877966948825556146743843925701158295466613586786718976612973112
6720007297155361302750355616781776544228744211472988161480270524380681765357327557860250584708401320
8837932816008769081300492491473682517035382219619039014999523495387105997351143478292339499187936608
6923013755963685323738067035911442432685615121094042595826393016780171286692392832310576588517140202
11196957064799814031505633045141564414623163763809

90440281625691757648914256971416359843931743327023
78123369380430128926263753826677950341693343236075
00248175741808750388475094939454896209740485442635
63716499594992098088429479036366629752600324385635
29458447289445471662092974954966168774141208821304
77022816116456044007236351581149729739218966737382
64720472264222124201656015028497130633279581430251
60136948255670147809357908896571349261581613469018
06965089556310121218491805847922720691871696316330
04485802010286065785859126997463766174146393415956
95395542033146280265189511679380745733157598460861
73702687867602943677780500244673391332431669880354
07323238828184750105164133118953703648842269027047
80527424906034920829547550540034571601840725745369
38145531175354210726557835615499874447480427323457
88006187314934156604635297977945507535930479568720
93167245365472083816858556060438019770307642460834
89876101345709394877002946175792061952549255757109
03852517148852526567104534981341980339064152987634
36954202560827761442191431892139390883454313 17696
85101840103844472348948869520981943531906506555354
61733581404554483788475252625394966586999205841765
27801253410338964698186424300341467913806190280596
07854888010789705516946215228773090104467462497979
99262712095168477956848258334140226647721084336243

7593741610536734041954738964197895425335036301861400951534766961476255651873823292468547356935802896011536791787303553159378363082248615177770541577576561759358512016692943111138863582159667618830326104164651714846979385422621687161400122378213779774131268977266712992025922017408770076956283473932201088159356286281928563571893384958850603853158179760679479840878360975960149733420572704603521790605647603285569276273495182203236144112584182426247712012035776388895974318232827871314608053533574494297621796789034568169889553518504478325661638070947695169908624710001974880920500952194363237871976487033922381154036347548862684595615975519376541011501406700122692747439388858994385973024541480106123590803627458528849356325158538438324249325266608758890831870070910023737710657698505643392885433765834259675065371500533351448990829388773735205145933304962653141514138612443793588507094468804548697535817021290849078734780681436632332281941582734567135644317153796781805819585246484008403290998194378171817730231700398973305049538735611626102399943325978012689343260558471027876490107092344388463401173555686590358524491937018104162620850429925869743581709813389404593447193749387762423240985283276226660494238512970945324558625210360082928664972417499

1914198896612955807677097959479530601311915901 1773
9431042090490794244488685130868444937059090260 0612
0649425744710353547657859242708130410618546219 8818
3009063458818703875585627491158737542106466795 1346
4875867715438380185213482819158124625993351601 9893
5595167968932852205824799421034512715877163345 2229
9541883968044883552975336128683722593539007920 1666
9413390911687588039888288692160023732573615882 0716
3516271332810518187602104852180675526648673908 9009
0719513805862673512431221569163790227732870541 0842
0378415256832887180469879525130732663402785190 5941
7338920358540395677035611329354482585628287610 6106
9822972142096199350933131217118789107876687204 4548
8760894101747986471378824621539559333327556200 943
9580434537919782280590395959927436913793778664 9409
6404877784174833643268402628293240626008190808 1804
3909145563519368560630450891422896452199877988 4934
7477729132797266027658401667890136490508741142 1268
6196986204412696528298108704547986155954533802 1201
1556469799767857389201862435993267776894540605 0821
8838227909833627167124490026761178498264377033 0020
8184459000971723520433199470824209877151444975 1017
0556430295428218196700092025156158441742059336 5814
8134902693111517093872260026458630561325605792 5609
2733226557934628080568344392137368840565043430 7396

5740610177793701414246154930707413608054421 0029560

0095663588977899267630517718781943706761498 2175641

8659011616086540863539151303920131680576903 4172596

4536923508064174465623515239290504094799531 8407486

2151210561833854566176652606393713658802521 6662235

7613220194170137266496607325201077194793126 5282763

3024138051649071745659648537483546691945235 8031530

1969160480994606814904037819829732360930087 1357607

9862142542209641900436790547904993007837242 1581954

5354183711293686584305538427176280352791288 2112930

8351575656599944741788438381565148434229858 7042455

9243469329523282180350833372628379183021659 1836181

5542171574484657784201343299825945668845582 6617197

9012180849480332448787258183774805522268151 0113717

4536841787028027445244290547451823467491956 4188551

2444213377835214238659799259882032870851093 3838682

9906571994614906290257427686038850511032638 5445404

1918495886653854504057132362968106914681484 7869659

1668618427567984600418687622980555629630459 5322792

3051616721591968675849523635298935788507746 0815373

2145464298479231051167635774949462295256949 7660359

4739624309953433104049942096778838270027144 7849406

9037073249106444151696053256560586778757417 4721108

2743577431519406075798356362914332639781221 8946287

4477981198072256467146640548501310096567863 1488009

0303749338875364183165134982546694673316118123364８
5439764932502617954935720430540218297487125110740４
0116114058999110930624923128131163405492625713567２
1818628932786138833718028535056503591952741400869５
1092616754147679266803210923746708721360627833292２
3864136195941213392780361182763241060047409711110４
8140003623342714514483334641675466354699731494756６
4342365949349684588455152415075637660508663282742４
7941360628760412906449138285194564026431532258586２
4043141838669590633245063000392213192647625962691５
1090445769530144405461803785750303668621246227863９
7527466678701210033929848733750144756003221006223５
8029343774955032037012738468163061026570300872275４
6296679688089058712767636106622572235222973920644３
0935243272281008599730951325286306011054979156447９
1845004618046762408928925680912930592960642357021０
6152464620502324896659398732493396737695202399176０
8984745718435319366465291258480644801965201628387９
5189499336759241485626136995945307287254532463291５
2911012876377060557060953137752775186792329213495５
2451330898679691651290738413021675732386375758200８
0363575728002754490327953079900799442541108725693１
8801466793559583467643286887696661009739574996783６
5933978463469599489506104903836474095046952260638５
8046758073069912290474089879166872117147527644711６

0440195271816950828973353714853092893704638442 0893
2997711258568408466083399340456890267875160087 7546
1267988015465856522061210953490796707365539702 5761
9943137663996060606110640695933082817187642604 3573
4253617569437848484952501082664883951597004905 9838
0812105221111091943323951136051446459834210799 0580
8209371646452312770402316007213854372346126726 0997
8703856570919985075956346132484601884098501942 8768
7902268734556500519121546544063829253851276317 6639
2205093834520430077301702994036261543400132276 3910
9129883278639204123004455516840548898090807791 7463
6092439334912641164240093880746356607262336695 8427
6458369826873481588196105857183576746200965052 6065
9292635482914990457683072108932458570737016607 1739
8194485028842603963660746031184786225831056580 8708
7030556759586134170074540296568763477417643105 1751
0367328692455585820823720386017817394051751304 3799
4868822320044378043103170921034261674998000073 0160
9481458637448877852227307633049538394434538277 0608
7607635420984450083062476302535727810327834617 6697
0544287155315340016497076657195985041748199087 2014
9087568603778359199471934335277294728553792578 7684
8323011018593658007172911869676176550537750302 9303
3830706448912811412025506150896411007623824574 4886
5518258105814034532012475472326908754750707857 7659

7325428444593530449920700145387489482265564422369
6365544194225441338212225477497535494624827680533
3698328415613869236344335855386847111143049824839
9918031654586382893537991305352228334301379533729
4016257623228081138499491876144141322933767106563
9252881452823950620902235787668465011666009738275
6604054469416534222390521083145858470355293522199
8272760574821266065291385530345549744551470344939
8686342945965843102419078592368022456076393678416
2705185551787029040735573046206396924533077957822
5949710420188043000183881429008173039450507342787
1312446686009277858181104091151172937487362788787
9074652855654347488868310641100510230208751077689
8781525622735251550379532444857787277617001964853
355516765520911933934376286628461984402629525218
6785223674751088097815070989784130862458815226609
3551401874495836926917799047120726494905737264286
0521140358123107600669951853612486274675637589622
2991164960668765082617341784847893372950567390078
8617925351440621045366250640463728815698232317500
9626108092195521115085930295565496753886261297233
9146283584760486276270273097392020014322487075823
7354915246085608210328882974183906478869923273691
6004883743661522351705843770554521081551336126214
9118156153017588825735948925071088792621286413924

3309383797333867806131795237315266773820858024701433527009243803266951742119507670884326346442749127558907746863582162166042741315170212458586056233631493164646913946562497471741958354218607748711057338458433689939645913740603382159352243594751626239188685307822821763983237306180204246560477527943104796189724299533029792497481684052893791044947004590864991872727345413508101983881864673609392571930511968645601855782450218231065889437986522432050677379966196955472440585922417953006820451795370043472451762893566770508490213107736625751697335527462302943031203596260953423574397249659211010657817826108745318874803187430823573699195156340957162700992444929749105489851519658664740148225106335367949737142510229341882585117371994499115097583746130105505064197721531929354875371191630262030328588658528480193509225875775597425276584011721342323648084027143356367542046375182552524944329657043861387865901965738802868401894087672816714137033661732650120578653915780703088714261519075001492576112927675193096728453971160213606303090542243966320674323582797889332324405779199278484633339777737655901870574806828678347965624146102899508487399692970750432753029972872297327934442988646412725348160603779707298299173029296308695801996312413304939350493325480

12355071054461182591141116454534710329881047844067
78013807713146540009938630648126661433085820681139
58383191695455582594268957698414288937434670841079
46318932539106963955780706021245974898293564613560
78898347241997947856436204209461341238761319886535
23583129968622689486084084566556068769545012744866
31405054735351746873009806322780468912246821460806
72762770840240226615548502400895289165711761743902
03375848778429112896232470591918746910420058483261
40677333751027195653994697162517248312230633919328
70798380074848572651612343493327335666447335855643
02352808839243482787608861649432893991663992104883
07847777048045728491456303353265070029588906265915
49850940797276756712979501009822947622896189159144
15200322838787734851309790810191292672271037788980
53964156362364169154985768408398468861684375407065
12103906250612810766379904790887967477806973847317
04752534421563903872012388063236880370179493089549
00776331523063548374256816653361606641980030188287
12376748189833024683637148830925928337590227894258
80600872860388591688497306939480205112217663591382
51524278670094406942355120201568377788518246700025
65170850924962374772681369428435006293881442998790
53010562173754591826799732177350293689280652100253
96268807498092643458011655715886700443503976505323

4782873273688408635400027406767838219635222265392 9

0939807367391364082898722017776747168118195856133 7

2158311905468293608323697611345028175783020293484 5

9829250008956826302712632958662921476531422333517 9

3093387951357095346377183684092444422096319331295 6

2030557551734006797374061416210792363342380564685 0

0920371671526425563718538895714164197723874226105 9

6667396997173168169415435095283193556417705668622 2

1521799115135563970714331289365755384464832620120 6

4243380169558626985610224606460693307938478588143 6

7407000599769703649019273328826135329363112403650 6

9865216063898725026723808740339674439783025829689 4

2568967418643361349794752455262914265228424192430 8

3388103580053787023999542172113686550275341362211 6

9314069466951318692810257479598560514500502171591 3

3177516099578655519818861932112821107094422872404 4

2481153406055895958355815232012184605820563592699 3

0347885113206862662758877144603599665610843072569 6

5005630644891875994665967728471715395736121081808 4

1547273142661748933134174632662354222072600146012 7

0120693463952056444554329166298666078308906811879 0

0908152950636267820756143888157813511346953663038 7

8412092346942868730839320432333872775496805210302 8

2154432472338884521534372725012858974769146080831 4

4041258681815400491877722878698018534545370065266 5

5649170915429522756709222217474112062720656622989806032891672068743654948246108697367225547404812889
2424718543236057534116728507575520571311566979545848873987422281358879858407831350605482905514827852
9489112190538319562422871948475940785939804790109419407067176443903273071213588738504999363883820550
1683402777496070276844880281912220636888636811043569529300652195528261526991271637277388418993287130
5634646882273982887631986457098363089177864870866761854856800476725526754147428510281458074031529921
9781455775684368111018531749816701642664788409026268282444825802753209454991510451851771654631180490
4567985713257528117913656278158111288816562285876030875974963849435275676612168959261485030785362045
2745077529506310124803418045840594329260798544356200937080918215239203717906781219922804960697382387
4331262673030679594396095495718957721791559730058869364684557667609245090608820221223571925453671519
1834872587423919410890444115959932760044506556206461164655665487594247369252336955993030355095817626
1762318495619064948396730020377638743693439998294302091470736189479326927624451865602395590537051289
7816345542332011497599489627842432748378803270141867695262118097500640514975588965029300486760520801
04915378854139094245316917199876289412772211294645

6829486028149318156024967788794981377721622935943७

8110044480607976724292762495107841534464291508427६

4520002042769470698041775832209097020291657347251५

8290463091035903784297757265172087724474095226716६

3060054697163879431711968734846887381866567512792९

8575016363411314627530499019135646823804329970695७

7015078933772865803571279091376742080565549362464६

4126002437968454377733902647251281941632007684873६

2517640659675406936217588793078559164787772747392७

2002910342949562447661308200729250734529170764226६

2104767303786316995423745511745652202278332409680३

5246676631908610112067458562873174135111622920788६

5132941244815471628182079877168346341322362234117७

8823102765982510935889235916205510876329808799316५

1725289380012378174348968321515905624933473702068३

2232100118637395770567473867102173212375224325241६

2635803437625360680866916357159455152781780392177४

3228234366337728111863905118930759016666507429527५

8384008544635419317190531363659724905158409106582२

0181473479902235906713814690511605192230126948231६

1134174399447148330408624842691395023367134124251२

3864026657258130943967621939655407386524229897879७

8219863791829970955792474732030323911641044590690७

9778623155183495930353059237898175158914576504080२

5109479123421758482841881950138546165680301755035५

8005494489488487135160537559340234574897951660244 2
338321406030095937105588457052515704266284600354 40
282367876855098267816176552037579565548167789603 89
274983556087915411777494235734007641610932940038 99
982199267257086957326068774974224802023307525187 65
025596842076069322998858757989889646074438178817 00
815488952265167228340452772191069914157646394852 31
126794730865803195076455197675628957428881796812 09
002638714525785831527761510908863174024369568056 78
730152354278047934142664952238337071175112653755 03
942372098784668049139473446530714079622597287130 50
307725871487557050258257346686661380235142605611 61
974055434365486980054448792959702875903522584097 82
683598666446586045694241390729095266249932902973 44
056816068380572662605727708840707347149606006456 14
540707344327825140874742755067223048453570060922 14
390002992981608211717047917614505191008132670375 21
493074056785331110605835291278100739174994919784 51
129159136811073940551752080196305393507402485095 53
772500367054665162330430425087442324262404632115 07
899733692998540704165626104197670020241509489241 18
560924096376044296120023645907064497706272079190 19
235964807048923636979860198283087284228564752353 16
288279132429552481444750552190967204608068954518 17
122049303218537406272474215197403057690436026863 60

7807920047762324295518294735220272443763390277213 9
208776706571624163975178585925442692342853527432 88
563368507896519620725194165560618703705502184628 45
434257850383000095374518292958440464918838685793 48
396115129716058166574509670367749583666669312188 17
636796449436171304160372430506584851317492640558 55
194018005180908475211868224616976149242323831948 643
441590855801107307031120150224341607315792952875 29
368358203970033891121141706852193665897894595031 54
389589015303827143001929589074149943592894083097 07
707836287591448403704503861896697581120185231923 18
686599680385838123703291562075788359487809416882 05
531605128190152647592807574958154564221341459378 16
705699286829989561198235383715788048047870458417 53
946654976901732203108900703033629117673084484503 72
145669644401469545173857434157810158618783839278 55
260939913057025557555906094705149809348777332007 27
975730382459894668096808222213484858738229992817 94
090825665209581655472475244566743697594474686376 33
242890426977610679193391098330042231029372829879 89
032093910926828363061736101738781236798986451493 11
702437128285882630486298884492207415640607147059 13
740552466575697187021735528724543942771480917936 44
376506378618613243486357974112585208634599278036 88
792498354363298457687650165065115345008695721239 50

86

754478568317363155715352704652423525973751340882546160966144074667551422683603195980107215246355106917187133573168548563128085783443562367095965094994696882066118511808603420282133180124941099150260143545001743273079362511307029825049941799428445114647932915459955590958780762163666859179106543596606525352532027365072598912125568684280207724648772201099663182955955290339331228436486447597356085984076094729838954243393262315323991898185226418083129633354635687482886346561850481063228880559673784456200094146560349928087940511531005758712955257196411150685034077371060438037125957559698594936205847751202635494734753474818926225419035267161442928489985753674069216527163008606065437373682355658862648634368915321809557220445677713736831045807558452961283283260631962972852796667436297480082131862792186904428434263073576070399966943078950814726973025381737569492275179535432615691204059483286094999236641228788122641914850485632807206641855705952037503032291689448942757830609091085241060140068327420558396977382315073499610875876370425556496408685507194225634496673243065625925047458176273328181601701969816654242637876360145303594653845032547667499973734083566513818602515652028363738917101654541488267444800910570418616262683797112088614135727 96

1109908829297022969212818097879895139150427093 6786
4449831964201345668339087759430064424856230121 2461
4511697921939634409508083229281294270436599146 4827
4998437594211302041829730841717881309037955854 5603
2471708191953027714657945554755447542844344081 3938
8908609776017857389307518661906505018077165001 8407
4432585402418436050111824299070232341724367452 5365
3495947990633345407543718126993998337192184854 1873
5979845348934592268515068182662490078029335012 6588
2497422624188535252663670282766249934982948874 8331
0617642084290169230528996089786041300651090281 7980
5040587107671179041130217482796682353001960220 2531
8557678984331758680637835996879160153892222023 6575
7655815866114091993948615992091599175533417830 3334
7643131635012705390697079326567812415906434284 7213
6023521823674121473312449994433415591527431593 1687
4778825331550927703362029012225977948098553922 0006
4527162280855398278906584233447552821276517650 5726
6326769114107503484587189699643487577513847914 8183
6351006214668185850963488870814569767220201679 9119
9462417776688907917136865945960726468538810778 7830
0216136827669702622345941873747673353799888440 3427
0468030425516941271587393203984443746045478161 1305
6625176412759821181939661101850562880555942566 0600
3231211618099462212930100247091334715068226843 0458

6803009042428616820255621409460879000651910994955708158165058289833407394660844575657806366902728434
6201858732825292479650528668140850353851983752363745192562279549029055790703028395010485483592983454
2814487304358047053315081510503001521428117175393649133166172621235405527863308002083177055630294963
5942016543330940941771963262341193871051615701017980535516793708602913667569860971241203685838129576
9530779814136570017476135696698614606849143969957383763169582460251334210807262171360194301808720988
8551415024163818325975259593165531865833117126857941527206612218422661411825154657484878312610347834
5467492583087299854474212064450952332450508774314961665552517971680209917200264093749219075699368963
3028139164720896358177173555584859270652450486251641954055080134351032338981337830249770182275490638
14999647233340796130414697394763726508692733471084156856084309213162404346298639208416600559045985064912435052647660676003444416181864036700837741141010943205889555986586700778636718969440896223213740
3411359719913313594655368544669236765258901210841377743248219181274784789228726489297003237187345615
7981599834839100412601050746964599430331978810634913923812490503061433407918328004063907098672596197
0983112659601474737253305268537177421465540058739289

4623727617364905198713368067723952570781360686832
6139501432950947485159472466752720168431658660880
5127685847555411843811690116220055521134844889606
8259227431319007963011587084670117654935393046563
5622531124472779666900583119061610197266307397054
5314398184573794494867801346182178759390769996020
9083965677287846905736401564015047696448993947541
7460833991869688927115694234549265124664550779255
0281050376220359675305586018564920560628790907694
3339208808849477828894851122154743230191383245562
9388102061449026687601020775321091568497783074085
6498579671526170100394754945399176987913235465501
6407355816999409756248149967443278429202762644189
9391815839456270817330158216022551965989876937616
0198612074667550488611108557267645070526224461302
2335852072273620485057289238815884938754535229186
9971438088406175728622095012250651586310425888413
3554319737298562177530720226294755524830444453404
4888878581170341345342522354319407877972846760181
8322709774518092934219318981581248283265895004070
8552060998937839003419141630446391638805496587865
1375046341695655156618298878630705842306967660254
5302481147100789978421183048901046405689653970288
5955309255586360521589573751140895649058441567749
7105859648014315874614491250549253191164653821585

9737009328019453032057262845265804604633781663 1429
9330766466465307605905489628887241897160602258 8261
7577539922055131509377200624863085562820493575 7527
2499556708922163423398360256532873102919400704 1176
9192208500151167356701019589710017970195781208 9291
0969417754369904368202563024054822625401905696 5077
1058157424072149633956036527028333440730575007 3674
5622605846498861151016896121811190584717144610 6871
9761017456587373796740697137423238753839030317 2002
0020720592848878512391174647167374373792328388 1966
2016876221913462338937625995270256721386221124 5898
0212130501407288904300322535504095866818724139 3699
3819306914874471718664618311194260316166407037 7316
4870018647996002430440032422418094022785333090 1150
9880870678268835317200767522553138008818780431 6901
9007280483179928741412547612308960683309582837 7667
6882875786886830929760010119745338983319525886 1963
0132917094385816615374171794496319177154312506 9598
5348128568461937766989427745917091880252001274 9905
5594072896965947933316722436215678967769667080 3522
9039018485730806275670867658627104769409203565 5930
2535274341896592700222704923318682999156093641 3757
0049885373045963961527346293969749517480626964 5179
3018719986788537581415975799314806608557232568 3743
0528276417567005028804048942989958094810353483 3934

1449278859252621924155472319971433850866373209 2663
2728243514933640704589683852345624744361175256 7669
8776759722343920635750747155291810276261401299 2480
4228839902978799254185174991296302839907296355 8857
9890593317795908769073905646025623533567221552 2594
6883829845288292296627513716242217295467867071 5840
9241840841475575825393852409633020513497047406 9539
9567897981727860920462286839735779815111868152 6598
8460694975896548131465115039262637774951376155 7248
1951161198772503445647107385134359273555387124 6237
5598193813214238441581929070046389771683887207 9163
6174143249707910965816274642971707287172514274 5898
3568970955346268201690853561089448984071005819 2030
2176945120771774588795519510473384184739980796 3067
6788584516757572990430697154264238349800987086 9933
6709121083944535062459224323123482785496603746 5718
8014892937945147870540607924575900601219622123 9287
2001721558866634573497140953372115165598575794 1724
4198890261670161016115578343150254603287811984 2402
7484608510722406676778760855247617773833089502 6100
6438835055020545632434616785945194179566987496 8515
2448838475136181806671083161655642093692705206 1189
8517292617141714434655508706306063551012949400 3097
5916779915842604919712095432270267843265429657 2403
2720887143219996453132025871096771651285496699 6255

2698607311763718207498827399770601991362093083230 7
3683820645573256376598291257813149222422042797124 1
4416299512659456397927593803838047826231604243253 9
9132851123032247037561942321733047854078576244013 2
9171799297924078339071575798142681686465538294684 7
3992058886316559349198678969628404473449680240770 9
2831376408103352255242717404107673565424441004483 3
4744010172644105295478729634589864050120360802445 1
1903509949744939736171815752770937802092366681358 4
1636268319263406714182797421342546220705415600050 9
5967404561684045177174795279035325493258912048338 5
7465900967817304160005210889346107687540042419778 0
3082885181200173369559127137714195011361304409753 2
7919050489158324639914348353164868154857917863293 5
1239255525102111827885736960602769313014696614334 4
9642302114382483705633532793858895267672076688971 2
7443581563208810665014956814355879657690985776590 2
7687074536592763649755534496173080781609871032480 1
3795136170367763457594975686208013996374551762425 1
4778062872226597145548290676929571364357215267446 8
9878894188207512922257565091435528288746141950978 6
2427527881571566400763721037803194043095844272549 2
6998716923433189002214150311399876526068876156674 0
2101972017196023908610829749276395695411530322754 6
0173870795625993579785302443476716399591462317931 2

3998998692843797570249236955158729768385400522765 1
4956144471059719628898881571094151717015181147435 1
3643854005116246202131174800791983749700100471363 4
3252328157891135545045337190527506822915618500332 8
4695679262262081904424733403625038927920715859600 3
9363153368842724375366799698647934741133198328619 4
4146065392278409990314384035456504705678955202482 7
1760118743356436902435030856313095590552503904927 3
1613311734922584644609024535079190184411299321699 7
7045183285358648042855682220873721361649058630325 6
3689130841037602156799270200053223554398046531193 3
9775459044045078568021398465009693429547310269249 9
4758646605809166998416068464608729394380827430828 5
8174796941728729903110131926755738979840913642534 7
9694943480377703364634958476862982590103470727861 2
1862300198660798778268424593383563891957020685352 1
6032116352300649887446002001704130569853651546687 5
2023859375183280372851143274811699683692849220447 3
8057063349661871124094783591586962685864358914135 9
8542535776887749327436345147544886408688180303696 5
2431755688300205860773256959716086485415834468432 4
8996307701137134467515693024488548207712413355773 2
3069494580672678452359436315078727281579015730700 3
3178796854436279525719023623274614262868732738009 4
9774112285623766321490465329407202619753907174042 2

2595392428881645597965700309571413891069368450362
82310539867437532400527015347458933256795149418545
37808827063457295962169085383535370381418115573816
37820903256151986974535764641212549807600515614170
72980469948135934831505681166427932193352798227147
15767340186088721518799669350252700757556099719882
86306428544812827513928069470275014816328972731434
73485285295046048832716739789815636788047804436021
09007320727369749344630499731442571560433133690387
61810094887312071348271081588985748326585420751007
79531183268617080370709359276149367825308583404823
51003632166378957426202550350116861543407379504516
48289675569835893552202017367954807578190950269798
12711487034311903631122461282953038205128704309294
71974594690821025634788995431771524379696211281224
50342606639926885213307919637027778044885792057304
69908009234401866381132520971230964760599899479257
59851008173039606822199753273016065826285275825 76
69507854726034938298133582528178670608512656002268
87178112535978293373477914127362841886561759208328
79447410969703879854736984025458063294835022359393
54358748022398976091629625011047393116944910066690
72306346931301697118206325352692440438400937242844
28209709364856909468920087371753252557030543539828
72781230113980809386701547488580344563187131960267

8548793893316205007675264112044390237583342724298 6
9965478636853410284885737025472550236566341868091 9
0383886707879072084036194021646701215348379781518 3
2826472578628815207101081499558980338118961569441 7
5676134071704653851217090212377788433364965187211 9
9054075818773943975283641439530442459139031788130 0
4188791887114553148267469987055587931040240388884 0
8385068734162507165727418513495208496367095554245 0
4394839480459791562282824837879341527203622633695 6
1805556371076814888893619275742659935823559431530 8
8793305276755874751236506584396947560429719200231 9
8680243517199378681003611023125683642560795974105 7
4153628297180046497748573718378639037039015397374 9
1165468549971645394161121641761071714540176519056 5
0525206622778831290457196932059902413753959838619 8
2603205495839501675552509644137118222561496014003 0
2303540789920969867750786720003807426797053030716 7
9322960156486228085184033523501706085895129122232 4
6117830253163628943946073652771336511631646446199 0
9902122492241231516899276785586373631552600250348 8
4878132330019101893996167027314169996265119457426 3
6761965002434737172729028462209798394871065982270 0
0995491887769618850543265321180221944428222842515 2
5561411874340180419461413945147128725275923912559 6
4437356833972896331267678234910356332961294719101 5

1571431157954909339032614119186547523762472153110 2
07936911584874220582274734320173558507712243796985
79654915806279502740977168861148076163151618553068
56692457171769220443668433127398933794111629722451
69998546856221570241759471176995291655021168550010
89857619346394559088262707753114657752238846343519
37653973498480245497607602440308084489010683878697
26123709783578245166801171485983679405529046198262
16566917202742628548239339600182545994092543081696
91032978411234022885600190549342750223185294712829
60969397681373419770427812130014732867760571940596
99792755124617184349569856417128724811834654206423
18714551824152867630567513116267717735061751124546
33879942652912701057899567180572143655791835069177
79307040757329043974949958224106238105149176502385
04182730096620171750940590805408957283755406355152
21996582075735131570759236153986394592111558640009
88097552610538382568992721584785041746065161511337
88336097601211484870055601658124924706825684427204
54728963094203066504452986462235942260085549915891
49953606498428034579492757009497959450602378775019
47062463239495495782308228306684081880252107663907
42309737209162853371768062164469354323179178553058
33171420847988630340846572642693955700268576057539
34788858709460058272323051910811751423491268733658

5960799891732928915896001815091816337400806035475 2

0005151175102901229924870961545928026206076169827 2

1810291673155489294237408519674330791660784990557 8

2101935713662435990883613859808516156417476946054 7

8554008195353067080308969763045294686823321053287 8

2374389441156851762717116363094014799096494563545 9

2950130739003626821007326370082356150691269643183 3

5171625439030469898931426154426359511363466057378 6

5495124457475262167895470362890483048499680403772 2

5134319373734412366185869445880640185840731476337 9

2940386340435919419872355263015654608051868676068 0

4316084512845916042441326987912538560299159967278 7

6619519505317648831346932573668946443825581391084 8

6209663742674579831301222343872583124422033094571 4

5754147047929387585823899773851521352372389559664 3

1223564326262860114748908681715928106687270840082 0

3377186921535235269263472268090825989889840026208 1

5217828261122931311820866007099686036540981832680 7

5582477670695041099758614362435521619435530292002 5

4667367996485043373133495208210751199258926638995 6

4756985870790185612379157886437446903787150950011 2

5502100388453119236529655994619004748466206423479 4

2329670060529003709175578188708193522146871427235 2

7763255989808694872111384598001412384216382782441 2

7365424467488333816797162011288619141540193671290 9

4789902646664431560983729615019686242282506723061 6
6720943546571425149308642488778598682759588749065 0
7726025095182953676518118236861694472436078376429 4
7624692263194989219646440683169287661615060508138 4
6319415116202577907863071801231159458603896562526 5
5422334623445450739478869026815949751311688514369 4
5210216883190446168629763325229863851818850049286 9
3572764766823855564636554496400631764828557578586 6
6102285515648599088209586894443625469867952382268 6
1159699100563660829267915337538160661122478695313 2
6158531871763885989377929188902998793879810003697 3
0784895927062541048485931585432339568310423902990 7
0263443797875691855434089764407601308444819786265 0
7947644083013494243583428188591525929347143631753 3
7495897010728735012707889804816350456766676932075 5
3051840432446100740321676471836083708475065126930 7
0766084982529900031785030585368213951273503863824 6
0564251033777558098646433980171862081426630741725 9
2226000511091342681074670129014301654101064933212 2
8379082751500100353001565459750832377296543969738 2
0477416265710657408216499606262274961879533479070 6
5988974871779564334064841745645747906925170149499 8
1009535341354890875483632757952240720698629102467 1
7035792514417667038866099069857262605812408253362 2
5218992000418975745765315123000064445715931701771 6

8863548333305192158205594611735771632113223393196532038619900511617817133400107057665268991970816920221946470432379535641186606392055860903445706415179778214505472227885298721019785884607004742002846887379584422894997433365627187799172113791616449254132971565287952953263975953853592095013863338050756136953089954758488302426196275898594151378051580502576754040178579585244883117210508927708922727343197382388468730716823024878868858551010807352278140537140652075810727084816726397709873145516264691142328610303693298433030032367616271426406758780673188397151500279816337477907877503830798675940459107392103458740421961703492580818990720596129158642020288573400911495523886510791137149533463976398818394880453007507474037228093682053543049495194833283347007516197900868728543996298157560589163762472306916287111113767608648032375245966493041117539461364643378046711650555046706718362212857950480671656304276267114299991134876984470503706379001810968886297217579517324338027806174704963020424929166191718862433555992820932439194457118863215563201616542470553759386966246563341215410140322869909301591328858088312412428827637387274283803859071029274863335150309044532805259779565892055456243429798279413489175638240077161217332473642854016061004433764

4572207859217155914010378320201321338330963807789 0
4095723810558829392796374381660686835195059277019 5
1536160172215890428785678482068291944169871819286 2
7308270444163039625471305328438833791337476873582 6
1221162583602728961624559041896770247453827583966 5
2299371235163048983301242141745578859159425605979 2
4277218199085562798486056174536844789237969079755 9
4555154646853163024462325674034895845462256744858 2
0204245739199425309426422450420268903815015268360 2
4125598075975236481628093048912746151196231546114 0
0822056396780658535407668688227542650381225999162 0
7601708955674744652423445201766165032594566591296 6
7863246213799192229614586714224824928806476803210 8
6477994100410060033906792752373625460277429600734 7
8803835668752200348245769490845686269605771570191 9
1748922606352081297387974438354832861369395624503 9
2976805783223402171676555917766840375723484409461 7
6293128849268993687138983882227106027903799001904 5
5833600797392774109266557392331470259092338906543 8
8422351324115388018559234956139930223919645050450 3
6935292701156630515335191864186482344249991927202 7
2953459599063048723608041595760029668121116831723 6
6038110542803591445720248256456105714055462420821 3
4352094810841715828957244507206354681600230512014 0
8480543587425261710176818538835575587174154247754 4

101

9772221419261315525269109175563331932322243218525 4
2218272914915981058368970250352281300214119248601 4
2480680797536996477719394906804683552808347327610 3
0604940973309169031678309793463661183278453186871 6
4626807388336567045660104237685058013950744364796 3
9222841126979451347730049249878649656367949099291 3
2712528977651918175427962806084932375520815361113 2
4033971316550439188796019838213858500077324246177 8
8491875814596426423378897933308194881600401131265 2
5635693244659398400636890315254722923991414474377 0
6963389357619260391892479363178008310261141954854 3
6051577871600495578865657970665885510428824663630 5
7207778902266777042512681571979533225107638903681 9
7628440286102588053923393294746720240885412764923 8
6447602161162620824212991660362299184923782236300 9
8347811952291382184732634228575912097980547828525 0
5918379833680178741124264474600225624149806914007 4
0979721023278539575615128345806165411117926710427 9
9057939449713494632895046551286884784187175802050 4
5832838748531373691135102550620102775345809439105 0
0102183397324565047288947687929892594501987507671 2
2363791875864720121496606115128048709648863056228 4
4083936944387216921208492008515583812510707419551 8
7208093746942459731172811721051928903896370394235 7
7686212766821093182763664984042124938144097959863 1

1422543648396549998347908430702176438555435125743 6
8282281530322223808347679511135570148063182004532 2
0723794891863572149106242526993994671015366846234 1
0515333814268477062758520352409920797208699145373 0
1095516415033176282001969164115460268207236692552 7
5141842996992053985343307306805737238050416719722 1
1273740507892726634063885068673445856077326664838 4
5780277189114758013231055198784133652185190714606 8
1389868867103147598264611293795439526672867275994 8
3359025974458786876849646268348443441413591771458 7
7660880778453571839329371937393236408356337576688 4
6821111799350554102085561884901020160050563954168 7
4510822060355541081766646052412496622442280454524 3
2160320360194641356097920019590240497929236732989 2
4553990101980112140290868699920575891777188074146 1
2220502472858571536753074781438973057178726836636 0
1576136100772286319638852646235125538077319459563 5
6796538236249992655180433079635962110674552852142 9
0262949826567553352731004687886573104724664933265 6
7927331345122955059186232937393326086077451350775 3
0901574443829487339779605322849358301361837958626 4
8032129736847481751647691366211036036950910666650 5
1717115082782009327883587225983940463068376318118 0
8904423626219988123682680785795262197216687201745 5
1747262781803268305854880397097704793483103543985 5

9078435527766760331398846052715031388563324676889271045958519328951391678238577357726581004798256393551935200552040800287059678249739374788605283564935914978380377964960005212445834779001756042465866651998077028839438516380955043049219603244360903400851746604296274309768387151945982644735940234248211044757291117779587731341553609527595708986125867714562523994500759380206093550248920084767332293085742222550206455690239126543663578524272429056053205754030821014512382090217466975797653475172501465837478848080537735150422240429576036137543248619965589193922050469998210629316096756517907513229607778575533102658584257608668676453552092774827556754517716995087894118059363052499449670123759800655349987396663953944170170596981015127193331184076792327185395398097640485278467438723164329100290654953086128333026640075801296184992070220025559721569575883761687843643467927558635739722535648841330601192895746428093578580811323314331152874821797660397125795289003640719892332813161164041693773662801325973822237426818917648959642270338039059295964969648213311447316676504197678110849096646942571706945700787126401448652242846948897617256746535220506162107300101926248314682120355169950152200731638004132030333242312167082685468931758436630430784350 7

8592810447849266395265239871864417338008568l692321
3474297545832694021612533328379009606486277854941 2
6679513674045877416945596140762656625029900692267 2
6787603658713793279604184883939339346926354341548 0
9518362332331752293703521029146413312752037117166 7
5487206347389232937851072902951446292741546761947 9
4274716691603049782928896147458702649979707920638 7
2408250230064255449959040119741085351678444090188 0
6462937483544396144003535233103040411784572289029 5
8180581032123743825898702747370401068377771592512 6
4535706508300921479258349892475127453622006105854 5
7599736931352970781437428413405519544467214894150 5
7452839171603715453082525558343202512542416624457 5
2456296445791076971715214709518505500355054390631 6
8825810578507463565620479146676805569843845520277 0
9969719889807233714869563567031776877637897432734 9
2829343905145567060744607970476931646278121417138 1
8274378561462197088087021064211057377851471358837 3
7738824076528045191427137488110559744718310093937 5
1976598021002410125112308136826033847449108771613 2
2857660263938849284959898236565727204263572026374 8
2564949491262914191713064628059566982549360326132 0
1925280434617043902892602799314043613702658201213 1
2851488158573111782104131033572888718172952627112 0
0081475064026830464189887697478791731737038139991 8

8824241699421215277604518595671190941807373479331O
9970928315546816563952710104611376254O664495861838
5463898220899677832955O1114314995936803982223O3713
632957423217357446473421O974149174364199473195884O
05263872695923183642325491845595504534377846709470
45095942012021142208641912790493599452137392487110
74323149511380429379365543637217263481907571135312
70930795272952211247953149896990808946657476955651
24360561142008663990560990003803025061242360775032
93413472890501316772809713162683495963409292243031
19508487886710353352002371273020291659297525265703
92104214963495238570856057234346215769569851340683
04548331545907536471146996824209102321431171769227
73853477041779407644100130104859609270721132052318
53822274448702433271039878114791275460808361156877
92151311310450083663631007517511025900280864277150
20962713662397401075288445468331618211502789264307
29763557610551124620332480053105995111505431484829
55343295983057427245173788652719300073232173623758
73273148909109455374027048118555719905168393874535
20679708592118964078548950410940569965988715988633
62077955045219321563361246853031747054439402941829
26355240155452316098682553138970188015397045962501
69179664812501555932311482673005633835797260328601
77847414960045697257834956205873287301245145557634

5230298648149544100907883529801207012654109525184606662017674204525736799469077190845378748206080290482516701766198207306183312392193535690040705215498939034465938809047507724169543651858075066490459443188862978723571603022481352204601090635214508280639749275512847694354996203399164488791974379020957188863200247502079102379073072963746326336674594275563784535691367345524014897125909480368566282321005003940073106632075257283147115192633289285206967239347175098295260212549476433019535743835092582831113391153906337661737307723630279889869985799450165923769067548837988929400605162826140048150469482814033083916434248650939635458909132805951116334550365634824519150583179498083182728134795050772717335949663371882149192837871164639035669257799424573943554730449355593968480327902086141968150826064810924688543383329866390745478052636291615627988031878282707451630327863907566533621975063224248645769459753596673200603898262930000761251494798008956712452569559827585485769012463686594942242277271771518496417510715984163572072412243719680672039270647894278942171284264133427118318479441334606472431411501550985511712414668243312352062840657226926069047479196447297528322749569819632778728162595401202053807329582500497445930809782409529912965423318487

9879880077168163198608651208831586725650659441406 1
844683749631892913745993421603484822883158289730 94
216147368925585169927155311558888760072170341024 45
874402084434282730046730979555566681150130033888 95
838023146431382900260076322850347583078087889518 03
139810207627889851743534782251208467594974300244 37
895842895680752663203627696299460180834941994912 70
655913084000586265639963911040685104128200715324 62
564263714563557576945284927112635577196325065896 54
553648212545926335525729259528149934158787765156 92
231191510233734407169916564763982000896984629843 99
775938539811213321810328198969945792617649358297 48
373387752352859464035138238230626945363458100319 36
725020698280738433341175283157314342639896416347 12
705303477569915580031181591809113788026883854757 69
729233988828603230299770430666288695530121027270 57
633959897689410249968479498168420119925613480756 44
040655946238370872368881254894914879487348086141 68
105521140018455170084444842948475507327366428272 22
063365824017454988082913018839140156809050000849 54
657373000327477972099175074617859515799532022372 85
235920400742515225638616675620318839811761861196 02
216284743190797025036745928280467817853664739356 00
354038278281845766947823374571138221219326167295 01
042706940952026502805228985909350023944908745626 20

5345221731194095778301953605185038549614062182530618203651827337062111989390244889753863581809944918157848783365288654365422483020278924170496896511041727594750178122678581439174864942435730090917126487716059592097445811462955422310022008512052258976477811482703942677666427827462593951174380719861872226558650403002846914692786468003183603463817264057027074226203429718755580993868712404656223338914646583055430131550952851097263005080518826527268533537293733856918269371716773031611864749481042421512791591014606569795333133774095936749326441463702427524539335030130992833648540706984034399121245249275580299798824092066446404258596620088874191649877302754037292042158109378147131362262886666945474212449552849091492193371936234029433712557556998865296623645035351920267776379424820828605689362315215231788501452131321491469868548359447068658501098131420589267641611516210940535678073681008973424587293270521085357267638056422884092966588447779527954671073519329547471301507922084032823220442894467821839654711090211734072513972475735700855531274321999675125958256806323588088388436620326226619141493474043649800024739833209241183866742960926946070141838817811071428243965779638843986478231371542498947258304114514952687242361899676305881682084 6327

4374412103905527652187107355645257133601145580455856845586504328599176765196193271143498665407774514500473072711714795712227572018128864464407775174603282423173385337652989810442322404677246320479517980971576025800885768975134059480548268772884776293846454960402703705085394190927699370668045517194160403763511801855136575451095247034602260020741742823849481782254906365992084749037583205744677959106755660640775009347129817005818769408027992690460594987211763415191488225186704395573100179371000466572921803728487979715692278888397041982545657064289089858279586256599013759687500785698534209443995971523667673559911557090061413018853956006933050826115788315979018829128777653969640675392080848582290475561905186375490594176472080908485239299663653777468709856801423613707637046742361802921867959247697776529262929041798392750534329433844765333398501228283627985150263745427966717714841975733906572871543054321575235449320534653754238204844850884634590853386677292538520444984413136863751894117684862613603681937363513393254080685226921474307329134467625293226408453308449386471515618139413634350364817794755097633925598827869036963238633034257944529229237752032874489020040532668139354752855017464531717214599508145561364692526650227115337381817597 85

5795041988075485811336289154900903908060775415757361373755988018757307536248737001291223826113438103
9234372313536898891533749493786324984941764281417045284082969399172432328677256415048376577311449335
2155385230017811082761636303709020525950377909253411047057004656525197792567933141088663264059262317
8893126031528575871642421190333798725775874290129037593626972723431489357257241883794186276864566775
8686920276014398050163871435204776738809005789283633817797388457344100149966433235822257925351711059
4856078918240152199828522694650958763149247127952016446764740270468954543510306982617999140223407285
489154680684209574320750662115448762664467579863644388023258636088691875944227152142965066416138496381502797217307126659205782660027847181400342092656930703090445702459646757649018527813931481315092036
4104984596906022531447482294570702527043630406111445514222766936650125425237207439401827752508941432
915215170599745459312594682121435106227633033185043394889512767206372915124936819357031910469357290527628876878250048505480059732307532652277925524199
1315961791152206941968547918734156699781096702562993993208164507174173490564339865219986639055709352
1198524390679861502144862392843873982018760228547123039494596615725875096503200712476657593813721248

0113415355061675472036957910559746106711254171174536954301471914199373197227971690211613572625243116472289366644142621243854981362369496357128211603685441607108231775107801298304253814190892249208595364610821395648113205316073707772076055993498150342406407751233151215899924629749784547438578559522708926710247919919964504304016600562176296234014928218161152050464381405120101763279790269327122270125927081630457940869593885030885857777676988057712027746185837281858599701772111603710982739324147197937663864843160008415792725306116408501515001652030020014274337639041878862263527470225898484946907769474761327639105259940566038238237163694355547065817482730718247418272636272404623994402844447364245864447510469029976526749734435698570853905781915995859960967506128309101947488656507512613971363292764158349130420830095085110041407455744378492789857607261057697418196336967907551883832201734437643980536829626873285189395308159721384099875365774663549325311393625597895430009119142674075385925496901579734191837104016999179009456783596285732244714790732045696471978631549086284123332517481278482880984876102210097427834751646279055393851966889569651087606287295745908892017023867207401060245389415195473932814246622312689236265027205640264302164302177690 3

189555520611271146314671703891577339006545286923727
20808111578757374991035324446693616535175221246886
60805939738054689486755602588706871030811898922024
21749529345821953530099156135536073159095673469906
99248742680019538217524621053498627010613215907572
60240804300827868356293198384271052198354727511764
23302799589268727305311835580568752761240919742444
76335680956874844410454670283523651415276562700804
36309747745376780982087349803849825992488106702977
54949535228299516546559850687428317628520857196139
37978285057790149962321392204623415241682380388944
66242673730018965433764765036341251828509512088864
85629471439877956655928074916489625621859267154146
92176768396054500821642162605610642314443579823069
19657804705747148460072968182372287977560496089158
17868672936323790241579204728364697021031397518009
78415985500070553649387532125749616748758725832599
25957615074339186228437988301346044540880817809685
49119454119347026896505991986041099765321119658106
29665500511618365170620292880877609149846167316442
68641970892306484630567545738872024760165257760852
93772109335844538710740272925919152462676235381797
86930642153401316337011357356351110981418211296622
10736726269615672674830775248874448416766573702400
48508393702558385910122669483580683915454791660164

56914863052393597793244672558867174160485503871149
0317607553732194472830582219155807880752453696 9327
4460174736052420586469686975770612186776197205 8749
1045165142715495423853920232526975123495465463 0906
1329460056650728309872803387373515537522356318 3570
2537006494092638080317374634854036114660004846 8762
4231089472379165007451797052486284672766337551 7303
6873683856440370498066179092008317107882104981 8331
5526148505373540750351082239392474456301096920 4227
8844737169688950911185736926890336659718522537 7703
2962201670810655181267580094085251506847757921 9138
9321380928696119531220905038018107658748836831 7882
7814252786261879667606821977039093260067296151 2755
7125278643706989835444409613917379035454851804 0397
3331374805235879109555830404815348045391878540 3824
3236907304310274062641777762657301034703384021 1296
6908481804616249648739473458441215530258152221 4994
5822249941941954725641031750211442280865230280 2213
4240931939327267819599060811259862396733945898 8961
9071679777802595116314775762640285882625148158 216
4399441350619608117589046195115853908261335496 0388
0323713522245169681180597512189590028591797390 8665
2449528040782713027004537743726785553250485039 7463
7573946460984085658930184822341614986583150346 6082
1862236058019481145549035154742662660612950268 7840

9754779814072682395693147248760982803450811893834O
4096153431486301124867646531547875845494652222753l
8773560890835043837081120882441759938586466309397O
4811725300402030581340904474505115637705410350l4l6
6861912485252694933482978510181114723298740453961 2
7540222219095844050872306623268888497042234567000l
194975185979649409914897138536227945887407609904 32
8542281277305818304024945108706336986946867400894 8
1097539710090849476830410711529550638887652490545 6
5999426077388634739455251144897203610479375725447 2
3966023547748127494160698351013147640236419491461 O
5980556375704465155667123652568282701574452847602 2
0781753972337164096986264920557668761564457744644 6
6492547734672972555705388285907892317597067686398 2
4966294555601938731527103627201242931201764252246 4
4803181954468333763994613138361445704160888342225 3
7155878358070161156027177541424723331527813566940O
9898004445823899842006407489589238923892752289147 3
2945531240424775520838052379510123938435858775454 9
9900127206828665999857909842930384600732962384262 9
0797218233372747669464015269204881430422739438838 3
8698807236503400880952451272600136152570415774978 9
5464274592866962164154275190720789657656762047087 6
2910259298887712834058061317182068879509627355230 8
0228036658853093027046194006144644918627856642449 4

2081621020383276111696224421386397311571301189918531699151581650258342812848741492753605073550149275164965568949868814457828072415400901161769365898628113745927903225784890933976881608670857002995345721579420980997220532145751427154112209398869874562801165332079254551969851910384281572683512010923679952429068679954568308388593013667218521135364172442283704920603648154449717799886187390619701265066843706404251244599519090062260821798454151398740861561892465930844027470147101672547160166860173976919976620111199893015535406281778132823867987398831854809365141752690405027399232695322939310360456984252059471087760223210167746792793562530768337722069298099521332754934107640682936962565380979829922150200761906567133233307191753110953769674314458270474521918565656173056185321660425946455385616883759934532767382788781222315372811134173554517073553208276044077452544230785453748112596654635574596043270368542157386962244479609259367500830989140006853836358817787486427106882578787407992834182519771408422304894979155179876782746847540849289938647634983917539244593293129138080738765005052200666662727343844540498968011834325534999762501192176787558098067233241678261782570891163017980881955837910754011805096216010930804225701805492976467841153876¾9

1430708824753121723137940372365928771043455446962665999926233933298641137100126804081160276996940228713650729810644525201655173386046865040621292457892714722742676386142682367640851641194766265143710139385568064270077829659680486077517949221215629173867163546498898538357515324974315835413991322136505155138410903090275543323644120225300770428211147141918147570961833137822943420725434103155582818669328386683660726916383696779320102142029046813370491534380592465471149708354012272410065039497421641886692274473689950625289450277718989469132963467585879264235211633546474686426054856131577840361143149026954427505648038478887943295655604844339184060202704514682782423151406507022104851959207231200493371767383523709308856526434484194677345382413296885430630247782554350281959571754332687358317282793377410102634717252580005510899808792042744778385364274972065430922479605721400330661597939815697061366098396405520287669991722547240206396060964299454270591546000735367315498807739083001581335160357301111141092801541228066667058785550927033385009831156762851616492425509292830390877098893494607234902865856020542206703715680463500382605276371082398659793184830936764165636079070660523343411137793121612020588095146143773947683538839504721294528349865488

117

0864837885019467676945623267019987133184554534837 3
6084512767180056787542358871951058956527978045378 3
4484650468146951677538136951845103083239037496571 6
2143307963860154481614495523935111212189443023826 9
5405786011646737366479565206587250815927530571313 4
3835699200489996180432549502052195550206179277993 0
5642458366587216753519281750334499239183325623616 2
6502081490355786124405183440403815991358271738433 7
3404529744999640599186566641535612424308001626179 3
3750921429658088283221957057843171697946284551330 9
6838246000369899618059298795066037607124327255975 3
6508820386360958809040038001760475078669744332587 7
2321543832599839986439501144954150770097282265369 5
8394380850912841104162909663701274249881761634410 1
6674234005068361676482327103889422394820253086967 2
2292524340750602651298857635878137500851005688687 4
3282747187323242898477335425815041625895502385448 9
0684967676489282970728115843511676077617260489135 5
8510981478950842984983605593659371053202059979044 3
6973534016628764532063718869382189780157321907629 9
8103612568387648387269853601294481607317618658066 8
0596837338941198265008732624266960024090883207622 6
1178399915744021058427898450630360141993392836245 5
4027683509989720421859620902016210156519223584211 9
4882020912378392755718560554165620545534719697866 1

118

2350583489628212860820840349731199881077259045486
3376610850509582385030751284259642859749471596754
5924034955860979643401966466721757237237070785184
4663837067170299541698329886912472818768027381254
6293898760722340846570950989432016548760479339467
4685134373263039223093317906873031699418007404800
6872513659785795859947801994965234272868898871781
5161715505778391587138640405789565918232137081400
8713808836523047167127182200601860881125726033986
4035420675212769089210815522603293004441018906372
6591957119530302882485868478256488300525181260810
5421351812247158400462751059244487058370954083531
9752152361034204084507641376742347300588220343231
0474633043506281423210829487240902594764411891032
3374049794740857827762204826182195142821798112437
6766258468951951069986737402273230026026150597064
1527460232699949700615823592828222978328684019972
0365378168160028841173067332449662838403243536504
3975362055091052197490957998605957269413840242675
5967486377429308583140664803184453153290815321549
3458288044293735568005276670180009478873358860913
4949458385268927913655943428817418645559410296179
9958126080970645474650902342618403450108124033539
0061073469412097838671627721613708361451511050077
0117042140575102955114913702554533502068141165244

6917845869435403411879135071947286833389662476101 1
8301700497261895611839898160539092008911727724528 2
7329958680838010737813140018760672501269264546450 9
7673374700236767820135235673242624788804823436290 0
9996330109765730571074508621321877968280743439896 4
8355242714487573058303218024945210923199120417862 9
8321106456189823450495054397161803039568512653801 4
9225169487847955472418638278627582327821299397820 7
4286755471092498218244686147958081408355004668755 9
6261579061717590219271869723784547241129855757317 9
3747953518295584299133692814058848042157153807468 5
3113023354946272141844005632397445875377275180714 6
6016570650353750000780005476100367863699111323985 8
6213221822462464343501036322398596701728992842523 4
1131543432629303907359534291441393387428218721484 1
8613127907162685826684720595466403565113327927292 8
3670421533337815648978787243472316577108118905881 1
5922053413447767521297746355065511098018114547089 2
1701244106349239492424226738349439407865465836386 8
5970026019915416838558615578967012722002322003168 6
1954197028924757421666766801524808240221111561909 8
2909528829342278406490395339672008649956965447075 2
1184613434097785777736426316586916987627495418868 3
1332475145315900233544095171491408135927319114619 2
0067757921585633107612547070933961164415088007272 9

3945636849253271858915516881472096011415405664003892102811864854595041190055800792839471619967600301
8770007299166134878103899189799277933082603333383340579193386012599266354350647100912606346252385743
4635268474929790657800172876659682562194685410779874218445504710482511389936542799445932024438989851
3442567266932786132950485170204267041681042398878776628283501931254549510108703766963812060312761799
6218893187778305204501948120474270520457321254873390393028668085392898551453951830701677372533915679
2769039073362485903433514761178705177976647101075024507681616557253954820094809110586317329891753118
4160364021950346357321959475586008320829267512378849551667250649220720609741203129313574353745218554
5498302580415651798622780164689374817239713381123695363735811057393910536917973929343197751880325243
5258608082755374099972101540080046979927943422345447689707580313149065499764572719969962803326920908
9155838176032139892644880237691008274209066808004373992504541223684971940977467046731673788785204941
6564473707132543728313954096231813376473848894121827756876058275472115348406411192866091980614228229
5524907588525871140721341401635238119989127477891313975746828093424728231102189843007024439996429064
4450844788027668653946357835978633014357430738552 2

4801180578551630030594803517023052917619376680448
7455190062298141740225468793859809142285837449414
9466840567844786299687303736686339751013910079845
8831971893984042058517831262556099075164256666091
4857660683679374480652972403709933396292834348332
6104136871344725962944171536616832569298746075193
9004367548712450125173882289594264322061718377059
1665664903889623415903428365924676238921543162109
7396500986925708950750411415781971894579948516829
3997676852605909408476925555603209473017988926182
9473834688688478774214747821124629005048761624209
5722951786073395988696418605399569127426110537996
8648272882147298654479372705114310364153995043024
2489038987190473804812173705725663713465147154131
2205631956995297107448454232578540931960703748062
3288730574037414313238215835562671427568755755136
8201917633010862837972585511567417230504719060873
1627708326296442958048279756363082376436161545554
6169800458196446706678102433478459880692484772748
5298262045169437003711201912953531129197138017595
7797453217970689981078697996711614064725835573138
2803781447946186458216347452039855897512317136407
7468385145592041450052177212291446699278647652010
3653978899709419567795422900041438454871434885285
6517630802992516764442476821864906215121917234256

6851600605859780896623668832012839653122703074654818211999482253881430040168114450362116720244462048282967776160165637897576349795548725510809105781339420347277448474876989841921828085630416492602991762303626322504418296296521543856287607037421868140047386309450159109132542103032561351107575582873478656260809325645074346337233422408558581633853715306945878269202052395067272475369001398011496431659458297164868632204841795219642449832794880631346462010891393287053134556150378876921145927268505146771355995890632238650764778282690168036013061708569828863363533982166411661335548040370382100344583808150558303401797120822493909503856609585571395374634762832404217519342656686392559177433783255482070386105633012623762876981734728224250946153189070215082050421810397748940765721499083247852854595100246795973930841106272522541569649389236827358143460772759803346264312598278889441818491738026870449603886707186477083156478758911780354308201318656582034354073422928347455769651498683915039761412613360789480997559164824906255168553679482474050984649608568188917203699873757964398001165295270277237226019357555720232631014768692847626362851893048492690926409854724936481814128316893832831257956621359883554452066740895840923148625755911051962200050308

2042573700289966012413635564880280339995694656095885763219926030004685397559802876555831710706399750
6660476148677763563226116127152242671096736184025291082552446153885776660277960808983028370687781398
4923812545171789875779067691651324603108755181479600121676201685543613887535111144646445965948986286
8500384293816775979619127299904591343960428362278214574384910806626737203981596833114583132775573719
3964762139470369487134483796533672088650760949443106748938628101668608093548762040629531426836790162
2324344216250096191988652825018478075009309298961687893514404852784485210194972931491229336642838361
0958359117926697321050328658637196191306498573320866152431989177517561330725336906062894401403624673
5791686124190767973072153896099260914778003921829096605678051574245394812705158278656086176628088767
5485282643534579297510910374324314804905099720134009387120996799226673274569721997573974983529556634
4453243455703262602782931368938896296769149005111791641573964151622345962414387998499723972106259104
5242665562829601459679012861764153524786433047855814962571113956032515036318374506194258790732974799
0654033781293234354964770959941597021691810368147338333306415138771322151733984093817465683332375212
4521204263514948017957370648574825588129624111 4146

4692661774781738601561556967768080635428081339262
2268057358604395739162738771435084847701866265316
7488864738682430941960189287589120213872770961538
8809506565320734420589849785682144810993443271437
4129234072975479326476182962040361443641127465240
3691754283585661405959433261009132314486416420497
4947955201717108651706981224160848217072171016494
2479807749180166631807604571639525183860958271832
7208657052982558926649231274050673123487720349779
8295609410636030516581681903848011147030423901820
5758372731652085922539947510938900121122194266654
5908677926913711549507896665766765460962882777751
9570554507297923666208523507816894340032047543740
0076217990918813510949939669431342798599215806292
0421382675621435340592467202350206425854109685955
2829598880167947485348827623226089882142602796694
4883399735380911531026157275260615166467574723112
7311304563021016442756282782191487924669897532097
3265292168258433047908547833654269758433077955719
2000101207872401988134949844384367638270411742100
6951169011180168326999466120100860532094157901928
9761397840351651115993464204441482768205455063418
8306161979946027048964895243897025843417177319031
3309321479805420208961951250759293649016278147407
3224772573220191350456805599978569277543054657879

4285946840858678413411453824124072065675598264826257619303383417425184853854038470371006908765080853508640217621010156728291435673677110351164397836344042830234780735456691438177047450894587211787839154166530924726979519526863928233003716850678762078775481783910819732182904787993291396078874176833081865318199940659792678221322713459632471409529463076197396749984634936360975806725366155180785981453495358216014802602331762520150636639939135142877511535321241122515057065723115208537650284322101584061898257004704391718649072412089171456120249173004379934999420658663798578734606048061922811946433156292568671087969712349623640619373881121802073791598180109759080113272257843002501113788034957920439189928830051624292176003376410793371968133192067582991826078485247571177524201683493481941400539164639352182737104891500365804792597615834365135534943843191509214629308199501835916709425302654032980324967615843963471143532471437039221486178438282611386688552159846134450580330263691439417435599175378716668140045296893435198765272300845846550156565989521130110485288169394156867063517831922185595530500029864832544477477199550165082658896713964088988056795806691606580609404851392801022276976156138260831907603324548465286614649429483966773300807

7320067510426251414296244714536875097068785066005939402651877861032765470280632572990619689759188738
6672305110123794932925976495748262551959273944717640092556185211857724430888945893130457097527258670
7145565142360341819890315195457218862114917103453059657845082618680743649773583175770086475879964322
7445489500780966711961621513676950853089233612386662834811029398046074355342727244281049032807567670
0337727112094912843448745081356882215603305043883517541081483037534434208412208168360581326234576775
4279316198604543050444851055580041167943376713205581470587272088253604731064967931847963735278844788
5205873182866006563349325602359088898353777250797020050541440210559461072076492440913633722789739946
6397512341178836631250900614162322765702854104850679744981271814676430841410300237525653730495276727
5484545999787163325331050619024021518146810014651262851039759839412882369862113183152477649679577744
1913323947985528716530231998698023983984731981788171333103443398908379580000513196534523383390109097
0444714347942650262857403151815203546507282311838519865802936213522437975431938019834329143125027577
6675431686988860286567701350037258969644586868341764738783906654442181923585773107870023191744542871
4160030268283724049464360347876903573326188114310

0813218855279858973034505344033037227691514045318236187832171998889890550829089662419765855980578341428737306480985290782145941126494992196511361256777307699460580206407239180866900201756956417595527211359337589791160475982315587253564456825714374658566889820373705497045290715846973763555870609280120176978053293579678380795022792200105201676898873254108389319250907174288810810708623207551018480041769696826290392399839381162366384787130819320185559267865898070985022953739494217542469625354704395473241339247648521037611777311231385001618713047106477839324875850063619911967787753268071392468984403882659360510854652369222619272403499121038316226297241144083556868049980746048371359252075390170144693739164092864863919053757393294556536775435632948953085479197356181168943469443443643030871444254910609829482881581159563562993377947392209785110406721664480320531067091303759488434578734398473707653747404793080903438244339705830532695856299847938304808177975089019323978819644747281348548648563997367907690393025212859195095945330313797518529818662620117612609532139263391827182563275830591189372106915776438388722784228529009122612514080523150812027262477370667161537297962365171711830918171522805265375933737558128234864296932266784713386959887691

1580950811504993633735690590084289200705482525461 7
689541647107780117586071432866240448305523642593 77
579855244869608072673059076502488514081476189179 99
896292907954060691650986275070330910088661199318 36
534781106895005532321232310409943156697571284321 10
589272907562665298306834612688174350276344573487 31
308127878539668259480450244508994538506262228156 57
206656259080710600907194741580643428961731315157 06
055811399896076568427723954812062465492792246644 10
867393017052678406522475041053604323508688152543 82
188405781522951987895606499560698274532892273270 38
537584520927092429466734689593377789658067695128 59
044905739913079487625397989989468534486708427632 84
764409804653488551209436064288937383710535155958 79
507510368199958600924794052205154880777749983061 31
379026412827371575710612817362497836474502072277 56
195212674327358168549611969888258311261669505222 40
218811466930625749538470869958657459988789278684 73
871986438379048046374622281612687127634511309478 31
661759970759508533257460284937400104364503455658 04
494429503453183381290785088833385837869771084982 06
651020627957076698334451779345271803769114102075 57
477431542932903262953211497882620351598741254642 28
843952777954992895647543471058985851590055084900 56
969036939946380541274407827207958812061095018266 67

5052829100428644011596909156026024587211745604551O

9407684697973682748145979040455219048418011545663420

7833534380881534140372398178819077576306472338368410

8076617187887525444073186583050118647563203017139820

3390078987542441102627774925945578726315160874870210

5048062038162606284156754299711008457236079436838810

3177569711607177476019773629986084709225612419033410

4303868060751607783650278916662836093176759695530110

4936812797935466652393898654922082126132776378982010

2946799581624398705936239170511750705049392442937110

2287520721004790036952035305417470268810031314275310

1174456246407354520013033515441611612845306363822010

6203182714120347105733305706095610419997744129437810

9723336195293680711629464974174674606161944284195710

7150642124491154067073122138420641412696715456643810

9159471777969493519583468433678322141303743107342910

1743734376354415907377380776833554545220416075583210

4500141271289974101494705488647243415899129609228210

9862407455160589149631021000595871347192097972398310

6831280110175264318686111835170173586754064926579110

5137405821629724201883751029772027692280780173235310

6585248661037355246360519741758718234908738197745110

9960413516046880860827255906104828222575767463581910

1662903439070547597034809044004304333317413461423410

5412745677987258923240909151087305920242790014967310

7015134772151425714802387818972789099319232118851804003049762893873119886876339770569031907414517629750558295079055157128977260343546722251875194722777503478062988815802764088305858873211408993562565445263256262930428543993328255032950289369907770549029470796220083902932214441126573820895685434478522535584373126933754793765994306991005699082156031450819886494389488679597736520237763805269495558714542706585174744459646823526941056851933737004914486237606597957437429493137628495423747696298423620404069903223286254828223354201652282912884434215751270602021538317845218564841150669394364364463390329462869215001200331737223159459937024404665464401070954637786273667690456425997758603414233762759258536312643708973075795526996850313206909183067913265420306400314824559862392657597573177591286253089465412516622840716337014979026738432530161901013729788646954034256945572630522038762942326480649962381630855003126516805447885568199731089679575544268392204851309190268824033771201778639860463980025603720606929534601536735130093516649047599690415348442284064946435783962739597969701199959968970550071398026714315391239146116135818340680876053466725530504223979280965662210911118477896503351900312819308140470647874036715555211403407030398907223233 9159

4235126529717112144915912874696964544557092280434 7
3384101385887428050725149320183676549865442619068 7
6750303979569390242134374752592028444937070321982 4
0950852874392941278159586475430366953365464650438 1
2295538569601870814630360006810223193535677588422 1
7066271778752289539374973944984606881958992605790 4
2663242818188329768257087830890164354054641753677 9
7521401491698161349930449104204274172990731837969 8
5131245595860639919965966899610800504940072963970 9
8959517574634950113152395405436384247715767305796 8
9978093511231012700060683156013470561688420818621 0
5906584385468535226530994080955068645181964310455 0
0569852864036972272644964072209107280506565175900 5
3633194257188261901685209110944462304938727622601 3
0096650980181502161161893149917554486648451019396 4
0892424535185862966853588072370252086290396375135 4
4240841676796106254077453543971872022038982925881 5
0488174626321440193245912638467764538782149003218 7
3605288401615814676934097243424966959679745512952 1
5247541300383824175967755422515486890349846758461 0
6631594198812117971334525092753070140856142635030 1
5271473708797902296635683001787990288084193893922 4
9188448911767008038038758887801697701113453349115 3
4802106585087570025517363256882009759552748712253 5
7182551697875315095569086898546483794843035187061 4

9231357340296313652791276152623061043140923956 5352
2974932610180235741449400201075752924889589293 2458
0351889348336232266211070472227951789643113533 2221
5133111281302699657056542366660712427360675833 7678
3519101251099443703046290763466149644955996730 3212
5852284006812886320601384391535239320911579060 4734
1393629732349275918089423365652609394831336481 0290
6435863118308259658785978471502344907874767879 9566
7424852051040103999757103940220630691734742020 8969
9175600528889873675939662936740172098219541833 7128
2339328624773171964386256653145512699222367766 7770
8198643496799841526045194640459016395789604927 9139
2910434902756838172684047052298140890671314915 2625
0441754527101123578680129893682849339139638336 6078
1422917945543449168097066491318845378120257962 1552
3212883988829483096025415451583015564562313284 5031
7418576979979910789556567996082529165537586122 3383
8070069219579639419837426117676769100507357501 4710
4127391778359634794411592416074096491892386416 2314
4315098433799999574123860845568790650179660465 9040
1190093106491459764550874416917093615978054671 7465
8993017041375390468254441984930697739630336143 3004
0322637044138842456485319600091024035914860434 1956
7188919858561565546577508901443177712861645686 2190
0128459460742160742957104583140046201246390110 2101

9323688746231874639063905184609082474661222258683 1

7169890636064025404893508750600193538323584777977 7

7718415669271122400445516770541931073038836943879 7

8890462421759004666609104016362270064506716725632 9

8135619169577585613333903982775996522509904038709 3

2789862215954943799706306480709649417708005812270 5

5933091621184400463589378563243586419106154006820 4

7879016214044578771739810295260717300099121797113 7

5424333488226661867180593453500359794062610169455 8

9487985287382394619259273830058657862369012719296 3

8265926393781959687776344919278138391527346851031 7

1283501167754128969634017633688033476132425006547 9

4483551600242312566460801078670258603760993908004 5

1756260090655554130984042735743005006687743313528 2

0617072990338937053222546700420588964046523936142 8

3079185404169666783240709559587709423200941561095 5

5343344349138543884086108248624289859619741256571 7

0424006787671236859353722710915670406062194347260 2

0409941395472013175524491583459442749191929135023 5

5834404187206974345886053833701858976572062254668 6

3899147406171384409111405424448924181252805873784 4

4375990337027144323207852046419314755947583142919 4

1697190629769790449882130801925875904858757010280 4

9890092764667431817419312738798791908667056460174 1

4104518365473639211201831272642135299075075316741 8

6041139085079174044172658009288966400350856182993 7
2472136843413149569295704019813001606087541279574 6
6419031797332593924021074167670242353517422118285 7
1516183297681422260730902963694871330880778555666 3
2397283342252706565073072518903090395022975145545 0
8141344442816541436441049217506227064362861017571 7
1120483665814970582463578007550456264537446280525 9
3284156788579850690105804527975626285722083047835 4
3668131330317233238135264707525779523301528916639 5
2865431899957317457801678267281460222640381899566 9
3799484242109824897420088233111400134104409516093 0
8313090546550315955515473977480221462406761105271 6
1375799862835439696657835524567007936049751876795 8
5004347859444483487473455259996323925882010445287 8
9576723339110852081379948423471531895261281875108 9
0512135465496924606655767345185717740511398090050 7
4932280070940569206554428799289768091385328823923 1
2742649637907197997852490903046095850203281301188 1
9189798753861277050983112679686721178100609428860 3
3416074080204485324414144579454721054698929166499 8
1941599750811708399758552531253479307072377194823 7
3833676065541850211333735753571160498408863069626 4
9890151155629827792230433349844936783915198562685 0
4325200844798554629691262997883130293630646337045 0
3315526375204047392241570728577799880296353289006 9

8400767818969756354021766194294424753725649845722655067873590934057238979378191460803198271139248049
7941100492298143175949919931032808979574725337681460617454331326448924803701346264266926317342443574
2705177475650675563413336005917831376373759203890204265171691865422448413609465986362677543332217290
9728067721218122945017766423271673310919275233772424505908085892756556434411548443888953213270285605
4060064352403401177439426383149269420366767731249233446046152792228711747373206820737950407753807024
8751397369748722080794183627245792671586058756843738256966015288450159363605799764879554666897963172
7641445826714098393026058444373118321952735782429923805304609792532175952943764669671785995655479752
6010481116090019255987703160369289053546421969361790098547207855125725975325768780341842823941930116
7647127802001324490541706871940608748642509924900412437779902567236238752134487546868018057002677165
9045717416750935853746632784661471702229127753816489358140375420413163179662046260168300583584027808
4250847061028563214676349216441559656539951244111527225209885576318078808628374443953733638662891394
399045918693562979931691320743108491238782696708173798380276007328352371305703835388120192178074557053921312504821976693406394280234533509698054521919

6416496966420519223222933252249809906809438298608239338686773954452673632194440159865904066528670206510049409786713024508960506363114749789754318632737637932022795300108771768440261821800385909060770293459786409329695112338532614945655859677117544246194620867417898814347780270237891838654750736725070123164595421042303682530154992729230497065006887445529088936646551481938480563745544703197171864227209658706300498343665718303094585252856298925461326079017237462336013820894764047217671021078363530632839185289426309708352418426880666397245435194987459495272368823511064759383705313614945233262990060613544202079008007844359185142381095406246359288007491747232601428291506647356469491490753130404119487461275842517254229933765619132283441361596884512305097922908093477806100012024307933675460695671886784758902916716281510479109848199687950537574761034383928929818347559135337283428884922853939659501645942296849021635769846036566677068849790614937895866238978513950301955252071159479162430380571339104412351279771742589499718132089939724094576305043817654202377493729292366664085826356304701889428471366217962807794758141064720396869005733588378323839385156436769291095321263095302372341887763775951325585719886841563511434654449213461836258200177

9111963565973620917480289510711911931216161504935661400198915406771914740604502008489007852104489840715587249131814241237453147390958592854919261955127528154045555489486053043951830551638652963511435855426789578843322470303223984629694037003638667059755189622821668494721551679940102372605276192061750456049663717076263845953005334443878994432854366301464142075150267652998714841483859242046843515052858926483541295999641906383622255006162029851790807999551716142892743322162806963512162902965050345455980024292038066113122499875748777814543334957813655800830045879054556552375964308994728294156584689806294311272597554693021887912731035300216864227633661031890511086335963986070974737419552934178507801365337868776791151473833252513002371910235875886798039385529704998321830389985333735331510345804434025730422758682609723983422315017640803327317622631967565989772971839422971652277619673408573444137475914779317933398924359940581396032281346592478558756550575159428611613176739552834815080851852071547951439266728751057441386769718902087776119592459359290863839696200576865099629303818145491280734180972040320363366766499443919936264145227145073503705907609385752440000947482297136237721592630836022139158855909461407406976301297086569690667624421

61836355204727903533175309360779778798470802390218
595874487896074523749056283747418931026806280481 74
338130019822127770609218470081525232714598672343 78
543104978390436493058607645357560259838281625409 84
963998318112971881438639542654408280086193057291 79
956888798818257244092308607770862635131360946309 76
774099702847276682966685429084540520229190030343 22
471898204993824806075163872794566894084973666516 22
813369488285833953135050217053611181750210101696 09
373728821746838926180687188721171220320673364983 12
812545726927631056482587901068575208080633928751 36
481758375810969559699338484199106269224113656117 11
295479677781238623934934140085470537845837828515 12
327987308840937357211004586036545449453018681073 29
376110867978282803436613333978053861486359437163 50
087711931195598480218289926777976940913930849268 92
397161087516259813646427951911630339179612919001 76
095322165573491103747120945790041860289922155117 59
156830362494716086505186322797429561365198303518 97
142876022375071605999046852270284824202570096299 38
279147818015406641691792596965023061674967724784 19
474142009242977297138883251166552227303389644473 05
270490241477275647154092376806641652822611221660 55
190351049532169538299957017411465102998489825164 39
056990939459868204985525831287644568389843421093 65

8943105114075558384927893699740950138919882124799l
6209888392435587365554523753623890641072663136573
8688715014376676574392829832073461314039495261709
3084489658005655846309523296318712451836616630427
4985273620234906785915576936220534724261112532638
1430252893766737392628606460991664258399987464743
1416395267773224693331340898922821352367160956282
1349234859268040735518153607196567395027069135357
3434376744311724908455377670326669884144911480888
8013249302584381770118785666357293539878114064658
3694172838736570843375751044799123597365972434455
4271838473362051640986039310219592121122572034365
0013963890649452967142056089086176982883163882838
5229707658189611895457298258107339454017277497834
4068776411077800440742929663980795802668931294689
8915006186184189218530416433221694927821339211827
1902167520208059672627494630028053887779459621856
3074384298925646302408906336676064738970496873626
7347143193464378269527837602861465838927893362323
1603686965888599440717090143857650085623703570747
8812300427764747470377946320005543727473658472402
1839025081850203994131095039708124812210776128324
9563995640730378422829494179041799135365337060929
358041284490195677174363265587334302844014814990
4651032818138782109072143398374541509572180872332

6393141184885404882476133156499354030311313197143885666833802176668360829503236040595136775927155165679680295859733803613440693078137573011613002657970242655917863431943626466230186872587963057556366078289969536349814522388660073014771879198641606614390805777255192448707082910976735549911200612317536184781317654395572950385452923653669413348562178789261547404561504523088531184389783350748069944802081583047802929139502742186788691980176555468181445443074191102292721931864440749790317259939771362180997111761468900013772407009234849963308320304297321967582789400084665235071155111834810320144835294744885188632413303960676395857662392727435386476553325926113916010589720694912160419438436276922502040836018348118271585534392555374582362825523726253314359699646366678255933821009175987444402718522512906425157453594796130527189599488847824353172256275413109599850442774753526388871189264977071705502201056823253071154389564758303122551162876396883514326272862981524075588799596209804394659688932951904490105741914199814985879000053348961206916311175468253485829007683953766264145205273936078651380572241506897185582776538952151358565897640730148811113373869245888909822760229733951244135075100387258948206647854453929055116049254655683017922363526

141

77554626840904947800372684716102649508826206935748
4631643968978962700833763037430175619457389078848l
0424309285523631029835517451745446606529767081994 7
4320599516529159600871565211546129673541395732775l
6784434848645983391375848562505546017507922098835 8
7719338601394896751483376380213903415290428362645 3
7637458087828153790470854457596761421037723612329 6
1964022920228951469688114470582893098035700150410 3
6948417054728692275197044694697292034951969766217 6
6414362032109874971729908144000371573928189152840 8
3197422943733677477825870921871722529840693055569 3
5225836786253877699037108329877979505169169629957 6
0702662487725611153210245228717970309373800563354 0
5929310890187400495751330564575546864588192534437 2
271704841107604583450525724291768442356100139456 68
245660428800474072926191657544095336500054458333l
333348665819727492760012423238225171846893069408 57
2324615542392813887422027661693797935663441045037l
1559823675771431249127962314115016452888044094239 0
0517346456378036293953277878016360441042759186420 2
5167711823591081249478448954880725855125745496079 9
5691801297131720540384249096087363621351310975286 2
0986224262418742435783767729126417918801376752003 2
056332618924101861651303481024400685680860611048ll
2942740900937527485785858684092297315779366886086l

9964429073615749053303451074679213921393573414 6937
8267840533131992354433034607195155205700661001 1693
0106114645564891680500914500556137849404543693 1348
5910618419330189545486385219860080820040286332 2268
5779286594749900693607510578023474201503531773 7300
8364949891672893509093542120975207472725043666 1880
0613349590930611407110464599244759717542401996 5407
3065408416973523925041563550039026440029227515 5191
0862941367236000269412071278113087636531615224 4335
1622669190123101713629501331698077009767031225 9233
4099542352764898442089109243902756481617004072 1739
2725660242958371557106716854141871300357131023 0544
7259377064542064373028381478419102186882184665 6713
8326128263780697530988608290663303966984683962 4674
7688511450649131518615524629479248111598731109 0797
7115298058809209285816227706527567771953931120 3573
1943345934347337295189941572147227619036780043 0879
5904799926642428196201630098883714884504398012 2446
2455602660408616133199723284978761593171268140 0404
5056189668690984708239413708551813261996376889 7021
2415231378187331300156011219956570354141065353 5638
4524396556426727217434505317089708620347654758 6741
2814640719792280574469540684927959945904582090 1873
1765866162517873312969357262487630182748053065 6002
9462418101514313186902408749384112421582150837 3074

1283373100322266839576907350698817682754848177 3049
9539131031846532783838656267174760018062788758 0492
5400887840392798564649645155278927345020015410 0313
1905096271080962889523768982872651391408194511 6719
5916663181885337312798227947809638418633081232 4934
3682732708847168484082306510680498401989966141 8486
8219292371243226293284424830236101798391004269 9040
7744799190837610211112396067250719299793136517 7067
3164504798623225519797029925665315101596604596 6901
5088706888298252728640598951425047655646438613 9713
9093020257194585582527139271981132775888695544 6292
0605202687675221367966827468775874528760778634 4913
8269956348008254414413182534720494801421265432 9829
6784668605437790613389102060765389746783799090 4198
2264282917135698004347246669699301575114953715 2043
7403191810795486894324062290945862326245220966 7574
4952856601646578736884246540265604576973290012 9583
7874201711510057426597492533286825866257024583 7811
5218220127757607872278753625441767851681849197 9949
4976491000369349095508194502055638112249647967 6624
9650785802327123689446228669796319715390249901 0991
1767205329659201024327415836646285103519400541 4571
9071486388246944690382245688388500782441039250 1635
9715374849056945245605312540379176033101653477 5001
9986495805835536614207169974117331055254042055 2110

7731858104589461046273558070947146683528783522244 2
4395195109596480193399728225441237291197533523339 7
8820050032094830778066283364606324667100180087066 6
2889771576131803944530851778599796791617562364245 7
9913187479952951873675602067243360786278316446550 4
7133342557745622032970583706520846148146180327955 6
5723112891379150610787823672417063157427908602758 2
6804832820482530595944865355305335573608943668378 7
7887790883577331658156656404633363117896557755386 7
4513596547437928824432776177665299775378844321226 2
6758789612663833068438490058005776137309460432457 3
3141597876165553722630161642335345100237463536829 8
9424782425580648076643361805237741563140378933712 6
9990081154608408142405869284464087423891245775193 6
6466994637359158441193177950085848065280520451386 1
7897232991096461177097629716988054741486404035888 3
9279500405680966882682526783325875358351600505794 5
8531484837770296761832636064913660564711850804916 3
5911181680573568625676757483627962595423144408426 8
6944417808465459001098300832470127327673251862965 2
8101198756674251237185471917419644610996381436922 5
2764876865242964332848802671048804488801559106447 6
9829183364432563837983478922499242473473474925585 5
7293151861103453413733567227462578276718755128522 9
6157193501863251721759999422779441251276949166596 4

11764533113076783943587557015112683397880778230893
27672921967390656501679098849598999718362018377246
69791646815888400401508326413390170244028639070088
31066490683497676288008809713157726433416470525153
64717730661392722405632571001397299899095593747730
55963634856006159849612535183107450428280599101135
61527646137187323074054864438709510376239129317441
39267996447473236182136331185858040699365837776065
58414953328326602877854696894300229268531019343019
87370587173582180980066938912507662570847465950628
99184683469499119620505628810062352434005024075121
25659762183568345522576684049165251570758414614413
28952097009306872902271637056385906105921696945735
13122969929258356753188344521095375701735632618166
44245918307191732592805373518481830987229456262172
54044418986403975038451360611100621071808868929053
88556538032123197766450079788089229139071971832155
33766071468815888614665937080218118486409491244157
80158696473723909595858031173549396393423239812188
38583222690622730436915479647732903620310231584622
82118660828589608169094090006189644213461734468252
14338630608641076491303096303860615612269477567270
56616419832266128295594054185267009938944181452669
98151219653967190513843135365503213138068242451734
88947592503124192484175255740381823511390261635537

09368646884710152598668200629666043326715884702846
7252827367513636915893498572151495769695739379 3129
3333878685870155864384721219088131194713370873 3823
2750005623992374477172103479216899958700150469 8058
9562365188542682939856667127230583317473946798 9387
9179844757263966997256515093350494496239329894 1183
8095115220273859361991620893155937352131938012 7029
8481882968245692466401589102452240833407352947 2376
7660187190835662573439468354704836224454619937 1292
1994552160770522653798347510666769463255511566 4949
1168070523052817308690882682380129412541814673 0584
5934358127343340746347109810169733784511370003 6146
6614777973756676762211878253942360370654923722 5664
7519270025082488860406223409811545113334223901 773
6841135991533723731846766340507156896681938103 5854
8079907399613453888826857567243504591899740069 1044
7041116287865267920106161324719998448237152334 9978
3637523014313513282695539529010864942058186043 9615
9053058259754001573475299749827230953870577210 0053
9641886970487452897359156879270799441658104944 2687
9390222782002617388424638959221139263874954114 1959
4330027084671423706812813778229848743892258019 6067
3229557664622256072650083204373463689206974257 3101
4887778328145970055062112529709439551348206970 6780
9204578900900556359931930300746710425701791847 4679

9520164509853815101539696173545527780430626775794 8

7710979913625936622349370648370598168419144090086 9

2838417581369607702626526373984217927518655855340 0

1802494738842479507635936962516581598005490110797 0

7269532448861374349938844083661468592092013874629

2972909384539568930915524703254564948483425584353 9

2750026839808919512438571472788922881800472797910 5

9416493716641756765094433746540972890144063281301 8

9143863392806334434942400260228810471699972553393 9

5707641070678950590524163290221291761570720281337 9

6306498598823224267102982642645482279327154804587 6

4992124132126818276723090347559579303115848248948 3

0141731719343104663561998293422660845241977274300 0

8947575190644364250704011573813177948095995339269 1

5579884005478289536523956367416572964880463463057 3

6737117215809990209894453733255406649244555657047 9

7720791458123045061888066934773161154921352859808 1

1109640356420103206503138783298144430856387206579 3

8940705623279586874460852840698062839012831994040 3

1753698172910119302742164874460186196321594468453 8

0755709872212964758426105804371014414489107488133 7

6672138354541424787136666538718207128484761707002 8

0230771398620015232852846749805171600941770084830 6

0781630740674129158570458579809143541609290613494 5

9709688925710567910055675290074750437994633821119 2

148

1199900912215396556317263329873593583866650018970 2
1037681056553912581127425650365892142910191935677 4
0079666127138230714081882841864932545670050478902 3
5799834629665205390345267229736797112229647576384 2
7953370703079415632893117466348996286910518604722 7
2688877875879795365481133097185257748836254995078 0
8962383116823946505116854708626136402178204452762 2
6218509468771458466676588999479371028457027858288 6
4945578192102470884098054884049428920275863251351 2
0327683691655093337575687742311036161066838321580 8
0256433346454271722024956218060593586057783683982 5
4618223644983354199190818175492396216871052804951 4
2246375891201136159799843803455389874368637941643 0
0305130378895831279248454986839906586006407899335 2
8127851940984016719729727069932213390718420955178 2
4752068026846361653977165123457434030443246614781 7
7119961085537282430917112635195011915381033226170 0
9607819792294603552601878766923621248636248851290 3
5442839737923251389555064014239130766546753811452 4
4024706837652806414248720891345137963859994493516 0
8677107460143274772385102847494666363346194172301 6
0773629762889772512830025808468772653015168202925 0
8730013462199231565387199041060550741930363390184 4
4239787442338499826069676057020535368456464272727 0
3489439236648459002459794947394860416671133571702 8

149

120922680527815688335313264331759029946538574852184710972047718248056721561923131996627637828206706279778643822558087274035538875576372258299905067359154147149474372649839787057663311505334211612174534089654152155497746247888629118303526040368732822025070893530843523458081507195695889241260528757183964963055076628600911167261753007281738884588123735985372692992626426660021729769040932291664578008028615731050138340599605215180202337467493294109576913999967663852175374648850721464227683648609183197332363921592490390006967888121011297463583734052586878544570222146208736858727966414530176263354155887940590732122253946707378265467560810746496041804339579538721133064646799286122948571393385632976161785089115582766119790233799986635770474963796822399350957954508205505111893034779357024430352830442834702410590461224680811375399707428743435120724179827100082933191371419288771409898637054627113614217060316038877158734107562660346260346932057574636326530612059614741096786436632812848924621727699060440035648313727017184326110762869070629628767824833725218167849520870187388883526681880688561553821029179384688125975922387175756873776636521727918293598889124812904849996547644596555459515319230198673421439626905245337463449860371792720542796816 88

9295558794575534131465881283310245574792805020086669571693957780153414390677074688444371997229473142096243098464505318539652190602671100605662171450565239616762915821410039307333892918625670333714472417092407944822081957934969811552492557325408808831648195199484925188597971817916507188649753536943195763660262426172292425480056059572174815355934092538283243334477794234508946594682954801561640088402355037323496549878662171076680106251027447234054777387228233706324422346571309983353563617904512966453592077279387939270095466014610509180273269755513571365490940517098691433383437353862239566253167050813221234673687814427618547883058500581078515556788076939732421220873066182620090830504150607987867207800863874831471046796221804394757556309908624424438280907075163603921360973967193494081982005189308463418418513775869421385970025192357210352359781475656283700649893580619427747837673671656860440124253539425460837473462224960829827247240218753734151044388427140893032903966317059852727435757224919804396406893690833070460690336340376113566692720080172060165258701662092465653183217835903483184668496336231773544630393379348923795838233801483524662070768884177564682572717136191483552894403611579624682534709995778541481648466735735611338031920658 22

1354967829629458379489925909065715085858992403687 7

7247095602252060304105945472235734307619920200387 0

3424402223490949671809511947981181231766216132812 6

5741888792671780402385780055985292325615688246765 1

6359048340588004483845823024199841762420397502821 4

4203323781364695612918160908807052269274478502357 9

4371561428549610330999701394772146061745007882475 4

1700679178188133730735538786796010124219243417398 7

3289763228098676229374534372899811725930082223246 2

4375985400183726608738326471207255449130643364499 5

1001947825445255425611985444689633861923341088611 9

0236636252006167177340726844487670870786339928851 8

7857488689069559520575608065535972362554866576806 5

9973002696144997913863949137643343951178186561697 2

4575011955527139876663310241993649615936734233367 6

5935189951082105085455865902404524395014958657097 5

1688017729800819922259725289161528326432871330191 2

0720262250559930210552005936427206720674365808195 9

1983894686241507538027516566228260425584487236963 4

2315273704964736012472937470582351894637772876085 8

6271395235999069223258703599107092753607717873127 5

4815094035127013817079487040027946364336884277169 2

4012826404447538300216806055597399111532756743042 5

0791689664936534610664903033926454798262450752752 9

7035511702938954939260502611673280508063619113504 1

5038722553548052495030725922083212991676993938578960521919040226593296893201528053855848832676736575685837994286855431488484598780431993710784840893374197790800338636966596327000480075341073313028695828601359287661350885694130726895270622119444657090135000285078170081732969360699447808011651650899774698383275335446223117890041424456125659236190671377822188309901262050387138637461107547138243333426066111911249960431197487300355784675385580931940536564143872408715930702800223362024034209266924841036541392460325281513910602580690086792469478464151377425304908113337485925659032521084378705836901803059338532970010969600087425044814184589259856965345569808272371276255400483792707641017020870006758524443257752645790361826803605262387899668756268684575871134948261702787264207740532779178396605930246805376125287836224216318147642047643334565869242915619461741479293032672745331987962759051058255643906412796059960516294105583577003536563242856713972433093599861784854409718181725544777914093209591840501649984386128073788718816754788756505666319631976730470586489462404594926976645328510919874433735121566448881451325097829979985682830183029271812658757997491525942142606638449347618236694361301000778347450454438394059463825316417469621679637540394 91

153

5211600835534045873007034167447688538635372417591 1

9191257302962875769986698306028450551254255778130 4

9196573537081097538898051449828195851720963288792 4

9759668785855762687283638577142823352346656795892 6

9485489195448742419522285402758101327257258848460 4

6549518516222527214858969727263289515266100741919 5

9717832883659455976857057726284785595448837240757 9

1628836314849064779145534872657558501119422648699 6

2439109009594842195050118285457021898741034571838 9

8179048636464908296777315083677699733551507417008 1

2202580538852451953639834531876177812318292338451 6

1492018946787202174802452815919012422558651698747 2

5902155076249749122673765945633076166021194348403 2

3979914407024881734343302927257109286573898942406 4

9561810909797654985118424771133900728809299016301 8

6941142126117034372249667476682598881833777489153 0

0135800231460242604720552757993198994096431611442 9

8528316114869897317486423082626493416316845278016 2

2286945217652487890699556099151096015879416910388 4

5956359668529361259912457292837693574949960006374 5

4051029331252353719421156501331547537362809071428 1

5773185118592763310014484781157730515727741163632 1

7629955597106437427871640408298307104630541915599 3

7148153916125547811264374389039745212073575767777 5

0742115050829810085737523835183835753993320297598 9

154

15782488050412070590464407322768848308743534512264
5470626940975444513697572570891505730232425735 6727
2108516847067390111372101828058046032247916600 7383
2691454159319829243254337464860496339653422481 7293
8325475111403759384377805581002679023593384798 9586
5486078741941416884073043417349690424069174289 5829
1133881573943227710156196247763551902402171274 6862
7824721979967626629009191769556438105385692640 1859
1476166954319407769348965559060313034157909445 5197
5602966248754548790911175326993709371263806722 5675
1463060740233445983148205780778552538169343648 0535
6807945204538688872214580520228137165269820116 2506
1657297379748075002972339219097501220494749417 0065
9392967296028738767195222550630864385036022864 1843
7662400917471903283390839953674746861310109327 5450
8537010324881645635754895586036799189361129787 6190
8356737312274823781827018531064263096134724871 4360
5493189037702613329120207411857020396549233685 9086
3272900347872223765989418631895233975752644826 2322
8467814741678394175878779284134112230198805548 3719
1966208599311296978303388651675854462279134053 8447
6083942355534490331633000124757996527616852631 9453
2930959627313146726192661819832194566480048912 7240
4216573041363833042226648978515562645655321971 1447
2973260582132148615280100972768015104029896520 2063

8606860045981614285237499912085209347292307977350ature
0153390597764783428907474877815173481573626882872857288
8473096086418866453032947600753309358538027704926083
0732884329411952086482971131759375253443889588142583
5548385173295283601137791532901133575981174759080857
2955904750657658456860498951986993050662506017097057
7832987606304681600952109729778751360186320545895875
7818005958757171911723235091578713751539912551505257
6069594760593315763509091797733208336136807194551575
6407495330357188422563693171183439732516057365037757
4732145350056359563826247493638224705836847521426067
7279199552510745513042443383364054939700333371348857
0029978594657544942765183034121119702102998733619957
1177647930047649326491521909917772362558052712725757
7992841862212722025947295783642415695183890426186257
9319498502398088279018227708670870719353980183576367
8280472176270261490249184634025236129564512600179757
5449613122087284837388331938574020189082817678502957
8505262156335275083393941014555472125637636854640757
9094647653816550805001796737374314099089474841691475
3006508118210399009419171429055442874348691778082857
4127163283349333738760189805192382363730219765007087
2991998409539536408192939354484433786725257077729557
9596138710071579214721837075804150054413498600492975
0749969893790348810208279250693005742360174677126367

9825044479879477551383688753888207757212063531 9586
5003008391065447149075492797115572184609015539 4573
3251863898128582468776959800827417655549925565 2637
8718474988706329149439080307417260367589680254 8718
3739999619682932661224121706771339713788092520 1702
6230147178208006391621359820529738550555820959 4033
3264708915619555223566380626412574791346382537 4925
9912880143126144362011718100610472258584185002 8634
1562115688441856620282727660065536243416531861 7270
5470460182952332953648960573330745306473007739 4581
7405562218010296586954554296232136268085193584 5002
5873573058666519561744637181113447756361029316 4229
2999771284847399247914997524697574616765240133 3988
7118993502919950725940354177678878427586317338 6202
1231433122324549995210226464191705902063721563 6487
0441042698336333138216958848319812093693683591 904
1149316234787276366275921545684107024174052979 2569
4298191498174063952714478690511842343371955926 1231
9193757906211785809093205884794836305795612156 0105
6518207521648952936475049978364259687880476092 5999
7018653611113136048448104343137267327149325176 4067
7959128270418092840993021480957457866349377922 7121
3755371254949836461321910547901195080548163778 2317
5531880540483447456823482955282130638303595464 7975
5313386037131657640783340885935945737671967408 6252

5180978181788036986011661388347129991537711238345

452874048995646902826030068854276345189623573555461

815822221407196786684310268265573811519493771316182

349253043654779188727730395772916676035989006829849

792753264457930205625004198215817833367975832458201

670334401637519436130793606687706059615507458187300

074058855418570777129376539546111235520177374452675

3650277123601026263711408502493754519972388118497200

004852954076053757550486334985176039343403365895296

086073448055312295533568821456711805760475884419420

583496338454216537702022628873203281426271924191113

469807153506236406048801061017613964306550666466711

4597747927512750131334659676463960699440570311860500

608781228063289678165765372750629672835762639748228

38464729501891798560482491985007991609232399766719

6476783301263846508088042831110985025546612968618500

565035001236106852974356644656198492092110126637500

3119546240112661948930083828438659999928333379487

659821355883933309759653943516874770254203805203377

338231789387828254304773685927377235747888656685877

360925686910563774468511315594786736516484921786033

892046920573921373965976293426617993875988610557133

847390158695380014400337739425963524869263689609088

705395262510961272908873767982224104747678488299026

259214172065135443271991645998333033382050970236770

3791891297771139000217964645568170138089418258462959876893635924393798037012604370001954537532094758565668626186913776932365553855337366401811426040117126345320537251244688083925045538064254766280934506039108615119488314246477393594536113462632539790305310615515404757043183580698889116850882783575406260470081334894277564198811046150339108196697436038560732670871560877665885891060896072087471582697016905626687199268158483351741024109506049761333221030468320093162948196664178664108925963354038629241301524764041519532761824707235278977276957745431491457204054179953185788374981085050571576711105815852167055220110024031214717157984645854332489073410987610992956496761565447188062442849337194222747404498379859647558413348941074260833361521207750192980151294656720842115507638816459889661764643697603289243245105302982505122426807037312128083935122022554084151320294799980575137686493365567616784994713349269562577390784837182482831556792981972877868629036310560685800990722240215387661471364480196561481124538862716542334288756197979204855730192999750041758818622035508435269374224183477542357560534672554956154189883817856029267690850613136595288039173555602456879717723106032174576049759502322562941963790630937955810449095876213591677865829539

0306576530923070439867570625760671427063852605547
9595253213047800632610710768083216210014579464097
6926800691390719372725319228526274289573895041376
5477459296033592272625266668352170703189496282724
6528458241425460630372804077747979885412946353979
9246474691335524337231830453538489080808931525181
5768485272858917328591746450365612006882947050320
7169041537686780019293050636695778550885505423698
0122298087791267061052356297358060222018294315807
5552190937586577473626473699288881279782933393499
6977352324137599315546363119298207065372747860725
9973120693062721040157239438426087560393263870639
9022190308589098777220198559385372688147932288292
3698259046430933978816522998597111438879191681125
6374983131611093190611563255289261205865159851493
7612705562408767671406059062759367897286320465589
0753192715912951170184437557585352369782060346030
1114085616222042904289052870934871938753668199421
9678716034475116563217044041605351341390173136689
6388738555313863682433699759859706164570626704130
5912643728498914835689045560909348101158092318073
1845998408799090461574931098614313315919784060635
8318841950570759621032685084075395110460713677431
0631865568117504568429109859360948634686959367227
5807730607288379881424681003426858744195332034222

9222591131568718551298843839977181848177757527652868727478679975609559814433269798023224692517480084804373540267386844464825094568371986966198330889858783525793232810047849800001659240729031466028150564724110345203157652765771714505108046030512975963903369048782270839013310400538514937353749729516134897226397902119889634448662018819029576929504346472305784526520058067990645390049554274873960333111513343423239392815392857552418925427533689936707673603270769534071539778317693299858002902473809122227024700301497321483099349332418808211182569586232946518575636897541635746895986602665172871063731782115440732830840958229371768628036856451591525703290275690368571298831278118747345960741731009788473156283864948619310435016618122663037695937267645885383809430494530230302680142109755025038907214842460093398754399153838421377545972464098687379266027941662047086632843876627366087827215003598927765170744547706538396196028343102852384091338723785639795368257883705830489472663481348213171908883396336724123153639729520379956140542026523557331822605360301516107627016136677534720210899524060190190731071671157213153131399108734604994855887930555732907486675692499177914777762752572153315305919154375764020855624311494453725459568097025647576424442309

4740701449387200931485566126738641899425494931363 1

0475961893303490949930728432409009866042964776416 0

6362128947695172656741692210412679197620262917558 5

3059616058835981509438139888155464739539002210859 7

8718592405964780276788923924280477323241680115088 0

9942907513006728614972737850416001553809727869101 1

6538163760299560019987567710528743417964863494875 9

0228434508102484523242850619456464928288338024674 5

3143600766539393253169069347153411102590915595098 0

9996077710819240434008174019090499522416945936708 4

1551263350446837423540829126465380354941695384687 1

9159478644821690719718827904537417589786565396354 3

6417496421138332391272660853829567746264220437486 1

3750869656038144115446781746318241578012548976258 0

2405672218165190255256466551041784031399315527349 7

0128274640783796773431039575001167643501232392187 2

1736939561572561209629465861258179225997122936015 6

0483252932466059000746753828911358876966050230432 7

5464415772720413553534310692302099040958828028424 9

2545660922550473678663353597767011475477937895122 1

6395039174883700606920832143131056511403216591497 1

6054503315260875624430397512016270444756654974450 8

2910844914275328651257884320143371916195074243458 5

4267127681102600799697732731091087404071388839859 3

0205685477056812837003241060994880891203723375156 9

1677129447677010573628517526922673867332490411 0576
1883634334373993174057361935369077705806991 8700110
3875506825865123396341929847330966787573203 2904837
0056903353621683728691586822484931645864130 9955612
8076135431583947979650364579844225293998032 5213460
9728622695362672470762899717796327633461411 2070415
4148305304401967545816235986063466572733057 4033424
6756825399885570038420395650977199541002683 7628297
5119707156928778058823190261710147580089737 3783464
9921004305707615859532250733610872957027150 7431229
7920313721103151205786945818242017418320565 1511753
3812845799817329613000972285911308282090905 3314760
1196781850383675303470470005787483609975909 0912963
0344182765505119842942611742125017453108837 6152772
1032091623308833571020857721625950992529864 3641820
6894396569085647751243182903018353395109114 6751371
8534246305851770744343216131691304544562072 9557791
4988904854785029494251869923015642048236729 9678208
5432770817139937297136472855162369102809439 4904980
9571114798735326336108615449092136210719578 6271826
5898464545958700906924924882052343511286873 8626912
5293356955656244015333447567162409478118265 7115595
4756699368423562499979227723332856784786245 2694981
3038295767158836825390348461671496801413859 9194055
5979179178582819757848123724780229627342711 32738070

17121315934540225441686146416206418549556220175802
71717419329604030724285575914037487524125583648684
78265305790211293015046009300979113289391102092842
22126288743972398792999872217126802442695704364082
69175123947288580976631735219034774020783010825008
23068674816599291621420437855969070083963431749157
04007049111330970230468766158574831350801444759928
52020727860406246909862458183710566318254920666633
92868941642231681397853741745589835502398141347627
56866162211863675611345401850612301450506414647662
00254793727370169115091057005880583855287751553568
34613555088814313744985636377736943347307792236920
23281951260198833485319308413912969210345115664615
58171845160918653048971195380110248525749893158647
23399926745372521914878779978880756267375063872378
05646976435268613067747611615640308898107229900613
62029138553864683684245835443420724906526943131926
36306455791910328174622465230508681145392237903469
99357618192283841178311127342660931717160547230274
85870001047866059835368762042349093563146793544370
07086760444160809343038896416912293846293502166110
02107616405466145328261330250989929553919275962994
62782632632116565874319551733594278724799548287227
81079314977711035342554381663505021820047559845719
47076429678271587726848362361118065924451595282915

23018180897167227176349652283750680731317414453350
93301055862157197336759105167204885674541572816321
72593979270182677659278790726975958652444479862784
87669539491461017760577603607110750866034557555712
96234540663775844877314065805021814441457012161388
94429425430127261439960397515488096841753887787099
77105315689605779553635967007806998565011955361699
58191091853337403661999066186774586536593782895158
61921683583853720551718196699002906225244297196477
60765792120834997981483108425338006640560465462844
10595975870105383783766951341441171157658015291972
39328318237419072418270556211429248125950086219348
25451856553970125840647745909416107789844486679878
79836035943067050826469850650965071424287984166501
33033647595971329458356905875969705836598402375264
55951428415274309347600284805973744511548230400857
74538194414235491878380929229783184414022384436112
32216885056243354185884325115447206432849620845632
81194108270588318935428845436505484535633008842668
56935636428902027669230848663361182991429872638798
80682998086123949763295104635913382691252518794669
45089415396493327345497299448983629947399175474416
47197173177987268394360240105216610149815265541625
40385451779521584002495879879741049524800475355816
45441160796496743747671842211835815737673704896816

5761864668447399574573863895284956651895744786659 7

7781950752258882987024789009640653185204742376952 3

8933550121847859966007408965038385951470180407234 5

7768783856075809561645339216884897542598305991753 7

6101323206354325344240488600003090822619003730634 1

8486886143876373649417887401204826095051275986339 0

5097702424725298017588263922938707936732522111670 5

7926441409085437401485304590250371696374774586071 9

1405425694381561170144378884418883091592292719203 5

8412987162286685053246038943565002307341670837518 6

4595368025275824052092374467657335127060160117034 9

0806822232723412140846959667332516156575806659024 3

1013032064115375116874077567874060359258788617197 3

6349367711142654304847081133303231866339855094943 1

4397480484078764776783277053488015967141016984435 6

6978084548780518231995756407397883177027113564392 4

2044520333007609764367969990040958549556201313584 8

0587537494725693403330909172832394183692193249151 86

8723547739392127561179466401851180013807501027772 1

7130642042532655536114323907882035094537707508434 8

8923010206936485172849761293833257931632804024023 6

6224770735848850558619602148189507568896146498647 1

0858464453732949655233372641883832621271178272406 9

3226571570786417557289614533829164489186520495527 2

9526330028104982310985733943081602256698171115056 4

2180307494361107813613896822048773651856670209197 8
7109427227650347063385085500842117094040508256992 4
5756282826278137513327080529455232216084540576543 7
8540071799081276883669537497522864067146153456490 1
1269387426711403621513820477587549428565722785336 6
5848729086917495101023758749766072301695185736509 0
5794918186915420495148189506331367232336001791924 4
3975940164167719835945106934272172934837133152708 2
5228587814764495406616826606632817385906468170848 0
9801956309540191002303038377210748322781390116820 8
2582389277936139561206216213391578640790409627777 4
3062394588711681359324124433710944830874229948965 7
2704969668919097678729567856837491826622807594707 3
0876390942917918464672898935038166571603238341300 4
8221490735573101147560439107642307049971417179272 2
4988936251185377184456536112435366803341583471099 9
9781275045931072949201640040438736891084890000220 6
5896894950988355454330344806346906836264269262252 6
0480503822296566585644546381725787202422393060316 7
4501605397755165542460307432569145384140667700093 3
4817262533785783695496880181971420758304790250454 4
9329434408065470696670920819668718095745182237903 3
3116866601065885464616222513680755807281783990499 3
8203254035222214791278735733792405058170479343611 1
6046575203509649920300943063385151557010396543615 6

0042502091754083680251075696272405400706130739148399782154975269620067771746125375177474080770421469498072465669210313803655901391446319337852495607651289588470395683600524056037732266484889767598647222236870457260025131465330278949073668317542852793043641684491309014822977944414539776700050476454539441997442534009022064970795065778667625625790416787951719322821604842790422281457455555258501105051118532051282481704493408500651110585967966113480543157990100271163704146255884514695315016137653098634679351398306442172125391421048484018069955555893386469844709722072920441600174464574485789885219133254971330254820980219920946867055130885041123215989403060607764070886215302252839630610614984492974704512812064392509526839331630165354068929280565187157265787411940217478091727995418741181137373534823204924028544437285424144786673531720397284099921075338521376852189920275476375155080332382034514104490336878610551139745556445344133528058933149507241545365042536863587651146455776385286184222500373544338608419457202578083624670516135441219360521249265478557979011265815919933225542147336102522035640035827908575507305278835431594674179374264974074094794894477957316609623021732397288402601621550899074510246296718368591603789059816357439266727825

02991817957028068636510124544515441318142965418452
45197887305202002880204338955209521262425068207362
51646482968883150509597010002264372135348785826025
33578984284992642598493826986555915745522772230447
83670045129262032590728447007071826463942993971057
96504924027215130909020163225789293646620690791141
89091709554858581709996939845824188862304346386468
53709469201908664425001423704907060547944016363622
44842049461454073340772056136753779947174346418 6
96144163556429471591970959124572988939233815001041
22943958528812429031638189391182936404756748013200
54837776422413083227337901680551345611878652637873
90846029832484496777676526714460909842724092219442
08729050777247422712849199862752884095453612244260
81223673026362416664636769565823450934786501143 54
52230172110431829674611812712477267475584183473918
29646892424390835898304107786122216466741392745808
44109344670914076889081154804269904644766179037069
13186431644872934811624753142709479512183711895430
80160613686742330865206856839261480478445664749457
48323298371127834849457568184823573812967298602509
44563100213870768049043011088410435606595632913551
36365953790577450863465841837937855021385507306606
20323618920265343796554240913886678051764866023556
86801024443819982174081868308063265793445013660695

8831163527659019637109122168302179943178178115975 6
2569334811817590163704539548800254386919502939484 2
9633387880232454026868311592077147266096408147297 4
2564135237707132655865672926093521313563269738633 4
5139232379491272741604407165332837276663606992078 2
8988515818900740681788356003383955024910544219136 9
4943840259289757680416479873887544190710100738825 0
2600250529371571205988217997519052515481351289265 0
7035031295388797395196807146312979739398855224067 7
1074781329661125142444094254620586560563864841176 9
7376509322232005813738988859893022336308095219342 6
5228150675306773116834992003074978449533317392356 2
8772498890110498291353809943234673870647929391838 2
9847365091741599344224180136090702185376839482371 9
7255148813881635282508237808756177303718593310237 6
9015518148956680264510669556676356270331637550428 2
1846935526079312867717163008152297052501399440411 1
0995237587821689870722832415540437859493648816597 1
0601941701117753081977960061020610758095418438226 3
7717441589308934402454807763589859838646004481913 0
6329182121252200728063408905627313615628251425972 9
1169096962116740824716314518917473600695966991423 0
8087833837868659015986702232142869157014142480704 5
8972191054200479042072618389456591675766243374816 5
2334310131977787506264814478962379685449183339325

4452263282389839955214350864723998824618234678334
1203496969634652310297098007031272981130029874875 8
8451556284431013156099089461587840584003836145430 6
2750283843451683679399431155194067233688033261838 1
3019065159316862019183963643881182869704116494587 6
9422113657698149517318604394476819223940067014551 2
7928254056530324642352419083789115209165207534501 1
4775133761761316030346350015830432411983034504597 3
1115480235291472675565285396154982517322187028118 9
1475582192510975188147499627018320123866466554470 9
6270322119673520668256883487375964507251207969145 1
6873963998729508929286150574509391835248986417115 1
5633710772070437194298978525854106512202087219851 1
5201196820066851549509077569921619316805761225508 4
1079956447357236211513844260591187852361111576674 6
2461676058949088473218825118818916537294130184756 3
6508362290409687727075906307595173734465381235816 7
2056998615449337441355115808285999797250700054256 9
5844829042157032963296954183720611253277818507824 3
5323918726737975390106042189821333568001491762927 6
3589739749151033610294485487554126594588308262730 8
7297415813599878505897081564293241595652057224388 6
0158420781047504262811290442552635054829661343198 3
4755788519322226718693036456672710264959940051166 3
0866373172740445456949737487485211033177549364625 3

171

80611334474310806832630846622039370773105244279995

13745019352661423522551418680551040050214387677859

29901108592518674991313145000872583711669369824976

99408416160624284063083328979971618705057651962404

92431659995151896649754750390011473989031896878326

45578474537251804522359726877668762428507538166167

92488000823409032034807146522890222308061496574270

44772212502661923714235626092912260182505837318119

71039075175338577137807762131772452879479158317148

43227314735068371778815798520230352800599998697766

69370082267088042043304271761036044360211957405318

32397750825376243533599258744806695231314095082672

97420082719591871616960153406545781475710124329470

34049890117240314562707007085891355513065947483050

10926753310504767668510068727953244323689649387243

49140188685802176697065515885025617415207031509272

65145873588577166907411895667629416813405784240677

33886652984335828209920927960002560537316119574865

17297171140435836830233310269244755634963018267857

35111056397494733570817580632987076680342130966827

26128479506043615265442170363554065832901954741126

32161794143686238782446810885100608798206571969473

15316887276558292548410060026288708470726414636981

45467602306906484800019508915292088347520029483301

18357071474860460032318036646630113783461481020801

0408241624643986285802753525405414811787725784498 2
4401215358088326311157679388344399416742552671812 7
0687048579050017001882766115402598966456382269528 4
0861257000003120151341462146274358818811375215962 3
5509096186934825303819680850849675713080265221001 7
5445215043882446963539135452229483822752193978161 0
0630815713947347571643310028857201156174719192266 7
7195436928312826604396069925463721960291425377797 3
9831674438120809721881883123622660338707532678942 5
3855916918297728332731261550841748495123598915798 6
0193104630204088365812328283393282877527485978705 3
6473295156141142985324610343025553130194964301167 0
3792865637669569854796374437404695144047524862747 6
7380255896740849630272538858173832095777727044265 9
6764502346241958872573593386155268081204775136402 7
8605967148993681237120118621234905481712924548154 3
0238041036501487535674543111800604500426130787682 2
1588514426730296208404822613694974262081760999935 0
0334461976884187903041595951539264111965464774820 8
4960353618894576122048571862646143232749719188085 8
4172165024925561228486704440794528091825391444698 7
6181366331943960646378224508161381778729282783976 4
8591104634556227172221781769229741153867862146057 2
4201588982175494554749486363176722743647089802154 6
2007325013023705721216266625220053039613516788310 1

3008568016798771386008087441449608596103041041197485369831113671070824797474197170808243016916661770771312763331363815453158913375254168398408478643177506675039488466367772146792112185361223631672188803806610698593702379096318692240259119146345846149741712192550199254747960048460063345981864608011593744703731663195351890879205648107281187772402039744024602129739110134992696648989782233646553651294973293415434068946943373818266377860503474934332702908375618011054934690179339428739905663796976347810695528961987646189850722086345874757753558684468723357249179047654807751039237363961854667533349597089174705010313969438090236340457990307072485296328514308887866880742498163585636339314194762523066152520565896307037142091574467866737683351558224442263717555290549395328823666896153326331493583928128224584932540555941071950713799703563742340097316130986462139379530870947165361256508033157850445730000941413946001474525441403816920993360411596583800506303682545663080628250094880200341800214558417554634801876535677644115164771043843669008537061169050325303146835437133581809292400768050958188888031319229966049866511923553334427159951307690820852662967740310259473022591776820132591077731585784477312075886450933987756187266253938362357576251588

56203092312138665780721626116181270037560534462263
49498386252566652422923443651396972082378259957626
10809984937542273567512241092324479307242828029176
23537533863708763873518155274821112448002459124640
51115111499664462619843390057925463539496228889243
62325218640252481049059595540836502868935748905420
00912533867434313407342265195998144887626448318552
73277494122878561306225821878120011628573521338086
04365252012350790830150596324546828189224759891328
71694359851422675732581509249821248990518465907278
23763964923211904205643849172556431873441622962006
04471901611612786080691597050723383179902400106211
64747758439023757467891316957011822646217702894571
19136412685871868635824932717465627067280751367431
59750756577475837640633804494482066835217833213332
78967763836574467462017288395723672110981540162132
70068168740231366194833250104464856464603641253174
13333237960756729373305212297457933352566168558920
04375962513420306383429430609715847409538019741154
95300102821650559592594591948533482273271554448735
21365344729423949559645304788053179455862934189010
77793490276022180849918514125716531651374508750314
01466774251976476204616693113326045387896451657290
84386151944311401615142307022471639399010043790686
41034162367907418506463768256603895503347734896731

13343136294285431488760312473133541967098000845264
27401420976313695876225859100931112997379360013553
35292074829853672042761269847640066766986610534552
07287218738180679105816290748701076736965216687344
87874382771997327186492554248066842383302741069609
18550071153548924174440794337042318254560683867024
20523393305803173064778859332292996554662168705712
81806631581075969880379541902867105158968218399861
72264565237272159212726998561668843085968396028717
15385266941479317328935458449531502185930086689117
97136649492410539530174013607858891547134085003976
80364538111157208612956394709645574270823873126874
98873097059005337318346168969341709300000861680278
00589567415228443663002296526507013856265684358886
29758589271228973122504501939753988019599295859466
74448852792346410372473341353383902594807739551764
06741476465801453303755125878391520600273054598058
28008341586750878202182980291241797731523538577064
06771166845213368665010906443991846647291438415228
43559577805241786922134390262097035903035025270328
39798676548711129716415065768915393509094042163002
92126234234712852108395421664911751887684890160163
50794990872514594428409076951969961803771282792923
30631394632150965793664885286718536589854282324046
38733828178481530209203088315697267343925583364321

6320660898884580711362776399966495706481333243080
4430706922817962968328613163949834158178871426219 6
6549905140449994905132275832902039733890285425751 3
6640742837719838951375846035685933196763654229787 9
5979675682839983101815254236665985727858888680648 5
1894597071620346737035168045678974108321020687769 1
5310505668766877329334920023893505744369544516023 4
2979457806030671893157679519089580811282704868678 5
6517949494253179898985455846351101662924150670161 1
7622197572925577322229957957026951427313412587036 0
2132593747642947677233855393949608034943296308145 9
0799338159431146102374364826090527489260911499781 7
5992425233969728695252416687315009238204121285426 1
3616353249136625137866287441728736927773266853389 9
9050914428805931696176825772855927778554889122488 0
8866962902222009071053198672733203501256083276186 5
4686069004612176551141034532831271204435229510016 7
9479031335053425355678386919223431249052133279436 1
2569046803304540642593143348598935298788225495318 5
7424881037641375414844998295227489027969508981498 6
4690761644389575234356650649798259415250324263255 2
9441165969405598958665076121533992974864105280830 9
8879197123728761697290730295301586338095431940182 0
2669104693139303526636283583219629341950220558215 6
2811510082783702191422318615775289443074012512069 8

2236257041351162127934474793737507085853449040251894677691474206491390247315240473922375703568331255397444736369775913101672485564252270498558713299184758438211851524915321086608709389477465558909768150090915524531843711016797043942272006065934727864923765594695847171642902578632718343604387060615267993199251780719606018199788961891441329681532735536565531782787898770454849256568315404843336866358934827911537849960146294330178535918922268713560211563806688873602452428615177077111067128514397173946256684077707258589195186572002830268782748806462486258045143333445413308616378682332572962579538006735091060533965232557596824150482795196197494590510082179623656701477056459027478980181006309518889621379037693653372987268128208847887010630825541585042133410149582854277180694946338138816824519034448050492243551000331414292089422576831348019510419539564834283831689946997068936123952993364773605967379563016178031842261826199208163486761966027586644711808760325300708745350853575490894833166708013253482497118067652281580236070823339041428117022941352536003306330261124551686492275338976533327508837308735465914111897983419770812110908047137442356324199743619581423276740560044467491569494557871493554792225417642982230757366515960393956787295208300

7621299572905646333279790560873601966838068415216005340982287176820543030494829640714377958967789178526513442090147965699695860332176102839832232524209091874975695282502362444942356873501034701874199053002938096986090876149456728711268068719599242400646532771157004612346955067259630156672290905445568896694903638197937468465866534067955971944629775631645824343862403793489804730057570983951582161392144404188942268166553489541432820615539268199333813234143139879087206556441176100519791030792115944641248229869540395866978962963602248076632631118560938170907553225965817149254580950048642819307237586533109347410268460883510176552329792792588642969057722571390829119090719641708538459454433599189629618258137957661952533777093959309375586959791505854695906008160034355707922057284184858559961647715619063376850432936554547474297930822840340104214779400494818065457292244834261048015204893325978936823575947758489390796539861320097773887838890023066496506731865265056828395821962580338070209708988714146215856544262375254313938425321275734074533191162955171187913699270353917235081499866237794428418843345714929271033322663099327159181177798427378975014789433268497205154307237560639987729616687253234709907174640540240739876530764999282725555733397 10

2244685228197440635674154423398952240404254833976 9
5537147315990391151995816094959851210374536599442 4
3964558662189512073140201773556781853195745001591 3
8619106408997869328313648390096137571062723478005 2
2824211842642755283161285869760156604643183353361 0
3972337460199915388931573028588269160920494884541 3
0092262588377714048796551601554359374511078984718 0
8847009606077890762206936840737849633609634250958 4
7082572563368126700642910298222799915761939412305 0
1066561932438529131227088307156747196820218627201 9
4847446914775099587377486602963126211239362626843 2
3153391719356913789891966066712770973432280825198 4
7506195406203449333070378426798379941771882384778 5
7304923986255856611633528615279571343531452481039 1
6383517055077877222976239792084070887115866239919 2
3319336495574109949375410066796880142650207310666 3
3219037296882469804080705418631788519380478271412 2
5654179999425208472883282034768584897255257471819 4
1141110041741566799999641975328403240933119063192 1
0471346702337851518168229866134384617955922289227 2
7247929512697119023249639138044043995740500927120 8
1861325429437494680803495274028786638624393417108 8
5765745650985947669489218450064054656300785760186 3
3790396114271309657046386091763460387568116961674 2
4770017570120962241599529760603853488570014814031 3

7001128029694543163723511250880211913858542622l056
8994899518301809141719061592636934736495307l541759
0666788072282014882919882051557077635832956721911l2
2035770424951685061882953088988913377428009260557l4
8231l908831910313193929933455923134282290824495258
0052392312035468409591811803767004110412429520600l4
1674976055582275384027855722899442909707922037347l9
880867350017022354028870748724l5687791506214652489
1733255247701844863336042379174274985534336281951l3
765938627640328174263624814720096570576172733932l9
7137016249943760722325613278742493777785892693303l3
59640l621334413649840271139133842747075776954377l86
0117566491086194270718291744124265444598136378594l3
440204322865897546386434827291483675790906l2462084
323439039192344334349677277355611142l32001439444l2
2732038136908572979573632674477894386577489038591l8
0992598862969779258913747052857795461303205433036l7
7522033550855052641852468351949293468352432860294l
6899457532838210307005971426445390140901802991823l3
3664744077884707202162306238560559758221344837729l6
2995988321194341336945834461478359693702832682714l
0484814528829052616640328149408184024376827980831l4
945204633401314793187522373778061414495657562106053
0337373631466749971428l99074239705585981535036662l0
9046505844835829037062788217951701095497639603291l0

4655406069264586302126874027033337628709008636077 5
7172312759161950765391337763291958221560239574342 9
3446887129808461218026897104243417090833099109858 8
8888352540859422769177682881207561794396901190756 6
3452417006163200810141847533290811300309310975867 7
0730363184254529334530976661529175236632365647421 6
9042280616975156053330599250791768250223646459995 7
0337747610841475018859988302655204068322532391058 7
2448941321492042015076366197289000406059272042496 2
7607199929997651568985047882085190980357331157415 4
4655500524131490124398995076737791147971421276661 5
5536570002998064352235855946334029151965574477372 5
7745255173684677241148228763726800196358448624260 3
7986498657582130805125486775367180449618700159104 4
7387934243041878546178704578543664944284385030411 6
4819266671849752526707365839930254006188659463004 4
2593498642188736746677914010289921935190341984732 5
7602258531948483933820611464807036489978670865314 0
5317348151432465185340056408530192899076360160091 4
0767076874864987866144724164384262549228598167910 8
1292052188229151944743470410361926198224968865018 3
2878812286552614944872433559864067055348866764216 0
7699601535508232824182707156181963143431092962804 0
5256938017210064387456093585636653375409615209936 8
4410900642345559496789925865271737498298037176386 4

4155408339933247328130954900909116944267647099606O
5136670340174411830366225048991020282241044980053O
6393922465176432819632004447864310710645181829249O
15547074663013665850277505079676669447092311169507
4284579269198646547968976985744247120250261993627G
9049186893853796977482413020560763043389224736757A
7538314713417546782974962447706654093819818294053B
9527866772898388482829911423927736324571601437337F
2630480263249421654556576719767519347205464994425I
6009891508526537508002510756054326553772723422307I
9696794527224661597386602174168903912272254713382F
9155322845251522669469728173031755253671085191135B
8765425443579041298241035431744232764343271370654Z
0996321570636406096871384524624566335269130122078Q
2078038541203760206341195539453469466949309162079F
8199116593075741982692987786665036590825853102107I
7015018441367529138484739081922356470866562195031Q
8651985556903747671094714087613531548718159302781B
8382078139400086999967045174005890292947204951246G
8073909517224305516930104803827814754464193770269A
2493272433681252024601571534861044060759056332037A
1788371475352143957277788274638618416087213432549B
2369004837382182638400925102155997628249241483239I
1002469278925362538480776998752416827751579814453A
5592180912352016230923561872620356180637137437050I

24625681248863511622694756689681361908739138611682
78104224664184881377491637758235307175109336365159
20783202850748781773294567957228802702925330393035
62960965509811123459904500640983146260011339766000
37298133881316144986246073840041038738952334677015
60476564767743753091353036027730649485481818157985
55845871362783153768046482215248418050024360485920
42481953288367840363878995631933216318317783975299
19375524219659608965065537394044608982289650830886
05090890249651264721191096922940386605909137826663
59794484078326763625443829738263161238512713588318
95110725809941985723942638965905949827824178092350
47599580728228798338367066100204159537645690875936
08209053046464560549835109037784779087651974600057
49378268569622689236564736896640023761421391404088
53022853014229240229342391847460728918244015840316
19657037005116503748328361213051792767920294958449
61075787312193123627924907087747049402772076686395
12899595810379182555275737019903563985512824029479
35134304701498533163414882724147087051137221073263
78167707957042443525424026587849103230994421850476
57104762926221526379911773502945540414719797361893
91641364679582508105253622100956730870705995351102
32822554068808184242461329055034112463682062595644
29291757401920097057467517837870949738346200035152

0235096582205132349518812880974170138280072774927060738429578676545651223280696018735927938422502982394526545661537689095003761204162565183010735370039070291502047537142778943688059173203027118577899176666342571642695371669593318314176864699203932928731478065454996105563585878580355988938253256278427797527748695905829017843531703864196779140765048129809438387688116335995347497834963258404256655648835230230971526389610852632841399355173700557015792433145571339263506491269103287457433680168470883210198318057258996356417499479991411764640878309858738876012622439291525135127431631142409165957985442311940742639141995737008193686324395428889189215907335571177725165886954494464905156957324223604942910611398818787978145692300825681635089337688536087849150976140767272201765263270063040429882985323604100024040182990715058209534866786585491475231039176530439244445196651342514858865935725306187893317329084163403552216474104154352613758218181879127906528210805664458170081884621209532764188236193739371584541654500461376347557269167252476102557802111982212191616769247994681485102211083546869776047065079702326979179446640582545878412351378391598786857658017471735758400554500216991566248934327757053162343985746512112556697615957941655004309278395

0643678562017610936953432274420323727782921264 1072
7927331538805426571871952314614760851241207 1162145
3707052346098735285253526398555173759886215 2283252
706233171771057646834420711218489697162632921 24906
1416662418876041786839653352081340399319997 4584851
6368676490886859104526807873062160502149585 9193782
27149265333228609685365050398614037995783923 59268
09107789054855586108859242822422592774477365 117818
27001981388531607305680336579676271784577742 916999
79193696296290729972681030497096970617503617 848728
04915714553234024897008651825057184139097089 981443
21086327430762953464830106029176031739831629 885580
76971443395677290152947924948925730531036288 092988
57109774203433903894241774960849678531158757 524460
72106263522179995794483282496498179688087770 356049
06974060975581511209516205013277091078039134 611475
10049698677195780467282368221758850855512187 378823
84355023971353564767531284887511145584394413 075616
69080219404705402509256163887305799593571007 095421
52424023897386614498430269643615697593835035 800086
52520663448232509342891281594682468813110767 064807
27153921338085490889321744630597885811274425 344881
31962175507453904692292260778682863658751566 809447
50478626722735707695371489726486013628080150 844226
32659722114711872171544581877426158697079388 695592

31035534774484427102772791812654193912554760484431
8093436796646334042828332733741850629865499460 0120
9056686091094950352084418389916340306963343519 9713
7223404510183936562839490571574119917388142068 6449
1885648968163335519506600092884332524806735584 171
3374961715055093426371894023253035425993843941 8771
8742088145543543561643034891031481520576588694 4478
2706449109953352128432519104912469054321738051 0679
4185988054401289425123258990996231232405387739 8210
1446405849655974158659523205814498852510376930 6549
7489313506032936074481814998982011182749277815 2011
3240464303834000930223108054725959755121674670 6659
2294443857107582935686515980117901994804535824 7172
3450301763989149022144948902160198684151758737 9191
6826610983857384537652804189009337550323487675 8875
7658350816808489804889946134638467583582758945 0046
6480260224707959607311234708701901229396384219 9250
8876853711199854331293724294847578836115174083 3584
3753310906659427013258032954398152692068105480 4215
5210247965114545433197115305740995493783836932 0017
0656410239939685203415131733092513860829839610 3448
3756434854709456374110604561666832802636976055 9410
7860053014854032125282532232725173232493557882 2659
3959508373340095059845300844861549376083077293 2369
7805390206948984365228679285807815810808580649 5326

3317305646816091785147125400088072257937135985919602032117698516618138205726664487971456050564764174273684189145067342456756416048290309818979175956744799704418481543956047023378435681267617715798737487316524458821001641061928767152951977309612579504013279951251230446071737653304434889758377502200674146778016973228005456734499425372413845823677596399572285545930783851914039504744136175891007414622681929769694988612865298551788024993196635638248382941924743192355842676350731985803030153430748618243783252279335799383568537811327556538647300247674306723758445557066433223967058378975019401109845845303120397416081495286336512248395115142651395213619949280477614567228484431285659615449731382785953307673696014941586370703621756586701043035869611457917148344582054822959711665470211362772824935407946290706014037201690357789239932630327260725450600403646050283809296100760006762109358216154880968279818045908769907558279711149674858710365979817790055992046199210862188333938643676754535782363369890881619356421821095595110093983753747755465860778655943306224849127897875450813558000955361863224778945578216728582156558348574169205578223436150325355191306945196005289498694046865586452883932391961240439959477905755435190582258127024682573216026993

5312376217316256389732475711628596069997082939495 9
8146454681242911928944932167578936358775236587083 1
2626129768952214037121333371373636570097496111467 9
5473894021625486684146352498148656843712993256610 3
6903209843245244363745789283274532540101378735460 8
7085784915339133018487965021588810929903714350114 9
6211919724372703633189011799293100919897206605891 9
4991838526986780058093923091737819542985085168466 8
1299233425946670761777675588620801261412614640886 1
5606370386756461288814378861816884069210573731007 1
4712755602825523846104942873199498380141927494375 1
0069479060959762757040742560527920403735132256437 2
0532009690271261787884195824392343316525246682094 2
5466272979348242095027327770295359815649824733818 0
6163938715477491975350493217917432066843409206201 7
5808477830518875496124423952011896490704766018606 3
5733321398793734673914908088123513455137740715586 8
2223545588457544686343337754031387130262607146224 0
1171706024010652254911986468430964157219449244602 8
2817325253667035372300424249866064805311275019543 5
6523225687382635156061797817749036314750495732032 5
8272282087901580037039472207847114408535302162674 0
5066505125616695005739908327325068995212697526160 6
0272524728366524467699546935694759472575668558118 9
4258537772576809839768588064964418575387172908716 2

3665842954600064572836053138758138636294410431346 2
9953741827762718530615919342612177132010310021145 2
5657669028709745553310907385811128955140392716687 5
2247998498749917850258926890214824595782590518644 5
4825308670960541524639164867481996956919637597196 3
0398096105803354613278943598184350869745259200054 8
5900303729616830719576226854353641731181745095799 3
3164776907746402740259052553880918629368604586739 5
2113310468554748440381710725066369101455731473828 2
5053570575661393917552606951868964925034468664749 1
4652615608550503791394202981994222199473543823178 3
2230368471373302474855942982638040651298489197127 7
3126979399424468368139797193089451531301022820717 6
0241132296391228061815709537618452022878633617842 6
1035310734175920397829165437023953430922591085010 8
0565591877252777554800270019294614144153767227568 2
5533214173720140747134788443436316759161438722559 4
3304949771961233842226616048964396242053267797041 4
3080241164011968089101092063429038027925515696795 3
2441619283486641083828605441536996436593196913777 7
8700593603048202291302651459229613455802971827243 8
4196876724370844926367550705633405026837199449354 7
3265265632066274380836995826335167607082354952985 6
1583433119524392297003987910675268314944224875870 5
9711975013571688080770880163857843277818151302778 6

83116858919461143010895892183928971335941392888564
88545091637259398359742076715707460714975246059863
98966957462315777686048797201480357679564845898219
70288761612319470132095592421448835550576272323443
48426426011753223061822303565850804701101189919325
25717205499629266412977350428504370262289723585281
62675637896302038984743559480612173873906685354384
53039293129881938833041183423778361478059757505840
66225413362933578093194781966392974235039084805932
00697899176788339686913197482588647470862799713132
56137172730816533406139462568550590727545864506864
65652776825553429721408833837278820102890293240313
24210200261063566424436966120830417686932201048993
45155973211746630090867120083557242052922510628503
02940669270580504400681819227351425634658435481109
59320734012749694900025447207973603791646697031950
33832848355167676058310365452708576554980028239478
22313718870396521642078414038632005016875592892442
48916432107962003137110746260693591895581823998836
59153109700423581742946007359612474329057210929097
62924104106566209235037924431392689030306220340787
05847521368443498140066439968281777288328306808296
74748510726842285639503119239679399702278280832904
03918794270125640317319867054809038172901093826770
32761818733382332992873542517912146741696844438416

0995792173492547541151695503632929460672187983817 7
9848868362782909979843021720417536252229967274325 7
1630803326267942700883466799312372277892804907269 0
6343593863344827373494687180880694508882406899726 1
6587134375187407124435358999357495057639105502602 3
4884831930109776287518455556142797284284876039387 2
1304909025418488426977514011626937613955045856899 0
4730039876222569569528522702700707002236312782756 4
7209189072366145338315064508660157166725030442531 3
4573076142482529934735508200948111074026427032879 6
1354558997238769243881097597044445727972255955821 4
8318579221168381920223766601470535503329905663899 6
1139502003559003953143148531999733956110064596295 5
5821496162158045516324961524984625491338666155661 3
0574710730660649476125925134739867240429470527139 4
5870057114461774359248919999779853985891554580117 5
7075458419857074644417157352870883181556649067116 1
3720524842124067568833346326309394674405915392812
4346865274150763671083329467993079601213226236297 1
9228890611294395686589067468858225888839891650188 3
5533075233198157903553586855155782065468218332159 0
7429103474695675663392485415223645371500388621789 0
2634313785302662274488179999873853323415250050507 5
9944529160103849242964737923144851996764003120426 1
9311018390010745597693245743996519682211157017225 0

0007801852007690927995274819572235224900924551 0210
0832943506047090382176234012352784838737727314 3198
1235331216735074162478419546325344615208289122 3780
4692290850938628075267737336489167527510886718 6907
4857315117987191127589737172122200697902686270 1539
7703337623539168573023532778080515008525981753 2955
5080787788667281565096669161583911272169869938 8759
1126886484854534528983845001720075317880961273 4774
4030045241675032393038367061707101305504380587 1730
6756683353374537830368559993775908695130621846 5528
5792359339174191712054179699872561324532665773 9756
9709321705621938004614828574998937523164351347 4707
3658820981060577886541651473248981787009463013 8507
9255922260729715226203881943748439143105940959 9258
4334465657681739689326110459870100372754352511 6377
4416122729999410186195660514215969412063551314 4859
7195452860809748682548745244590362604731380648 3937
9734468186624970072155471060193500238648389343 7562
2763501279258494173264366237202327855359419493 0450
0111524937011476346341575426409557473943069445 6354
2362081212241176373576970867776359301935638364 4402
8893630507833322803667474394324865707985085250 0872
7418326835271995157792652719876374997607620843 8946
3472126203607830817381428047878554978289786227 4724
4177003016325501339705372417682815323516176906 9219

9702556999620546424372653577547251024031299435538 6
4594831470194940156026684943031837836936554661866 5
6625470825860748948397282515589160385534950645138 4
7442211882756298620633135692134350535417532546229 4
2738570185142216047979181239135818570233638135445 3
5711277117194321660466143101547419821554929047562 1
0901895720806062349088029040678545667463724177248 6
8119007420655784822192950106596683535208679087585 5
3449009271325107353781311232860041052918835504828 2
5682124393180978579666414416419743846503597543167 0
4183852145907794335773149648457421486085488674529 1
3145745893151848342050585427211602752070105302881 2
1820442571850407971773519382644415143034000038965 0
8354760695211261435151449409699151517833258517247 9
8947405242061004598407363843511382982933537028551 6
4153281846898780435921758197601110371882601157152 1
2198992803575460838874094737522040639123362898280 6
6187319532355292040142200095154808807061007453865 6
3972589708030327985512405709675299487752503483811 9
1484476396069023998008588751011612900600807691194 3
8103026094948065984761969048059321785213998286590 1
6361397294733342452975784299759023288921228876174 5
3643431583753143784957460887473734258795875821990 1
9353898142294239179415156131539793025146413798608 9
5988767541369432304048702855541978092295804469899 0

194

1929045589068465978383379944925127160494133779070

4865785894967575994050617557632934756808289220291

1549186488201592146177654499211827254988676568962

5170636148321951406030844868842947490817141227669

9529766528467187010729193377929282443532431382852

6357061580769259282603222119402768779042924083653

3232151023540753423210947605321017167804788960416

5107197396939918618794634618967971354678672244029

5164443964782932669463584918661504011655032137958

3884640354533706750014682450893963508407963388339

1644002155762948765545149622984945735704556398458

8653901031203119955863297898599642742416545640221

5269311761821934040528049770013958185699504506269

8321844220985806560360396650520405092652944916311

2474122439854552334593973602158488959564576035601

2394722600290911023235818327077603181928957893191

0042282972271927680105785644667334020318606579759

8976736300451553441212227464921178419210429930233

4754593408148695733885585311878925724359962470195

1049408342713006597163643751657463710249870536291

9290060997979798208147147131128995085184920039864

4614653025099491414340358369556884216151820006672

3985853203567078753447410182134499703959178739753

9621147236777151075064434193206709784810139061194

8142996565946949980301501505043949916581936434061

5471200602325330510056856661995398852109699179681030651566276114001239394412740504065600221709854777964424685874863196946189551035133391641195903971893876105442642302464412785966320148479552732274340928634620098405982453385763861519336443209833918195749629505252717041594110329416055200707970044527426550329106801682918215054886572979083065733200566711040393166428946073974276132720699137735888776468407672601645037969090673762491231815694613258421465112430180886283850187273208293049320534883490802257999620893153820434587462062523629681224077557166761470833253074351802801564661524123357726665459689501535120964074098799335251124236839325550804077953890651359848693148572687489949014085300106254036984402433985738212677629454919277281927072710075950541945450379091805163615808362888700153867243945007027498984321855676474032471439236648434111606209310196018250317806835398572583913357133449303614491708665979723338814530921740318117477520320325816743389458264967527525203611262736721097645431340238065872011251345146117238016383594726875228176383566558961886132167299893940149412510356465833636887760906588376967418291919203119456469780942498386090416033096376452927942341930023017400543432258546250947435455170968354369756035650199238514737184926705

96

```
2332775797911738152474353163342411729845894129 1075
0455504288587776273734066330416039180826874 1726065
9615989336077863307019922231846664888930452 7152405
5117461202230160366192193936615793786736961 5816259
7300582128112825576467959494028146674576045 5774706
7390220019769831825970029381954149275908113 3733236
0588587778716100672583596232604960016058991 4889342
2047361613271007545230048439431098999163722 1886232
6257224723071197918230494443514033574476639 7083610
6986071445700692763966397349202921834629764 4381860
1893766880534512777038481569085406140328036 1502803
8609490335348932303579251173935304158411332 6547129
0567398884435930822283033032221165929854191 9655979
7184885423887158089140369301617172570015570 6148369
0681274229550279346352264500686934307748207 4666368
7476147620022750181551796978266737414595043 8705887
2387338963291213957303994663054340289132774 6816875
4669502161412465503700912659179830290388734 8417613
9723433945569356600838016094355613785537468 9207145
4423377646719631384646526315701017132583974 8746654
4423630277928541904501566645788185997947897 1251481
1405023776902617289793013080656571631212120 7914290
7054215088898379545365916435512334174598794 8092769
4175114903117460552245578545813558670215309 0077031
9556558995997468057416133836164169114009923 341556
```

43868362258664428079403362670105226669361924674723
7136409054289852051883510036926818799746564705२545
0682683936264069944223117912997333641066781735915९
7162898327417728872302052609804248757771006988196२
4037291271628455835847840340492436487818337243203७
1618788149318366321324242424201471879866012908295४
4902098739959542872139066776982756308916794217401६
8823587653975042030244898641889636909631627012055७
6819699291549927751425437881294676650832503512671६
8466448444547240410124528064217832732227760436916१
0288078358871843710051808401795801410835281635163६
0380534630763891947615018698673670605014755654519१
2556348547440616202739383503562785615295889468170१
6999401433231109528721244827047206054602585006670४
0757911141368279069786865871177920435611489299687१
9888032590349546258685078645156073721715399533910७
0545742084470048998112828994216021222092624494727४
5405610358209264251267803981905452659443737519428१
3217137033612591057551698992847294695342429807232५
6290258883626842678447029836313294966054416253861४
7488283479816732288109784876941323436718833482975१
3277555209811183566129984856870217344971594558142०
5167601363168104474987091636494315666700163412473१
5263146646944702228602807118139928158887516372142६
6832121415092317205731891117328825980525201560900४

1554777595240408913500940365197084870074967833274 3
2335886946312687900985023131720661411321086076048 6
1957063566245230487204929701679457814582009036192 8
0678213945893743377769312698768681171248164084910 5
2538842393336908946354092358023108172557634997996 9
4364597544489485664773280449886762357891730215026 9
8796454984277123360252396013678890263912763167334 8
6900994658881028631022374955359950171618779405954 2
7203256807509917230406040592447593475587819231150 7
0860386436400166976935884441077368702845770379409 2
8349414028221295864075270639353993044472385084396 8
8527577798355208317581070948268654551492346771164 5
1188567223807600629987818448782700527203129388479 9
8209719432022757136352039888007560979354968507222 1
7381909642757568466440784384976235954164378986071 6
6734860499536429215769092696151709528254210860266 8
8812876213228288701239411121356084998485602261674 3
5034883052115199522213094722311882454739260808544 1
2153442104345431104283533610723224461095047549030 8
2384976233787723979857646707148507270115503350791 7
6889428553256555785689141110539376812300764172733 2
3355555569581979516167876516112715880238173705812 5
8433764454963932090336308884238313464741325415758 3
4085328701621478467527366035329814219899900103996 5
1663985781627083589624813758112852050274683143462 1

86542100287357984530641972173311190325200734619298

1287229517898245111770328323475986403956270619085 4

5507358079165897100777640229035197705516514631569 5

4288414243755797570968942232887312501544659132356 8

2234856323088186214869175254442042503115517112520 9

3266720935244538532857593078572051963112677159656 3

3535956460663812156991761342710503579689346925609 7

7592291135575500449546809395941988076919375288865 0

2489711246859161951191180573662336507492183673283 9

5749066939668994863881254658855888383033086427922 3

5459716140863913280169686706096747793497025136967 0

9492118518268068371039329768182793490904880992685 2

9794978557333715456812291190828899996496173672758 2

9677225427182642232866400132724327309242950923056 6

2213469775602749713113774964021604518693358959943 3

4517013147431671669925355352625191822960685511025 5

2106617693913058993047044013055539478586631684376 9

1828647234353248593887797337000237434440522305783 3

8504233697486700501600286637163548072142572742363 4

7165982592000599527350286342941390667926697237987 3

0437353937957758746704387095073567124554496603097 8

9611819455417024559219300964059380552294276921735 0

9881950338542439019622355656650959811895084955834 7

5832679441371943347770644174306876072873238603190 9

3764674529189218392734056524491250586956517611562 0

6981250039315388458184406490819305513822068081023͏9
336308565359538328508151852860249073808881939719͏74
192664563416144842651154131695628352519591124428͏38
262881010308475545489736902540358823648314244059͏50
604333637217231136979737662537789832914814676854͏75
411897102364658779329452455366084629871709766714͏52
153935936295650841686793887474517768464701970560͏12
062911196593927169428782001047384226912084203747͏36
338838627479266343817074600861816517701247380026͏89
102832486145467289464377033943420464842419670256͏18
791648972518386746222304165160001856431299654117͏59
820850056332395241632046675535001335372968491746͏76
463194134992237442472246330220218595474064637882͏11
882345939408996899586677663701142952853127079355͏66
323783256196678213665709220602831025653913540119͏06
621429239381641120806961721604380993879930032791͏35
193961605459067259657242443886673098839494804050͏01
995869954087761066913890684279935646950245990878͏65
610481526261948802916220377285440431076191523309͏67
613456578986649276023103467080783909926275476450͏00
231115988151525016675637395740190577034126134204͏16
359044808390765374858277752596662854316298833142͏07
477826120950407760433388366358024308924484034883͏54
102870614733963283464657835796697459258740113463͏45
76232160810423976222516895973476817428512737721348

88431264298689167069631623873420014694898521423020
83551071071050255718846277856440376053415487371340
57035304716047710677529320079908300857963350589136
48697747150937612256284483514279338752636745707222
00256769127483422379436606131986267609440621051523
71984859747379297406177243330777353802543022189439
57667695095667279812485008486264258848457967719356
14664646260149649514634714900618867260130216748107
46605411192668918406378835311056304417080835780199
92232956434743032959791358894379380097270442582150
69279799888314467253297689672092433109678778704372
54704049693782685353327799678176291518671277541365
72668369349108729256606562281591526335044669497567
92294976458396040312478260968080763245729179631357
06380553018179506155893461920055250204212768920472
65235195908441637059762275805273353990572737729245
89843113466208946935684628077087959342361434261835
73972841216652601954384817745024429687378704478184
58084566985918167574593630071250992994559021579797
12679792868141836179452938114743834591130494949062
54577757396574482504189366105015672239114063379044
26932767178357282347840242922904037674700397134683
43855464064270710261175300913084761273575638893444
95780143671978013898265342437760672048730565920693
32816973770772050673214000573675534498089554053868

8878671591124076024028764936109146485632435139228

8961692053847422089604660805903823099659189334258

0790062237040800669979202979819440927717350270127

3684682086738310270794793553022082277521544609273

6207151719553874896681908468028606626805266261730

3955928932432766560820558926492281145720789325877

2368082793050500307417743535142587643209181854326

9406906760079190821342039636895309452563340221307

0209864586297689655472486526242846110473665750904

7717320523237414075658489932392708682167942643268

5694735191217476911115775407999719992668288850793

0393406103104213296468250407706477052176909557243

6859664717698638291411537797697600025819272394469

0104966004285085470014809180810817266504567967186

8806462058478809300711671419078497133939149939952

5245452094946507843497198103614287781840332205706

4639515476946972767747706424864607939235195654366

5083070252079824653742742569969457756462611987386

9434532805415082762099066227743584448627037670924

8431396731265635680597853428581984460900825022815

5106367269141887603978831977318626572931421807329

5509353856244448880870515851205561944137370328540

4757221463407137369326552108693222709423907542994

8994425444590686757411432252426167234352191278258

4388455951679782993283236427374574525445460529398

6806263513733587214850808820205518659958034081488329701253781235056793050818818568505731233257555542
4196054273583194479764324992288226604355585233496066809055029052163377847463519347497130223294939655
1041598783974016751661859360517933889503924662052455112688373111207852572442457996232944501683417135951402520951792646811568298203136188273964266233216
7644152469548755816408435821258504424767069969380375857300390579011051541477955717916931272909599822
1364115981595201458613678920666663532183944579112942949372746424648239215477975615733670895761840575
3220985047485835708917663527278094953542744825251137393829123783351841471827848818093776259467255433
4206902383755976584674449885729710015336570259383860983788837055966165661226188124546387807403643775
5829259340136451738584462455407649029616220229244791778901424327249245624610572832994427679678314481
93467055175708350294256732633526490651414121023786109329671886310371717046176289311616725902906771223985883659641492455308120728570841006607616854351666353034138280113381967791228997412665524495134833
8934636181282256499053411503179141167093830767768774232569803429140799802919107611396530776180407622
19445151940260406347035679935388327437858815201108040649088517527008205623802051286421842482300263224

3205599799834692623266564470195635730067953905 7244
1503981642390821362351327177145861912103281 1235726
9933087662553440894151205179902731473868 1826266444
752804067274640857238015503894189125958937 39926501
6877527437697415337481724220377071286644907 7 1 1 6260
3154417119414108348606899529507444772203362 7442668
18471196563615713772424615456070479650878312900133
4349111362929755836090601759494537968615068 1790850
7607566212738100117918293076118629911635574 5026020
2127565436095113856909481542447672260734006 1037334
2612736080448553121475788902375590577113174 5500941
1859748652962705885639173897159515988987014 1758696
4865418532486377943378050698934555388050523 3124949
8418875730464447331444598505524739865399707 3462338
1939800857730435695476169828265893810030602 4112186
6568598020725337165613533509921885956010788 1521955
9929848307371141617648399503300378988247903 4541053
2502054955693588016154598918936886572124748 9636136
7186281885464478617924358171011255185131787 1774504
3073536450297615072923011083308025515349518 6929484
9716900991730394769733378956502295614877878 0483665
8283482754023019230369038581978853430382855 8273006
7215613042476796509973673898639630845953309 9446736
6005278953510077510623540518095062072959121 4778792
6626338542879258977595863058064650448452623 9133538

3426270504308670094670362204063397672529913651878

2306583966702262580562122210733541161850293635641

1665577923776639586049469324455080590361798644275

7412949830210469698616449313701037027750848601539

1665864512853545304815598296382985981545562592486

9186328817630110149973720692015386987741862165578

0878850289708567829701926958276952394082579589346

6666883918358815549069436830703532763207934945109

6539945097204283673067035144196315528875321482218

3259671737078127140513347473860809636945635120190

8439160557338408051663829148862479351379403713197

6687585625948294207463241614819626828884980096887

6413177902657691055508025432280312585899845828720

3257358894763134926062496271832200731813542439536

3770564819295399570014455438391087844914419368047

0651634740311703744824585051857881806866288441707

3566042698003163236349120302919753700996010666193

9621731876226707182631485228441727943340681810310

8384175349973496979013526046083898649384170852934

9279158345594247787414758186260672246624811772249

5686229897440438439218402456036091912369895978248

0644631955555593083281673460231204066700724877475

9806326845273202557015621687662840583268894930505

9390050495049587015400348542776024624858846666734

3859744545671611419843038357063974266667038555609

4523903570201073652328352769206772213666358574 6080
7615994825758902615564428664967372569208046851 1746
2670246787668603228796511978576164426500255366 2207
9972039998656146915511996591892609987569195721 9827
5509506475978615626474235578645011389704199350 9976
4066765571208502958421155914947290752355349927 4100
8512949193855962594032638202524988224921444475 5882
7002900367951870523576276442355841833307120460 1246
2993991548419581355125514677093447144330924763 7321
5011861279838185602557163141744264421039231841 2486
1561304709814802473388125696051967726943832149 0104
6524099815011833941450600842229131941609950099 6449
6196330766171680279966145964908485717408237805 7131
2943966103687727269790434903189674932321665723 3190
3721541461036471884246356801971257097712420455 9927
7189401630807555791531803886385226329349122868 9445
8712440718739851310980729960000540296913908632 6671
4179236497562971925021288399097084846804390717 6319
8298386258976031273818102754934261012824458351 0397
2461726002712472644102839306036777543984038462 3746
5571177660427479404471102532275260708819152596 2388
1035944912100259215675509990359849028736639465 3336
2227856019878524480781200009226725563043118702 1878
3254738688044091883310482551503395062370353459 1157
5694871584408122253546614612133683291417713871 2079

1132563299696105863063881455038293070650764250040959783772009135428432873110669407041999325305683169533185440621809608346131977993381716591706548795521144399346369103913258534977738053801424940934503627616581368950030951261057084123445629601328070394871467589010166411517039393214698903026672660584673505964752748056178078679539355103268491298676656542631273298852919270082470877400221374311565869690760658990854779808775648655941308902704568977297419559655010922193569323849781622587517646552420925574092571769546886051901000316080128972898705286108542297390939681507750096597173714600861152209262260852708298836437362438779812774511708223680806107707741366334795574353354725066344097928989918408218150200626290058136781545284857759527335953597484087245005388274103999870195212623316986282803438849726914169586295036202722974886898490039741471616745751141334602734497423550587807218665525873506412530832457388035608515766265910084790720477045368897507199743566506306631675876113475164418905099495304411719985149916739766229426944516621408087749135536734530651829997758201465753081579408167503572563130826897527686949131751660314196274122716209578299745125950736894997647865130983044553916761879316366404096977873117158004122655528863709140625817884

9239036439876794389944195963322773315106241711 1111
7589582042138226824715855862315936615312894321 9165
4892821195976227665814359674319046931897070954 6254
9848023495501869231129366402929099667008638784 0042
8904420862483661779064302063305933920322434365 1607
9432570246586846689771534328077217098798011814 8551
5792816444921354300152529961377236010772921085 9513
1459952461659422716415747632365702571880611706 3487
6292627323600831252569965434321893745077967445 2915
4278947127228947044648131474412422116659008100 5721
7233044387008737360533164683029287005557200190 6994
3199870645446550624282172711712459206812429481 0550
5040470592410528835740065648454724560748756247 6347
2596201955416308086991308656786967875539700812 7911
7686691949683813515098808520958276792948785481 8158
4339038957648028985092572460862530061488862865 0306
5719865793656157955982572991894328947716189620 5693
5467280544185635018462634426748571556088844337 6776
7751811195879631684185363912337497661237712587 0557
5367714255354528010236191288246608468567360849 3413
3311957993354042333577358896378053183909344428 0492
2703521622308714944360673004231179796828639051 7195
1575052097655902730996709989020051300226332647 3818
4520239976911295246061557293366996541826787561 4644
7436938872908878942599227147563262066667329080 9469

8629295343111076243281643273608630864133864864668368334034117417243361379086047880568004597543289332721406080344475032843441146117190967017625398428226686468388170610025364990074317384700086148176164319642146091993738188776548270699793984153938974909461030806089521056237233733955299064854565477711132351150583518723974869707635229334354972561003011215891267832849264645292657116115146530034496144130407078693714179233116662476964087635487399017477537102018211428142144824621320489013665523144244134042877529811835667348556593691796255853153675107980671452796637458994210311881547454807524651853170218249967058200928170347143305649061103029660077886218643958620309126219537459319155011169133155954733941172086135358840520458592736046321982702240715420614033109614862990759081033133065914757495394365387018430653038342790401430598298810968662879396068421340105866813687700862550410669655362243076097486920666744068427555947082594037595454393281264615197860109409221003946623938100024885780821530539641236263035680445023302479433432134418808431469281618392368201869189398393330782579391518765988615852658830313054820647419923861166216919045975656253336318446768950752992586777308978113220554526893234119637741580704297917296184933765166937562151464881 3

841726621715323622710802784181377459609786557245216534926787608800918807075144517955918932074648407619905173558584889133032806350787970523131676769315773731879594907212372637992597153494224165049186095916392980515375415305601083541412442663508841170889542644097702742282321287378185848137739355097493355511406244664368942045355237930229556990256888924724764828569879277717704395843692472400622209413255549432923268062651006560671124877997880399882214586345295917166624816532287411553275264112489665623653627179051708201531002673539588247022352816399724015346412203202579778082731355120501936842815208185549975149151101699141271160844540090762083005141646188255296346203608737167901905825189468389540468266297174866800839302951260776692992406943522577743863181275967950694370015606250562785591434151241339403032771295325310711861748025772234948929252198097430895212231461957666207592355635972669076798666123329105952796101834310690770203222871625208361195649481175299713274973059783552852128578547844286181685257107399791644850737946301947948601093793836405400303508924994891380108931322703064366040921361522517503364759125529933623450874620625221161521345334640590731527324079559395600327487909738694260663614314509347957936425282076057673668224556

27797885798509050746557599952332576801978516473222
3573444661249477999064293351032029241706181476957 1
0507728019172716654227202802454806556829265624445 7
1074844343809247355832405957279281370093179495842 8
0200678166703023483010740547421926860540197880276 7
0617733116985490100532526580700391933221832551762 2
1950049560232954318807248709892249330737590455348 8
7851895773428251250967651971856799652910171995101 7
4647814302781333571695642231934075713767834608696 7
1224381217307989693831217042049112414515862212057 3
8198926028132533616506332709612681127354457645034 3
8627183739199389437969585611671266838339375985582 6
4615427978133179120578291237899892276277256159512 5
8427540001446320445791065468667324140533658619184 2
8042262582168827371032153821229001605389555745804 8
1497079514288287427566570758148260548242022106120 3
7688341073437044616953135658473158464995233288974 0
8613892603743654557103135730978703051579767418648 8
3330833346830617761996495333234340591686783886452 4
7041275531439579402788421613759684918282328600669 2
8911605076118159809805722967611642356090547827553 0
9990228360118255687572387881258582934211212064353 5
1362342333545480003763735392284413374664475464899 7
2715324870623432473939494074367849041727254265742 6
7589518279602033436226061843406548292910969473277 5

8106315005802505689492133983705710619553810369925l
00616045006231958956852776338414533870921568787580
32127460311284924887146975923896612165410078451665
18759992660729902045834562796342043971565244565003
93326975841615274186890528103396227728680145702700
31896278770775137289513749285389160134511814790912
12455428351145074766206145020787405527198310649131
95084319393794051393560862448712063282330972563106
56806715935871203992140966633225119104450832165354
36219937775858432812272309717649727002825335202360
33469451608228728472752281846877737507229883391318
76836902638244934888564346061470214101593355370833
75926119354381437532583680506869265160213196385900
42494502607779328982929749310257474851915475821236
84275563739778101515027771884673967343974182564271
58653009213673388007912311266160418917228468906382
67871722469773414700303377094862942467836229172179
12573978588957230493800358591236399689631216138583
10464837079637662679929761566821198465934155933916
74446886200355689651840618965020995787949475034213
45106468294189135762409949557718833764748449361489
03373387364084487665128579906005691803558021757432
82237209829640541398491768614254113578019232843223
56622012533756997103821037145053611352158087544325
88751773149812341597900774841548524687471869828437

1642775679661218822589836358646123372708731616395878299381552734158028806222896032274479197315134195
8948838419529290567529135828470288997290468242178115881254450027577348975661069369938306002844248830
4085568975649116156938287828620459017159206618355597055735021830926911960506871136379219891638826470
0303239855998258529737206759685021223259479609213701331543690047347580052669731636628087675468684315
4412005445181096396331779963270733270078424261594328719836710018530522110004993585898093472727826132
4522255474466336523469026079952018829848657929356433410586192063576580213494971238154233326330818249
6330203863618060743007893628480494572747655596897690479630772584358960972355626885277176950957548546
7415631893654443452682522268733165858336717410453518601689739003705114038721607492565728669414463434
2819342201078799444793152890807044167837208591403807871920204687148954042965778274232772630067548268
3925720474289569191676005205232153821140887324067972558836997229770397817477865544513393695280467309
7919875464405405015355984214901764939708993368236817978618263713774776189924213964754681521802356570
0846506246212580093382393758939853525532473703072687613186932612577333372902749196950150840481799877
2837366525506402719361477732598808908149463942273

7546211379742525447857306562061623275845663368716 0
4105456555821963228444258001613092292561169521705 8
5617429297116993729879855268657367981622307685949 1
7332186376150773517153378053363994725317379046703 8
5755272237382781358856453237660838981202294975179 5
8499014168966345218786083583841189313847283257686 4
8734746219535389978008754241505867497801560159311 3
6540552070950803525500481212312377181521072980032 3
1017591837862540565962539948544710762023852340834 1
5014218901838963027669086460628899731583050006054 1
6610521126183324563088749423761321117383235991026 7
1544333398090301076751921560686091509929757948984 7
0913404847760372533164866332739977457417078705885 8
4989036478250500607565276677666730181427983462997 8
6311547247190463813082702695027155243458377713288 8
8401133228561232764247580549141453340043073513682 0
0167103048967407913220417329365588638081990240250 4
2475897990619973944942406139385900204374508171261 6
0362783912411472682090856905268374225068910991937 6
7722077768737126770152907129682261584375714966534 6
2961540352898069849819902381588132490072828420316 6
4545864518677871817717727792832125269683229766412 4
5496739715278796804347658957612653385245739151343 8
1378450051873859153296341405368948443972255080119 6
0792690281162293670434371158371953865778600341946 7

1309665344253552356135039263743335590248778009316758556650202614245175520231051803797924160186816532721349074474187926304637935701957254656870769649025628311394908306598139258771657534329051829883074422093153945626718913650932778527585614188691505843112818062116453383461456499861027990887831599923320834970349900964482897361997260841303050161383437573503350269679199100394576485031398899804053476207979951035562800942711980771413862537468942006711292903794021105099312881767863557121288220584525902329882784488972855767643376551320983720845365197273566294540752078683774825993769508547458537785440151866870321270325108378857553525327422467456165530175294697049286034935237663193775815312691121571250545649366284046131575493234361611438689415519179552116040327941387040597365968287723555493695367249260335274498928882044886844365275158954689558858907183172928912923457744284419272505276847550387027063282979975853882599387906789963676634726367997091137000500451915150705020857447053203113428375303964506837349474651525431616406958839656960477624810076981257623240276563247145586781166535633573841332037563285771114579477361177589109784495974871345499454050089749431237026691600227796215160164431446321556746579869691343020917375379329537363102934825

9418485153134577006494373909764208589573177423145767288296790675029922315257328698330263412335263163490206490429708210063264881567676324254446870392133376789489600125136265235472565170222559556998628425108866896847108726001673324221562512429272130805593262213072140936864354996898787430352676884922123183449241907637471574744625215974576466357242752795222891504064277678656611519193319181783056716465304813810106667342459156864174457688390624192018654102252669706153890999072549984285484195668192454519747093061422753151298445309182757715136118167303580932146032258472352811825504706062154262243245514468964572693823166555250959895041093425374308599979713700425885834030449726710962996976323360777674373479878835673010286471384545928791637490145406647519394899352212362474366131747830486884631516036592243576762762344666539589796468790552923902702010757218919138214831626852490495848675432931241826413466272282093653277283976675572672897319381293419430572396207232920071863867466703063646013311111642546802512289430533112509853860120123607044969978521095859875329303277162267982305510767692680002207418849030165005038534475971018301673782681943612416569639252294741035743185176583656034123276433900956511863260791733899126277207213516175222255241829

6124339628251823286968625444118623812330640345331510766

5601640695747232038365145663557498734411685994161610766

5518249604259798392678161314831809025345071646664410766

2670262761185976491324768295272780570322383435150610766

3672177066376374024903046590962859602719797255378010766

0141820199810181398125950423486624834404392113648710766

2366629202063939628845314483748901026084036148407310766

1200674156229159669636694083603264334149637120985410766

5475250177366960197146178464515555994167263739708510766

8649598779532421583282184109391640528356790706864210766

1078034660757197989148155400542005107300962796234710766

2724997011221778165679844919433222633415033856753010766

8244677341045503274285611574553874214000719284301710766

7447314230098365760751551277796281014722053066817410766

2035059679410509804665631363778251724709140992555210766

4710368126705138246752117200528494295219748862848910766

8527787835621060048781271144063499088164592445189810766

0104429357083290472201607269660461984260772247831010766

7171439093492897379507505647105380291618749188699410766

6353013572935018732066873115017315310912967948625410766

9795815121682207571231891909138338353447102365979410766

4808047123388274440350534679995291335460941392728410766

4651391190836076226579839815642463829159990441628410766

5276818935327913567474032273515068909877547218155710766

4998488346694622271194343513957275609331877672157410766

2857830330183042225170496329716122968367527489832947231506974978874140021926700672065677292131084935
7294076359289561828129001109784724328303846519743758573685912309817836030314052823008130266313304139
9253399217941576479853470817863611377200140857083863943770352918349740374183511622370040173188269393
2630875054875664529093265665030243944536227279170800381578513252902365105680962589179424001638714961
2121694699254423986747262060057131153878388338830780165378838775211593119449359569491793940578848860
6239594441849728928723084955792607211329771213723886969863602368291622254647108806210944791323990154
0667816028934694282155062721260541798291781738248919973382953016826679061778013533650471886339784273
5335856232791853579779226627038024456968296862549118748685305497857965989184862186237485563935321563
0489928348655615415406495122104661037654818060250676549134033273862941691177626381383478511836410569
9966094920204489502629446168466855106066242088314537401268779478139859577769903987707399417032565319
3556130005281435994560612616083223589903248956595675275769853245744035607612886079681857619771788765
5619852375274472235992720206023891671879081470886706830279398976837802333757968374847167920420561188
46144350842383697378594825884978259521414316768984

9592131938941287506959614919327114703587453366081494375469714291952903101938943563718359374914830742304493402959628111665238995811060009386222162265525297661065074527135894973344740728167392634862226297134715553293624445799465082319790876907445852537034570900774408153416786387014809967412400383780852342739778817469108053533050911944331387304083804306750603068626953212452290166750385631858585931743776949415741081057274944438400139915229529240168066745842469660556910769759698731095078451825185768980009394286371219101669807885171057114466950703127370696200473003567536823520581524918682390839740880926485270458168006391534013493735254715092352704416192657211004234584808532239809308197012158641732913053258987171588551684206065034055699685937159156219395459555855700934771168117983599584279819556435636530938905094196464188924341766121771175457371442940272937717765918310744305815153159609482635063365572386141392081307541461074051274134813889068752089651754728644348902015018720183661384172807988272958201897748612633836037110941408680441463818997551441905115201402418762897868823386652887495647401107245990553799217515564781980918495587675277828080382262981804394156397956172569409092951857744788365159447872068267859636945476370623820669620239

6206659210812781832191274680814530314217798673536
8489380826681896912999835199422321272638771597576
2852132151588371714648542881242312246840283905615
7968199897855625102710706283793994319073579797536
2873719947845210383168668521420822019266723155810
1737244237560915148938634366652657942603716828928
5806931590571523794802566191268708876475069508501
1370257880233381801903021002975975592681821635953
0706418857190059497444679741742025213094724619195
2772132372470257029616316814647621846436446517995
5877759048091724695567396794553734971032219369455
6277893779193834069725378841550206295838748309619
4204615469902226843474617677113197374866000879354
3607302433663280865368473350668707408900184703067
9821475313373154286221515513181409541497972467067
3436976964583092867952120199414066540432666834408
9686918622917654410364920807857292423388755061809
3659122265379728841112013069101857603049832953269
2141884259428662146952768806320825719648671342246
8526419419022236241186339130284171844724822755723
7996970748200243758037179218073420208053693574061
7656641696077391209098134947021207251972136996423
4209305478465069237446490420888732630226156357919
0630923699160278236493000344974712377945595124085
2397099465702753667598133047775050505366345747155

6558372773100785781787153031613276848925357607846 2
1147886035180402976569605848671756763665930874801 6
0999279507871789131042038494789432860847970515042 8
3326524571886423198399932856342268607883443745309 2
7289314609254429906078711173676695984963306217751 4
8848993377878678597852652805705486612173792135521 2
4702395325608190678852803832422968075544717437748 9
5014302315014696122549489533836275694486930467419 8
0229225550650874297727580760951068798271091938371 4
2290968268728596321942836727242477443909060036804 8
5278454385481995582874334418909552309926592958848 2
8977719675054392057716689385523977360925820906934 3
0578986742357295312051485090384652493140068996173 7
3173581622229445541614935787147750627037619249803 6
3844001609136117137295576618089263864679402793656 7
0385305779912988573944783757639092679443336505496 7
7074228596380872187039958271475800044022240421400 3
3035903609605480047188473046782868077409898322252 6
2453168032034084435109374319499380299081241792110 8
9542392709654258219584858667992411578844781521955 7
4983222583356742267989600980320093548651085494676 7
6713405310343499864349758000215286835835721365978 2
0843573260466126057046440920052064374880868404199 9
5854086974773160175053902530649036204494584764408 8
2040053860571525182217793518019414711660086532948 2

8106002191594469278346037982926881867778488378271 3
1481606681284808747904302342003771308964647817855 9
9461837510620688441358628450630346441913942893762 3
5474277758676901467822890700609268325225032463995 3
3375667289976602542465979519632609027426151574818 6
5278192977983681101331339651625793318419407026964 9
8895138692396126127536959206022969008742083472084 0
8331884158268380193833589732243351364122443211749 7
9404766824167809635203566415433254150964501977910 5
4146094374981599044579283802888013356248181407261 1
4232759728948241418870259574549342547227469899768 7
7162316099322885042028070838100814091887352633318 3
5842074074844657339783842980534710600237421998721 1
7626833349092090738653379590749280892830301072075 5
0472450851183334676304759820661789998004462744803 3
7019655502132044139642367450695370878169737996937 9
0616378482011697962707212703584804794885806583089 6
3231288673402963848241128765952185362411256969749 1
9905747828032629986123172479305032363770584569878 5
7745316103866706755584406824089105118184290258032 9
8514096157331538756311438547792152983663838215871 3
5882408201277838409736232647584435263028166475607 9
9932214839271563212499908370989309463295598599287 2
8433521252427433494379023824949445785164936127032 6
4233909454480862002835352626175298183552529788046 5

223

0281353991128471612811534144603897031654677395 2587
6538384445746110351561641809273346254142217903 3107
1472031059929495389595843688577348949522598210 3831
5964206232730714837166917989674445418418903725 1127
2835300592982739374737571099277652356370360647 3487
2478483968420374230975899887438787654284159356 5973
5883450609361299244925874676915428045981328158 2587
2999110300780631592481722052213206010771492336 6010
0318271006672726648894955094233689793548105579 6423
7715449541371774079951775014666954655741008015 5793
4179598301318715461713838220333287263136997808 0937
5628169857535292539023656811435865539828428324 1700
0516419900517643835120057569334304218029315236 8541
1424059868057389737717209032816486238395498050 0843
6023535858255461885594244261292892143414789826 7094
1767604522251349298729974353338206276224063310 0488
3774527381188722581819982219428293676666000040 3799
1487001856867455441231957351871237930599514821 5954
8677010540478202585390833356406182622252080286 4866
6809763156107137641890902360603954124553570380 6675
3567652472668036751767384556469669359602263425 8001
5557208962384036477132142966921934724207987296 2986
1675796746082959712748570679034670391578658581 1127
3825743251903978299544576743057529928302863418 6242
5450224962419791639827349043594113958984034489 5757

8332464822165249725331811930555856140503105076548589915255426528862875288955457736787420297703784684756366424947670848543073541328403616349134710744683298589809511102012425448846430712271748886586964367223751257407663807577968593851823215803790138851324567042252785387661013519568286523394604020035673386025205513475307900746894526143616381246602094339688182998572534654355285404636104131214993769216302614831518234694209627911549417194660720665528440044356575326641438934277220905575184236912080347379886707969228398693750888161460738382464200081539367400188625730736953499730836725281014944304364563497521354531951950035076482370361845384975636163397442943098863871989880818808674749583176022298467250195918371787001546471943774402458796441934330527377861745024524970714990700051872692928345871786309174843878550639754778139797614710297480525893069221666222523537344901135398626602814192647629370976801318720414066687625545954222924938494627117755017586202137887676002980515741123780955192781815908206636365403568683324455662009516046337522568825585458292001930638153387365651794574370258875626473210773227646623152269937958253816250741193599257543470320751896392792921623091299025904455121720931896617993469495415021868337701522075911300888868902385

7991528263986782465460887462785262268142473318858857241665126195900032922440472840896196026492377307279303286983507199509173362220690426621137935737878963398219271111792437518683817576213472922730484110905289312739756654644015991089205635953955062268490348177834016388807477585910604735866456072994009420006312043562308116498145514965551300585461173552405216715566604133347587598792044559217567756328376722769011541649211224642236039540336845501134265424744898954599679203644242966524827350687996495015740462148251111674016381288237054926766797280057463290619456179973094448723746706306283461937692637284371025062943023983874718041127794451518210864000155847579128464012873995097762977082622634588250520781834576050530815712768164616012674561513103910717697384557873224133003000553471951166901258113520801563037304690809309792735365856491357471135090441275907649029919388200826217393959286123336572970664641027058783855131893465796268593304795602601154503596771014005799333688900402207538482513993086371634336600792371240645761765003641061220543568868817740625305700602301898291109153407117751712442370364363715890220116231710263565013024399121540427012730391660434852892171767800544353796026814476987479405571599377835639966210066927419271468108962

4073611163472025898624647440819612040336875208970108806335428443692521801742512119678569911058334944999168309449469847078063675466677678253837230405284892911730548029893106132822852430139744212784010822979922563749918616190953950922923524038726563349624474469034805751356594650462503096250111859963630240365418782445707402458948806050741683907150580324241837558626796044894031184207156184266389930059683519608809915500540819116094261561779964945557389362335095602169384530294074153542201700885059341080215377441689697655239000700113109469280003444356063607661310302728738927422665249899098159012376515704327731921850284488111933201103571057194443871218352322554867726440866734045441353674039901046417928811413277329570523323399878009160267002892904670034550632113551822596454563655802704621531470603214767803873454420398877573153641972943746586782763362311198646746083171624959380516317910160217431600363721351355065556811627671648322879623900371433163480958689243847116904830789651005911049650159928314383120189325251667689558973105180207091561282127947857682315030996548701378014203423508621889445113091741552012125037797657263051175884455791816612431914793499879371889746676777827243329227024826454802849998567554945269468703275037839400366514426

5682081309020949057899622100814077366965566279789587599381603739294081898326023119790605145978038449412185507347234440464136333171482978197669866965514005181845419763310556350448849713422360339130058979717346782373472329230517388505004636025681998062728258112455591586015018439090409864180971710075461884773934911273571127107533095079036197946170873344664805241788806067731106455884142874312055368645075413123789205016418245598529170285529823491756815198174953565040453735880040973693100210161974099408857233681398906852305802152257830798584444988490026722154928888612925028852813527173780318207628086658198702133918612113360246187362649128598385704246054788599442082401809197362711751540474656341180486288643987511052601860076320866403208005880981246682872769158288851453555992972145134318817716645564502666336275157142261212702829023587031467862427302335998951338331069080367912289759223209005353398361052808487974347050510512429799469695877329008120707972879653583923242657673392144380470361706529595672993234416869309201866257158203504592227460113349178476867831063630236724355370932562694982307261863131091050164320612674246086791670377930940669607135447772041240171387152541478713374566022914274536828100929205588900795084837232678718659556212801.

3765493043122746445977381115639667409274991990309 6
7831570443792739641666751097892640931174682418788 4
6539287943914280719137228194506211199604942014167 5
6751415522656932859693990054101116477675292564944 0
4287958357100368450907034580190874999930927342332 3
7906647410746289811710104027788338214509831606137 1
8505842790389539496134598694553433217338838044229 2
2186848247101171485158347106099757869761968160124 3
7330230684469271055789326166001295993498597491718 4
5033446105624084001095249031129151310207353660669 9
1425097441671089180442792638502557662206256643470 5
6888812091343129654781619845396751548210810244160 6
2444931858735121428601085815587151941939765526106 2
4780925408142475964662701919437855071869834968769 2
6575171350176402003599383530178302781767102202449 2
8865565462010559567415771159047285830165422561420 0
5482685137191627689825272660007703368359267689271 1
7466145886443256295441705121686083735716597610278 2
3884860670144632963682136373033174648717632014278 8
0067424934856844572688678255255509250061546975828 8
5492108122224766822902775116822369502543987324561 8
6120999673805014575214534677010802591529816042122 3
1163287602645784892088144425417823517877294636849 1
6863787103355988029352879751316600965034502135008 7
8614816527569342549157582544785878977900421015928 0

1135480971581549325386490211513898577566392705820 0
4783308103193586172095928503098371977956384664987 3
3455490133656606295899331266703542551795858953425 5
6852221670572063731668209322415546565287062082026 8
5332600866580058396609069504970302254534936941843 4
7991814854031752161531889360169898297123827273296 1
8815135404187049273485262656664081364863788716802 9
9743419921840452670036155802038750040963721886553 7
6610564625258596762311209145558061492374462248655 9
0525941467834123013364881208645131781450546417941 6
4567238577509045217705499758332360916182468663731 1
9959742563739243193683606633468788836648939977087 0
9923975176942932704315716340505835198994772125986 1
2465956758031364020077933287978651130119476790122 8
4933455937274544677730699424562602023887549309022 3
3573983039664285659923462394343075435576614858518 6
1284466173143979975977684470929792773827647093562 7
9494509375749758094022971955437014385922121605808 1
0042397438533045434671191438712266270914012615384 4
6277366108865182715566402048997387185384279740871 7
8039858785748721689263629340793705516018371405087 7
1496281607873833623355597883713608096663152189322 8
7510522740371018412548297128568954164194927943850 6
3945483861715452863298700743447464614650341446025 6
1936493892557193423209623857284093622072055176469 8

2530400643228756038069773146999660101861018409083４
7452808928098339129091492583036511730299676547392５
151845027724484495376804763886401906348729677479９０
212485612731663998442736186230885517318239967881７１
581832063096996485147295737236946479442548250144８３
727864303542669964431539815277168679844685777773１７
672421499306359765181359539276806871032304580251９１
560364641845527228861482514597409299719945291059９８
334724104185420272085136054307357487622738407920０１
67634661510906147191081330087692439890505428382858
71745960020088457644825190313755480860179403410944
18988372652319407183137053799835234437595489813215
342408428748244280989888047197105452923399847655１７
17751441096350331443841574283608079013413016396157
94455908736627890914427598452297630543934086667826
43140163757170561881345065363728887368457730018975
43538641536393817376290182296333049441891940659730
57538512133986275646249847032791841511149121135250
10468511900896117079021888918806248825384228364119
06558748088381207312323141344233353144433609656271
92108247640392720608888626285258851992830133305890
57652728295714261949791649958943631773247495809598
41491639960872405594058974095185184537010842391107
82354479538977220797522617599737993180176602584167
83458521545313578584209699130699520991878609886124

44010607411986374471530993510334286163756809485035
92757047442658967956619338287688474667387627035779
87555965494014662899892099869716485407230339888393
67611013303784045113078379970433116053326219954425
77030710396843975279691973081280251126223600777540
00513085974983046454049513097048034261383540913445
40564134101462193716056552804448400880453039649492
97382686502274528229948457746734337867550280099756
05100915288666465879026257768957124187931583948729
73887714835384248129311916831606013543029978483686
35277312029030297107783027747389581346519427561606
67428436070204002387686104592077696567626787819706
56061203397304722965481373446191321988589232186743
91232241525774192907822570914140181569572845738336
22918850794868329493305335931935720916763645955813
67992386963556749298651132482713946073162855012413
23117372648773982965149234267413224728863284602104
13669666442677281041495943027672387634286066448079
04842677191598564512608618704025727442774514307901
73615156177315157500598839964014188049730699755066
91012924075303749581557846276831148373516100826421
05686878635684085892011926825243703903525176669009
23840826467526170926026971040704714815310205739799
76815791829812892353041464919875936156322124516827
46172277968157330253255735223022968339827799416034

8264985693826397360590562321392948550742764853294267105896994589264214411960008453533311450406865373
1319571484348541504151723470687159665889346879477616050652520532551887794276200067792917428629514803
6393715562492149219289945067840972054346001956298474409674862465363711302087381417548333816616561518
5111911346847323655382485319878581818145010538694131580428941053108502625828157123111145551238854904
4534798670025707762174138029189276234523893914028052930968645560208707475029630568566687239774998591
1356208348594264702238540331396655512294052067722982107716988749068312321865667889253484373928939824
3039270631046016785592875306017870222133068112991425648726649716803285494390895401159821493770170327
676209298763615294761022963864003909946651742860527160651172140132509592705592948397361299817981025671385331771066750331317827873251215013278377486502
07033135506227558130481080029460517179886418646938301427222915794350397991778016490528277130295624570910278494445900502500126475623251401612039820325502752696951967074235168421191098209014734553452473
8516054502034488652611948457946739103249460175460659491334735648784812681880187073525918380839036790727219871365126911287379537715995274134266740529860582672777608419974697064196590299595629560556000

2176378828180964658424294431160434101540324161837l

1241183341336908604073818218678592966006015260979 2

0430269051432225681436574696554200716104926071055 1

6213629879300555912132666254334472375154831796125 6

4078677742430707008766220291814065502136019166384 3

8599988612327515290352987034953210752896906114040 1

6598021882803768053487149020830871917804775313608 5

8414106596751960432401798589153532443423362991003 3

9036772618991404668102761485787215430327575243593 2

0503117165170343024273760823271009896214950638496 9

1002902577416713658504489820755135344694419418519 9

1214566815068435730758765412713166542356681222737 2

2233387587767393622874603410636815651866493228134 2

3042420400173053913958045034059680448257513405554 9

0464163357843816058868602279917915156776991848385 7

4581978981362012970538786726606889518850722007442 6

1029707371283569426697793382087809127052674022819 0

3448878106828049595910794308881004695618358720934 3

2323304409697612377196896298211991687870983396113 4

5262017695940034586738339782341473219138249974991 4

0658967734474340283580315374798489967619249699851 8

2240176819305210022455108578603846905687663641289 0

8975155436650656165061922181855860639525635204347 8

9459161679812323605749683748234389055596433504292 7

5477260719321983082538071553885217730924299413144 1

234

9026355802110535798866536264151014646071198559829 2
8954907551481369440936071764942629103403817182161 4
3960417698528173282088210369061259770468314059876 5
8981426853170031066274257408280910233116815975958 6
5485617816146064344765193028717343009218001005873 9
5483454403762764601382427634053294655808884773746 6
8362561690843097270069974817824245741942626077709
7989142290035008433211923977359095594574681566469 4
7811010103696356946867890309337571102762086607087 8
2106555537792608816413375293915596153910623815381 3
1481317662760323198880497921677961104910238832275 0
6396471007696524744146098226259447672975844810138 8
0841014521593298873538518073069810094601261678689 3
0860243784986072082802669244510981539169597360182 1
3287944079223067584129848490365630343690870142583 1
4198991054139852269307546695019990277201199343809 9
8096571948285919876724145591715959557500060243914 7
3464999909496228073208901853177416621570733389283 8
8639164413759397417797996190645277409657976928253 6
5348782886469722536557545252280316884710392694299 4
4017744150565410839248185380972246265514689030002 0
7821275494505279154369817549666187513478319186574 1
2558355397407737334160156114452815017161751179996 3
9940611911008630470479571340953158279114969755061 4
2525966187901940474528757334388929908002976987789 3

235

0869873399027324722936187651932972809463921588010 5
8120917330356069608825523217970057600041590448817 9
3922984453580379746071294707608200651516833656451 2
4128112940020791146082742431095203360028505785103 1
7812969011196732086099490036742606578833236759989 0
3174678418827376211282261504373578261282392358326 0
2350621502538812050380876107577923411020066388359 6
4616931815750428606621212402530812757970025787253 8
4490578740240767751761182828022057007680331731437 3
3222497208953222317699148309229185252467490518771 6
5871928339145127222439107688038146764776825605199 1
6242899466641586857003358971005817274611700131317 2
7201526453957506701723887331443852719496997537245 8
5045185112124532376009243047239954398933276325847 4
1996602126125298056618497682305041205726830278895 9
0129847903701012363477732672039081071163930328926 8
9698589802760428530981257919573240805314535999506 8
0281647637678616204990872205057179263264470138021 0
3274475785095981537692794373539955990692011086845 7
2761587374741497813219922100979463616836883769800 6
8019326724635633139361980228446602908257497088761 1
6126193917988989141472036055993690883893058053593 6
9339114503166658376790682533810154946336850527021 6
0528658989694225709635345492408795324498345015230 2
3103683349308340823516829151896416671575047629019 5

3467655050454331891572657051498776384149079126728
8031790537940390655134324257931330413249480760881
4697312495453454578562643292457539754436311066043
5289403443842934131029921856386196903953622936190
0163993528535010572993277183944687864902771924119
9477667967432169166174018371906560463900076521196
1483507207555929101785378770569542074600725347546
2987591800830202715029774978915283989453325540719
1666575323092649513942114255404511537786456966234
8005001055766568622256559753200069485364386223037
8485693682238749031954900491665783397436698609183
9199872371947258845288725401284645056630547236271
9926427857024582922373042200103989251437607418119
6799800496115848890313657440481472776934979335196
0791241286804950501774453583056740426732857897572
4025168112914401728938893906007862203398066619650
8580853482490794371510593186923206404967386563531
8130407910722221357665482187805198585300198832071
4602635121427993700694070856559587246813655434167
2160070267748292362040145298505602122441854833782
9554164191001106984416061119361341572843855737682
4370273680210549049859651658297294455519182415160
0655118397072027202084640204393072986300139055434
6080572720871181258779384498490437052921037497010
1663998151949476294999864284937367525363175218833

30871088807978839241770462788936077376914701380205
7889504947811588756399045026857550561741605589946 2
5034600921021093521309476759343508224228736527388 8
3742321134710601092049395617317488537802273146628 8
4160388678815342375391560037740786683286939848348 0
8067071923600158571920292311134173510221745594119 9
5983544456137561917963110704018047448038094383975 4
8267445519775059366593295007869513983479298733887 8
1017794560817544738135591808299812498231500373506 6
2654337764521831661729592356655050362988711935601 2
0416793837252007715931419035192724580169449393893 9
6886129000119117055885151579807832197586364396223 4
1155912478451870829040220207055268885676776757208 4
3301962157900852947127982339707670466783431019043 1
3793909567418493179487559919905514096196893922557 3
3193871822401654043894242976165912825960645565767 8
9626950067545766105749703494720985496417221922641 5
1810279891105903306539154665967022021495454292522 5
6801199732233186299301288977260054888305180190736 5
6178487244896155732164825745475381614346708401825 7
1136375339420168400511442960030308232427627244024 9
3439561055939330737827909395440108058510853811441 2
6655161542809528681170509607828910789971952998934 2
1677946200201699898496514405533694909314415663747 8
9827892780741711709779831715225227691017629063753 6

7829868692728058988150048230697907349216189955367 0
7907033479375433604945307207964877016335038661247 7
1679889404617208901243370958171600709412249362154 9
6495754923913389052137928481325600654070872192952 0
4117451146578362108110624285418078166194941845801 0
9484822606357864009531803805531752590882467441944 0
8371697512638377222189990351660818503784010369641 9
1489110716279202497884078503577014056163478742264 0
0006355817468995774598161717654247358213363439055 7
4633670041826313143611418160332966762967600167994 2
0553340364035181666054990897216378910193314935297 8
8162093954196820658190642836426624132370590392568 0
4645463665882027057632649182915871363604687363845 0
5449748883936255634469025847997339724378268667920 0
4894254402223869489172004665582573288023324994353 9
8108946466293862106782615852789957371136482549194 9
6669990046514833047867362138961073979915734993372 6
5679173820506794890335785170348015684871190573315 0
3073236481575437192770782678884988301848646539821 1
8322884774599068233974621561258538266237228319698 6
0252043378627735575155507201016059787121746506973 6
9997748850582368618239740596282389906171845816823 9
6699394042340380271521493416458066506094255166330 6
0493107167197330836033118091222672826165364917781 5
4547133361395136935789707903812910081720867497056 6

9639627505283727439791628764864557681076979043 8777

8853689843730036014312948664926231077274903705 9562

1425875142932668782847880787628478186245956781 6866

2583026820364459788509829508925259441721135355 8594

1142399515351241488610058114813371447620574893 7224

1692219063913137828116201787876086438886050658 7083

2408698639465194511688837952774635359778005996 4225

1188127560160179159022475213976910679863209283 3840

6008610218467139811866120510377179678586471588 9119

1978082065110498720927329367444664555227833315 5612

7984651988348361976080158313179067455124100208 6775

2382206554614559397489786921632321555311929060 2588

5276633670028108500403677602024625577852652669 7703

4006959215776156476425963474335647160218551276 7526

4892216759980154725911835301779011021484702267 3250

7958525275484231626158929674912801498005754149 2894

3724074644381116109689127925533486650439477764 7016

6897046624970217334733680794773210861934434226 4216

0858013035024637111089416681026503673752140328 2434

2933691937372637891689833875137555791026545295 2313

7287857195672725035232725011490885240111221231 5223

9535668141756360827968894201993232452749115000 5680

6619067100730562113125640182950499334281783611 2004

4138708304541177799082829852391031652175532217 3908

3863377240702608516018650975472284511975391203 9762

7596019905383829494982268416069423707468528511859666876879722986460275718450299124692064899469489774830505013519745922277894280494588893626617557558501668491138034540655338404509254779564836853141322067280529532217757679973297500007720903025851044324639934067451094331243587323598628587936132286240082781507656081553948158074626359271910622864529121954899127388993476898406306935015305808395651394402432325066622429876592396826941031130834151196755536137839854221179219411449561916538849185979570764326736974593593810668775110459390561587596349661795677581631290731439520021171624160236387809632990133247037859386552914051894854020217477434941180746937803653261313994620894555749060397697094955008026496879083392220773063033152719944794899781981828956639787262359965053845084022616071288706919179553483412729155634507839290955496217637809414476039267620299120979785261012616158712707535586788607013322937414800980534901978765117235013926032028283193813753046174386185487073152287896043801626021519321727812501015366095539593948266297850096472147696304142092856083675536971457674465825137792689300349818767309536656154094018181213814515718934852114137632397475912493597045511811135126263852182268414222905761672336221741638596959428555841526603258173

6968734787152825385468661708317156789798692079 6685

7938520386732793631311097017509091536397157747 8546

6923898418800085984984931159137283608134143739 3598

4087726813881576316452990400331700614355158713 2104

8490860408630995545829324985126941508965889662 0196

4410303356985757879719137187474794198902398557 6445

4275317591278218206791940095979448898021655199 4749

1076702194965961007134306836058843980625029333 3929

1805043787495845783955975219184993991566568420 7644

4015770263734973607980438943732337103577946294 9595

6975286424169076671625974311702801304335272139 2098

9591016293150314406167603304487131088893032925 2095

3246042438715807137411333349675218946784204352 0120

0510171558881014072790337090139060829623257365 4349

0225158571597343839643254968282425392777124223 5747

6365147462686304216003673739057280974151802633 2536

4778806297783650316962478876630494658904139814 5368

3496483767637972403013154653988084173969361425 8671

7938191404814312622118490104771070020651363401 9865

5824595491518936088602077543374425879392350378 3385

0250116772705272060991938026117950159381871004 3945

4786426117842514617256027238047632869979661131 1614

7174598788554203789603048511936947192108774950 8553

8628995850377779904479879768191744941429000980 3597

5024431445721638798732593334748433045739408125 5124

7937720838298860465524871445206812031443287202182491713332412389413032203595572780514404956058136514098616007905100746445574326539394539164730244554090449359189950093007018061723337167982022317326195486552606537659624069393912796408926084161148803306464994054074645973148240396568634321593129943937077821600270955871259263938062653090637227159030214454082789035367016709815238983270423840016348101274986996593833187719507936973083569436728856506110250945352047041905954246820198982796106997322621366281673631229890562473776292375576101165400655938523727391506690645767946392058971652286497743450228414035088808309344618168366673715725141638260562684009201088413783889207601230008640272331058740377923680777236337609996334549142295140263407406950003571920163554103905240352907273269823891464585498060712197168339517746845727327057830016504343852267328906604188841138250834136137996198101697052736772471979593261177622344539819532047244073394552129375484996462128287798947592635564711248098447886354857684404007964540865343117844698666996315507153553467533182789421749052954084700236515593719130070765320610164624284605754459136274080249442643024742038723113681403501164916738803397962812882370862631477737109509252116696677284000566965235533123572734

47122505849334210006543804671533515249182317846165

10258088180164460499940588489085235408615183894043

60719340671292367260694480645999780777249220902903

86244074458697014205902219888068460965151709482306

00096465701436440766806637279687569407135156782799

06490790632772090445245032485757928070822520326239

68335485158606931459783852836169456336186314956895

75125205427583408433765438773575581133233224458741

69130446233328853040341681853276507962953325671968

03046626222693929242338176147406217694381301816446

83625060288786882638848622844076864987050543822925

80658487040403556257325674952011143193754775407709

19620795371814882506166306925483188887162368525155

48481080757453534756650691089989025790067471165361

04463548486258453296011166055248123665813348443402

30338387669473085311468229529009285203397072972478

45950326397304709692877275566741078792127067696914

71916296467784842643755418575698510816587182715147

49550361565003713207380545212738607371349328329950

67948381046672169613166745564983864106655385195711

47797989780405313153130469535595601250122307301351

22823590308974131531872460657676506927312075405356

22805396956670940455433100169920093401603015109670

07087033089628658695481117116447222429564592624702

28438373631682761826381454527381901157150895220166

9555895255462206792074276777692308115226475110682416
4339134165002524040693302585989456339270364194407515
3978120082182135850455473521574804387050965377446147
4781134687165655588835197279213185045506835539430727
6050369009362962387836408667012944398938544441878546
0881588375087629000114446901288812955855677523752136
6598684934324220643331265915748872953995338622517525
3806821534505112447440946911045116323995851505755138
2312582940123674771515790267854663437832997684375127
8167132466395464302078876838451413313112004383627244
0947289667797439488890340393339347714916556098784447
0626123581223512954925625958583191636244844911239564
3657658710507880739670881097669121051336720210884948
0924983481410808514719793119832560149134071181692615
5377176694886325677385081130992939242797311269677433
5834906089590146797112197545328687949100384969406039
7005645672377105349189064450652802955744757018578587
9353330253437314144205303581894725025659741992239079
0855033384792966237076723346362903759950087543075084
2579639741502039884959037585768291001734410030163936
0174848563306422011752017788579842745795912502607259
7814703573118803108254072233705618403981464308667038
1326413991073500244188772556351318020125185808148923
7540973697308148730540887173734744284091929164342441
4021024496426392873573982403810584200373458695310789

0327979850229309466268069017927241787098062523829 7
5492674271740109313390844006031771503988397175651 7
1566425066140863519754573459747328546035257708163 7
9080538731580692280533069866107176170472318941722 3
8541326756768641085069361977285088089991205932294 7
8701723659957911254740490230421735611643954893538 4
4038661966783227383630991110052858370782496250614 5
5188256938516357639930307559070740917791768960090 9
4216626863994593098716651875276280612167765599179 1
0290609779887602911312938589553501801828228425 12
7176741423279437724908344684215709467901049134293 9
7381565935133360706191251839663489878904947087264 4
1344580810241396525389714439089177752252411780220 1
6887498243016237329016542389588802987575006283104 4
5539487277012493083152494797471267648110417923690
3256497908621475914072338569985684899320722812683 1
5037098991931307602227680917759601941966313606533 7
5426514541707897265642169499127767201935651871297 4
2389742007742270600818331468689266029409808583955 3
4529813264337429483971371578266348938881758528599 6
4321524684920221705042364386297153170378612025782 8
5472396855010947264868652733936132705317091849608 4
2867973063004361654213462676610101700359875797906 9
9862232054880264185324862925109616879659807695389 7
6545361454574455400165223914248148929729381427906 2

5588597012238728348902405738552464234439119934502 7
2065771715210499127908992116992426409704094162072 3
1803949694168898542656153032807224682554245811114 2
7009573232719015598853789575571161924596312339001 3
8923872721527861242038168148964678214166675876691 8
2854585244394137306771464037343309404136447692935 7
8325756754722460492377254530663122614055017563811 5
9994319702788365614699745356186625199217747587896 6
8022046667762597743833899566039040362829861482702 1
3861905360663668457915145149129662414918969008081 5
3987865583853781157034266034430482255013197866047 6
7627111519141329606396129679567514855605359664271 7
6487338775484216680732679344682737453566108015086 0
5743399198621529578787611185592447235271316900900 7
2760229277857204073949284081028003889856654021555 6
3337562229145898264058171848809035219592322984559 1
9169463929579675300915498710901410398873834792493 6
2893105797115046206176901054689301366912564960764 5
5191053362731791560064596482747654805723188947139 8
4109860130286486656162666295762500981783944574352 0
3937949163186162324508410436164555398170233396828 0
7540816067678923505102764705204099569714819307832 1
5993225562257913369017793709375425041782576570705 9
6223970542412067164187424641557566178175183211009 1
8462648717765091190334572307787317880484937765442 5

3945247149424091479337073513487876314576985100249674982967257183895783784649478639854402312145464070
2316093210360555946195476083184107815497585524494732214389320523373497582947729369785424473319216585
3383175552249465848759397461203136817692491287900551784037075161061508632843344567384956658915034942
4052007897413832212149246717980852846342868204470275783698828657304473701798754988339182164436320438
3602752611309004461003747799027949076124599381124051619199605965139007790963429358311903430562435671
5734095056163628748278205876154899881362284006319511195201780809674906704976589428203193245913242559
6171141643166944161801552406618863311739950687964377815538097222929745986867436434377244602250082170
1314936991814024542091576768395501316818107403428304112686525498680326457932318450295097745201389805
5358194141019131984833867985554819940171661584883611814850491864675639177286330583746651251909951762
7862182217783739216042843812365855035987768316798876917667864037696003396728064045734525975201932854
0390384327847518556147531022636373359384639799945119773456856654467428389581911035087502447542075011
7547265579343040641644816400018548961723573698765002091463124400680506656182113202933685956754722666
4660246868542008039260740566298299662282788667330

4506550328841629388295625887554096946807070658121 9
8050857892405667820730191320067060364216836491652 5
6313537762548308959484205360987229555827524593150 0
9433419009078154671122572710798521222737556158326 1
0302392053167927886141183298226459755765340454234 6
1049029572239587533119579619502289460503083569740 3
1984824793750389739827953899206897189129627097026 8
1601799948823685154410249063450379330463850598050 0
6893688509215960924934546170186966470225326193881 9
3016821226484368777952396181368777350178398760142 8
7972084836641077328764288692535871469783972618881 0
3384503337118151711484715753572829111377136313197 7
8212024568460969777492196379684737496910945644214 6
2352746752726128530180078957354303275355058900276 0
7241710824277977227327359006266638666960135223025 6
0850972996315375782433792507162172074406333137963 8
7517144392662381145539390043886785184247175875379 0
3066366609326888319312103232072351409070336054165 7
5082209060337201668113885031468464451916950436558 8
6615212595069382843445815287087122829314072755593 3
6996812109903515910164212560711075765634430635117 0
5673167435289581947549521611425193110025890413452 8
9007507758318181226707486169370511374740514479454 6
1979530174760061067934534837739405521359299881834 6
5458679825875860431734040554601182336493553306359 0

8322439166680612102928592930996275724503127489439O

9642963320873077467150077733008339343158859637O124

4337695776945482607716097670861548166679423891O35O

609046146044130396871368948867998350878040680643B1

62177240634791781191620062957777013993709343944321

7249722182319521253794132602753367456855B608844105

9085112302706065537968948611903334311B293391087619

6185654145709689387436957061234280197733557389624O

7681631584433584877073360720706401263672416B41255O

9830095138195768861512464866019104419000405387333S

671201528782626114531444001949050115641718014623SS

3003346080217675891561479950371467332745815027281 1

27211B264669225554441318B3985950933419623985945561

1B49476747865322071492014140435B73483891207105258 1

6364490692039881387927289928539B8B4607946999733B62

B7B4322251003743280666592641993060846936167567748 4

7179955538224978574655672505567489493096000388111 6

50259900059937401738666047062621238852848170109467

10138768352200253700490944667104755790008627486998

60758010055989739775274853207418346619399378999761

075399302511442615689204855197230784075B2278483B31

2358647816828634723970507033770155108037216B639415

0717589120252352003093644538161000890B813050203916

934115910B23275492996997841354483322967187S424182 2

4655200379622790431069770241676548293949761640495O

0283098389394260224304616904843558047477224038717 8
669349153928857863022989243143684173047030157010 90
230606750370244720033264134872856010032197236565 20
159094929341482621229998231733207306487960120379 72
764731556363037609293837342346820918332034208803 75
831996892409927493635290735649847239275179648356 46
038113180744527184622345859794497228431805274062 50
005784420048300523823875108485542664866184058788 04
641206810359198983960987271311506410818454904555 79
927609435421840067176453548615105282475682962685 98
180602937728298792442529438708541207310252940498 32
789179127749003152175521488252603471416018195384 54
176711806252183687581941540703676815615766181720 47
799869233146403361380334652040184261580390264182 53
618572246844860612887368699927202741626806376662 11
206929034619695458113643447415987140189211660466 22
658266159054206976394359312366204552875603421650 03
473601194342256149140320157941711851715427563965 17
256864538467095452483713059489858255974527756437 83
720939037376064487578053808966666139918396305543 46
351531548185886779262912725363426288985256854464 69
814497461892414958636636719814006506858886086022 42
673379881276879694064970299154524527213257542819 53
249173115066208586652077490952965100753404049227 35
654828295702569062935888169041465106971777242095 54

251

4613025854381786304850806058990637380905430695026l

3842422270537535459859099326696733216515l948172534

5327473336027447258527245394785787049054847586331l

5718366332359l23475882593406415210390728719363267

9637592847331316l2339781549856507745957426301925Ol

3613442181778657326845949803925741969699998764598 2

495670940955954906451431929975329699029290181l3346

8491893973167337404737610215349790280131722337912 7

9986391471010573645808824964037793669144260225224 3

29182203596947965229632415046259303763664328408656

160231216l0990271779794048244237437724217545327436

9030749262617258880652233261410603381653209323202 6

699108708475868198563990498575011761996369059699 25

4104368753291819072004157598262345466727015736971 1

333570414032093793451266060707990655868796161579 98

4934109540903212436544310873161586375727374817450 1

7866557379398486692291175992043422476006485976005 4

9782806294187391474966456601976892636l6592896565 5

744580409914268909472497067352204701l6191536009452

7363253066644020100232018732278197614868663489891 3

273470144482032429311784100915283333037691l1970512

5251189029708294297488398137149977805278164934370 5

604326005352698106918986588689816l0889926992043454

7815535740465293822554757923965l25781698498673421 8

2185312407343115296082141120919999406160l015821912

252

7373016501769581186190366897792756904678571018105939373143881192914749443565221896260286325866365190174536592121863876810777420915836469090916518273980753103066499806244849277475618845297329472713914899726840778589778686560487233057524228571724734436667418181232708415917914786168197800328752421946480119315937935152394174090419098412578099090388940779420467270491534500024860427455307306836472220758930821994452347214521842825620929143768143878021396936399786022126322109822077357144129412640653765264285434829706936551168067283061481553500677992734287467174083666602053729220484840870252301258571791456966579523963596862706459037207268058794398134006676701411765812522334810483868677174058797368961559962178465497307393409546604314586015404956157764561673447212642746874614083020638793598042849662247223255046609523176817245863626112848338740765075828895677458958873610951974207232126233355615193382471760218186838953006797502120769043883812835625814501250071190271565144346270648149505901969961390405607906737260724112924471994770283848353186332981761999473128331449159687775042903279770347619380629551238401384229100357676929698595905443982892666608780103440596705590520766837021015952195139454477311874107235279456084435494667607928826819356764633

6658916136214042478564279268156254485063166852 6832
7524656002747765241279427053419348280546267028 1599
2453912487393755809401259197783465336557356259 3766
8087699752574602702166964925299837753819693846 2547
0851886151047522647513648918833573818916971219 5832
6810041957653770211921182725665088966824675048 6669
9659885042041191615332089885672380926018142811 7623
4479558294288085813698860737275497491213068743 7421
9430148667662596916951953688569117493823196975 5955
7940217938873722515159971405447289708395510365 4866
6281965036848684661039274556841436359017774403 8756
5120807714563648777284438331563572496836756314 8103
9438968092119282337414507618630565777737794145 3330
2578207887933713552328193066778103474487881453 3022
7671159824630146773913180646990171453231819572 9640
1713829934458665281042390292044042050301085037 2288
9707226673204164075838352116255472935420977067 1865
2620762946720436336432735056632041125212872258 9414
9976280468914855507597361465051176412579302836 9745
3203604650615692381197213251056180613452134381 7681
7327628414181021644134170249175584365681145479 7775
1958280662844249750379174772362042042450573630 6091
1154840242699564336003530143666597511828032803 9534
2105404919103056731421075413023579348772342390 7395
9389300436891328148546882197053482680640613344 7603

57465909065646098009717176995752043755635452168504
42243908278083480721568003121380513744755738663358
06612898256952535572326630739519540636979469139273
91950929709929134880148676072714978516827026905071
07678965765304404633626268887226274293120287517384
97554214315049989074564612156955425357015201474626
58735882915448693671682109726387703669298762703332
69267640511235659178773632477046116118752837864088
03828013634904145085131829558738033657159237554043
74036600943126624937447350183694088350123180570255
10894184693666883038062360436168998681815046281454
39937084394672379528195303288606099631547805411053
97983173910481917987933763099182400716369535925678
35866999085256828346179992044849215828682554266066
69480659055883754767477890063030763977320119162644
19312313733282236418119343830508658554498299866899
11466813117119421891601793736025759632185321048687
49920473470299426787127613334237668342822565756501
57489720280343180320624484957230973900571509314538
91843449438283973734515799805156259164322627014186
20623694475930214105085028120360491099390536847805
60216627046368552572741329060422899563510252284751
90703082532738499555330449578033090259275316352217
80988988262911598033711257017217676690454568064922
30515747468915571710175672403541893506112888730240

43144319869586521866760733038549036027746096354501

9525296534070301597032409851150252930588656719011 2

5083284714968064894381300783718623924468179021621 7

3569122887239480216484647377517681894212220710356 5

5596507979484499008271935528147914340403713871720 8

1760903198856458746108109910593691774379471287936 8

9503247741864858064819679956146436708248708993683 9

5131507203056530300788685982036072066991673761641 4

7566542877193535910445211691676928163963645629783 4

0737064788274061834054357077412161383202873787903 7

8585893274553614956446125505055478266874544550908 8

6889469271859889494234495074838218501843413032362 0

0466807001917504592628408385053643126768698034026 8

1158070981034589860413084173550995694415179917543 2

3348063307326133913997978800038210913276601454961 1

1570428580281606751623381353863052429563833095032 0

1928781641324922300476117953582495605914530004246 4

4788062130246897865596926292576357402879940135692 1

1675539040026996645560256829723695049590996027170 9

7381666168678004832729299059428102968161574696306 0

6061010622671702125396674795138938137485389535175 7

8329451364260069361377774400056699301740201136677 3

1787704469450601292226074969110615762076378933450 41

3733651195600329078352359646532657474974352867211 1

6298075675851083850160699896935867152259646305700 9

256

1390876287416492541708169096847309548860233298288800101652962808976987723196907421027009348880934455
5121881883365197843185355960674763507221611787287356394656554342761406855941242591214170781163030801
0192587621993809895894305093968251827713033033492664885329561879526644631906349389649279747796305818
2377606580354022796691081809322672514261428768508550234036395970562141251513762046722444289799785545
4131901372056002945670634038242991780751257244844635771525893472233684526800050490579407659261183404
6276469983532198933127117327105112938774627200813172632086712472478310369532505711668466933919993838
3416530133092477294293584707438826342400701321713209728274947961163566782615071566282502125206276389
7515665851340604552901092611263816622423668992710649041886270014421128735923939982500565800643250607
5094589358500721807293223082461082581858746713340673344326805154756527611229009421546556183103412687
0172286541622690757446663740257850581983903372668539128342511388977610370155470596978428438121104166
7496423619368984063561387622795954521514689288132823943963661294501387816765909292508975324716691236
8348275154607827280445182434537596550492568064853230999281451475345509275552779627941424557440525521
8825323955625085721179963530195675811774436762550

7319751155651484513728542407490483808199558809151611793921910426190928485781613905148231474455310151615917841459994712239051659694410397272957411583397459390620500775807095967658989249614373434878156377442083749991461834513411785721356576510028821653437883890697229988629462268685195628832320570537894217895936784489997283808225129585737429565314870430403219543301647220458139790574528802074728588103114085879874721186328648984473405311460440048001118964742165719993115889037205900314664181261792091194088785006677801099918546190934892669185091189985328175801561496344252727420213230832626253782975374780849648620574737729805950490214555010896934806451097433300599798555320331318269175191591950065584884365516563352350794974414869955459346826667617498419319232391985849314290703397249074104335315507161857712844527045561514872082178790107580994599078190340768484559080348525612112446388323887760077256405950585761450617292910176342106201632276313357086984161133384335191595521993423910456556597310082316994799784563195983411430563705888413585723243945999371608451544322473332574743269029321113405536052609072416883753354361412870234237825270895382357658516596417328110042367022479426589489542002462779779309893450760213624171370310651327597596134899

4270047047172533326422774262347566320225179842495 2
4982127655951139456814127007662315485158257359633 5
3826717922669936333918066855094802896639701633580 3
0635777920615129299586818160233278268287561386953 4
8983385807840486775650291623281022321262862370364 7
1167259091116220744994447033715467171935579603406 4
9572183991324315717586890563578201193562277776342 1
6236724756676876172206101521338942884427554638039 1
4298293409706376846651169968454977492484216234549 8
7901900590122307110248805880499208202673415213345 2
6194822718040452465922884429554190815449214580890 4
5704939272983216883413429953682586746410836728468 3
3132874321981230074513031444007683574024462780977 0
1300214218712351188443907814286457148671303162743 8
1405338857603885294690507769112439640284427539211 6
0112468485588590871112043313698335512983177044754 3
9527351180945626273650721342386754878162350966398 7
5898907810584333722039754420498618992145343945700 1
0766993023334045070623558228321979391210716339044 7
8457406495968373683599961027055981093432754571822 6
5819162737640832649194463392541412570472789300121 8
1409950288177663218498545308566679007037626577058 3
8273174956120917523247601272848854422298986799882 6
6283950867894577143881580967550580114816329510134 1
7845494953248474350246166826049086054349862607076 9

5220684576930888101993638860205690810166450518721 8

1500574347274692400456628013524424290432379684768 3

2649959785995418767960988824064974266522958440697 2

9776191462648978315102874006697923620332060404453 5

4794419819989475253195717052085531617779164107727 6

4613921571177402991355550151670979661965240622229 1

4160997227029865408714690791932911101746040120652 0

8119033479335074093396733543810667764425162109106 4

0978277403934724092269713998641932401833676257879 5

1661669211485708440347311098577186041438065703058 1

1408965227990337070679277717324019606366905990239

6600617475966027436477233417132112564069573043007 3

8718969760826253778407616890456503696412101726055 1

1050631805878307177104571678917209315551005131262 4

8850749712570882776081846297351566606413813185775 6

9232194221616981981833861591091112129640683476454 1

4987489259676939155208899974348348251097717173347 7

4849042415704476573657457752887031370873919072182 5

0577299317720421259661778909462781073748939672753 3

3669497759775761401339096400599495991247742405822 6

0227674347914043659775007117490687276269345637528 7

6279153861033480986929574289849008704137552160375 9

4678764398436269591372899723772007314533667335269 9

6836629260856570583903882359383118961476361331704 3

6652976443607494016496971739566002324847531278261 3

51162745169349859149728425780115663540112574883834
49578205475651348675253533930949298777856682473832
24713634127815663824590502307339832536083003873024
83963995418402866298087668996005436074637478175 97
38593200109703840094329084825214860785580072030283
92624814842107356768943650847829172394313537730783
38286204525607937143479890247754480001573891165778
94911436600367935436393206776263021105215210135921
54694544997058887628365793340606132391102338123478
91165133960648232734302761158534325707822596745669
26399445065492819990540278815070629903621350504523
17325013670624394106180766761378661414563785766044
20749242292697703498450126514921671769633105167672
67848837295490056786572397844276311347324977198906
00761875914089607306658215138449134561555571151084
51321597382911001114287389599461623938505836032323
44208288145043391507378081863193720783803113641758
37348751976507933520535426106483964680022831803234
76626782438970343828285676740993880122455841828250
61658871841917739713484249557535536154283510624483
28211410756609679699510482522794215870693151868682
28906599054454289767683407842846866351695073592900
59446525171865184120454432711637452459124940510317
74974327164330478610425203579403271210384808446436
33301371529014988427523779498345747998752815119651

5943440298872149170655559184939637362023534636888218131437208134936589804188526181461668564638974283
9150595583703947123832173452734821361569612832630851650382152956508420824710834855636841528927797777
7563665982862156502212507461167590321165420965414701229428385457567214173899297998005246418168473348
1802173252198821195035184670582808429271159259997015375097479007950930331880565580101398081229845654
6816187153857992812861037660068440830849839727976370041660306524614826604283117793289355874205593451
8813264760502991798338271637395986023588785134609267323195158872972924667709763509894677014028229224
5909364931925193174285969415236656465995111925468588648001037779316307387944437871151634358086838550
9803616734117746795525054156963255517565930011098710343833359200752031771871321169429737366650481616
2281397436919436021979331891137147757928460485105745428328748179328722787109615896826041519103216035
8867794747925929885099949904921648497138544125533916737983269837424487412745470962063371390474048360
7941575293633639044817954141117349362026048512012305360554368887938629144807879100525559893282527733
5435924706739997269227399277565339725669671524096773073517612992214202555065314295490874261705335850
3331777460258915289378865430766613971869474350204…

9696687505676637825001336654434120149780395334094843058804080871386953158989175443230557614844599297128725620764700238088330825578637544806735453859876380858476365069526736280986119900402679811302046101019445980359274353057449296242273773395520169158005332066975513019731133703912561191330543297941699192948293905572679579528177269687932911425777320500214760199698152202061524517942389845818526827978979744054165648056210083302860547301031605032014574051888761984535029699992646579565001904482782417386095401791037025463814362445250887029226639233664043519678003566545443642503625079529648921390656484140182736971450214526431646621003738099504185588748963082465740733426300253099497815591421287519705271001157101716377498833787956568653934426611954407741443992487423206042266159771478006548964334962358396221135312572898201355984815657020457482109173737866280253930704465543688974749065847794940959812244787432218660153009734548024696172671294778795194415134401730118832367448720447806236637003524258617656838084857368856902370922908821222720834170089791292565435419407826899305573151916990118070501895885964740481390462609707341954494227067754033537102964836062032755617310215914346844155390956590974654992791537633294735996020089802640794682925361

7789832058536058561861189451406113222427128611 1668
6725025703363488631585717397116032882123866374 9187
4566260429531898520879176927985320596870827320 6077
2049087562497623985063918737880636107372115907 5733
6298970566574688377351598523062078348566726739 9450
1972457061604170286561431266850797557168950806 7386
1961335761307793385665294261178995576128220396 2786
1630366976572927463176005226248813002620159344 6959
9332301304443908514144069612949095143511324043 7281
8037803052701614745966697318233961655755091009 4477
2011231301699270821104372848353646580227984353 1764
8760439520807362259586407873458191531059455825 2403
1075377215743214571344778184309844749991891988 5723
4881539219045201566171925554299875334540023811 0974
8520270053711471238979747010158547538626802813 2317
0286201290386585144236448649286552358171372029 3880
1752941010225202856911871860796450108765298425 3297
1631174418650752018769292746421061313176203085 0679
0665882560616162451232983338560212251996132072 8581
6407020906231271834484822300789404092439163274 5240
8745667813673557003975514278073920034353313212 8228
7328689542061881883291418904239295829349293059 4813
9194192101543032435674476992430684895495202395 4564
5503065047097125895308641001156968732728057534 6288
8209289499803769427671523724690745276874941173 7611

2489070191987929642324749483718639132922040334 0476
2728529048057020058877226359767881747157982142 1764
1766434900548515322233513050200474266084260275 8111
4308115877357853681413656836671339174031607056 5037
9085284322678216464359301519207099123433844476 1974
8970136375189516849863063347124393571993453325 1192
4340248672268509671224442280954862096706420714 6038
9235934010684400475369638649751359735833109378 3260
0190925157443192037612293770890557454362847738 4533
5137564981164123368922952288866851999159162996 1786
7208191837173473070068228127018606502753029833 9014
6699957479446107026716111602787170650023445485 2655
3180461527980301358894310966438222475439771623 0467
6463531802819964493756623711511605197875870834 2921
4674980001529714109167257057969361548756157178 2358
3111771013590125353955687127457997201759260654 6190
0593796089784619027221814507235879548427149913 3150
3962030512411091650441966975582513218186178356 9427
5540614559727053523826735711023180819720853948 6018
2205482689866360286956681834866852454461440840 6952
1826332804876044469190082669676296454907545722 3692
3327441664913195564864399458899338775870098805 4331
8639985540493230677615918285928743896057804640 9842
0897405506832961139723922222697903646977678755 1730
3966644741574726584654780659639564895358195570 0357

9716689122694699271512844864772273981174181488663
192899465947060089211318989429677196570486185276 86
13423688150000417238002829767005277922765540848554
33348616889849738718678861898732323800424009638640
67984351716251126972592465867872110705380153194957
71649485062981579894694171428204216416558665990728
61984938491754802695846196422947793149812238364153
85570380897890076139010323497179696325471965649122
74558263541323414243643574594749297927856960776359
14847280121218205712372291254433245566053407484951
81446769058959806952003492300124986619376210850051
23644254782643573382132966096697316535354256247308
09028817761133739720629836430505408619406221838502
44985475668721260067633974373153257838354874824409
78097393361487310202390453380947415977664560313768
11062989214090166123270039005050229476135188591241
06470656031298014608889949278623547812337075637352
43212718006105308551717034053603307376301871136693
53217698428260176112186006358489653414360670914199
77924640972114274495469891463555482864340110401472
23008474005897193942555677557844039936570126377009
23304017720157097140226189725490249963962566890848
58977504157130429271592893380146276281780424512433
46115672917087218116986695871312610665581097155155
56963348198442249377278998490016913340650139225583

7452536445871131537749642845154005364042185976909 3
2979007200836296202467322396588374131752905866262 6
9446735210442603791931521103560615613271779583324 2
3894101137830862454629514095817189416538188260985 8
1362550702814720744101032283856977012126679321464 7
2801159682437711016405882920381222982282550564885 0
2000903159908409669801425015995974256102202631836 1
7255711149139214436110185338455682860703157664486 0
5768250919462158506950828494085301806644991207142 8
6759898668841279064653948357153197916296821916428 7
6269125672169472287743672269074631085341954406113 3
6084871630083220781537154815435464583702594850361 6
7470707302758499672313280960162936123357408505167 5
8670470322859872473980864732679403949139379130849 7
3632414139029439284576638351984218676346643018086 8
9606921433831960422100947209843976665228225443683 0
4222054701432565119426870397199293424806391183114 7
1596792882765901606584811613722944199433263769016 8
2224343559260799088203400234350990585913929771576 0
4947270770283095758427070913697704371357590202672 2
7121355344973304305067410370544077345958430922769 3
7484039563820488592647043863621119935422550000256 1
1449708505270500916289296049847398305977089314120 4
1983770187000638580784426177361278758099551595038 4
6662074848157250182123540825433798202752568074574 1

267

77955302589468194577646065374993269932888205395151

8474085147443635682109242501710525863495345791 5902

8715221299536595915807697373406864938135614834 6862

5939742529349372392299112609535278901 4741520946191

6937523396079180058881837850668857882217408 9302237

6707892649055901783573302904986104756624088404 6301

74420916460792765924033500521369750536665803340501

31280712427989700062737291525907016667464372456678

74325600195554242094453363343939195676804590871330

98344796212966325811637654664808900711247402815156

43434631081445327339715432334544926861930744837353

29034242902270632344509081553795123775716104927121

79818535358509941553871821944942708611496926208222

83110545052601764694421498479691624938335086438997

97943725725850349473321123642015645445958323210258

67338212082720110236171813291628134769361336231630

00555185416994512370308747176934753063809491488282

31811460148473591765019683057147047139716805417120

76085415277906148408154352770547111386619355191825

55496737687537565590189158920767435261488529376321

07873123875720648408237375303288464023488292875867

45751741196425955473254712998878441337697174478289

51480606297501598104109651792487372542415860607092

63434511221805151576805039523207983907038445590802

48976751242811186831122353594495362332805156428450

268

9116382532846827690377989405609730496598216774 7942
9060522906427115409075963049075004578669480644 2407
9141604249897363962238355342656882489249030940 1353
2275982922676180213994468018996032067580342939 7947
9500581123563398697279023670197762898407331986 1429
7089945534090372605768223447488692010297648871 9461
8758629342131709327277769165187100249899666585 5083
8113356789617481139240080692044146256653829452 2339
1551604594824870277524026560308024160840633583 1049
9159313085394742690732347208841191820248470757 3291
1507212454468985268553115998511179393810802097 7347
3817493399988897385653699403875952533621748239 4715
4783480058946039366591889289962175210471630466 0384
4441237345091038293248389456001298364934173204 2243
2165642758286269646298705494370864746342771185 2938
2480439358216019860700621711965918325918075744 9365
5660319057421033069753707322301404429391360729 9742
3148218620571279724084322974222530647847022287 7289
8891720445413641683018620592669478106500157727 3034
6839982955110599642751983442090994298239413615 5832
6538840685298375019610026743279608322676608982 4373
9923045838193599445520364710959082518991662915 9319
6398638609984425245591944423740980765055611750 5789
6146435919925564267596311962778375128746537965 2386
6525681695700326964287850720184716605737922725 2095

2321099076112702419491396280748169651494320431 9306
4899696752352377801336017153557941527226744043 8354
7747834615417136108071971047308860237450312138 9008
1325624317204976886802282925502433493959917827 4676
9594115544309850361643131639442573259674614175 8066
3424492506040232202802946987375182931270655413 7782
9886195848109350266364520750931961525082015023 9512
8106961883020837877917531424737800666136610712 5561
3809568754909763022481825473369577744250136333 4650
5272962419515030700162982343399091000615550249 4673
7128843219723533994529380672234196217016163432 9247
9375744591466577156266828511079209801382360277 9085
2490861406132382047029603361421239678916949923 4232
1715288832979939112946652538472686405318731979 3226
7770276017871515711271319022168364169453290451 9520
4615033553473446978714152244708770708456141208 3149
8011066671652074655536718787287374690498716276 2468
0530857583522804191995607327665917569577300287 9207
0628730635622829071093172254124410289965621943 9303
3935979312729824901885059982075302805818268734 5362
6207698842883892896355177269977552708928071198 3832
7126416498135850566092974668194143322037636016 0317
0238645401038041933756887455935123839827605652 9937
9694631115736236765803515756436802079790980697 3589
2895033363102750947847813570006470316765317984 3748

9385931992844679705050146584222778269606759197774imes3
1422848983462296380957522453292343592235130441203minus4
5909610127448589140505827476775911036197187481126minus2
5960272458667655714727549394120555133622891690426minus3
8208357399520615723946451744498991297021106570959minus4
4985564756710539101364046559061659117790624364595minus7
3934607185777117061118451700154545080998850040593minus1
5587509512061655456314620073873944332743915654082minus2
2265516671149813613507373995489339174808637419664minus8
0932781710026395502591404777519347205269361172155minus2
9192894891128512312563105277097234938677089309885minus6
2479735893275980846342321851624985305036273164555minus0
8600244801128794870890218752873453929413161466208minus8
1482680861416201591554912204198602598488609910010minus0
8935521986004274340573101214273402947594356726977minus6
2854277727675979540678321549998708026058381328690minus2
8183862100061003376423791980019442370442063331998minus9
3214651697433457699128223182611409070898614415408minus1
9914737474336816449824325266081666966973361969533minus2
1277769129772635798430150971081585627795241014031minus2
1972539950098548370069915726381749334231984170867minus8
4859633091293669773835628870784080023922357823103minus6
1229231334313870871375607264795530687856767876140minus8
6797853884183975085046835092841447196834356692453minus9
1453969726703865703172962418389792354536870706291minus0

271

5358409586252881729281692471046395913765433977510330386186905416278540679671885645231462534683464300
2030663624300772804183915050483997746390652352700476682203370156915852377013990541263834764846638411
7910763416394509626576134524834091389875379348887108440822515024794471987688839920035737926073657685
4930155343026843848388931402721966820387276849040650786414983954838623991443271003548414285714663675
8141086857568497496424920588569843745946865744801849342280279582356377564388268232624187762216226070
9045198459326773477350182854360693935241658960117450737611406406895988292994464538186860664747288899
1909822960178929780473579124796321869153687036559529444334995425160580908304927359408810125128045910
6505047664962675822241339331580270942092343548241375457305908715656756767010920950546711178377321047
5976697943635702499917247764099099618422342259389668469915441887720946530070344371831157287057320673
9875957821407940736334236084963832333591790227712682630327694877532004680184757705394343007951196667
7524396159166308278083959053832295112723382075507441530788977762867716625188109118753519733009863771
747861881547641160222390303195596789815373333258298360045188973413138579600929777458806142401045915
0147820679739436362919935582276023675103478275 5648

6627121882555285317825358601035108225814502611204 7
4709240171860256469006846173176799057349011007272 8
7689261945275883358758221947384320834578633052807 5
5745493828952390059845682729141346432348817148584 6
0678305948260145359687621596708124955323057637815 6
4934456525782552293824962657511707494988668765441 0
3827053374089892104036867736560454285845169503140 2
2323633757026417965778520817544892465570992408132 3
6655786985264535388801118891932862519259222135566 7
6815576092763061557593066264739260898327834768021 4
6055571315939157513419736238143794497888858119633 4
3728292321966320335780126113077010857215989820280 1
2452701419440551082110912628261670708062742710620 8
0737562374739117901880630391519189825171866613757 5
7275971038981146281320941182432120115782881787555 9
1908312841658981012959939724582828850347090530282 9
2225178972431329487897374321507341389531992364509 4
0330089444177994978550611469561529485655311222946 2
3526306051560149924641646941653581717906597534647 7
4747518944903388637694549101338475379570124343532 8
3214492982757320649460057035879741372847308556850 0
2414057806994944420965645454206704067126917703420 5
5893545921475139946586563795324498939480729634535 9
5989773250352242536697552026259661902239113744647 0
1515637749468173440379453288595394926777638755908 6

4797247808868006817235585313143563297543176604 3925
3838540575689974298509517127782488540660920326 5598
2812701957135642813925406613098387251913882874 3230
3850700660199215706888715653136986458667179283 6573
5525658627188144014431714367937481059691370932 1216
8062424716237296617153934399533680541456986793 8971
7848891015986030954129352987461691091925238097 4294
4551488558318499498594795902426366425548655563 3149
3468935615034148837488463129465300565980746769 7736
0194559815286306276126267663557735976758113842 1612
3733145970872986047138417401248888918797133273 6362
6251131133467653762929984089037789520000853939 9763
5847442819798576780721048963459907780154266971 7456
7542617238402203277336476397551754916653384472 7336
8535249669156297692483436265047461988233594559 3854
2388739013641770469453957981187527121597768442 5117
9958071694546686174982003891413675742529519923 5363
0286409958477380806675941697155808335426239966 7913
7191811974565095014215741445024655942823086685 4834
5475504175328090492439697577338340692003659626 9823
8063210584211683115360806396000302983486986250 1418
9519615977098530989341590691826447462124298360 7543
4644624346418375891269938235380143849573643323 5890
8803400365035629450989571731821193875360604033 7502
5733118252570466934470275756657246020243435805 1761

7980430500157661220685910711916447836787755287555 7
6514955386462900314778433524201822322818628898360 4
9955671009471307362511750465682887493345110800437 0
5700857207322750831967368410921087264603086269870 1
2176044090402806979491118396436605218431492307351 6
3158890444548056797832255596285773250306390738623 7
0333133937948649073559546851796504296661825531052 6
4598245173537563250283739435510180592720530901051 4
2909243352731278690015151305587405395535952649030 2
8131275892668785026838027753980878419695424447075 9
8265277147636801344512270464696586160140500059813 5
5426600455530412564538564899316031280559646970972 7
7176477513623793186953564285143044563012761042826 4
9403679748029330190134439986092840586881002688832 8
7786069070057522291637884595429511271236416290417 2
4925928703351812177724572063474441407104579870116 8
3486538940860879346428858140532372205220333882782 4
9160655075142849889502673047338689414665771519170 6
7007154628493341305459532617825762474557786052890 7
0556812093921363602079484001904534822717501991998 5
0351721819829155537394052447488160840114286829854 2
1981541739946151944675665399110862570266172891572 1
1616708612807864422596878065405524084076980926229 7
9890897438864871881241215285862107144171314682739 4
1512454023152718464160210458750969483759431807362 0

2192937400119027475027176567343594247367066180398
77673056064018589905357512300230660837087116869147
57913363840862325384349267186066139046684337879651
67900709509607700445453556313624051358161617384399
70087207800572797374766973300019518157166514482156
34062181865695556952305997320961352796043608491646
45440098534029608616745334380968998239436938249495
50947169541670641283942451714126019162473827086697
69311806960971015572581478531946257461453503976260
55465125435021452414343298249241381217713203403237
18671520627359281633744103154710463963111770834535
01544825945760866597757173914576609587753667249840
51724570082595821245485219616437893131098824817003
84223320632885004325420849215944237347069301246933
33918887639562414254068324429613965686240316412840
30587825646523428183365665189585503699094325953094
25060808246841425531437037390665109896765398087358
74993770334589530194951951702175226452073203602754
63941311371161162228990045708028475403614063814770
89041361896398146793609058294820541858067653745684
52152011414513584740042491714183497910852675578692
36460840510296405685471629114796051660512986011642
18923584706774478369791634369220302198889638490152
41726483510873673134583953442150224626155336633614
83478643233561380530074966762084287575307448476761

2212952046402684256157402198984963409036109218476 0
431288829692663808182477416243214918051745760516 52
7671485956723605854481485440213290753231193378970 5
4213766925989414624437580625161532179973469637179 6
4554733535492490014056074366310647417667998572569 8
6302528399444346379930518242598412579835864959062 7
8906953651854959181602825231129648862454662474149 8
7802348961990493472819666583071475772532015868355 4
7077836728257562399243554639377454477933829602922
3953910136392484245799089520465639804512178911186 8
3684611173674956595237321588319222476966429594969 4
0073685050284037768906265808500246717295897639915 2
8855287127946920792122067201320528093964522632270 8
6822123147580066031785861841069345045525790977739 5
6618012334187417941362215786050078339034591252524 5
4048575436327708936373481376250658388020484570153 2
9172877536585102843043037380946458279446317034769 6
1344868288054938747420783607209181966956077978078 6
5955740709604430297860930907972073074960701081558 6
8501594809753435305272934116171483174733966100517 5
2170023014799010869034522977048775984057286298941 8
1021529690074555659724334836185037771505508603301 1
1505317616416961877236613812722787109865173452038 5
7378730216612722258062394563423895118271063899938 2
8193946808908917142686787488703236974236982543558 8

277

8832460845820284023483626235883643493266480175590460342821517219563963495304300848416621782715144945954090117944885259504947265569119457920367936540376113867493761913528838976548861213181153030471606196867043644288434988225523312968750291635458654268660889460469293705964951284489740485678003585270403993562604898282215255571996993525794545261740743270859891130014290671400225943274690218982995179553442748718111642117429343466185812595775017541353411801559140012523994839390176617521611923006320392693503074408005564853217364811681583302031705897646782329202381824767644909239971574846690066268487079269797454361050266597917187256545818722599567184718953968963563982739116945400828677220839735648520196059606726455519342925230681863759467716574716398510375801026645131490589465320117025939029809267215532618811216870595841647293227196915373233155149878813034739889489625427170463108520020308934976074748096952314381448595233628759639315703476429000525190908752531657407924492946317641112816050060433236781492170244718104090002523572907450940087541909448501323427737790282037687775988388910224289465863071885783632584011400402958201515727775055220497671741806522968128144535963077468399197436150775560849014830488152662261688754968034628330406849672

8845831448961089841116418534724679049542984233 6879
2950285053562273808693036290643496106389027342 3981
6444371298967524622134998071790983253853751824 5143
1822981701498047147440520820677173482930757424 4607
1778472524594618574890493050965097953905422530 6921
2360701703837910857146983022577248525173845914 5607
9105588537047066293052686115149625701677756605 0987
1522189311993190860804095893272714652003159911 8043
6374064955449852221163110792402530841208587432 7508
3025736046735590502428762009605821782540707253 5881
9424274822906126115650670990690000964622866691 9350
2613356980448499030606977087917964203449470664 7343
5831304985932397059589076521205938976976179995 4609
9025575012925295051756463328193778481798272892 1626
8839791503902841548928484050101832934301693930 8597
6918820760983272888921135516982344564447333253 0729
6239857923564576768444655740788184753280032062 0409
1248503790790336969679985756985481175481183866 8849
2826248933731346365620962364360176047562884825 5746
8798352316689203275812083119267273870776283087 9194
4164060207462803182215764029456583397476087986 9175
2555031704962919619171215072124527733136375472 8630
4990037502459348596003211514499284066215825743 6742
2744755010639122242188903912068857149902812503 3222
9301019625987938312748207951457466369086901110 2131

0530573875061028762582480472978297597037886652702l
7441124608373700727640915037133336l497l74009051602
1354287018659906055371259092989698875726878000679l
5869091084574078027399010187258340250270675234927 9
0845564584723383879369483932121937056631027358110 9
6309442346293573358743954610171509748417603259483 5
3621751671249004828787869344317863407778956134314 7
6530447271015873083591865442275335060945004542709 4
3829595234500617950815499122260677053695403470872 3
1670377358003858882018536060774078592030910013073 6
6861533205143094832971286108366025245559269732660 0
1032976141119174374276782789747510302954650308104 0
6048421266292749225871319580437832558381427972820 6
1046716445453966782750663376119561547180811410663 7
2890445086071121650660339892385553767532053879934
6850503492185865362156116256077378507833681394845 0
9250569703460543116890143456562307724317804512844 1
4990211879930904828989666196447742952614868975745
7320468170131393090511705612968133624656576703275 2
9978842563672610468451395578761745542614079499278 8
5159419323455730645855363767666277904565194687523 5
9050707029026423593768921741125833571439855472717 9
6933471669904524573857657346363234020958011223544 7
6444172330199688759484111588591938802652082412625 4
1577592395355713900994061925788576243834396708253 5

280

9850867717452030647712597168716292719811108722640171
67316203119950574953533507855790580552280567687094
00358862145084193945110212966418030102507190041435
18026258391841696334287108392447011217284273032774
70134379841173301244691377597488172808378086328358
48060410924220865767728752209963240080429944929304
98688498984582499837138589166913141159480537977042
00159706893471118315733890104746479878081565219264
41124175366266821681770769432381466336419486790863
82584713414390786785266254202550798750059834420864
33532034033854071697004858954238194164632023644992
18696935197625148758953644751634449406416198941671
13410443501482484379874639160009785800714886541351
35723460466234792972728314241559208002510346789545
42752194241325704026306976946540161354854687985714
42948680303910184410863890414481123754437128533082
39937328366819623130295691856958566274113770338858
53664622747193167250336110407331565700765207124240
79756999501517168219006451178870287463522929808818
77100729033972992256642113056013757759771901399412
36326728084538940031909615421499319261336411225553
60118366273278385267401987547818763539357339492847
10295825287103809975654397325671294875582247836268
07452739034903745390658115194195726455858788269618
85994749183952654963544757136504122860593117832774

7043171702175554273381131644612205777914607365779146307623015698777942799470800066693339080866312852037258042871394552756934418643828321630754249357674340668984292481754076245634843585997894799507358408972112726010980185913187269858204360215449353734228209983215127996754771510867255688821989769067943231991850034564659754689420908586518688541565005301770434777447943867270393095250807174811438806676944040880337002762289229403949564568694673656276512157444272755618547272970923160771008330327612046440019501088255436661183840175064330798789601849572564092270264536383848782826443778467647889452186137353554365637760647667817089845054355114691231427414164836797645974961007517515958073916479931951112693660164858482939073318797391690878819561867435883137351553906131409862755152129544487710458089772191058276339894748491027833916995225437768143940741866823756712442332351482346586764996451945247633087053644068714145683260663976945480193094371008679575123989119060859807956189770286170467140202639004075521169679039679720071713355977146779184571361114940796671246292299933147763421654122778357482586275349900679211197806030788574954697328419646448724815492388450416874884403265627747095296067748119527859251481070284907091501865228753429418363140
61

1237085873262940243390981983868089791860127462081893950209887488319592020920204199143110243288618404386721469844721805882747761188553143345477594991570811215472430488110982675308501879271223606726542472255495116778349951376070493031367598922164576741761560889488299509311427656818795044573907260386601558121381695557713584204354934789536420233897464954927668535362013175286570550588094409771668261877850356569324883700619168688132576989889215377016429415477035280056119484224729851874877749535465998647312837668102316847838642080357150661043760802759009924176268410207319104116864752349250603645638677729618049536610561453874745364735629557600768283850026539033822042359255398293284193944942050008998872489180621128704903913002948556514749543445752448228715834065454230746784942749309634700151432631241612982110976577978086462089636434720880591553642322648312645150216051965026584720667061301204933869699220607212055074846983132504456790361975114510561099405972270610245531643418423159313539053072773643156367264580132267637726686186334792960994124327001774495398230432040025449854464125821814920560149218878884850042818418295383774717036791912893763087010427207210527934076159095560569028788415435937041294487067737642712638215283791146308614598

9688138515495896934947775300910908956450628879874949987918977330055395549996967223113032996223735743856778002884728964213358326697472583460615280371262743221724325293392575924924474115450585976031425395401902732717953482453447118183267533772568831319357002083161783185793469555062509874148085073837262014483584640035336912705562119589062989355562779178399088576495624037971430883909711102642258974629317668967223404012789249994400301464679220203830421619880771734664735164681098205658445677184987499742916295695277744170956312845961026901454223339536443247908988275294511632099275307499379381898314756794441245959637262578848779824592170128005755802716147579216877302876772414278390459073912739294267884385771923968052299403405334707357333451836725155426582639619999309836730795037244868646114937304957612941570707066203289181107238915527538336663817080430330556707275261677419463060608701555657445230874655839612405030148057910614581630901314898861882107938274751304764124868278016019084967844218901110183925596780158884405085393976838736014191230960600868884840958759093979887545712509890277211540144019262217279654656498959921437569114290202041111579248731265080755959728472786996827891626827869491152476745851922811086526770098192794353379135535 00

5146898579382371388273535727171789383014221648571714102900699728235323288484621928112894081707974024421905443693038017492997032084340110873321114536842359999320908951566908596491522776672296396942242423418831803521099116402806434847354437983200036280819097685584925611752392977416582041844810908951268364708462474117396127148810193294558673819432508612653588373685599202590781539608212879073060653335449059883474701016808696373177373258291394020149923292096927067831675968147669667520807748268071111678492935846198418626172110925322160685253881591855988062776872164381835160495538527936421090313103607816243891471254331653700492954357313119180428419650321615780904252013312485605320360859144817671705497669073927648951405521520609254132916570249181716644372036661368578767332511082859038192154476652862252463592191750130342843933195491229727926976395317486223207878920268445083520412496126094785976476405051344616457799579741920939413873112767240579405410462075597015741827181915656118320966587774081467691697748376641838608175254785968515246948077528179062939927065252312930894866450147904547107615155399799638954573549956164209646047474598537724051945204244695155110576014942214459850785628980052001501442172360303944283424448708887381117569548458

6881015884730508202936051430137010450699026815819 8
9459515045374857234879807161323689988928620499341 3
4778445964826238868934495641306886939680162402256 9
6097259058369035914478304640969184582654758153494 5
0077651607581956641240074336117286666057806409790 6
8506843839086550136603417156612177413653524666292 4
0385273163158429247510718207376199742570052663628 7
3424852769709124146326043911646825719384474976527 4
1279128833276475340045879787567219728508025158776 5
4905655892204714962052521040120166987644538174938 7
6153962176209981866956434937752040786704550275749 5
4208283438265272799066404046308555601579354158018 3
8870887714052300577747910133607583463708160374140
3358166217105237795477803108287893113898944795861 1
6939228137724820976622315374165551870724300378446 8
3873444610185876496624830235352906856208893670501
2914503374712977082985920552405187831056216521322 4
6122880034754732559325711750916176594166482394972 9
1335237054388627240848370552817002962980905865080 4
7949546245822401357141584900673308445738818119674 4
5142911521434279392699655622571986439196067753038 3
7468667222170355689084250348329476678415036783681 9
8974756263607605617395949590453787288708801196541 8
7892476530782025541234215275554653752784851164219 3
0021040069601544428550071743703540070335935650539 8

6517857070065820998041957449512358764478124861041
7556659045005537787454257327663137388250201726489
6161291010481279326374567313473871166387709984542
6702700296011172263762727267452101811865591052586
4533881970128991196384735029017400070680631462301
0805397545776028724740990975069178826192831971647
1284958737918035495590854500617988132119821142982
8375305635097899123594054486017902486260767194835
8442349058719075337294433959240918535280295720103
3942096233427756208747723170117527568724101224530
8153879584509634857983910451921318634956903039125
4113905964125401943629294949192135307171534484096
4207106422822898118640267635071607969350470210023
8781098561356791065930660078977625531978982500663
5156298335443916444925805700780106162803210220195
0475798656581168093324230005606648967369487624261
2410119907596206943468594040616410905711553454537
8092327128723539990744359195398397372110133494916
6927142993028020314774560505446618457523305901707
6156443038197017914956765394045943560606605070173
3893132134625850381073195038674483556019491822805
6773057685026884325495890895608141995075256518935
4022636610084816146203865446477107121879516306983
6202140746124327385607330074172908534137146764662
8233265300757784578012755078726278301618250870084

8187745332078797789429648585975819284204996482962O

4273540733853100546993954125461947347217O399527022

7035779385851296836644067889837465656361354447806G

6838466976517661499961854398962350237176711027408P

0919399583145146872361287138497242069080950442236Z

8551028762868042518816358402616298518072115283322E

75809709057453569178401938160024396543257825045443

1969403488409243408578999827719151230309473805540Y

08231556081860716158343395561728106373311060601526

49641481568404319462356043630174317509207713049088

68560472738551730953808475014486517604975677360783

31544722925343359638456302152171049873859253102039

78958143336638415592992550894460278070179622745210

55506711913163262652799366963598923830060969816001

67088134430020391177191630701637780038300371126418

24146014987041714805662603384977517560384954919157

91417929536849597062863297174522149452643640004011

68512587387943486668837572288996134299386640236aO

58944824529124282016580047816694184780636604784838

17618565155840174603728978215856590831489306511779

19857231716476472418930431531999088154997137742072

10118331968619684944051847134805103762448875818172

77233442721570874000852493919493398103083199952288

54262630851814551410967489642576817203145774197G0

55401166514371933763721881865065248544503999376609

2267777074793998014225808662149871912470138746989567658098163424079513570373348683994607400148381880910912278504987422563947102858903617892486945519990491711623170929740819517216362506237142082526119071317918763800373820998941551673629031054940290537253798957737000881786588704904392091026112781111293551942277819214700743637373519008329473368732239654947632992827531835181262400711892034565885546809503026304251921987977374432637260928911109005219868755372281053055764147614824639858637189772797761937308767042649704411511412890062126113885306037367229595816117021395030074141766112848332886016736716732035880470158024784864639807999576764707923310644566260337307361589922617875267426013536007295278511447312992791452450623340290963971759232197958011191466992839606609054620079823745212245036016910411563221953297269544555151828409453955078674040937185323660387796280514312676627403643982398318817605978528134663946956055581184589398070501135751682068069489438552913508828544734828151760971542385952213273086132204129233077656558692790957004784303955681994015964223359594550228105654377995470862448559080037069501560801930721464897267316393892553815995861702205913973027090063858841495346162764260442837389125191847819850025498263035851006341034437

6334073346990312703558308011243548158661164679904704099547923812878971867801098152049788060504766682036629672509369396073136693374720367243003189666204997506525201754713578657346438364676379268501958461510696765363902447489954321997231906116932962287789461226566830643518956163899574507722109451279918853244493764877890405442242334709795872652176937776370796040732789702455829538696164126324657549210448122380893363807649499671963486155406009091415949767808774619122770828684460532572718019232463199946676789260303597957811827900047139409217193998740760009997069581634479233605106166460077875593954578581356191179734847242756439544469001853703038899472199830805883405836720473010593371645853777333738261881997860740674509062922554889908344358447071868346283907929470801169686394851185081164381346028123477126650093708643498081061192511699839069112411278849225010740467001002498755498035240563673715644048348352246102196750403342268090196091918367697539184488898103076931360368464907518519208998079674849520642528150398821992945016312244192907905821755002124641564387801147363534860323181769769925688623422436511614137835848603457291845645973101458014423391034366190912117514143224004338147146495702803681747815733992552787675813633597536055953938401

6867674304746201122791642138790162717829363320 2573
5406498294315950055471411440663728022590649907 7297
2153184835396210592075094818702230994825467297 0184
8378246112123226391943500731777620066954059960 3740
3765441062871924178666242088214648278279438113 6197
4467588435956400543384035329212785957488140007 3749
7083250483278575562787738665283977888843093724 2195
9455553543681653293719886363436817907518019612 7350
9345804109446551725884968026121015346697273811 6149
8560713593318421251782086976441366280313195926 6299
8008004999380179915344918391418600149176520095 5505
7429439030632354051291327228528953318386128009 0024
2018592068301245576885159986036670882144036179 9497
5769301015816840489636950570719416181922986998 5461
8110664316242154343885744834338880719947667423 0925
5414252204646132633302192541233265542251790039 6237
0011877224880121899739867454023278310111558138 8876
2532752346656497928456091175839397247695692295 8164
7917057753460630170075274314017131409347082620 7580
5563651383657797778566866723143389971585405128 3817
5395172886726792433519324279446404274845572204 2713
7038338428243358563142551037569101814745835641 4678
9534508685629018486760916770619988006592305344 3639
5717282508884259966392897124775740130935543924 7332
4079182045553817663723533222093512540132481590 2989

02642974259278789454750065499469212124666206626082

14349320020805522405722398438304493632828192284548

89328958740225793208207774992126360859118902964660

98389588810029238820492462297133229297037751993136

10098035267052448685322637447804638432564630100081

44862912199457156447900994460842936828479652744612

76533324488110332420251747386222344906972367553788

03399596664030721437536023310369657332315237722987

44269056689617796282321898718909625100096673816079

94856169911256164664511017559716379949948745173586

58677084047168447477084990976997944707107221646280

13946275459233625336185844576023868690373404023429

97958662188971415880457537565078504261021206974369

70969214409411346899426308743785693181269940438714

59489599835002482339043529602141043479871030683534

29770829833207751807152848088283370145995157366923

40895220746753110902000408776677345208304107255415

93900525760346091208140284177420377130700842437158

67293605934806649256089060062140073524622034669434

04377629737141729565773844359400547535778336478717

38588319957253806398099602645405327205628731511229

78157160862957374684566542360082900430576533154127

16898974622851338510767066427511106126351131616092

42434665697007093299521780947571129105148114698468

16362099491211915737590934654666176085925249964296

4904995300849587607819636004710267394007407320843624420034614494703242395176785324245348099377528028052592404865762846714121867299740770308393074261740145003221049726207151701671849128134389819559697665219201908137000367278208254808444077054889497735290074093964115215928130985243276068247595225330802824831409114550349648055883363143637880869268509840227543561095303877707012120002898032517901049232507788502590832634143548516877220099829477199602305243885580448738331603586172269203006710187874260694178604070699902507500493233626929932140946580996465314285894029505075993837424671389269904330889696893171221522509329615283223140401522472006962251931218769483286742002917366443568066358210533280417672615156230212428885543250193477471628043834193928479334861222057352401287750089411533192309765082818111896355024958467106845292644845557427712134742858861286553169290497678456625964182472669277834400266072794741444083706645758512376709200048312194034837292085600229027797730864854147461858811157024028731490423374710220512254210599660703538395064823345926097124425018477808097717267392473194016550396078670123047395765332806585083484125260088946584673119157291745742241779493354979891900782062130861080386551622375812464835540650724329292911545092

67131859296769309032438050050470579802957471634654
6186859666334816473756375825302952862923734367894 9
4660108835291361314666383280711983717491455000642 9
8208172745061751153316431785068605599580414470505 1
4513443466135434913237773369000477575850404699354 9
5286508212310688552096189971243934341116809879539 6
2481708529338557609002702279497412417974047571783 5
8915130101948311420886832494331481780233765095332 4
2995528594436834355197273185178049465583509919430 9
3702256819318024684488318677087309347278038059155 2
5023120406422360947098853016075837054367783741464 4
1160534217600459326489012510109436888394937501080 7
8235517849509082358995407264746204374288810508396 4
5588426654869276504840328312182091922525491147266 4
0636220307934550660398838572486005108528078987509 2
2954152053685929261987791689221592205220551985320 1
4792614710859188431868657411596378993112160998976 1
1097963356544490273435909832894786788397496610903 1
0579656789884814633779378097206339058401025151480 0
1880401230886131297554207215369649270580145527502 1
6146780869136607498122516216343548510063344349103 5
3420533934694524974769550862656936276212610915726 8
9185127730376383979571593669306794929864838663384 4
5448631276085510051818945811041464708454015362914 5
8227457290153410579881693540552831867360382508835 2

30473920214607034933191067272651277179914138372267

05030042889515491348029236323928824220795773086577

35443007871499407960630325769589926239205966013855

54180341966989324367028510494283621790242444777381

92565459972644214164588018332426573856187867895985

23634784235368090599271199955978540144835966062156

32951638907300427568254001923588832030019113497523

28613006510978769294553113966895558347643708070331

56924647705668317087358183948045388753075171478337

11950768797640772884648664979182318450231538105517

58734071896253879853762143717243682071046881420524

92393655087044891355416556266667131541921763666664

45461341970658844048039586284011613603368548134550

50935903141657252576055258698787030511931907553636

34544025154523395823365871603816085282185007141035

49936084662784075061236838764462145891921779142593

00649731241854636559956751295850203082278410326137

15113519839061241596463339823900878973879933716728

87203567894869612784691802988400077024046141684357

09646116237948458002436915344623192970276370458105

46686186489200648185788447046137629428206142107034

80363084411167800614815023913690139665758030939659

04415912512096952973581273097903258329274793996928

24383149206259029330928601033239174038383427457113

51398457747832024488386021968076716331653498673034

7454013999215982211167111512544258537609167343276990400584497434759055642063076946934728356506499107776795892650798323481084018224489117074966510406187591847485769721036743268151484201956972207473448220879286996083629358763165389047839004874274793515152841972707861432196582841706939049681577256828050122020751092363465517693151572323810501802258551751824782234136431788165206850661394226265344697289359780575579260783216673889806612519238800016953432522620052889956108613287995075957355474955247424308328701918030564770827367014344539375937631550175093518515879850506946390523195829252309751407405254595631400743663136531859885757737887841902614118689544565042160337064786252627247085434175977950069264902695112027502630954367405801647213159267945379436949752610184466085800078312719131602123509138297042587023364160464484612847091863431519865365466090267618224747180122535599681323522386679559736925806895975303712648024482045813701820343286908637165983377571085833010368743465774110621814317655633962100638583167467480918871707737653558986622029499873827444255479241163465467940603650247460245618952590934996673595122712732052401111139185230270676142772309222947288101331929633399781855031829344326322064698010129517045570430063250156250431508365

7628326741230020495063971736784188910051425253052 4
9688625673873847779662866216497362402883693096173 5
4373373136677583583570179447145747081249069802297 7
6815688257225708949890899120660554025206080132245 0
4825120813756743766198679642641298605943112830005 4
0888188123313347297473121267444431186759432091066 8
1841781026557335326213877374737553457827904151159 3
1321851828588777441772296620469138660209349694256 0
5364506621333173259619876825885942987942670938011 4
1054153993918960836361924874187916930646357844807 2
1565839931203794011832448020155671414285986372785 9
8469707404755436182348158796011413662352454806720 3
4561475693978012289565852162256169671298369008539 0
0438345103629959118876555485850103824200072825738 3
1915399075270712724127201395819955356637355128909 0
6976251070304892027945259155650048553046678249437 4
1234171084511127271602210941931455401579997525759 7
0623571196509207796535145582849694641247127262752 0
2638568898807683516345882147443822121862964661262 7
0826742263505719504739238635075412116648302620097 1
2767100489826716132451910352783620701285444467011 1
3052325226930150870306338451974189270634069245458 8
0913768037295753346806779350468647874587707376219 2
5305287481361985113857578454292910766542928340713 4
3502250882818892915244527783987472190081314380720 4

30207245467931758778466626656846528861507688403122
32121873329607244268494339139482344004879473181001
56723452617702576708867907794884357597613518177223
30324699911665759663561548880404973201297560095265
98823496022332949604235511787278552924080285877667
80633702288000221810335470733819373826226757192925
93356370954061572778057244148311164042802001173781
04537735697122670282206349312690545498167184995028
11568901079688029001125658917905559234547229213785
28723282181212503451820595480967722776607131017786
03438829573318206423587236993410098106172349638246
86830091332565344923468406806939017473532015044406
11383475519042887754060775819161781154130039925740
37864435913019078461131559812287433383309853783972
80207272868923202989439733948198177571392474916946
46666789612342910937033879325123377397138802549835
07066465501643565968531458265075610705724702998374
09048601724376419814227043148037384529368743600536
39126726507615680781314200412241195949403929770163
42812407872080852166630645923056703207098161722529
02696023063081292602279781774357161381029192980622
50972902342140272119169380327132983200837285066796
16281592358286686576099904415991587203941836822473
09036694969071774570121777144672683511194579923576
43789469356535420860629730104673071982276607743930

23094688615482810951520215970525502361564783557941
96881755560913857785219222596477699410230570038366
74762355069788231896556982414650286786318921131224
06061809386048832645173084016950142082157326064292
22886911152502549936021800510419326096907384748832
39140241558533260115285070430660932244424825241441
74607444884453418552824140376224643011608492948664
58299855205426715174054544202062807034332941069337
27264297066891081535848401490945693824621684799297
07068737877406289283254513422604088371872199038355
52674722094123126765963381557250244846112695927469
75238144932164044468989516224006928370958627380688
83362916372400418759586455204637462756958305079845
38153471523066411007256923629349276393671091313512
70403054576969966845535847145591819283771246258352
14124458120274966078477181056994570433605081685095
89453746307951839500347172519484435994948544685268
12973590190690653598903356956031006447968263120457
31910115444965551122684173251522773863030813597582
17229059766137627641766163476909125070161999553759
64321155753439662168827108403675119299960008862463
21999875418094360053087413396269299820762966801548
80905235587186807616985560604341753925240496799964
65176000269269165516987526525067739508513040805388
44506092601096436881089420268561590738998509908250

1549463918220970064845536636689968589228638215971 1

0767179767897501154280872303912887886996186789307 1

9828675499197432627093410002685103259296326881852 4

1489579124432764872180145298218574977142929436668 9

3783643822296585911141794051849420735706452832598 8

4591225939492744455714667765151145692903139525375 8

0463375857964158116362187227661518982412205351322 4

2248825616774245967654125403317844988384111376073 5

0077200856972776264873652783389163614249642106308 8

3493089033208487794286440497222682861859946689343 7

9485133485590582820696461239464975741223628313977 3

3819087455803316751727223866473603363229422165312 7

7635847730631534297372774923149739427339168139875 1

7165017810326131745506377657709788695976757422149 3

7163528845687419756069536003933733202065164936970 8

1492295834331163103727409098662574705051470227230 9

6296228767689369377387123902046516729559253963757 0

4229682701372159784961803623480433790639703585582 4

2210882352987239496885357705045182895099193763474 7

3203519382811144209254673933678229258496532200800 1

5263180291408646888248451312773062679808155954764 8

2850417271139264031553850405835488218720632498225 6

8308378114474967278883332002871767003436969011263 3

3771406814924856099222370955185473844571790541768 7

3927917178516593198682887564181867768768410191491 8

300

0793996112890707515885455246994765082176756772116466364276819985224100965213050465083407275744849661
9761614608405906074102214449762236679944848377775461200772349048346804799553637492002228711271851356
0661682291232392180055827814185815990440624052625463677109244383173398476328514706535000797831849158
2401175956590053502706403840870712334125490430058925526833691094710188568063097486389407660730095765
9146215650501976073448899217067459599010087108436183443327787653682587723082233443454329275264503508
2751036885278769677924752905435163484717783060043423068025104169270984042942326154928313761218792561
5980554961799348822340432228376565318861257502640780451529541971941954779774061554624267671433647051
0868155403216644525162310712260123089371047550682508603240463908671443690773244134398492841467882847
1479332996215272656768340104003538027202527541843522537228344897065811560857105993366677451985660472
2008416019086000078805952681826691313841734181990559010582359290201354051461037292598408924440579962
9261209829819631751214535332103905565185435755015506330230393983217424163887658141828375495738248135
7953537641564860019910209763533920754849348388692816112409042860516889724156259375795831898950072924
5960467988554419093112332985271844623356777359933

4804074703720532803470697637002715728202307305769601414871966420425572750491950366323004651395418140702510893070944397831211073327668759280377650717251306087557193764856367448558888257887661339184493021109188229270901950014684234363699275319954611567138608570450744143216339040780299923490581446565204496203351543572010554182060440262989131818118356521480103865548465039391744227689983209599473453261485153308090881844067372693578429319408508180054111250120304574453033313973804469488527709899805696000519141104142279477629690392241524461598136812557513984940300158908912839039690682371596762282654375590561603000204572745615279459651918250071334871565451017527702344850870016671622088134714559577331251876805648502910540739280222112003286278105640243980038070190506977396529787790988003162006689840372155196243342907992810095608616020149108819115097937929003694499102062176537748237195532458063615013009808650442425209347835698514942884633840196508628261926818181331405352271022161786885639796180425572709401969041952708221897237115760460016399090888725718251046884283406189131812029696413348931760054804610495092798975107631114740226421967576451984887245324003253302518204830774912325256688475616954239348897784619157579404227708558205785410061634879826139855509192493376368

4419693864702415434328232827684568414269943837235
40254093937307380463434382820719655314032671584701
69414833139149967410908125309984316312073108505016
90632931910182110539558556703982419629169520765719
99272307176373081364238940148232626547055090384196
16639574583687476267352525581199071918362373584368
71834305909221799544996922330034287082269330565446
76836776755877960837571832810682555956854316804574
76896844792012444397487470057375724574087492178275
64247332585933827183601185506372711682381424624589
04590760296921428081805778560188655269099927922154
71270895924017947650784451441464551717272454847694
16076624783260657354138944619885837567498476780536
98392957632660226472399204136521623736361466640323
15518541515481118581084433985515043673480709801630
62524751019715046695459749141410113086616816368604
21033880745651994932458611604871116486279983802481
25394189901363772731113383426677853259232453334485
37596647162083385374122635553089374439019515415756
79942453238033408307216841994789968124268884616597
06083339733717714436498679876718797251261506319728
85540631915126103864962031374005154413457210449044
67051945156922739366732497685739160310543114816892
22515925766878095346204881819135120128416258147210
27809659799919441603443841823262314480816732189123

7994659746944737199473447546144729069858854201 0162

5230641968059723722842337324511406540283755263 0397

0784269804597321019493457002525055959469814542 2107

0283690676511133800827197043045192478092511785 6272

9103526279169742580684026273075841902146284409 1789

8442561629867390910053700297885506985823190928 8554

4099345771750787849254791713785432263146556661 5358

7021169160431720984265232313966065488930853830 1968

3401924136867142069727633671975814778723614330 1726

1255520558300247566655717115576955972073111366 1647

6492124100074325367211171819026986473496581301 0136

7113732229307682146982330958626017552721672584 2477

5944321583448325166771795381374496444065673813 8326

6457517449057480046505684021118589827064600254 9842

2293207274982206974769806226082660110961848556 9352

1180662292994038015726101038428296088987460656 3046

7985022929902092919324617716061603848014225088 6912

3734248586441731267184746634512149080855321275 8118

9474825178594017584472291425938199664790339087 5103

6666615416468654700720220225459753480984235013 6484

8574947885547459213375096376782165427914135474 6700

6281276744222299118827998135726907378546909110 1556

8104297173057788424763853740267974152370946246 3943

4605121639245148210507976032685986609400873234 1564

2353566766637531227634801010770454890510324057 9565

9667413083115792797480966954347260724741069201533920909334582777447339616500935752471124170750635032088677174121934951466676387126373728461160408770630158376001115336492121902033180685003246663792217379792680466363761955836204719574558817255112000804199114613633955520113003942391597535667411367022325519019341764557314694822022252295483332977455605137307742517709774446598076075945466065931031273487155532643890833837027738220743145689445864371754121066049337745424904700149039594657459437712378972800584293962105526750395663214923767298140663500612023607935950725002611882298817024409323060665400972298243353765243779941591851493390417225014699742533537805043621410935772354900881869073902695140166972148362616723323851117638972737557228116899199803995729374603221728192845340933258441169630406238300354268874290211824298564512457952073479846273461951045524256137362994330149839372911108705299695191835336505348442428480463104765220834208593651730965844961302858336548195435981867562202941613843211632576859825629672018289067811241868687845973133871404187297007119198677012931062930969498993548139218759288048398451387407586430276561571473351835440735062553123436649600531091488130323844626520435136290262659333068120511588851043585699456499388695

0706111923572757110294196928994187655436884256928063861435130310638444334313396196979733561523242666417066390240362365593574944251038356824938543066369565628381349757831909024277049909445141111241230206043422328892597491438231575907984423517784541128724259493533330985710978755386839817548252121751810308218176505155563452429948453904577562674465785517591489162251178070532881170459740597598645830080056103223325384300750981134310120450833190422865468587799440122965616563890815959223940343922260010197221765736217116359902575752900033866022749259421935596129475518513699393249692786635065238826768941167638908982314619095968338612311858671495757270575686399745427113036591818384717808180841752010065566213047632675249466820599746393688064999076413425808930820409023632383517830632217617206433632011040344099409158405146878326260477568040712615484260346833880268094044793089193734239036386440254924481157390763168026646799679017556718706413633240288705087457165871395916429253614402597840290871343774441758956655811307376296889347527173711313779000310082729387122487986914124280084502725122546352721992018762423508027844796784337023680736143992859048111112541931101350959312727661124888954689194535563621879329974884586783481448626980470399009162895

8836891137461673156170241004515775700160377837039
5725392613540532501146574192248012182431698530353 6
3945988575041132622240054109705194916292574379281 9
1687620492675684777486034513839694679909435305586 1
5004279444831120630905934432470009375367100560449 2
6556034727477807907836395045187624483926979873135 3
5284348463888133230439792774802201529619235548600 0
4734273095078678062530767364333228241961324270565 5
7794522660656950161892625626948238005695033649150 4
7116242857968968290896905836375827828389289552036 3
2239309604204622878106376581117827427625323405055 6
4585343287393682881055582302015544340256660561199 1
6083312452763767493832195233495631786258422134166 5
7482628877447179338703290836250399594515911132550 5
0506004055193310678540221401392893077471031783341 0
5594829183713076924569795220641402279584670586885 7
7578468725289470075085185004530687570783974666384 5
0736019535737073785356700362585582066737243338623 8
3506635732352725502987473715710495782761939356350 1
6759283674230853838573512761288261732009487808731 2
9781099401372087532187962176750723431042040983005 4
3075454308934756099996705300626008939587539803004 7
8168171271950939341910683317924294515954385112109 0
9172267321832118162279570595447822536126829509548 6
2217231236316650725721863453174107239765038264726 1

2065862723390028195090885740960057687874591353 7314
6151589768102894467346086010997367803156129 1557189
2379694137835123162740751694569490868054417 8759792
0036554692634446181773732271670034442667760 4609492
4812058797064658497352880792415315639324344 1257891
7793572590178637582569380634250443054588279 5813741
0756022875844478109654276517670622237069724 1979180
2152291454833956256228460783866292668106052 6376677
3584382487337825864288501212332924720709607 5960682
7560580289356980680090424779414480522461408 0192982
7445359142613006731539974220398080445375011 9539726
1944848449519911402819066003262802697095448 7165779
2318799155265031123235536396866845302430159 6197349
2262352274323053604223375606417777316238560 7180504
0559182350894142161260438937320034975326339 6931768
3963974083408761489660534676500201801809501 7901524
7573815905144668404233204625195859647960289 5315590
7754720418751680422104882739795248273749674 2588221
2290841842673273540506297473956251860978458 0701322
7661151733251592801250066103078456552279339 0661195
5467698467069311445434165385872999911772553 4075836
2673072059819231864158196833440775617358760 1158541
0628859025148597066302566272781881934320443 5440594
2641747287444638497088753892436548269542567 7051955
0050304857396719259369183132249952382903951 9078750

07477419288341283393151436054565549927400340005147
52860117649136881975405835181301064281918542772397
98889115565442061329521483403974655953746931767971
26059326227357889369439528140371554981256229183602
89709884483519995909272476142927384761134273942707
64659658609967512305032437609252837453544759855871
92797451354560409284463123838891929763872245094869
46643316458586117087884072595663446488772838981448
06975933463489209208474793366411476916948304375959
98302984485104669711676118031575670430748683191350
15108662681481108066267644488187637341191046301486
43395133316943864867191253051197712222605129272066
28882836514602219447081969546319782481806230642959
19343803191070756728911303416669390683766514373340
09829176917783350235113772378070080134493751248050
50073219738123851625063208104966695365173928688581
39774907719078245297941956168869722316752104506671
37919208653893674998631486641017004445762995894532
19559866395809179418510560086861372835205544642033
27542845960428433290425439861323590988961610491104
03705381295507746816387557681316299190250815702719
07649077578436021697722790417283215248311154673779
86753486330097098407188529177293638378968670454493
80220171574243059909227766330242974417045007458994
47515007657427829025938963776349353159478320022542

4326725184230050688202082549721292140563372558158112710474157018538931782939878771279827488656715046322466438555534848878687664135561276104858242058918651972343533639572360994808168173974031190309304510004396180691234477085551492472966785089521986109016552489835770049619203738616558373631326528459824531995105916058379000397996951777069795246952298367607431499008548564143327220034989033840428531242112340210049816242918589242224349575360808260306762401546957880647296192668452751116009590537854831636712454848677882017252054639855865003582350020215085164236635007877607151985614525626495159105550747727853798154063271681951117541022889298378222545336756651902512168230169181983942598999759411769587521509279463766196336087192509444685902213621857104072204996638635871299053055527028410467726202127446674545215457723708236444533570645225149756787051719480050080256782460781818548758389225888164176204903611290431281674832076693485228577606793484645865766909520661008787906430168167533916211520568108446789415912337414636821138833757732614027462466645150989210440638180830560804013701008907417193766295844421691227908932831982677233321279200768091661026838723843245442068679756039482673658206734515504267630881815855803931916173275442955764365162015

6644668557593725940971151878369217329993841578827 6
6022670925291474618234186636721931122698423608685 4
5204188312801997803348787565882710587023709613027 4
7991323482258137696121704622742249610167337547880 1
0634085514866228699569152716263350178980339827364 4
8774282315381482900134325678883228760716511011595 8
7187145010578347629752887433927458182768600045277 5
7177247880209896564385294238817387999187471297587 4
1165413323915565108908775257686286616807192109034 3
2650301463542749204474931246520147323197577036120 4
5011747939862821525354972026717908950519508590979 5
6215389121805648789967857306884996390327781322940 1
5207305052020960765468832525175264101355065145029 8
0213453336587555916168367494289441214804865998225 6
1119879720866930212849950166479523817064956427351 5
5258468462892001418813857435106708068039340064939 8
0278204084501559743111297779680235822043997189182 7
4081952024523016175994797082805860032889288674106 2
4713286909469466843904201205774106699462157238511 0
9156923759278558684493977360688001922934914717580 1
6316525474727285404111782500315404941649532114745 0
7549665480231018551844742049336821498678673878924 9
5751470690246623904739663020066157810935792046362 7
7135039469784343591741426437780311902195475226920 8
9547968878254856457071355666985023275461239882302 7

311

8689013175732191716784930163650138955291315901 1742
2489607374946020294851279855924507737935690813 3386
9747037415739655825885737413490358278143407462 5542
3551643968904607795838664996649445074756579699 3514
9351359732001330337208116628916765098694807294 4032
9917612907230111404658911382427272632968517609 4284
1879398026052395654066459330078965741576697086 7192
0929452539315527437352828004823457509144853354 2404
9182058302117366937604973842272159134835520404 2576
1699280642854714019368556141102765828085704034 2325
8758656946500920230849830826784327277486927795 5040
6611100435976476867865384955027225588542249861 3657
3631739614809989360847409717649547154334062370 7326
5869752764592133742971412420705112256449499079 1441
9244483283937913804206362380029700282062393180 7561
9226485397394933083251970873138458119857017100 2491
3652522719868408318404784693642902511129275176 6993
9886203438789175172675722174421453857611002834 8743
2190524333293992809488390615294064110187937539 4113
4303171916852635531673529853639867761635066119 6822
4723486403409681038585046067296014761310740240 0742
6534024368037921068446153419708080881220768071 1064
3890588634215785282582287743675470140831003113 8429
8534935282493585040362345923926688311448077546 7105
9106940654723734658778941924873236437024020240 1751

7597046829540255079677309844431798635413464595390227657432035188431115597546352330452355055292850636311524081176784645471413279813406592746732083545282276634305953054734309381750377872317646489096491044255879694041170527766297023256952463671775845878822028460530530546618172209655098183967544401193567027827210833556064466575228098058628703330757873821082112921021038961652312284879203280376653872019582051856182501442409628366098463322528411015741736148823414602873774984914984590462988903284925608395739914059102412068455762480345904723595368839274619006353006025286844345466005785745687250028879740781269950143596964947641493185049625552169444528557452948072324330277365557456104296608835697425307361113031082380003158538736286884921091749180339054828505462786410001316947199894889420953086446502679610071504843926206331171186086120818715732734551370014186768692196704885901036242331516776017271742233050495306158524791962889675944421346235651931221942844071430978955055985886244201736282607350511638463571118784683471588349062334258834361427479382954834126341741688260288873554781665323832154076835909681205488454817189269206203670965360564089875928450815742747862194136716994322945869330495353722967997800487191020347824739491797171976726253884949

5281730513600892270524308556487450412160335515149 3
1039641863808926595190343501979503662299371070610 9
8032834728693454151359671815062976637443099493236 9
5704953495914193527271514187376586945122363671079 3
8011524216624494119800446557212597535804639991023 9
3279770838718475347998543603066177468548167430253 5
0911414225363563383883543544686001108638480214792 7
6315847935107106227221232890003040085551034607680 6
6519552168656718918133485068069377003906870137625 4
0552466849767101445993496184224689804170186023510 1
9649901337786508323436869443782163920218850859965 8
1311126588948291773489736110174739245996397882377 0
8464359325646405544663545645062781650789100006035 7
8958471411788114001470455657924684793389859044356 0
9519395598304841190708596839082696964630103312919 5
4054835663347075482559716224095724560789952275137 4
3172920432944214571757021119664927329504589243511 5
4224989284182930968016279099901439100065160664654 7
6572330384646243951138306777012416199103093992894 0
3981160616742076033829175930656604400871622422948 6
4120927680054840263546046021286431296861760486768 5
4587332459049044581544689760012917675937178287781 5
7463447497443174722457141782495933265895990123263 1
6543180978557825775355049571779819902461257772849 4
4635352521703343393134364513830425898151477362367 9

1994181688328599187157217228765199470314248248787596411631008191276660288566473109611646667671189367634721290963008692396234207088629338631255612873406534679097419938288166385060278732800485054491820199337871130829493390254440845445283110790671755781580093867536003860355768063981064235751099733184028068507709966620139938302157057490439491154383090561583001130141099139583290325869583767619707448919113263121640981843472560087662111596951333890462589050402103971688752976341156530163761401724174127541567757338515633409689244301406179749753717442566473493454579246967993011026194337636448667537561087691613043613748330479441225952612415148981699807681018481895780038325763387804353118569719951740840404292157320717893877089593155702274272826581614974080133206343384008689023889391833314200451596140089861215629243641694725431356170181179200559592854391833343694519194514317154135007420063905060716765819058242162028976968440905524544700128188685814354954542055668983878624483207521217410948736474109157860409910258555863940130915517560027976586538407568236397358347233648255335205247722960881930540821053281311304880926255044062395575903919443171415265275408089529865726307163407322439503799871488151262446063128138524107414359794085766578525169438

9927465562180588692066232504493702921288512745927 0

2137674834292777741271892215540626833008286009017 9

2187538294862915016245407247778866998890070980505 6

9250698581837390135076394365418723293031183658168 6

3336447793290070785745106113991480911099712792943 8

4939136701584241896910938623802725764521667814022 3

6132290468097724877826864188122877993432976707163 8

7056951199018963230924589999021797571313451742593 6

0325136902088395860854675047773229290628464817203 1

9507281491180095950512581344757157055467848443623 7

7691481917998405290667715479291174266933488585670 8

8139473448486214381111595475449852804057422506951 4

6472008424624472299321579226467217881452064820830 2

7693611921738523678567409627910852342295609063266 6

7104802881922637139090737684448093184449896992931 0

6036870095308727241026213678870697269856973400228 0

3635047552368800495586973590390206919312830707106 1

7913556767421587725759822191294318645745477205132 8

9458782737577521030711942554517528858363344593580 0

5524008931209918825706554866392314480862374414595 3

0559003065809529244042617675254206771033553684955 2

4654643577010178979641631303867495239610828903257 7

2448991862299651984232782749959589340831031293267 6

6102724108073795462818807634269861761703310093468 0

0830651834771328705425499623260325011619282730212 9

9349341397996342615126485063473483275913631786824 7
2894449321466061847965057304067187482841519147416 8
4169089722956160670072819776610831141061869274357 3
3553564627254143794098134638322862433641334789788 9
0912641531873040605317247738103537082669410654440 6
2266129376623363259061383819763194013039898558209 4
8209539186024819909896648627135664987570149795340 0
6764478586820491076270969775705491508796197691944 1
3901594125683267942639579018278254556896996803223 1
7815897782256576138716770132148021155272767311173 4
1653118922038451473699023164776475938806016075537 4
8338232854582595062910239360016544735394298287668 2
0737121927529990736974408113423720201314234045052 5
9316972775590585657003132022465479086657583451266 5
4568263055461931475471873912792397211846921778376 2
0063262466814563224968776560280104550069682815286 5
7542598234834009264710128328430643025697652644694 1
3502706214583191104917931941434930177034870263334 6
0168710291836083741253275877631540223039562887768 4
4723280302142987294946474939503146491804133514202 3
9388152487593737159283832660035406428953541698506 1
9922353038292186104869182552690255749889319778472 0
6199198050179722622476371814459796413713846207982 0
9083958821187048015563185208134305168523741584217 4
7814580115630583117678770897709425691536078780911 3

6284354824022828394565804195220130311977227965959 8

3884093635835590118574270448266505634384216253604 9

8340854389040285430492689930661353029562440020282 6

7343672871926207940297350617969254101291753762660 8

2539682218062164181246217311896733474309422088767 0

6063054671699631418215590292435137843643506322620 9

3120680143169163849781012271071502167924720562634 6

8706739088756753944244827083825087882653565581974 4

1663577849241763188148362164412222323635499389429 9

0784092165099611235325120110314233835506549388909 2

7596110536939808302386103713047566762605558309278 4

9435785197856390534743267450560490940770859188651 0

6554530081982644525281740877465478991615116348753 9

3067419302334275836504964156863538834492970269883 0

2128385075011730722531947412188603060660866565477 1

4244902618109150955830742760829485811035201107033 0

3058709257951235338922157247424785671676788358973 7

6761772117513058693433553676490367437388170444054 3

6987385939266494471535038152596325055300204906764 6

2445852260521393121962997057825503270457798044858 9

5607020990215344669537068428452178214452386671046 9

4081075061673174785697189794278788716052834504290 2

2122439834339069476764641314581807048184216581860 3

6693764098943364938142679991971798152335108415706 4

7616502760453863299952244303389384486986948796492 5

4150996947664654689769216486142392356827531850965 4
0881335332360315018454309181158979530096088238018 2
2954836466507308346158753739094675311255426108040 9
6592752714562722552735012176578243220128221736845 4
0188340911256369605867417354418830302910422954093 1
2139163251665271628121402003934852462926770253355 6
7801321211000746875104927292150677332824634054330 5
1464110169458015239281064871651193748496284714520 5
9228602216430922707329113148505514626087654910369 6
8970857811251399477489383288426598056121218316115 3
0304191551869772206964070517065583074542955680205 5
8606479198561137208320213973371589718010093419529 9
2408631804186229969441590014844534898620679645053 0
7736118399136114400730593042057496786395373172912 7
7835848215629148003084298917636403425821977585909 9
8861542291506488185489391946492442442707346065366 2
8241104380687463464244524892172700800269889684009 7
7049906879061899434905998791232993931686542977873 4
0536374108604116821223280321443018450796681914202 3
7115246394822017709314272988455433627298647398360 6
7619735520646544148606206582731163150571772420887 6
5562487222682926660203714851121462441496499951520 2
9735696346895793491184861387323567372723628672295 6
9307022272826189362420914468343426468002660771995 0
2216509365191242991298909496734886916099755708415 3

85632669799928723106696812003873504357001390292512
4556125259003322197307426285577090519268291420 7816
0159206846851894960268032416450232179784549350 0368
6853112007439987867535318804473478513954317739 6060
0553611144063536421618126021263865730946905932 5590
6397219492038056287678828743091909615406869152 1231
8936278924987012453882907430838160748627389678 7745
3782363709467889116034175404550891697540592273 9404
9266623912040646855819111208987613022144456972 5686
2545295013041121719980910669115415746874858495 9986
6199083983781712633106815336413320408361685895 0592
5150168276847524016347344155357829189499213859 1091
1224831818717219486883865713040482947774244406 0109
9690156383523782761290959674815107225829181329 9828
7427054987359677484220856206752067159942180911 8851
0214643881536079623454150921340343006129978686 8257
9602938497659187127068051527071418619605739031 8885
1282433872683766410207671757126610927458223352 2905
1299485282816135925469906691601850275940168162 4498
2303860880138242498830699639176230939613485459 9451
7800671078225519324205087390126795497844015698 9887
5079123165277472128947915317312845796906128837 0019
7518951091669085067985676051658730747998414456 8492
4921279790288124241008840884778373159193613204 5482
6303567474927756541385599873032159054076295143 6378

8522298669818514967083486052744652644981763753211 0
2923062590368635856799489149248808960412651107338 9
0966344359338441249583269826824276010209896594546 0
4773652398711801751865136733933944944267677542321 1
9108230942372896868022034743959324862376943741086 6
6028201747655631949510872258892022152498032458392 7
1724279586677378380658016613729297771184466502501 1
5258124073070963018040694074965568499308726304218 3
0015704120137922456787319402582131094546109369974 9
2226185837465197323220368127821679785482540385357 9
9586852096711956323580355674470587232686279282060 3
6487179366605594411753901808983779028084344224796 8
7088565952716127883634043276080005804509481613762 4
1757342033947798630322367382842571940605835474378 3
8904464154065790999931856081243084635339679917228 8
1263788799160033833788588455471982316793889336283 7
7732064114661702595420850885180512900843163071504 3
3107539545541990796465090231644288344740687197189 3
5466735649456812354304961298884537609297708931994 2
1463048220766023539824321576162548761284254121061 6
1133133648822454132448975453566265349142408224913 4
0206617500721126943061249663413321878554680294591 2
4917217464103818671362151457164950732198489695727 6
8726883643110536044271571542891366815712744283321 3
3397633430005081273956718748263504621039314324319 9

321

75491958090961365625700243201665807095188730589919

7870679368295244048534202386527588450776292787146 3

4221930150056380457251317594012285611355436854201 0

8182371586901339410613178329297920410991327454105 4

7130717453300472338395654618716344570340185560471 8

1381578089815947036849425786821926363634477428221 8

6059642474579472170150025817333302273204738657321 5

3469489387723270055569460064750620414873316115686 2

2852690741688093499017469127606927198938505564840 0

2433703265597529368602387426960159164509565088854 9

0208984849887625009506966763593812316977903451178 0

5540667349228798064769733991389207356808640524705 6

3221867382478507164461143098095494880924737318007 1

9660589269647674380197026822410328865611136584927 4

8669631268073768413367434448435491569475817285335 9

4401006332275230578399387530325507216780079595410 6

7981610512870123532518904815935617217023398625299 2

3914117857155601316674495414313623225134309093811 7

1389724401951230821032789265836285024029590494049 2

9415327768642359797838724580593951390567955604890 2

2429600734317792826184751933955564593715046875619 9

7579743169015357214406687580868655452485004827357 1

3085317312441357923209935819400847803553026661789 9

9034001645004709491013833401772294629926564233454 7

8810460564771403017078618144781116162479625532392 4

4068009690117909228513527314795503645016130130038280678845335633911351731410242678439770712448559939264307744563271909032088393518523660330523699761313173348345268257728496057439167155395158529563330081941842265634997617320668390993072216558028540545869711890122196602406694608294227814321543243657610175020591296018436712618332914534588474962392709765816939404028638746776848598592213820703486498305225048439168577534548195511374947189521246181415239902153365851133525354141116564403339910148171603055960643734286803239100314070941113262326323998396995376192271369735001483985838849714481681517149745907959017744927744511130627284201316358437641792093329243167440055461231142916162639760706635603860065608371404383030041343474639895484594511269703337758329055336412225359275249734553483337232586257096338433420359664089728564431789587613518100942754520374008880107278848188959516723126211891250019208737338613365013734348864042522520017704620726688200704465618473896823556471471078268263004521490432410553635545255918421354196865113739788666309750081425643198474037759145878959060984574260788578632023144025764605246372483920243154704271119003189042040333817000986422864341807477777798344255598930892290697457018720204681829416752491348559960619800

8948447489166287604198006025970012736569393629754093208594546675623408046150135458215508632072266038
9340137673057625340655516981527778559929988241946426651676877611917362227020922783360525077048070759
0718034363357075638283659681399539076072706818136565759198668375105461152180837811919647554096709582
4956017828245672736856312185020980470362464176198682717748478222463490327810885463141517371814329792
8832562499371156297157373901158363108704486025103004969469142583869370651203770466308242164894433580
0059686873021485249287953824228610007364203649679148694242547730644728104255087291934196066705256450
6409608790024404064247311413566099006514678880932791384938464806546101789056276456355644526787973176
6008564598590457594504529362732291403406240934385163140252600210208532500280314180983752338963958307
6237367334254811893427718926930339828412036495177176010034675192081583382936321282066313108914560201
4822523045528829442917400514389131182798098198484322902983869628251487394458203910940653280188754077
2094907478611791577001719038791280637623661744014404520702292452320454057628069657930850203981218378
4020672025012026675295531308349435347193634177273406360262579603136511978554856693728464042046848927
7157780434586776100852896073693144133464873773525

0159245211976597545908769502060561757819359107740362583576536008089376532813708436943902272298653222182884374001388258111629715534575674032149860975542868865798743690094970509798609377027835722338833145398049398921017143358261896740031225279973033645710616072849682640266823477045583015458557482717137243584709948613726587130254940244957385588996605353709033892511454055581245692941378882716519900043761079672572805998748204798956785593885849948346965194930897814997277634733058570717902709356822757630639304970229663395528763379913078585931420781133511143201210260198730421670626014357584117977079045808380884980881666261853588355924200630530246434628992308203070806494107304156759771007752398558686759457317447670945568426890385311284949880181447745665050961489899151762992416428780004741385080452032953053918409768994631996955912786769493195927336620543091812055669246215274078665143235265920707086787955864168604527753575020748767143337706011912940315857431076777795213590261308082898324883948320949988456830767241759299430340209439932270827548357388507419917136940049879858619423446279608414447356652037928295317016335118153029312723025435629105545863957777802211658866611269335740729443614557490563720071282544811355783402901604851760524329698

1355027471470526354293526481366238869584898195167904761247474468008477258871394552736710887847508425688259839636830667647664513308234299538406371493965512602596412691663955329422216277976078749552917485688421824863746324747783244929832354402571567607928674259528494338989676434365754823075754784033503696537687365498022398780119203544049128826835941953971843647255409053142105566632073204638848382768379261055003805739537940215136413662496749353732410440434862382336249204953544285790530654527726507220346592904432022017163242358313783512521095764152741244657762616754360947097433564007690414362218068299355151091385565737341194890321845622044387715270048211012761208140782452649886361038326508480852529514952263554264606718445430426533826668610066557716951714429565559054236819339387175320386411552242884740879638726559965035453160178728429959062489756943146572532979956564427538102595666725587611303086354595086848420817023090377601073137106234293378074547508237856054947987690213905665585892860091990456026032063782729076155397038311018008449011214811927779674839102728820575597820535088346150021903483765764631105684014250421063783316509790934725949942661704520723269101718680689315989500806239975869483897052416122301717289403904669984942721339

9568126161004650902845621267573941439279503195865O
2350481104716856357835404264857212754026388l287194
6209203813254648116170313586767106436587660551655l
331133l7022718232156877362195848216856465284606970
6619054395401406510630973336513811963331659490303g
216427085354228049798026714911895636425174891344l2
142636155478089214528367082216940259871126321l4388
52993916963048048178929629882011238074901305294249
294801611435330239008067065721378167971985686l3029
030129939944512498469010019891936059827916973051A7
594346496028833289696608150563450566093781292361S3
490585780550945642103530907360195844637121650731g8
201564242201326845668774183233102473192186851564S4
12032717030573066078517538509706917170791725285511
7436278713016009522089202424050305756402153727369S
92667997478107072793723912355777093468284756010763
012791311995391762818615943038207783982432617319S6
313336206379349676875089524023642469231904541673S6
235836048283743927886654775948590289204020193959S7
706567321194909910433528551798714035020307605578SO
19148388288094649648208424176699245675831122624780T
03905576531412632602429224362037195329185547180g15
96443185685205788235010309107612806044570442514Tg9
75896088802812599786238774354965990492967322084497
244345824350368978036518490995121422940156691745S4

1683830903528477964306760861159976367872049550579
63651669383452102120571246718902363583790833911908
02068995968969901881223218552528693485736518886301
60452941028179736080689549524036066488944683485357
37117060799430547192164875943131412697595251661025
22909575375509509337185449000729076761263467652916
64645580371533060205534741620555668380872331011456
70608219713601991166960117726535124144051093620360
10017584053344689875653490024475801849902851129056
03628154372796762883123816577437517662456404578370
49648569090428184671434107660754984114657421533343
79628252377393517758770399425521318169017399018616
42141354392779733470876597369481710103318186376892
72837636602301920591979295917914822441639403180414
77900282857125177644841059315644675363309241579702
12626481304280838933770672398228654341731736481424
56296618079313695325091128754694980155031799451669
12284138446463087410279878209558773461766677933200
63616141299836112387852698449676224949460162224198
48188284417597250896504323883882677621153869449072
23140800386409667479556596033658655008345015746681
00371549812154559177082855269058782746268018954840
98548064776732259308336464326667895198132303438478
05542571189332448803371027660806642619768000401457
68192614123421421090837882603488039871589674691868

1275950354190406896727813951321988421183256109487 4
7352764866436713359368373719071671361534428920725 2
7305707780561606591615442358910784646554736956343 9
7073722178185912301094436923139522030101136740734 5
7059526133029367437932120406159970890681203507862 3
5412780541682658235374259385696643576271097354086 5
2303333957492497719953466625694281212119266748886 6
5256315169706607240021939626684282515447561496357 9
3336584523772409968735795322759190097974155172133 4
8453335786814228739938519020936782740215599914204 5
6446438381600099906505371881484938160865503572270 6
4177438662975167896665549998788957217902623090845 4
4806465185693092556964531722410894516454267967618 1
9728832958413935133844596041672854573991415080495 9
4466135343984501427618054220965984867109944082508 1
5132392521360695106267337367922332214259952302229 3
6409047664596154505594842048813114413172046469267 0
4975974905993511692043902760515744667739687080324 7
8040634377784167250219888494354098282116000727729 1
5050759869365684722016941046189444582618551160041 5
4945106281588724851403451900555634666152447374960 7
6611357787483740038862938848861019502812807817927 4
5034958405752928452983890915764913247310105633314 7
8134640265046262915675377909213724782897003196325 9
6891251330215246561205435837622686092820307774168 7

004590435263581749463672455178978493175067539046404160336384724054649807500393002457661071466060571949510914024823273526691221496016070897220722054628810038730762296890621526297111428927346339214378575838167995709651297512128824707622937565721348906236186014189959500029393433011746330033297290783402638252783796053000047355927546848718929972065613653375153747792196249551796922008557314794457428822592422876777321288598065370465402461993872964993594356323021311084824249501800675718939861189726218243077831783344585703611816094139763446516272565828861687821301342558907381840573422275279094401507963350696306831585842595975834413393166679973048051471042051621356217540904877330227396980656495900945695698536584320835620615934529254241892916173052220979352465712270664005413539212620953741607025988131267956667461709323717405236296319608936529844425074302280497664164038282925713716360306176259672499571761536958524866449317201096085345723423625450385444144127163847672628333308189585593647600616352498590632887445032551137768181305334664669950154774932420985686593504901062114129914177309980459978865399855599720886527297388216508774800198668603163056123011444933193578407633418331385977272345270212652657729626488462044050323775092702644091599212

6524862677165996591324571541392540015381169966140 1
4497922059852865463119881458741918733755185509581 1
8710196924176642924238937549451631594772453110198 4
1450800876155626440788217209351125934261844683035 2
1073794000418382893605854407065172644916885787285 4
5265072810491172241294152234684844898973496533155 6
9393268554021166559449075153103970832462344595701 9
6856432675680385445193586873351496819597696008201 2
5379900840010546335233641891279605446876357037106 5
1413568371551244836184919250949941414462463217845 9
6766719116487767444895994644315839584871818846627 4
2027844189992880327512449666964867934589413298602 3
3034829288762606371364458073713401017269924003140 9
9962898759328239973248787138226525474190348822177 4
9819545570796378004278014587919441189077071435801 1
0302662454293625150543461651519860793423856239066 4
5515459086899700987275783385647691033468638899428 9
6361916953313831063514443194692997895215042734302 7
4505489128224046567516837384091737414843731819711 8
8226411967029514001048449736868836048926288540745 3
7124601578468879477813170839202770185008395994013 5
0787510645356146154845035346787490153402751409018 3
4645675419760454833086921693902489806750922992294 0
7155069237778782666991230158990938081337285055529 9
0599347167842350786739058036553895201811147715527 5

1613837266566687055032514568315829590653570060806572699022721433791492375242219582555155273904766415152423084130932793556194050053244414539506109491632703871530370152810088754080933294790986591783965408974119198714373411365127164382405244158428876975714977114147142795082958870299279246833213370515267564394231135026287768903446466363218444592171575879241131996329875413120183252226786967899641329341131763665388968320511916362239963736400650624218691982230644198135153219731985910156362569862181748547088883782202161710149124324921653238655769085274725478596829812494806860664444935191830374836655081755422573352685140389878650300704028993343819723019614734086482834761260730198222686144117989843675583891590084699913140541383193918165643088434978829915171742974864909638389673430651712173602754537578343113521721501826959291493227874737425724572136025662638413895262627930213000996619630032325220131382188448222153852531276767630485518700683146840399268185487653840563848319210024722319166100913439507678555138370482142849151016989753390789756323399217789038804763368137484651689226357162307184064156632492410866923967601216010814456092321337429145784488061247863773882641020861802495130573388369415850878231970981515867117095173880286795801510678801

4493390248068909905291953284466968288254552920787080905016614853675330813369070048013388285854616540641332025069383559631742436588406472615757600993478411408406299823664823574855435335905053612627428200187848052953044769863226366278296327416370115311182340817867398766107281273257785139211380768154189444041763294630490061864780759891264283257299873528716127741833680517563794195244023212888549117741506531116818362269895319004959229250837626080500331743338563784867495822310586318894073980761449692017917513933532988588534336449979130016571286809999515576368835796903449984723426041943185991220465827495644137636777021611431270014347716120164648321329271182571328791058413578619311893745953236310239127088901391290916652719237745868641703648012032953287516120129170609592709077735616740193911744124471246014178496797282493661458990725500824349970890968096364168915696208984519256267193430471714563044323998155688693543372623026149800352837166513591216931783823097964852220628541884734869393594384325299875376511924923350991966689310683934309929177429112608797283043316638758402370220112172394561144733654127633402705845417785774852486316499991704854769484320531209292739986610752631319764337653802952214163742360237221850677911388725805767775543742

35744238997963358197140322779356139744707119461141
65176151512388236279056488635894726860573344797283
09257094391377951656305853890416816898769258083650
68825009361192610789112427098812226934685319851706
63717420468096376655728936417132493864433405288735
27902550868995093761512046498450930848209464606417
79407759272735187506149345281817675171084502365204
42367768151326743193251095192005876749184930277695
59654098122539635771169467112606023606943945721364
80764649901663784374841097357300987497338721557269
59760331137128831583803062490323833048619521149826
23586673336359436081533096204352318069905867253166
79671989775739671985056332039162769296127845043250
93027849365575704663665005042353807000210433790543
65452676915632116230708153866793287528039918102228
79667549274141381460065654850877794899447855050889
49148052882658768844456627293908196144006839830805
24037256950641143899331811663770163075193044500215
66160912397787650073874339861213776763163799499160
35800294253941509361182877925648901997063611511833
43773228780513781700685461893977078002754504705746
57440961151865016887216781580801618548641080898632
22334099124749225808111853269987957362030363601202
48633970529467124019239868886269983543109200456227
91699844169883212018095594550534885326175425495363

8515063118962530921766529165824315900458349693970 6
8765865424328194564764785373552515306898910979666 8
8781002569839068711319214254198866419286668754537 7
2443176144635415665762871405535364287851801766219 6
4712668996243194827310093974171042590552437496873 3
3036596872146018899966928025823050002504947431957 8
8736177439811819412948004602950542736866923100793 8
3355277975003835915620816472862995161814151182430 4
8649558704764203871577064527587236770808180590408 4
2352377577575400884687756111665813925119356731909 4
0209614289011096489957150397207159050424785782964 1
9139818646456980690038836467983679810123769463228 8
8360915854430104942614876035037990344177685999567 5
9933050225323476525468899552580628931781172182316 3
7950877845934372878641514463873034437300982480492 4
9554003322343437805888464426565167111725408902425 1
6568074345760295714812822409478460558543210753456 3
8218480483756258915751706013714681964216897177605 4
9530199246953023901996148262601706284818796357991 2
3969700159444146867753185645831272547174394450082 1
6298283049375695975213397439120310652126169622928 1
1787214991497537254721293068703850875650615027522 6
4203373041216162349639788099435270804166933227218 3
5932242791116573630925466496712499296143990750000 9
7635710205091352172102674878381800459683310699995 5

335

90778255464891283674339451582478152805746103415113
435638105663770354879809403265266548458248684582290
675564358632459180753460775801695839975806488113770
4343413010596884392991793174174742867125143313132551
7759566739120611354673648311519793542086154722832
75856040177338917321114186236520276449176308259943
09391671301603555506639664006376991774482383984045
272776417201122912290611855951275066506498354460296
102965747543759069555507510185935075883789946923408
08844242104044351784510184494697766022432572757633
7213826673283184851041913722572799003023019519814
570212171657227651891902737558032398085602854179910
86963303805028305825415520792215467550998816607126
379666906266962228804105219437555359934786322393333
0880742944031636339297431845742947964530484812672
4296055477893724165925475425727294818303585240789
706013833901921881647311557850526432810671078304255
382786255073575144178094379451520876964418039294450
5337106958002880600959261554240429538493922366982
5186545787154155054376817216194941624398023669017
64585168224184823494985612261220525940694686843355
8288000423604267164920519830030400639082160494818
22317937800187897147326541391659694146628544607201
16633852755083190003281934916500791575742541572642
2107319213142403345326076600054088324224302953428

5170101907195968996222168572420582700804488458661600852468547117664403374541716972573166435712993493887181992917594663181328648661847971944939975673768896889421874125051812865226543689028478952394531890759781837842937386927112332452240270485501136807130149912753906376567761950408247294577951614725178334058293631438937472774496789651364811407002313274619898292467466885589843355545576042775737627609120580484802719998495539526723426269717512224621696901278008109844442553591517508360950391542809560322940245012534448001359071329437426440765715671941413957919227136541009016170299103199865705258409257998434141590790940476127073830478178955109473090662575049936351422786265074676659604091872737225477947297521215673568572609788566464575410138193018478212336515699772263615169997116230814735386874455953454013866559999562536246834629631683409797550456405010277261083787851820349370533279213894340837041728605351627431809719641851581334638617864058085289932616267479202822900779806148737877411733583027613120796025607848818904686228962784390204998370368536881027711277649164807893994443904092507590483328908728324142449335236463081679818407101984769366305538954028736744903373984749075859503560607200358784504301688110214426498847297177449594105845200

82301253166078708859906630371280412152890785515342
21312154711394784386313780256937275762215857679289
15212630006697169938472634430828463068278319532124
79757976403014368143734615264691989502103421817625
93659784532667602506674488467124609668661730097066
25245017692278852056906735900843160412459284748056
68946978182767794755884701037881345716318817494428
99892987167278685725466553677372831124446176730408
75235065054391728319619830505638090014071189077122
13292090837662204930496794578667884181003586373834
27091353528093942551819807934978546448024964273686
68433552167080896583682049543336741086899344362297
04144434396109886127019621236168294238935804471970
20973891992082302323146423505671064991136035773195
63884719181976988071005806703870572501530190615358
55590146412669669192362905950385486873376121913721
74427144615555267452282574000580347074835030814855
10715399389168383731109275020581701951231311776778
51844877768726804213939286034213238995818513277666
93655981806455715585403801215929712677686438428537
18880917909957308068010225411651642985479859780120
05303253225752499741035431088380198432200235756740
82733060839664255593659517583051615349713443826367
99028771794289082660425974949114770714229702525112
58606039005296024025458262483257557575612161312795

8128121568538408559162780570929372466124367205 8886
8157679076930350517895756393400311125929797253 5777
5442005699664022021383473566037691695441318906 1916
0614468251813160176609861677232066349745604650 9728
8265951275397273336869417550848721788938864061 8398
4600371686896850918522983446577551641562981490 5434
6762684211445248399413123038525805184868019570 8892
2618832522355364368736458347914690356787225982 5575
9755960216814522299491973792689788065727749960 2061
8312361912598422999744591793191907004469955405 8436
0693267316708926126170133984267188893421249875 5699
0243059505953676654027533075503094906893359337 6555
7321753833566489041072878037317426730961814074 5156
2072125983147245748301211066094797879629490438 1332
4270611655269733179812220467342712122664138192 9147
3278943660918278788827641461469764222050291144 4841
8441381849237635277149146906974336080814504292 7657
6158754217052493940928386373294735778423424077 9548
8209531262353402755035057102890394313368148199 5153
5661092447742704699911672378989551639046374983 9660
3242741993113944290390576059074155553325065548 2151
7929225476425450871896221311351669933045431200 0074
7182980065063873898926256489054397396866794321 2705
4939232744427995717336359106333484441851469534 29812
8089686874083237540802626059432986205629181754 4122

2290018402100592584355705001162633413891116472241 0

3293543067992468631553900279513923299722276621299 5

1309940979505302073905595811915124333040407885249 7

1092537241747430138830317970184410857045135768151 2

9153624429492503752616110118373210046518961467826 9

7244426178043464984407081819464885701556647291249 4

0018323157474892122721505485676173310551732867555 5

5513727525722807015844443069091168420794485271927 5

1675238846945201405843654124419006882995745900543 5

7430805615594652422881931272032923409249033976547 1

4651811131459251905725804935151124366891654022600 6

2755458017611743528143148949991614671893523814433 6

8464042767295387167526081339509875962077857277892 4

9855982834823289177208117777338346633424188492279 1

9805296830926375673184709704872233707624758369814 7

1774211480432136309414872547814926308746678478952 4

5556100534989078888984592118410223597827373165212 8

0197485413419869770543953887497390145741221190480 5

3900855254751776918270607097967712659724884419682 3

3810582599435298238267236317342426715578296460105 0

6831004613792748906560307636325981027936611235706 2

2546093038459223095699447464899594352803595728122 0

7359002148467487609628497018798980716170871860113 1

7039698435437109684351766492479554420274224706377 1

6000357522942761374328810277374243763384654818232 4

25458586522993701908884747767400268001009673197266
8495586454467670798787717513539808839832072770178
04624993278618880767133092543389284289547339980467
82679145981967469019830683989226343929035718573309
59662853884503112265863257014951784436813918535839
20429643375838949238481221756550210355406710582772
68875751378435979790444914526917905927035088146718
77816814014900991554621690142569780350359587247391
49761619033480456499169804389482848716057330970807
20504665480348755712333122224862473301639986713795
12788679864381025542560425357927516241316245495529
73102364591993011349614295221853169829571040685148
03822139888376963907581425519571199359171118755087
75962547737751359233870322994013917636580370678440
08595624687639951401471457224685434012807858564304
39394706997121975940645921442901071293191405742653
34713416412866451075856458812395114011779550807321
63678101603734337601573155634925565939373671656193
55004588107322335593024482569699655583883053413186
67616899808566682827713235687068122625484629821031
31760771801239058725534724204741520016176660218058
82461949664874606456387899631507124429153884042324
50756032140477624258036526092051914829101027157745
92414262871044559729269995650112860668854627487571
87665066969779602823041381108469308787168483579092

5462780349442642545861204599719960800316630347958992894563255312542534431739985369459805836028674518508105331304764752853762874570977767541307714243002325347404093030694218291168164390391655747003216588110006242071852475797469805276517097274515302509461865993728504011681495778142596361240147809683786888511251471276223179153314870448712057937765503040166429701507673885504773832888178731212460074527612354176665768817010114942899257349101235646676396258065112713396498422824502730566937089237358164609535611643437505650299631516797453409382353289997025627180216562436255117986972162498323095658719682960254668065000046716222402396653824185505730658144606359055955496419820113969652844393015735731052062830891492180634287155353700590035047086460963541097884106096566034365354449061700707899583180561453339065047705274315664176097215179194892833648128660460835307188194805344217730423604084119157616446130913675931528639923396387054072054798847957988616996218064420153535317900447652558227276706459363505728780427573485589876829668923357242880868062463248979189584169445790029592863228882938280091603246063532023822312473773678740617940901041381533057610283008848864941592255754380946063025862676989173184615639367995770538251493415304834931224348063339

3168840269976702447327490618973633454332782808207 7
4402667097781782078312085726344560947085548521426 5
8489101849573503186642174822985673406328525642088 7
4664253405339504502310275449342901916000844150398 4
9520215325600163927669366477809584126560429064525 6
8061709558520418712814813474344515393746475496344 2
2053892610995494428914636753895787605584248419025 8
3118172885021588583788068989305945215392813746540 8
8777536100423510149310846076543290946086796910018 8
4038416225009088883741124483064612377523317654542 0
1486843335315258075266734685821776462554798771580 0
3780737152412484086925690704928900666781140279791 6
3653743339514516141110722645617628225991247884909 9
2848729888705298083065245993551737408241133677579 7
2723356826803378116357549983476669908238378145543 9
1621551285638557681880448034321321029394216240813 5
4802623088222419123119256612052550161349899775372 1
1303331839809636216624718633004541360033833053057 9
3860790211293203288717499514527204506239580054268 9
3173481835408084873470938873886190102136217565025 9
5911351442127021011648093093037494167291593624568 7
8600346602240033953522514244915160604299764794242 3
4983779611349866591027178292993124652842563039824 4
0607897986973420603951700753187578630616126471450 0
1003208115941696043578824718476564441351338509186 2

343

0897857462180539472705749147588858463426651824146838798580804824882080550201928877634902053551585624001893464332426863663411740303122342371725194337451401469092871472905890150615238956228461520314617026175667585862095154776828356254506431626437458076071417857800275876080483325967588788531809595965814816008065212981791958439859252951844584692724664770760915168517463856471876221491932156230101271310528445074810700265024464178587243567799221303996521838279141848265281625104614721163047907822420234842176235064391415298230055436257014763699588784501440513057481801186730872375965246520464350934313039666558562939251568103816946666203136394399173448967139829815627411988262723510952512218217047506862533992675377978466809995420421499113435407010220569268199940425166589339284985656673473325794934373118520489614803989074911035031394683340777866936873547549110776112694702987821125647656814915666919095529367320559577279295129820907151577300917884779633743002145803603144778906200771554904764805424270513167766893532669437359097224008315940237583883147635421404408604212995770165367296599020483630577798545770670281905871864830613825275278600758790702435874381211840974392908362239891253893167318426595596595484958814557352731191074691798283457437678591191074691798283457437678591191074691798283457437678591191074691798283457437678591

344

8841443980936994532326065725996975882421929358791 4
5436934910439042263781767557322498731475695701341 6
0414988729796068385741483909738944823408130109565 8
3016594628071917844798263328455536359745121872603 3
2535781792406870010686165062027823681063429287414 5
0813730609548908924744506622773308385268109020908 1
3243131511849533596968989039103170864371432842682 4
9064812666240692670421336716047057426553138242434 2
2085609793500650141268388679333024186546223074720 2
5320717893805031719917873491122677621899708478236 0
8111600798019560682135626640924595140594191988865 9
6052780459618987988978124604450752043911951087425 7
6253503374285344359966802548772112938561910122074 2
9651120888429546855443925190904093459699762322513 6
6844939593914310582200549776165119323633557844773 8
7007275167088770183360897310533306167400940748760 8
4857287050254039652206249843878079142123292038061 8
8310481723210930017201914851255372112309151571901 6
1271374065368354640345909017516919077376312212625 7
2265866454964495912374961837193955151966504573149 0
3486981404538174573697589822751137745630786723562 1
6976682523924529815904675621852858455891453014822 2
6584053595263909853937176619710158783873278238375 5
8472442882536372621081866574074402013077213982940 3
4324598455034889846916089350460604602972075243052 2

2505088484098134455999907586813154752220465614576

2331404526326965352792923797929373929190374869671 9

6463071806072478474739655051709747509660626023429 0

3764684445058224722202132386388557145132347498203 4

9966040662117777729786064434146736621110648053316 1

4307054651648294660337643562092912703240902104351 0

2759540397065472997927210896183967315084703036220 4

9840208056686992252465935383737496013314179003537 0

0524645605869477674688973094413691010744202027223 8

5751420522547081908963499142194431740411237485172 8

8954308018457409103199946112805564334422622895793 4

0517365029531336028314329702493656220118807383796 5

9686693856304036554244937571974210249374057019369 4

5138482569860019532151625689714018351165254960063 6

0110312028199534967046160974620829177365729978564 5

7130696516500162277788527383407259835596739708240 4

6315259176738042297431785283156494449545036956401 1

0936985581798511502721191591763800482965813078985 9

4703973120653780203227603441629732969801205906682 4

6901430294939952501589890477105080253835157158428 0

5178152642640065745840279170365562834115519991778 8

4995168857898088140509686764825608157587168921378 5

2614348240198670085959491834379968727493803924399 0

0124089292676454523422192207578413785334248788335 3

5474932468597801974307389167814296105044449662857 9

7198684931704497491550675521279111615838057069681965725948152986672133352580867678999596495159606109888930622886966132631217557575864832627968571141533502647214079502359859585276482031363986556281374476129381484774020225044508591218250956247790738896549452650203707851005311569656220298499374750861361904397629959903131190080431975245809400009145582174545266258052740399813169325700182768421722318051406820050230929661772701854460037043301432345251646866456105217206929060367202733353961577082848882372881358894045344902269945387687846572485781928755820170263348795417825355455575490682500699797395059504613420534309269819057255312303387133029128503192281356963960128385345521159435691409774601581987774123819889586672711142729583108270898639204621803453794556243397185624971271409579259619230781884045355529797774221068893673388554858810722367687848593822515403544099482252905928348478013601350091515811453292144235396298755483068015588531659665633944781862223936580697312612851200242204741143375961776991063339146375805203581547030622952772170351482123853049326570584461131965622545238528606444933091816747127236972720295002626694938676067390723574413268607147813063279625225213583451461753197073528090113543146777394534710240060895178155583075721

8215079950055883774454731926129253830499817430402 3
0702238909816076153110992888652872560217949886633 9
6420618209213160431768011778154296636735078724191 8
3405805978019413641380162857929818320868424446974 7
6095946754659351392719202708606667009644691264257 8
9697600503752819096615375661855458062643522949216 5
7908349843792574319715877064686820018182320486899 8
2564563340501384966557640297083448061878669689312 1
6351339668783136235117749794199305482289866190400 6
4715435959579227544277779439667263372974662779775 3
5731960843472491811902101192943925903802602648417 4
8444782005168568430346614412500612254411855360366 9
6829948065721395351334078869245327059129149828017 4
1121071884134268787888298002107119318415476906323 2
1330356647042801998341625726105167041311684938677 0
0277509498844108513693169564448607593170835467673 6
9017773894297315455114592277011103608430557718241 2
1223403292822987443986446401919560923000143949934 5
3060442579969384917723978161494511312042048686379 1
6752530634900665239580440289843539255578484580722 0
0332029250346597448132614017337334841522087264985 8
3672364880564331283046930530487353905968489776941 0
6624899681646551018255627690892330654374747732515 7
4823464207618269372020011128849083740841566637879 0
4917715791626174472533569211027963136363961933383 0

348

3169096058563478651583641040952185421892539384536519000945682188235121967853491290747273345761908795277007145342964288577789197970051773733189425647467787059514167095015125436325458585059092777722357441369061070592541796579407364489401336846212597403776943629267107864806916569414494764962755479752699750611239290659055560299806182775792321198690451590594249076760144944330214475381107886168394173626824737953620485786673661943401837539950788735707695697363348906096623415203303273664416840915597267506068186919542897295549678007420888087319998422933180164226391830114079597049126719567266193876235342306778374503739921556049731619654537918413623760136660987343740561564616345985238478285233197307913701982509058532692942864012889661556236653366808679676269021933858700947062040850270178945051681786827703193427843070164519313139114857909616968441606620928373208333878676414883913529892584818453086699758841288965867024287556877312359003496164995760829237752268936555707635413408265577248890243575485397525790911342017983026115347451748939422823882771044974234435922820366214729739913674036710121597094308248753447698010669769903141940785020801000638451622035427489532856955258016698714012790945546584468531729766388592232722802392295725516217043953

7986809188708511955501483450065354205895881728190715946327770613634760904731651841773200177627496686
1929830048478422225166252681241060317143651945672834889281095890446951076541036189885348326694340218
4793134763806133555152023602176365618271131545325315248318501600255035300235099811874568401397841324
5041292489951063561883988605939985186066266983743068215608935364080372210569221706210654029033468957
1523900667996984398197199449488473637992656271379144085545126277376803369248790964745110630943048104
7440825975290276493019099618286720668008381247708280425348545154944826733517709915865139720744453559
6290620297896514822799643822846241004949253809663171584947464968773242941714860117757925464809222939
2563484734484973447687678972551867684457804193010435883847874498471915754661252774210651983403688768
2177098564798974966417963758532760889483399378980386935905003885915004182247692621391632221151170732
9740757299950592161419534179545395648258069575581914101054740858366976388974854435670380887776225342
3725236685862528686070111207376644417703475923902205402921183363592076828746819163573443621225846855
1849117378281498933173294328687866734127709419506140678430955963466118300937723559315500840818820429
9011125362549515865879877793320160602302539963958234

350

0888578524640683893060314881551188185106339280138068829477553386857687006287381871755096202301678908295772993703948123553225117730651413774797053438937964519477623368044456610377282423774640653174719122855087525701248555303495842547755111923104174126089604176453047384486184959876882445549497422370796274252261378595615081527071735522514060924714662877076575923280000636236617818518201466129968973204506701938791223390280196792848576421517536050324280495374126017027574030305342271641863949578600006459952392766917288951034783250731781367442373727643857425217753618604996157784516405621251200751126869254391270548041741306290852654801964879811114373415755475499917082236619650715279722050896985205136490535547278448297207107814574514568460861115729565963175793886474842463316376564944811616192160462873702904040975367288613066251380909350984914309152013685940349903629793136440331259011869648801208786661412089289781050701755926315932894759333535558539615357486473277884692900514837562696456927138301087192984228256114413262879693085543514821959294806708059222682459066959870498056520226321886000458133848213383801071401193705031999865589124946066131408979946504502916697723288306019518497855653243552234794761767925765445820526605167994476072270

5026040253806930549886106509217465565888873017888384128959995965915932227930457380841437898235779781221663915400107412133609571689636670057484589520547926161961736661796689247300318163307768429123981774002938069046482005059305672109704707235857627655971528668574058099115356058690572447224208349859427076514578043398793416795768137963620833903950832934495580595363760485462231136251679236438135424774841948043589332145988194213605792941674122615999836108550167244026493529026929476241342582563872303197435078616064617695101218541063220308171661124148867644033887297576584439522022196100737434541485089168713374426783595270561315212526207386933218305935658930621030492920953553814549511601214641984397939037189643986934878415890922090939070427578219059357094307672370243890053453120967003508961922242988160876864329829397148824960412446513280821124892241883314447492688036342391829666716628224156781839675243796659674581169914928136901450227978013597693138653945547206845777717459138536178479266953710369508963772279061281236547915708886907667689081937493406103684106738600541100262787008747059471065864514391969805597069505565050151233936665890571733133644764213070656757319919039388118938253075210882859516147506809468839245740011135470274786982168622

127432149766518830031960333456223553442141736811700
595766349367622329069184880323734519243491246566
329718238417396919865871333134120710517073683417244
123447237186724941510842704961554950379550152873822
486053846067672039287586862626169843822805601587555
786683092512230401599897538489228360095980752159499
025807471715773537480669005001534985359036976722977
104371592109846939120490542624633960855082491823288
658439340262938268563715259623894744717833699966188
020115478824991332365221595665340485701123258277088
188621501307157793460027439516892752435518239624088
391501234739246686510022276735154153398174438062933
681884318702195394674578806838733045026699348204744
093085095294008870695181863254835482496626070665022
499564681941064704071227311004215441855491231634077
340196180907498723670338997499343924399165880651288
366790564169573652160502822448852175736113317429477
356357748308478330984929574305730604504128402971144
897365523337025293332859341544883137400581072624244
647751553561189773427429425968401940681333381416100
749091640443078052777297700938276873668269280836288
346772591003284128128935787611886533037994391571099
917313087684148298147316743892415070812333046638666
526885171522877349580865070902110271308011488070555
2510861641816152556748171047862194001056128001346444

7100048960081618136339861314375953783573446347009738022397066733317884712174216623797833950508494584056480430059112018417300502241962981137643255508625993667297921212396833626254330792019745755537985778603339936113973147973585880467482663190555031714751074082657545538452600524391171639479854543854640477445274442320820115805894011041094538330920475598313012780340587673381134517847042396208849358293399476294892749263076151959475808635230500390635269755089737196321432027975808869585297731621983594425668946663498655664182852784053071039460383705531953070578143320616548372087637305421510498196398231622394615554016244819227488988991548181616101412911142233274248071051202784972384904402642968076980344031601013659880856422960754069569557133508005356595188841456265319836545998149354703533396578804947612732090048553113590869747145353689015718969841577548117779410760419019145652728884040518827950849008264536013242915228888937975199955998596828893608911271091030997306757062186597296734639843061928429550429210546691609154182803517832368415521818655679634071112430643855154156248975176397718812620984087360982992383637303027505941877062626357378481368868368293339698892774446869696629499689660276916003698605968904718417160001971841236265199793012754

8741913927227986980227245952294015243220840481 7539
8124008257637136067030334477654114042743699620 5412
5145048270021051517411890882549260977472146205 5366
7790075520087998923234653592526127377276954567 1215
4449995014845268543259740875744450235595031758 8809
4678670624279504968122317381953193469955615100 4209
2153608326032153069185727225992986003953925473 4318
0646477064441544096308598332098942811738979506 8274
9552487066282732805364792474107235461194594426 5379
7874986979596432214495014352061663273608338778 9574
6269008896094162137344263820026765753391034189 2476
1056359888170083539644955852192240769813052521 7319
5013237419645342897616581354073313026303028547 8022
4851925520783232374548326796328907125627475246 1229
2929641409424850290594741557599275124250850699 6634
7353764294073839182074190916254160972844591625 6144
7272170590829385767671304543843359908261608628 4671
9632875160286080403534720853621937494941366551 9915
0853689237351274850742948144519654169382291793 1530
9180378204728722389455877264858456583583688835 4176
1056472125564386401518568769577988275174222434 7111
1552623436972117076334504665327247663342378211 9587
9117615783397228747084512798865992451832791641 4459
8280214437270189462668035792333375174806410499 3185
2188455068211836085689756325118138750460942419 5574

4326397198431078927752472356672288395527355236062

2598788598539632877284454683694923676064844122735

6829219132455470407442166682067461265670796430120

5535159904741708546163733620270386595227380642312

2187406268909039981671086150219582650064497781735

3185052157715160847631314297100682482491391624928

2556126384767386218233345228302857013815543747650

7846569058839482531341998139629573625019198571058

8466792364911059290880550683382177183709440626999

8269197068244705320057945408351861003661161560945

8242398650419987316238383574666454521887359026121

3453160485833921266637725062085190546236237337328

1425816643842498897985966795417592003691300453703

1962753606871830137648121274105614824487959863510

5005487349029844775297575349396655307150551544103

0938653741666521591833549973825668932645268620823

9621402396340971224268268700253395582693224380599

3242690845304781419914989311071015716947495557635

1945874576862963018389905824201278786755796934723

8503074461060348391459879497794871139135462902548

2822249743894474386826616436068318124885987232687

1076616230538008602921583381443284532240746235541

7998881747238128535968382895006202252464635731610

2663603643148563553160504991541441308872154144331

4525373210651396119733069487813913096873318613666

6193940257200499308099995348219427655878113235 2187
7812457183423976468069730697934060813830189077 8537
9227621548466408823126429816421239417456971356 6615
3982555543529498172239014522235919257419431464 2182
6647768886677250217123294152289784461629105662 8542
0071453883416781489134566744506929129063191356 1846
9153315855813507648754132185945574577015648665 2616
7466208580107002355681687581059596769989019854 7270
6417531288487494139070866420808062769445013196 7019
7033551810041719242513644274485219781537035777 0961
7978036554715010064181805027540735836312100758 4869
0420360453063743034388761523828983557372852602 7901
0965811358399008202510641500684886037785145170 3993
6269383226188823018995912710008790754166287483 2239
4452285023918486791381569205686354321704163358 6370
3532435303860313824517889442520080485301480423 2640
0652099629600966417769376130820806870201308834 7209
9991664558057470297265064248590310071846989531 0690
1743228378475715367509849704348348205993122322 4751
9854853545545198084228145074641693251741711660 3293
2667762278190834897227510030808975252050302466 4935
1264612784890874118303858779985696639063450520 0221
2393452668657992044238614847572428901051143288 8381
4583700148678228333016407276114036941362115737 1699
8560584173544560803368889069252435338105397159 3150

4525920940128868267619578511313238397636156621285764826409723566892206504594883179858641010564381869889428992763148161311411978394851438964020161614470282221756482734200646153016170156730451861843770521270625734225871506289598548861762052296168865652158377842471494798664877070673248179908424974414130307727812217275703938985310766265694827619763328744659604559350180212323136168294691051653679961314965618814230797900281970207530720413774496674530625110784565792463800382738568602245895406143936149940484842869698064832621084643807433365583986880899884715142957010145120549668428966748661018668765129731396283214410268341658603599114389318076256443446092747502825373247224396358231441866189835337323691680869502922048143623720481234723921748226842910666117849435316725923850410537793110490815729580082189041099653740522940462019848205947195654684300768220373283990614679207880313062108074288782674565222795103975301854924501080667143565220340985209717127515883904861311294666733964099243492647162312234605681600440545721462865662561689286997468382163390433176286370809582850819096974176212074055085110018153302081718136717685434872720891726067431810386875499096428742804106528574447831399487497892443435373201883750977953460440052811978526927544 2489

6325741629879428825506076395165108387117664673766387526975088379398903288357402112295635432087437414
1624949105157682271174177119322329453919740921365908600047620243281888116116364492871555990829981454358403717095653052756790061038582200502577422429256977373229660938546733692944968154326056858234085073909150459231508132267678106363250595862745514892282856540694522210563558028622416764055769526032218335623963739880801424611875505460955509412272002001667329078978000709638482831244629559654502212074332643657186971345144689688892295108020016256807995121841316098330970217827686024487144336131445923206014734974814869132077424597364339492007308857482067224118479268240533045986927545897072131545841540477232222083920803632412721763116289188164339403686931713558268000635173209745052437830526334298205158572929372906514408225209314003833442860094371776965082929411189712087370784093552754759466760770739582996325838861067374507926180433067251405352116133767896036538579850322184508372345725893974482449203287338602799204201279950628458617692934934748645046491968635338391449569329353499139922453664188100631030710950568773445423096458954361418630876241494447419866698347713405300957797872079291462389626390884639299690639310163833638321319539379304

8049848759627949597793364835848003784161018633174l
4981336434273879803025779702183088650364181062215 7
1029282021587181445626643551912892390746449491042 7
3596927665231146956658445818114476377375235012859 3
1265925760750556501984335677543209175069011358786 7
1619549365520291390943771733201558080722733319100 1
7793165196815422808837057650759883759702175411773 8
0871379853389628968302629816280553011075577589785 3
4823854812982810501496288588718232218048882601827 4
6164487902917284184000293674697066526008628284388 3
0881335633580243510577635285933515444380101024499 4
2174781896553188470873781552236440714542829548321 3
1189537540818216074865979777622791023082336484361 7
2336602917193399261678828689800578911911569612861 1
3730404222996244445645228811797471536635791461504 9
4381217969991171955339291546798588569082819110314
718381129967865651453059679813l908004221827090056 9
304480748300834564251502360936375255638319351742 70
3436292684023477641389903904336235185135026393009 5
9664448987760417437860381723420607907143711944475 3
9522843551677888570909340590984262800755500248725 8
3065055751125935389631517182606584600128932682974 2
161791308116878212721039217579698337007055600479 26
599743236495254475598623484474040961714756628827 53
250917375915460325080960114432704119873159696800 79

360

6893604075977501803740941714699818850466289826305034062817302823197991255309183628077992511330655577725895805497219375476854503466072184115570530967474247232869920729495417686489051896687507736218429791511575851590669815433469973569518765532300615728199574087984332687865483877037048388679696344710448810366625529586283434384804626781221476425166019764227020362945087987909230689977626220233634117711820153990501730714939961155484037152282685779983851093840045282636757612605639843913529408739455742776484992414146858242913857917756232954020168247866760021021513826664110130042178006234432179195236861776961388050065925090702529001557499487526013723194269628376917390123280026029927806831063027349010110031406707790045792769827931368494516308950918290483029650019089283364988372143961807932087423287680686490992044495073598605289572116995190404083389840835633066438541288900714754386656707085018469537900325716436271571357347225105929586511098406845689715658254557256333555945765777476180201568378523640314978538098315662531858094257851058139046154652480727198329095772958055300883576439354657145791359276746643254483845458273091398616717779959434994550317477143659796683456454234578234953022033793923089622734428667174667986556825373251453774300922

3721202753169385665977610782359801886307507560408may3
6771274187145896698345702753848703603042584280212may7
7883107135113277277749920464830373404864279022583wait6
76007739008365615912219662842690363666029854323536
31799451470339639496138687167177630565460918856551
84434451689033462458468291241431753586574989124759
55608960402921553939774464288772795162230612464779
30882654235748010717809152774016548710468265535703
09898131083104309486675394151163167665828140370086
68655476438339770427571250447492214229690806227876
08544404858813995712747561301902637515073878311885
14410053710314183163474336751174923205317682583915
03423545058602263058687027792432296916175459534404
57447399711712119207789915812180624709441550694727
35140123455020462906778337817621419189014690880707
98181006734859396797266934876965238322019108208731
36965799813776062143345608391307991994916188426151
76620115163301336524026865060392172540343455286751
80825801046290582083646811073518337297519614561225
25371356771188784251994023543962242477517373345353
38915072628823213219610084406315154799859952158888
47115997837510010625972439544429056478372428271127
68861308729717667450387784470605049817926326301121
79328577963021341729058450693842312785744709828199
03689333232252456587848649909717503202216728521may

9882775465830655901595843516185552054897826736135 7
9627957493305220111916108420802369961389004399328 3
5066345181640768389987922413230641588672500479862 1
9148727609138365553456717578454745567604129133224 4
6095514831253536112871452107430436355478982136977 2
0092793013726170489082803939099983557408289800561 3
0326328048784070258801908538773031881871273074613 6
6420509108749612419017691344997077457528363397832 3
1561103564821247090359536816103938413756883377157 8
2793829413546239162705760560227177983532110818251 3
4419902677286104968703506073372089355308640081426 5
9916508722359726946248604836665891130395850751047 4
4947269939264526460552266518924976453080721310935 2
0962315760848831138260364791668246800841422358877 7
4104611556932270788793268743612837957576853818407 4
6778209846776273672446911189165465543048479710421 5
2397792892067638966358963835664180589442147453962 2
6231753265579725268146631176978012993711098245340 5
2292709330039962951371443819513505731788056663961
0421225778725280132528384833082997288182507498851 8
3147176842056425852484751295545343386763129354644 0
7773405000721996838014052269594709199118955188405 3
7007723165819521053047311491449137585879146562388 7
1946479845265284802689647131727151501040126023071 2
1222879224688811363287433466723782055811179420272 1

6479225653704224487763296970129276913150042520225981080999798855902356890432902314785387387240209474483853941778367943233256130938177205017343097962453249510339055541937311556781096005736046904087935062129874882405284974393964694658467774362370280141430030440166179011657976026979051136930909194130040439925056649562424683802034050894802900026376220057864055215622740155388028003468955917543127621861314760525568998950949893238347287908253998423463975791200470117076564797800856626474611921493201815268567633485843782147331176775382064248945809658200413472695716237038372077935659762005227802251822529632003253692765319844596583810375507928342527858259174564350062608434416311297019553754748518566666109082130176889791760811867452945298815710766128602140319019653862395629151313915405878496630720194218580207054805464477547695567872089601597179073617241406114197727650252901385992813531379709256036120684983888215192251813217998093335978213175107048380602194223577108994591747051824708603819575788002816155616116658533162847263728589024423372208724629332702835317492841004434726304179900869416928737222783808028826637801392053292867729280423656591256451489454928932008400609684183178390593490237620500022433912426191828329180108477069574155867364119

2801283496458206833115754626233916641813906198852245734368306773983610104642316464133135532352273752664453382030040955103219288976104028788257165434018178388741015541294894921097507774609559771524786912881124482928425719746882048856549095615768512861059352678026561439383358592178867356600596530098536546206425434637910629888573898318354369679219264775780379760991519977631569730191138816967770383136174316445378545700731936052197001517354100766869601305437275881607049987789365017422246617438193269192862429301061984254163460485330613122444410053811904217052950210203949284993280229187520880003182408337953638642237831826693545467637857036064039922133069977838159195259555588878191552733115500131708794901667727284263034494974713565876728143942654920526300619080005910944956218545217579084841829846693841949558812074700106037683563441033205450016151657240720125298604958894707972183425970164384759848658280980869054903677261462021539863629416377179304762721831365968096850029180311410797043113811864184914158697584986602245464927651310287275862938670400213000595178163586440778748117806522568506530713507342458944602683462083458031339214535422338754448630386070872785027777775086776299202224402710743245913400402892872090265865447356210842527192228666

3131418011220286876581195927271283513242150881645019120899669021973736772018155467098939927354219911627316526245069499200284852366347161921013531794460181932739607212488739815750393461817020822302795639335431676555278850293516327345947265795104011499734482377420658757303463602505161561392726898206604832108554232208407202400309137515825417460421057455961533919845890027397157437538022426415567778759307934804245360144550080463441240544089726593996633007997972592129223109419470783842041830759662553943244560963589541422566136737969285423713764749526337556977162602199226734913942723609178467619658720575970336763996591575636399342505878894376683014289164175738503388810078600218625038800881754282047678427259567196048406057121007965616492691699693920855774499424977562114141333324323795150936409664134080844752861415797124250850592580508106462051245722168848201979344115322991552482048598975130100755988479695867649524880279423231241980738873590666649649151139629244887105704564341997817437109316921664762069094056656347912220876673531620143957944457621663868466016550053394793158087747107647644547839610999272348900285145797974434466044051117604558617700843387605314800885367357021156503610454879928403753217591482018829939970865269064553815917395

18408308262969421422960361926568803854599914531553
19530519391834550185884549349557882374650985608212
98424007951804176372673129537115995329871379480968
18664554688514436258350366624408525585930624414700
20188212204642192591723459339896192579016317752923
86555197656249237162846568538934472706908824411028
13258419107757550548159667543119569943978415163324
06889407043926608112156186190253032207139064676977
32683681506611237692800248968355757137231128842582
76892878231095678118996696977409489348724146614973
97279494126610763694029582362830348242237176331997
18432399903981284939398586827244646054071699259408
45181835718891094351264176846914779092252837837532
39560194745349090551016423380781159966344826207141
58723813542032404931757575337079350969461348285274
65137714683420562623632197172961999170866638304381
50499887260671726765724838996673949347818640599731
19900529660035329941393264852632809300822108367705
01971287076699002478130085130527296684406061016437
82307191363070494220493834196009535099939871351587
92521973942806151356564313408161568884901747824857
83660680040392675996290863093790311150672767194187
68824628307518879506897390548979889399988362663176
22380542165500973438436075892142420468068102248730
73877809478772352739016455743067898417558609780598

0115965586660818087835319300271259737913358957897340087634431188614869768378811215108771266775723101833251113919851666507968096448532556638417583116694938859216141667456755553823786044244557126333966677214622446741586901295620545652768104736368260978986496300568279073769198631560129161425693064781006989197020226538674162603049633997127366767957428955566314014881184615445820075931678835668267089919455698580240906776542744450798568453549054758781082742772021979660038202099786595196994492933543169491649170554412944820929676092514799032258890049539549957229930180621792621124071101622095785527048886053819284236085295701406576742213483133260263421770543730953570108907807302213549826362852887826558691568563466259473132585195659138468924462445834402277049670665349938723547520909770648817090001106391255718740682470471367225709217122286721119172532204691459692215612297524374555068820561736954940666273325260413704462908654461510442560076329179486145106922588794437481577891250885911134172233031567497381920863972206513520158280086982468765373753233446669783773281011145261959958866650108216881597594956660290352758332149372864358745996764765258208605552447339121171297976729814037989097286506976492032209927924040206629297956083333483709734371103

3136407411648476005069852015674472277835899960842 5
5788427247353061170516020218645681801484237712858 7
6616591199011868814095160940245806826199051129611 2
1275457411927534638229399475349910748595614107959 4
0104716129658891591656799255444422507796929870576 9
7058479143040118254545356111724273371399999432672 1
2771932319339130006890262678523004204477598136728 4
7437901286717096517647825594600907601267703866659 5
5450974046848589127133239909729337983586535080972 6
7094853161645453079087157352995507516924250275201 2
5482063398833903447828489486253263843703940445054 3
4363120240495681948503862902856933719155477929628 9
8845325057659768207643446294689814524433420558044 9
9465858237505365957053622440381842993593544150681 3
5070920577444979990516676905380209621766365606835 7
8158732037923102676052862595077654529057952721042 0
4138524615686057656282187475538902520578508007406 9
3372942987737463057925699377504026856615866168040 7
6154221619388979463853633831125958244187970971954 9
5224074795953951942297685825139007695483654789933 8
6356880618290567934076519758024674217910250332216 9
6437760044128207799049032330812317611237997257214 6
9283312184717521295801191664227393514437669837519 9
8453064578736640777380699652918703123194595004164 5
1412022582697246981461488184628904987272836192381 2

7204197791615571313447996875757033935401932546128936025654403122892178220340954344388369354604089544580247901808476297034197962302160294516112476916501860059811641727438266730728952978409244016569577657255557295761302425335479095067619819197014241516659357446039596736185325510610079244346653294418180701214764603012486296399753334724745983433900868516046724022521613626334375200406632342549930842141858826098209436157432408456471082544310188309077262585702511210465516446200720391537464739321529206337979709851707477303806053628389815119695460644201711392956688531188328062643343170171702051702648528131841251634392473071713355495060515867136110105805046978358806115072292612757693952140803029828397043141726570913295082911253431769430807546865513292224276499041740474813410763681949573977464379686518304446566839831848419482441760598638213837823531373045228594983101017622494394053901864942713232427248943202272085052667040161106549298027268862995032014078355006817832661244294733793470870403693394744488364014630143076654888691999519065406311664767819404973010037519857054167252764702308591992273998423414933499839097864034390769224272933766892660493494416947156971554705990421742192588257534259299956598642676845141061238468788065445791771750402

7628236063300794375840743669481319018301570912676
6207989331700172020539549068640945149774097741094
7345210942859684717270234064506710071428745863558
8678236996339079944880743760883533682031211373244
1571040418642925879449637775145772351175866088174
3878267538776413037795190605040647630268064742690
8794144744826935195393809701784967319464528914389
2238632801012183431411809807504797024389919357272
7052706054704728147464744620822245407471416940652
6969516760010559177013648971322784201700335664320
5511462217933132322217119327373477715778865837696
9079117113172835374019357198631824447047615448184
7702523441248455096812811666497090604322747183366
0981167836515700468018768170956889324184407362310
0256627475747969763747209063548402949173472748730
1201950527096375836074625454793529542341712726819
1339902641902576337361165697385508744130241104699
3643222100126772868218094989076236868926338441751
8562628321296599412137517969890520924751998789466
4512057837358450431489084456881613840158803969872
2009854086296947132259863231317127321942891413549
3233591229372423096601546164996985579627632755545
7984454403223040904934659346663308857369596023285
5018026850212000712714207655657726407983020729194
8065129360217761136093911359393530812177362843189

417396213554536050024613878796067604080531693002509344182571342161361444011915228953065300777905397200339662894179465964177798355925342228777465640003439352647735178351593305571994715981212503801755954757774595152071390843361001153790490150789070567088184457411450883051229970020996961130971218937285330835942880990492700746796012809697182928394128198960521323361070521443176014995019958953589718336907828313863423685795679656341929304976981520997452887831214597368460756747663606003968791743542138503489532629582054474876924133036611832868911277831754602912791295567600741873322554290824475967304300804589663453378198753699486335053772244515901054165665870698989013753888024327585154118584543536529874915727188653564082683272251101470090989862716772241528776898622677036983969959782816557940888253718376453740221818841187448133828794719644549375700207234696253360159221820280817972604912829242072671298002423760022464850087988988572315884221469461474910278915546521230594248610272604712698132414938149901767357489609411826805047717301316458946823454090750518616610154107017955417597598280422938627155510777799674591224661638474771460111789648586772191861044175307319060399730981271821910672442441948147115278343039206536812214246550226930206567588

1276475434385573474263281549277056266006654671184876520726733565473166966217706983364583582683020776633777864748958731255219478599052629324698436382468573872328427789839925737597904038285297787397684663809624175477591483096429915528145165803728244231957520927726582693230597524612450564355755914053401429767508244334746624398583437614879389964144402514113002468869371952157830448693443840734559086690946448138235353204219253479168899801439178623237601755214594654274459179747606361665240186206188847558648738058308937960029471475549016794959042815618428725158529398298363206691979956738947880019958798034828312599253297599105020735073626602542431051328629403495541763991094763294485429044481026891525958952145732012266399103321680006863504862007357034858961061790277660718167706817936631804538237919125956198438857609518028943215796521205657611093989915496884031377549393540856953449908009012703840172626180182046673795994682954369719423257922064747097589525107002037741719426389346496757154272504046938718835727756344487694459508498638877616835505884970028685726928054212917958581319142283803871372827552868306454333148688092151697237876013757279811045966988291777962410970709137037883930450645012459886785895788637091048216529811520583322780817799

1560826384334655419760315048884191986084840626490039958781693294270619622974531271365326944415146362569734275241608734402697978790021463626962620120377533883677549691572082415463924241350575749432317953795546323852419930894060511341098518780558840927355911671616701871181553505823660985691939227000646822883589944865752267148004631656752194201966183070345216392823182511277834283289541424721726008101478758030212294751534403712723321670865724341810804779578414426518997788601140202712329482376233826892096411116301103221754850809433535043407762834159300300053391341804464235262400380739510951370111585095347324822374380350893528935216587780976003257121283541953122550820412698760354189007713651108604718194108088431110742536391713898813597531932334651579864775046845758698939196311882411441543035704000826401267779538411066650964079049875221717226415649043495962670656328990457837601136851326246834602134845575646260777352188360216622168327326752466009077868093484338791981564661208248486780506442969584602102930453724633487602599622427009937073587107459968463323761050293787408079067362688314322240026342541834946497494337876425107862940494355970889509680133762402481909558113491329791361379976702061469804350149070673315063787624020662390702718327

0480285148295606115474069599725619492966830210211 9
3050250622682638808965406298455619793389128419758 8
1135820072574356168576772366593657751853637407687 0
1008248672732582705594735875949915271835476599156 3
0391378571672985440402751717388265873849917746309 8
8127769334111333640702276667861050716885045092417 7
6817981250769109509091441158337030312240850672305 4
5812454372712593920137937129895049768896410465834 8
5074819454011857702359172469012966511482150074342 2
9928281222799787375669920071296284554728348592496 5
7682030788467950647021947309801494977443099497791 0
4146628500906670090421960298663311030110011132782 3
0180588984555896639346087537285190743600228423038 9
6215171619564180656270009999560134896928557393262 6
5725163640020407998471412336038886746834087295761 4
6976265971507573970514521674038808385420153198494 0
9356208349418084482165184390718645485793541198865 2
6224032719177493852757822503822693597054005494545 6
3248668816693702136705498488652755267963759254295 3
1152739433899621680155290688351370329024845825815 0
7127636005483568596542941065170419630389669909871 3
0227585345904165117509748613302711360435317037171 8
4168098731418195850315648707721494788546280039262 7
7518456650430912603414221842304210133140285691502 8
9035417750909654228140833298247325956328247018868 1

3189069773412240098245720477810212442578679419621797082454947151657388079121305594255798293659101859295214588919897364105748908948877461306386842597756423252686346343967798383912119284815590463257268442980690380184893738786626776014667556930214317529099268057699957897317628916600923519338328859418224344448733745857062267504976827361392921256590388559093917896293628679219569856722077114516768711517036384009901803018928779566852973917705416096145306993759159622783391711279810129843002774890935874894539811735338157684613950841856380458329867284936286928780127547239866389241352820450578035388536484709732754492568009427559651602910345775124513594193215268950901454459524169611369806470811023153333882766622987028410072488660528760375404302185784296422316353133503406804027844414752008268900378635478415653636895673116883950433545631780101661551036438448861498271395607957291390579008646612982441522813477864422645334901586371744886261087774283733758627720819683069638318058811078938957283767783011869997008943365606245718983815017674655124808934944770083734530619482002243872523604954757117394662913618252446057626009488669025658132931135067443779323202503802054350185299498077810525998530448875507249312550651003885719082485478389932660286033

9356873644557467569660119191601438807752987664394 5
1357947607144709888932776605307411631153013911049 2
3282193110588097367047432344058908828564002679759 4
3534642742107841490615409296240833879108156578990 9
4988157126902366200432802152895896157752220606214 5
7988284049182338365735125431269368037987268684755 2
3692007777213811796492400361590234577003494115340 6
8335573824873913135391914758158527625413375899842 0
3618879551380731734622447712358536727905300835514 3
6917470851610091475448224060922455757610398609663 5
6788289455003336043337208465567251648946232727869 3
0989509455863098301143787825883212299067132918193 9
7652202572455840081402413093213342095068969419077 8
7020261535758021821051232908135283195091572599255 5
0067198796875146302345713152953633128866961298875 1
0461508593563383915070262240450567951168869460511 0
9466276723760723750528845553232504747748998015828 8
0457530050460916902159645238303826292106303225851 7
3215675280891358488354854871241265327424716575220 1
5793560433819846488377660552702655267847083560102 4
3568608832661178809770313606137790936091130872340 7
7209618102390157853292035471271969105674794704414 6
4331213143956096751662611289444050366388193402864 2
0485038072860987919829804873133499004845521940657 3
4654155537801466230578392118511432796651242618604 4

7837066569424651096974621110662557267176417196320

0060679461544447383009587849363123252352851899857

9809160006814191918616838901518124804643471901284

0070704117380054024841599367102849240755930396348

2403013753519911575118044416261522200880897896833

3245220004404297312612251617655694246030207535958

3240208528924924352707396565138857291831649476344

810446032143908764832655167298762199973683709458

9393433833258846205940157298446429786277862823329

6904492327659329244991240461338339690152475856010

9682761237203430551089792317528677738782013266845

9880718026820392202804849215743424256804673069717

1218734560857152035670621700838936982753619171973

1079407399906036839520612792285497138600225654467

9856276967564477699256300949570927013119192982495

7757637508594236914490683476345460439443713186795

3025883826817928975790738675774381973520813126806

5284194436531551097133568125748283469790178901431

2775261808833136399736028295990100005197243770152

5864819106123617676411458323693479550647375250340

0992789723071950827784970011960313162475551008728

5217381291856087677478561960638935124092507858062

6682155371236246489693259203489219130671347171099

7033736289595978350953252359827128964919871104481

6130108291858127392922110179269486428196832862469

9210846438959969288165507695822898733723861578329 4
2848807562193230957406308380891462836413811692922 9
0832336756904067876535761639617542666459380243601 9
7471995403483650856887128855292429351867994655684 4
5132086630207489953169878887983908989545654675923 2
0605819226177883766122253354733863709677295930239 9
1180556622809264950044987752773346252173326389389 4
9491465403821243218073615845361140460215552597536 6
7202239198810502846810737704377232931215975362275 0
5157238764529436348387913528988787905821550111104 2
3358451831022761133433580478971414977152515778984 8
2989361644918289793177903264672287494186754532691 8
3640879828266619105953142528663092670701732405950 7
0622738667057928733882718495187976068532280614808 8
1864659328799427797461245295409526712496904410461 3
1073909192112396940683518446969930471686617424050 5
1922297675298529668486734836811625766352554575224 4
0318439224623325561652251410423592327320188833636 0
8901360504726337496205823706184846895299865267466 3
6302195871613693678672483535610994037381399698900 4
4051538895903910328279457281511397587762747445318 4
2930536613637951698172746052088546469232041759114 3
5001350395075348489615692495090020755605575438417 0
2901460781818699249239391194382411002570518213882 3
0098035458587811640045530311277179266614743774837 3

379

6623746020207353840348230968767789362305616789380 6
7317856631371635387047158740172890527249125208271 6
8930437398229658837763226587058276813473532994786 3
8582774381654779360985613156779341800020147580424 5
5937737830360395631349135763401350303484073992757 8
6595343912755160207530865236538527450378885971248 6
6716500398774192653741450111604950710018649301535 8
2757306955302684228758483403210477930534852209549 0
7925735639770275373204550799101581843679809773130
3516449897806847700924124658901717949986390152345 2
4231446407331462397045474526050430187421299438212 5
7064491507354692970932063802903775911881873901579 1
0382794684926286064935577057927535699984474878454 4
8455800506346031019432771827220312508097750299519 1
9768802465896398114153371350684361001131099629825 1
0923400768862681738142858204141106078957011495068 9
4308627965260288795353976116845807304352996562712 2
0921968552522884916973449075278234090379343664317 5
6882408319294978354314731449399148449444634289657 1
7965533285040094675939963594990733864266562187481 0
7263247872430406290494679202538485915398026608630 2
8206837106819258636756161674883003149343012810529 9
5998880618862997236896416520456806077951010091774 6
5730814546919258132731296730255920587165658804203 3
9131539744159172871948757014262221471927891106602 7

380

5076128944273224291366994665927065725104193631023859817549079869943892438890089393463412138281362194718079811145030002043390157920439312553995192226090889997125630923302714291250144039818705004202596087808708135868664901772444736952194467034906502238409693051825939968039421038583216016400769477891924212148954359374400999379643728561303628943116743708946744737971676182086415931683561842400484542707621856066439597880214216431665190096072817460641376846555288918618196034882585207484555661908969318905511599162690872569882176388463745955064737773914158066740766500977834149348421618440383883109376015393889363106315487134597252904837036883415016860751585799025411531953560707703814971227446960968940953052600980817492700921933267421388744897485958260981627811239347933827705619740666378971366211011150620641783273090943864210443410015684879462446967599935247049308499270573111248239759233598986452827704158427762908516503796081505783509823027587421577959779004592060888004354873473529828147036766578453926047834167045941769174894680825377283621606685686911351945238338908918911109127985145874140765028525906720911152799259142128435543975758998522071759099462414469284632686263402158266024982921158694801076576660549161908778645275866719423683443433

14341938123350021289777131425000529224971673107771
00171685118882299889208472946752106224245534716079
91208322047262682159688664508167350961643933992447
75114623696703082302094264625367491347034074245876
65240882619103362519804641137116122739349796447567
01454581288427010677196263293691784822862791205618
49828090900732388615464457885782858409709604774411
26591618895177662916625271687217187625165136317089
79617646484309698655020383274990369013956616772453
34777359428410507910768933523879355498187846781230
81259581976513263542563940234617028903607081664241
77501440151789871339407195406803684014377753823023
27416865127331446717927706754152593737093421319759
70409314814919948898722867822674696519315663052914
59571361839749552474801943392794936563511497990843
54265713102019714434595201177875945803750787462518
04995052213989814784595033178625784899977510091836
75879921922826055038028507810017854415807312470071
38124481319901891828791517297480631535418402724973
19866760503046989214001220778491865416706288946143
73987362169714665740339540354657042071325868663336
27928321215614881054507326446439898380024170684921
99129748009428508166943564929578343441236526169848
23031940948633410216606988284623109833870141892807
82073748320543074954164289632481395094558993370449

1826186642654150819005827072358841898280998019151O
351770638816439664279347043773648026957853681O3679
866531939O376877658266085036871810357283666433650s
771722786667287930908099722192218881367130934805O1
052572641573813406411781621048067871430238916681l5
663107287605369457537784780650585029952691170323з3
037167196011235234440747526812892835586828684026з2
571605697450019444495170180661810819064410545524б6
219974605510837665828858129814451526749038022695б7
811500703052376160976160751647435839334104077980s5
772293477599134331367215978661055073422783711677б1
831994859302758572613970586584709868667953396094б2
918867805571711368786100785500743881857106412692О5
096699149289422749742545108502926884893954474822в6
306749939427340324868374491455647358303787886059з4
756918370045423301286627585792709510678969053335з7
342936142003288246714880458353144138630797626597з0
489308711076885123230786079342451220171545580184l6
921640760895771328756451994313802327207500512875sв
376203397533006053915208115880105429443178555893з9
824635645831046924158286611788490100463414076094э9
821446541460392837510247350589440734919649540370z7
224534572201244636870031384833984230918324024901s7
951865933785992829470159857959196859838685981944в0
544129809748419955368963699635471720618181358552s9

2623299539916937591709242861366421855846766772062
05444148858262537053208245437448229030278027065751
03800171088178328186514598655832587195546458525341
97577697821772923612071333641240281634970014373150
08855271291758919608289738898020217608210487754500
13336131917131976208564149148137964066304065403542
90848751446093045428797888157247969800565660799594
38836482028316033894667904451136553073142332760578
71082079267604395353546642253678185026829228847438
63930395837400973858701426510863446204705175847605
49904572725750315085058585681974684292904170671661
41331885043846980797356017771048117683664107793967
94362026848191177314824089976925551288263145278012
64381391375696394891108464799849976779062995454495
15731787008040712480283337111702642723015442391360
20661853406307113082815207497537193146840097106225
03719592163865824282289408364927262824559605155252
35059120784146707605675873673361894111742761679155
53017199436756847928532673226578045593297864425666
94443389254568991712253772984042896325472825553367
98903507722310316422225593686622402932897079007749
62130957134962928964929387875975644766633100100120
85380491365778048694771004653842197087555332495654
30227984049186231967906253176993147358452802777820
58867692232477965323935598599179926338256860793129

7153065955394878327773888071369814974640506625175１
43141064669754807888250621080369303014952360247668
71701778304594493982135466681201891555895109323779
10663974321717152861012900733351801133111413566846
80079103996224531505962071620704028551570261433581
03007802778165023775172009678562401690788151274926
74101606302319578673330966741953326317915486900877
21251730723578980925225302256322654190233991410380
30993435384580270680334442716519277258234253690592
49275644499599318933730202415613392172868821116886
25658527099872906016565710880738948758361695217062
09563268246090399618378897872018226870237853568344
18100121493461723067675286359901128088910089647377
92459795688250073985023807750959129815553066924895
35737276413238566846781778140576387723487604032512
94676471359436659413455310631406958562634633689731
06516380743553431261006909674537650144051981183492
35318871940799399909553892895779875047727780327084
66093615488559657996970259562328028461747441648263
20487241282989494781029882283774618561858232334667
18586883495818421919438832220412925662182136162779
44900410223801402421658236604363913231229544346569
49827222067908232880702415137352416231227477573032
56124704268544338532247012797778599783518199543021
48759477816076188527083820208483499747127552820257

9694699665538193959379828961377844300795301854003 6

966166115762868120795797161535606620273576267247 12

099348262911458725856610030202616546006848143871 46

083727979259614599323921101703973376987349543904 74

516654195473774411618809167007285249734723534800 92

459473691441023228343634384103720771001346205794 66

406707530982408555035768869970078481436755104015 45

336522149188838320213279173749522508591040941264 62

615872664616191769631733141663374449384885148595 13

586790187007958173647585040709656344453006310865 13

401545686454609857793768228464230331017327992712 14

469555313966505481727640197265790621953881325350 96

325094744598989108785901696922581986048732516163 14

872253320868115250387783903092109639731408701463 26

277487361999251603690351640181322863841015778913 83

454820869539491141654192122441037258823537352832 96

622540405395995512541880469553470169279658180842 21

691146779495770903181471995224200489058855937464 41

615349093468210952738190692493401258540162129838 88

236067112990472785382510932212676008635678872991 11

060647443854063130702691579329114716835748930860 73

417620348424225579743251001003864368816055246682 77

328014816697873496332099634172377923788303516605 48

716717928740011191447262456712470024976224582240 27

397707027023503237712416913149130844802726400994 49

7259572092359302306992730005224907365141977781 1827
2030525906050536647931018487082839762435976541 0245
4719021296462440721878685429130719911560221343 5981
0926127809924492988353214211516880443052422313 3517
2036687591092061218171572150132304915038524312 7601
6026780710277905987836302849099513323332565542 4283
2331269708260482841091164629355307970134715999 2856
4268898897007674423346489650045114824894488438 1190
5203162023956125155080114293455938402258904452 3549
1606770575264177519736090440204483367881891568 9702
7789366044998316755033346099743453906679681237 9833
1363984458622049182698598018506280836505817585 6328
2867239702164703792611575436878345664046590607 8885
8593615726073376479473628394189492835760504833 6449
4011349865491208210048132550683756281970256869 6995
4918762197639720450279004466756395119376131560 0645
4486485525074979942085002895444499533574504683 6622
7668720824831641359948030706016118223091561752 5952
8490028995293428737617351026742418815937159948 9096
9792225772144013909127224617888387436080519675 1530
3147911414335732073658590493042773379844712919 5444
6454304400959751830974182337618633781152912801 5178
6636009016476974544958957323146795549938933751 3949
5643626014549592646737347216021885313265446860 0885
3720772213452751031059526253071110235537885691 6499

59116922083888770780517354383985678670150963780886
86475757669825323540442454284008826874777703285382
61997625425819929342059121797780827787051185845230
89729856387686511275072763410035994146601222794895
74955920360994603780484838552595991081712362827442
04017849802110317627877887503036302263616097666758
01060395554799787456998157973342339974244475884531
39334536645917552581347550463442671610948908179968
95922670464402169176805100590718447352631235416442
48647774387877651738534789750140252040693299113532
55614813604353296831292899129535615290402759131767
73412777046365308522132575486307933547882996383406
99937151542249438088240647332631233504613882159479
51691759254509848097911089233113778953966407460834
57300976511706075241436288346609180038490635692685
32964005516535997857913060664047455719084866250414
62763357204425087660332076412002768371472025839577
57254830817635228170657759415327083266255391096897
30585045622593689849897562270215826526528062002518
44164898191969095582120789897267176461338008395664
87722019320463671881723954704930209279866104118469
57048684700496386412595306737666603894217618938754
23752240187458159722844252290797372292551018088670
39908398854921449138635625388637891615918884240512
99819365171369259169577919988494941497711519431575

58263070599485758635347496397568559703862678054007
20089745025270519397969812529688311916459045209756
30528337309486023832962721322569007376753391116829
47198127705742624375221375825032008736375320464500
05738917934659235577083622041452850139079464067246
67360182753798544781407692125608569448105416619567
52647507452390254517053109406626366824745757346070
40652757535777432010239133411381357750332256114390
09760994695213981770284146108841360856591839329939
31358081952707069270927607721717779098763854634460
24051690499497747577482873009339789406414736945719
85048299051348428670709915093304457966391953558914
78010944345098270173677240979049480592883846575269
08214068409367522488842466125605269509780101260577
28228735993798499770457317611758694198467474290486
40123199674462226863633260076411070293488972360126
21498459684160318742453158435205489185904535694196
4460633798849315311695475836111574976677407031544
80578978170504573192258815494311439025793450499895
50037270423618264568041589970013697709364618431829
66606907313547636451203468088044854463947988105468
09849670131795494286681388276584446505851797712368
14267458547557138229072663460316438137501465429194
53599343608206282790725318865751797342457466122502
74430190922429627769366531587168094442427862498407

4946655635268045027684357821136273406943561642515 3
7923224666458237107932145904446111092210703976045 6
5101012869760593556579799723039393868396179918986 9
1799159386947086324241601016103098873785439567731 4
8297234896594767142721341284004376210660200550566 2
0233395195755864512830241771428237157769328767978 4
5227571042372817246844546162244727036661864054672 4
9250144671204565478357269214470538798054274436506 6
5491900369785230070372006141837257113091116810217 2
2867212589594857460043532950331146957965649006244 6
2269539125112528680378263752083462010919392052994 0
6735316501758378263276410048994464890719508214784 1
0208366699644155548997311854445953123278819884351 9
3646690756191744363874898626362765030272068609251 8
8097236088479380162529503922552102831859119520952 1
6030879709223063182430490513612517852667830989648 4
0762618711211938564523325880156358456632568153659 7
4140063516653852783302799332761818731642928434366 3
5161566325528087740547669670001881483129926494975 6
0617449945560484056516920660629441907471164740575 5
6195518345387406404646634465233320351037784476758 8
5666660901728752098224471156450455672431109195734 6
6626779195035111191248491406455543525772549656639 2
6785221917623854753819710831983228483946922294953 7
3749317257755425809647949858910268635945357613551 4

6603751391496845122967455478424717793060749999248 7
1503917371133105984182400457742575917866712195051 7
4289611967389888904579312607783631612978256941136 8
4507888434449786640449589578177977537633175038686 5
6921432845659076387703508545492288177459213464479 0
3640967193788480015659908526276175097739401643740 6
4232153788341300502620171319759124864587923006850 0
2533813548915131998471093397988436544604827289154 9
7107603731744512609717170621549152309355807845628 3
9217995093664990440960915699421493871124291466312 0
5469132238606335268740464186976497513460031842898 2
5747512025844598310398201406094846870769161838308 6
2387891061468241972832005261503851106819905835176 9
5632365696941423626101521553817250369391988202927 1
3685444010629436726451203334424480829528507786502 2
3588668479872923363345267582654613647644880992776 3
3165502130074494529895433961752661174901691213005 8
1095542449122673852851223438369598397804839752464 5
1012058826742830639996089076557344363448014904882 9
8357189816409645101192898539876088229692264354208 2
4456841236875233258977838524384542275920567609260 7
9584672793866397640133375298174103800839713669875 0
1792518889005096162725302906385122448156294734866 7
1807921675743950233541879714637034135950706887960 3
1015016464474223923286729237172565384290147065906 8

8672940694842542715905205340933901432108131385458259704348580931485506339418705437548201917022688231
7510901329413617187700580911334579616422030125980220431073829668649070375044538684428440879094580713
8389620954492075996155366557130684404695271299487830971345078827572484489989734970396224651104987770
0417937126319866550424826450427132291612309324616413533039167689451483585692702166031906568999303527
2966942540932985850471428540838671088927344310873634570026911192432496377298229400944020752024662066
4473839172044257548340145394080354627340999096406907207562290737468413119858657879885591425214708035
1784967358936933535007544672324613125258268704637563439646390594790703928961259764866705690718158460
2993604285664165237827113760774562109031798086571731999343128179691294296204556952012433154460835957
6565078324467211258500776099689071429906214637225018370319985169220050813910205378983915622992500646
8735679795406627829502247459266561768688629321162565605008454294559032917372009820858817353746878318
2064470226861276497609063433941566490264262194495999726278798874206865377484001240271202527473344361
6681302272047545870270464098643467573641494455604018046902564908532516727167095127900523934217027430
3288614132330961696475560201838621599787236096212

7570421099687370007122579942951869630041295418877962872409327846179804864790769989057773388605583824911422831637486928785381481431462242839849623378557735086051101050926129323099492474189267513161881862075325740386848069649046982799912216113866566382032601913596840251564924790644398333003180789523696165184056141033843479937617818210047435190907065480640320569117166432209921547124046169424710431522220510488536638270472083522207228179230772432786214629860668300394431840318971195938758807198115048397750862492845205376609935703511384695978429595440648575150506208497122812336063954148045231830375903923041931293580470253223963911512793759360151408705351460629899519407457553548868619822693246955382102194720212488490442636553953053943533004050613359968320166698794772079525866914331899092118652260584960881496268365467234984048143810943198574036837746637093658063733929458794664451682611483334598089481323014234497363000817700302901541674017954443616201842207605357765423162845642764409375568971553787286959872245740725586288916275422740013939248909372055545616078424153956188399905582479740297074147881435727079149221043557745460934900573768159682819680197715906457966057549425418144532992479819966571196455188565565681215133490980465803768476182666

0137371756837274130617046443808292439165371329 6382
6165307231060682333889999510255307327441209426 9941
3792011010466320874971541058744582611599590687 7240
9428697875946269429880547786077645800522940757 0308
4063851604360593125556585533123116554638655410 3007
2699344773118169078662801195532248099561712788 1556
3935190125607711288469473226363577830259656423 2697
3847446967479381719183498441201028423519219594 7941
1888645207796023134306321717435406924886237588 1350
7950130195421256853896066931254279329444504604 1439
9751105930683075898666312089709178673814431062 6732
8572913524733573733413996498162256056419741787 9844
1560213301230296004214891147848575264386251814 2961
9136898382227494155863957874082378090383414087 9297
6445118888023372009886401223617417643050637038 1076
9278341189017294013294623856393085315322442227 6881
8571728893885168650075904844157097366365393941 1381
4143300708417983117234397432128982693088281790 8454
6083522761688392367067018193779063875186889826 7898
5926122487707255370774680909173812195568154246 7817
5824986359084577528221087337094710053447043162 6453
2650987541870482604085049432894496711511556404 5037
5992218315315062189417680797400402678059163735 9492
3058021891056162459013019130734230922011877489 0541
7634752347872050957508301245800976089449020142 2832

15170817863829715178754102327793778540726836395180
37227273990724613281166726202385362958044768744894
55893556129416678771151444595215072801124528978389
88924398057926113395117163372724763220356134137665
54936091076077542886394153750911283550953891017569
92734810580205244749886065694140688059815714553496
10211640412992071191573822396496879006157717959575
11675590848192969043559344490289369648619008661184
83640844547092298808201869643501024165892806728934
61892128839980588675472338226628746748982760072139
69179081994180723645143829894301735530322511478911
84679935694376925654535114088246264417878175405852
04627520911945517150715322322900317837863929972645
79504136224307388747429588420386537963008878284974
91015367140448727060522398327465443452935652807696
04772215030240603299608201442874066463090243695582
20175148190212769591948548065002515966276672115626
58270387072145811474469794369850676576882350350632
79085526027524578452139311897121959560222778010521
70563123963444611270021258672537370900902467406949
25766696530479737142762657053595744879087619929979
75491547095674568662666933178160269499245637861334
50401286482682564546781442573431384860066826797672
70827808689640327625941678840571459411480462916488
12852001026105619845278543167673430194180028739280

9461519481854686631099079515044881336501254612214135427912283913036947262589780027331680030312219807922272339302333969902493238136301781213601131368310388677339001225252410376288392001146874739783019681516234484584417084711540563067122150252400600956684502099654423577855478800658445306335458651974851727110468692370821037423834451621446359164268326469767485119161178393419514216263434572806939369671644034523111798133136747255810302330033564709193131184154932715418721453955008962151995577648095322472817056846283526462754305762000017214990289645138438331171165858417764510618582508210472454698908552605715433473640776605980218446223023035764928698353547722866911672550929264234953591129778086706764009141760472511018422954289469724271931395782511177137364661288610993859615446366855566406324240965511527124487408138633958403290683016637505159378894470032446794442050062323805678075861405161794915675878485475379803613320458867201313746842227773933830101592787382664035207938573727331878722116006978868491056887673735468207179344205169186912073390602304035953144024848275524988496686390561518129135491333068919805095831954745243476885587738310414344539933978264379056007932577903268772389335970408929063798623591326882769120482353226853311130949276

6145457891114707181678298795487397796649393340499958044511144263787805500618120194285658011511604965975147093608482447840715101656881915154763085370899177749500315467791994055430238455684329587122807033930365508052035902690222574326941773378330207785088164599774998435514703041899310927886362855595498666452151460832243270293986535471171461120978644646443256180023520004864169280901251955587967777071201415854032429272796513998214262542785238361824897440083764657199183395660336509497078523288974588149334773099486397383182019324468791919227598192870591900590754067357185234811868346434778505415782822449079858408700586120528447163358777233043808270913739688950568455535232618221110237312713688142058398385474704900053609386576177773048783078559721753881861727200525683687300867217691544126287754950323922211648722178615226209112425923774670550161255823546154420874458421496477602559572740291847164531588852588278842868558894965084270394298993544274755784884092534243675964612654381092025569982051541480193747004803579667745874100884131811872582385785448488816682771330320509148049902706338669469099351248792271005092774614149529146261051764859906929923817599024416187949702356571809514425854995765179296210567446002214133673754807986035969594685 69

8337977267285287592506044418464357782403623776670 2
9872832370604527442555068151809555888683589147533 0
4570116921730819041368219619792444604264993438484 5
2732374619113711082446433501694801550253284184628 7
3349226613456894413900247066335547078814160548567 9
6686564326698130317836216464658820830050364454812 9
2288496446164101250237576828218945511845805957320 9
0939462064867750938024379128960180082794047481742 2
0633279147128420951370105619432717629286857909094 9
3218055568979066286289154737548673198693738466419 5
8561889977082799001692464942519034737770398863014 9
2011183528372327919965077715581634061761969840722 2
3186782701235403499438429168556505151743837735392 0
3225611599297568796557485637139984984188981872386 3
4477477355150135350791910818082698953601252478254 7
0432140977846932329438014725512584376086099814602 1
9969863154847357629208099670223123077999976689261 4
9370948131311761267250290202511250176953858317579 3
3248237475871601959893096899542945715238027789223 5
6850487641824139102326914916557444484512460830514 5
7874175073871767441735511013076455378978875222218 5
2058613301075912720128415816099012918291185666715 7
3929980929179914916100046603332922577608675656663 5
9653418185422560598843184427218109423181090631060 5
9677332784039505960669772102777361411827206434298 5

3844246587728471851788363375281932542583005499614 6
1483735041419186161986291067063879119517620505564 1
0548148530782364372016539996520950423890411674976 4
3602902434195676224468514208945656803232777781828 0
4023531717271616138474526434256170300403880716888 8
8421475795728132416306939771904869321017748493439 5
2208897797746064132160659123542873066349856495138 4
2991511937541568268804640344074003191648752422812 8
9908496049108875248189766295443946375362198306085 3
0266297677622972823708841064030679839570455079864 2
5562413295697069031260693727227049738584906354811 9
4665353366026431535545612762002245436501409287070 1
0384502494229968246989481931106380584896383496684 2
3154689585739417810047802743102434361706393732266 7
1414047645055320685254527772713379959897191293351 0
9533521837623781448282123898331839226954036294419 4
4477939338629478208565391602768654742216021974541 6
2503479486573308748696362146050796657211558568264 7
1256401983236872218016273702740854612331531487465 3
1939362613438727849840982678998619691220266975459 0
1203347487171527203423784853201997739410893991832 3
9935343608383194483504071701605001971940795569291 6
9441248268460290554602480556637492567690235856549 6
3056305499094738338682002253272751014765382015718 9
6891764386176038466914712705020901016679314353889 8

17992613894958205684315254271733398458496778421955
42284969377538214198753983628041513853270951507067
78317618492686749245187887825652388078755933987418
99239410646608428415951768002918996744604562347684
17462843614905240996146091329907825077671729948737
99300497060952190291591878815655029486924994826388
63968238495608685005799920812591698095762500632522
74297757223532446463129919160295278283878086374379
48487816007986691844944952033890911819968400143601
93709330547221904717861619952110929112791700197667
20202163966918422241349535264054150343478493730094
81075000992303709153882015508200330120076040367400
47502823812172353310546983710100965755488116614281
74197142241111465396494088106871353167996748974279
37226351358103899882545160553672510213641692900321
07312234300723995569142252464301262735666817822859
01690339952558864708517542843979342327492533998925
84039232079835993252157435842523037436661389938632
00080064574750880709379984627470966570809436929936
10700273453815684801439818002264979616549839242472
14953855166490613388699479448764070625660160551717
89113105157898124840674415404386343218080496035776
36933696507502496754659653517150085997507640004559
54263701196268335042396940932473254073217465365771
21897863354556824170391037818242656724415781843849

4538256203497811749471046589508232140820478205399
2217083096379247191435705268927378829630172045984
6396765979399246845120216731557594061085011084015
1493958481324314326483170638352293389835732862962
0064539653232340901663455349761453977754354551018
0227298781666105724231243062350399126692725593983
7044682244056902175272089059731403171949939375760
5170443081784358468902322640906702558256315652710
9919878744996005669653116942017890333193079128764
4500245292607775735544830851499121604626040796635
0042929414152107851793951248929311310872340368754
3332119971694155822422532345269916514842708074964
8243209108709130271922073605282398890333776482440
4821643674489283893271787246301295213777584065676
5034225484479527343892962635217069248295722337237
6052121486755901243751068863616862068481075325255
9080870082393756679930005256400410568687321345774
0110043021274796404626772079602886807545332844611
3963670296167636106120956409159039226759772561277
8233691017979324027600947790504939059499035509762
2855245692014923380389555114536945379896424390775
1543866107961725493579716448034461266623538041455
7367642625144590571925802222930640330494317739911
7745994805184843416903012471052840011453011701592
417603100466879843400676366135754159381073949023 38

4595997856649006331001925807617965927489021730881865451249156100845649219173398418493640078924253400528851274097826072818449936233443967778341643032861707465557447095887106612285979843832898882778608994982593444570625520846669336207364561329951753464990966070993431256359749029656718468035188787644371927343228496757534874380605868393873208710712341196033089306023521935023796475301514159372862118229525906701857585590486981033613106195370441077208602330006694355982298997200389420507124130963301247398988986501613446041636976412991855139856413348024401090382042098050981881637076560253542288520642504748958680899179466861171932503324823024105980558476638045521378932305723502009715574760259377207677608746814821345225316302087888239853556684084620188776333889382394005969382347555811966044053660170851554314092863357092159448116017532965834133347177302711059709051781158901708660299016051247945070243012323067026217970114151068200226813999750725832130356166794912610054201286453229800672689000948209707585410219884885295459601974730636132842969855385226523816130889665914509124886813125953536296057660319750429504118843939724705360578947986283171400396848076421190941427568120273245423319593111952395056290622611009964398948381646448745866830754857

8532874081993757274852197413718094296777741172239
3641356033211909334407556787838113045199845148628
8000608483869420621852719280187780424866808029951
8970347329446317094600385951254533868355796890584
5172300670448889684061086304061213515520387421392
4496202225754658582086698640604986554258859081455
0994843493842733842178645051398542739742909585700
5614625618349527002281417325367653979469127529747
1317006383541596544634244968352635059485344744721
7805610781082964942647881002597931877563923904329
7853276342037522975657527434082950845479470152452
0899313885783123911751269225566757288513340439769
2540393117493371399449529356801060379694459568597
2498772673480790732676182452335521216214968023449
9254288655145733756557659455570923953342814246290
1727815403998341556419837718018982112476085595551
9995062073007140345208155033298149750702442677264
6033873753973148431374070926654492295204231990073
5946393119965350568073329814865841109199443946272
2845367711284847362246063313602859105963523719387
6345986963644390685405322319315241354693248757673
4633817030294479835226020518149444585049612032690
2337527162355133526234320721943009358815033935989
4493352695787457278314039670396910017073414932531
2206326301692523701801202442268849290981955511719

6120838155014485836571665102690866487173238190148 6
0992469913154608200199270504730568876141893298108 3
1023526482810810248545022087572212834413437948499 9
7279202583543417204425984693274091417821439492801 7
9974565987369828742826826748442121371546823275112 8
5341652370316530704325828337211237137609695939937 5
4953622322221974659619332529074042487602513819524 2
6973910175637197534300447961782504311533150675825 6
2735343476252539142515275704787843767885241871966 3
4624199270080257610839274976226365490018653206454 9
9515580290839851327262732196728478302538522190479 2
7868938953878036869931884660310436335243732715469 9
8988111864436701140284262026150473882358997472814 9
3343257065474637022451887289061255030273791902640 3
9657741760689897698345664647052047163592144830709 9
5843064717275076337180207145974456525141885050371 6
3773818902969685284409258193174410055576089850292 3
2710160089825722381739454369852965476949018738404 6
4656437307131959011407613174282203883313602970852 6
1451234907307147624534050245423763666685575740120 6
0405988695563011441544314169698607403220788600313 2
7905539178696741635552402507676530856322427378471 4
9746037784064609346812991871902892759763070159840 8
8778174519269014769103003023497945851100018088660 6
2162868011109151161040983273088089954337551187183 1

7378655877648735885449036687907416918253831330636233820582015488544982788382174243758054923815972964061963105821516709190326318730933813850113091332770930342511221097215505610491387050426219805260247611607505971037943664771529353491718612506611636738330499564878779365697911293195878277774060107533372432790009732407256070388800871137309659634457096041175089444791191621745516970964844762046174128154536128422601551301589525862806957063924443547802390516861338549861926656762276035823498556919224890690116459866096156795541549215758128354092025393170807378146507883203526651345707065536856992811242656708448017786461497404549211843122762184522441088471507570190883495022437569885049454241057266246094583209596257287203099477654010739855806996619801953450050651450105492401886108913417306075923843946124656986160560909454177290736400939132195676836433329961999796542434802656940683698670617587413167650506027135882574433707216458819522613397054520523441280923173065051989954502858538352287378728698291727580782420982610606090150925211090898996438929786294301411140067628774992078172379474620916899838961894863077306027491026703883943352474243421236712177024610116024061118571687050824404916238943435047025081364915515510432725074794102473747819226520
5

9335513625530181219642499248821299260177408010371 9

88421254744721602969500277426850775217586691799380

13625842241739856076699165432757061230452867280707

63189470589544061884213157138003398487408680941446

18458542303449514485210539912489324554866593053355

84578277144237743385339208241277632165967538326650

64306388069556915620262225946941429007998769834420

91469998979568326670904141398068633325156525696878

78992257432796139643702654314463933379900081985753

07978817613374360948392830223380327973203865364624

24980551140224692264789315929449180403829836490348

88638697564414855608560537177228737148228236864278

11365720394749690693723991561003682807514117847378

25622127759959167758140385329868885136552323139384

31742258535628070191544007763016347647781261324380

24842186566985527400764105119010954528983825634840

70455808090522147697220428738220206445111655802021

58137220466347663351756179905008977808856009 32081

45417644390323524193973154721892092020247427040585

79135437926009768076362987566147826443389261212134

56594456801042227616524183764018673453391488079001

36360352843217478040168314672618806793649304686587

36463114832826980492022787625545401785091774977282

94675692935451666098641948145836444789096038304582

85369895608066566619036031004530472002422639388157

2068674690061929873082248490016816348921255433754447580388736158658859248597558742783859992954170991722511534025422229692234366177781929653313496747757220978430193818445059850750805649483189679220583434147890510257617490997582001234724410285079412318437601471421378295110218735899391708168680559881335469913794537831377114135491971243465810931127833266217592227589369934770498435251921073517573702005457345130587313221438462087602775184053489371323766290711205526949053003888228042048082108519287610767728145489279440322723628412479431926441924307968137038294820058697420150132353198720519920353877314215882211485974318238790989199325393415037876899596958043272517776898661258893954420139171306418862951066526896062414520844803403474113314880043138647317158446815754836531670512601746640760728095967213272942245361042667928094697735836383498228114766916959695573277028279120997926086381701765421015111581109268328748595064626236299259249694378182229169234325485361604152514206369252147745980941988926814776443905376111917463026074170414492241949800170623866816946607989247516971850009428744446624100586380355863065063609572709797349307096488907606301907923346170197456656248712884986738267854626894512094622905482754233025173213282785316517586934054

1184571510483463283200810115252541311936795456126 1
2161031974278321038795482539174314098770652570060 3
7671968383047869291003267483442066840667351508858 6
0916629765722779969260038682733496418758332118080 9
1686185171345911568508931494044819961072502337896 7
7989918872582686705377574351246508137986281348350 6
6431324662709245236546983517407042651369882414330 8
8355263194547542532484588409399378463186733813366 1
0310058114645515187730501413081566601806113226835 2
9639711462401049831484646043952006163735425846982 6
0521254538591505364620141659306152413774330372464 4
1039759850015689210279093786786031851767240469599 1
5723405290038167607242477016978152148615194746270 5
4614221125691272253815905020395830514685850036024 2
0054909455026826185095875426210973991322095029548 9
5828917423298134315406925757058801573654535178927 4
1527128941314318269476902588854786599196898835999 0
4388542274846947311875197488771215019159190888581 3
2637699812159080896918233505907971487461333680397 0
6350036955539422590734536933263896961623842541047 9
4629483793746381324612408253069026914650215171965 5
2425678847127229752667920280384129661575021846811 0
8869393992526879439503267287008758188610493008597 5
0196928095204823757138945438844241621756626373518 0
3364327740173412594274558202675440278812140928688 0

41203000227063180825931867664814904472579944670459
42382811148786117712471299402343531934763897789484
46256041745478020529553081502542980157090392382147
21457480550269684443809603801644372619530044039908
18426587487953263601747734396347413330292755818200
08464886098183291707862124370345940428150160414770
58185644132223188779392163988961273699240022516053
51282937236557373193193898341753843970830903585333
08571836931136503700819056545043298422099381490045
44540044861822140550605287168313414262789644169533
39802968795175366678475509672567390773471816933997
59001189891113962465206160718856491192664269401606
95906161044378014986669982843324652576088257101089
91959111180835030365079742812307093951984025480169
44626205923636351071990148156774400012313072541025
60560159316840532816997339070715372088090132654154
08408486946485133762274828499161274747053222550579
18337197829980217375914243447148663438084599101392
55494465966742373011912156910484733069805081712972
73138066292296784931657070031083055678897912329813
03751031746783401120813530914660733675118762187223
24789683703827950123954449539675885373844664134720
24700158852017613121548143721334792656722446917956
25863300306994583628910381264895233888076384381880
92118073979276831412308688094691717655267197134112

9027158146752944276252132950154301153369038922138410133788327539359202090519420939389794128938076595308702735507730422191143004325668462407228903402171151273168905339467851873822784851582247048412773926828056517260376445844006828466737354482592496916214239033889318117011389131501922285410738181452292592185148575252476183848077583829866667556762888310086015263589358635712742177728951544583129347098008471782896727341290370760715970897838993427926255738188956319405072752087325999456545608586855358263133708493406413934913749179077218228531160094982703667927892358788431608491838953362361576576833422289592702393915386811958152996066452081886184389697200189356785489494221651236101718473760460603829616442733117304025869985215372164775363206607206123292932396240780047428067808124542992795093505143976021192911303780217039508295099069944393911955003407215741480177592299719328271630397133938003492679133416508911394642479661320947250898195723750491133129166984273711489586628649336133970303624716301283210070841520262768996306818969526666944051675113293786905003412004284173942954144584447541246771850871030194976373064645661863494065661595559022203881357136176823477846310988547480314160751831305440342811270350719599014203058814923214884129356944
5

2964317031319035779377391901656912577178069851 2180
1152036378471823289495344465514626784682026303 9666
3019906922610623240862574936674402658139719248 0133
1606041280430940301178183953384569734777875549 6505
2267198920398064650880987659599040268354582908 4048
8743590121024857071905695585182299648163245701 5703
7483350716256177878402602480795436431427740975 2046
2960077059523215937839265605847631831645394608 6912
9139029707529324575283112206316530779455997093 5880
1910179547846822202981379496733900870993483523 6592
5215317478091492963595768036416453157419840829 4970
4240390235340265922135259853080332431785857740 6056
9003951749662478311461547074710152410927099019 0694
6055592396830561480772653739984996188802045261 3695
7223089073682258369725346732930434907962315838 6261
2634442408631410349974036550869216050046280979 3942
5957370775224212775596279285841773136930903645 9436
3844939823392918548955367647356087898997197780 7038
6620927463185198508519268526245382587024957380 5010
9938163238708202285644740218903503702051586824 5711
2552023153087809016194370538717681644829394491 1865
8976812285822828630588986102960528325443860452 4159
8879043704773773713685021353938226539490234217 1088
9783710051749817597020686825702725971239990477 7313
3208906742112120082183986777870565629424693820 0423

7813491306663028758752092564773273167463696647462 5

7061200346715640903478963148186821345980612729682 5

6545576749859197286737975381067421738580194869393 2

9232978545561007900054725330516708185495508295733 1

6453038966728057387828058258833867439567213201612 2

3642719023999031850697809484729803770517200091305 6

2696720528431664964904631103134009037815217492434 0

6714466245262478844479703267080920479660215253622 9

7779841303529182491667754733386109757717520892570 0

6270953984192767246810212714644651636182903867855 7

3635507001183672415428954047748343284348374756430 4

5274450680844294328800326353481326604760172142269 4

0034962856397025725628371882800895476023866630654 9

7470453498437664038598946458144805319509199259451 4

9823361365390441231674071296632618704241988407865 6

0346889440980735651117190884162131337038328475271 5

8014023337408746055090197337083604720090201650957 6

6376037863721883200386390086318700252115943278393 2

8479264705620690613940364883094552023943727600115 5

6448767844754083561603998488513772923034323530097 9

3967833698300912777997949717046285314100435349333 8

2267484965817752353127196015906172828462137140103 0

5334392027034513019491070344617456577179219132414 3

7364969396904896573282575669132764531083445687159 4

4990050920224047579942148514139245457253260782716 4

412

7130569958137234896227241015135814633935985739176240573446271578414318958068767448800803490104731595819072414641729115982896970259377776750067320383367599920898141119898575770545690088066735105347037213293489055455497205353010557324696610538066099500702754752262676383165272527915483314536193916719551030251519417178123912448276111453221886677717673417406452378993015037104211023223884776937314255347983888837413246016948494522990510710895587932162056322085156530074079505592494459743510349190441133791566366617724617723425057713516044266303431268508796541039734739274529051405512410302983625893362358342678655320477807539090909460140438067643829114783029646518215386189201400711494551862692991324737572992206115252478291665457569566383251147867252560975782740644380460707154246177387337680719306797191303107259747170951488737474695034915202425718743866194207982872883105710281579364027146345327984734941390242082297386601437354856090802957134692265331182640679652544349899969780862934703855361570010379699864618068028932857297252901428290197040501117093960401799400772790730059574064535923916663881144597641874269200937829705225640556982994851451162539665867422363083935081487782114697145156264218397232451972563939261864816182977438532410643492525

4168626435227043137238046625985568603693929750779400699210927268702532645880616669225572963522442048586718120450934271666318905192624501490846006880522350944434658274022582905129503049799614016607725564487461462709786889732567210192923009824547654380086437400109757236660924137231868007744762686294526391724897026767456792734869542632962933077993830606951742589565375330331982513746697462587161719676711578595912938946419005195942311625542655890360404261172499890930640509531999646107199705169382815884249161492363960011138453259171654027649547661729565903127916495173602942136281872645926776782768960296649722476337423458853255432357319176321653972435014685762391656504338768002101569443582360863484573501025317463807091205815681879683858394510423679587670566860802659482952325594202921026887529115436922289471789836330628408977303931369921911471481628943832342429101443255465123776429921208276392973771594064139740520923053096407841631655435542402370608217818229921582821565401767669766120899144806005952990654376236361202630598895100772357556516592197145167836743551290845111362955595308758670837780019199618165568310045570228278919161302403618351641223162709045429397967412823508433094522021606266842689197180814965483076922146809272437721832739

0929550675247929813115669882315933109698993912254 3
4479357745606611269046429656407405419288226478547 9
7979744559229982135300293155312717617221863197089 8
2235311610694068488157552894816208209181667248131 2
8908104623769907013229353284450081408941518931109 8
7965407214618275748055858024353816151391877200444 5
8506579847920254569441147796639922979053202771302 3
4997864403442182496163201891811804326478311151594 6
8111481647264547761763497871308668875695297626030 3
1666841214634302624407946869782859874183950317139 4
2900135590877225577053738582054889531696018068632 3
2587915107058893271685942207156076389078597607765 5
0843037319077176693145523913518622363114271160854 4
5804084750002479987582300587088265491462207872672 6
8063637453759806741647944848149738923875472845934 3
8752792867664432725647955615698313724625104542888 5
0073348951302504367500924192903435436010856692082 9
4261850388397292138035920978526334813384995927253 0
1325821086087156279941191224265330135185468301475 8
8361727164882181498350287788557539659788906106832 2
2861861952982764025772256605724744655934032528658 1
6014386518537361611416307557297037999446651141140 5
4079427147537781111425513397283496115287533038864 4
3281608116519009719605585040319934565279822223428 0
7299181713054322774875923028252948026550571740861 9

9252370629681498124204263776859881953959968475068012031703913507600700194920848368879638514240583538606896803775442070642716519419088448177490953805258104482473913499622829643783561309374571147615093589594579265351844458244073484489100939557560229105606244845612560043821227900342790703931871075238085638921136403935835401058207371156598072563030772823585173136193707794908570998474013366850020841298191122359596968222596454588321433935711948347789268345889740076030693945402135727476634284866657596679093779764676816301584881677064603897065832759236308140929955039458378138514377201135323628928926420377834841213595082140727120895337331687881000034208405761803890377556602679235794264582504634285826405824664704136419947470546611833543879107633145242000537808999550347417398247970896323065778806615087882093271595756544842616883205894028796721171980537283624065611890799913802883209434331124691268141432182067023539066525496563617615132401567956891035488079558258253280000374072431650591530590694165524402644222655346570827097143842841856265032262749319629589024754165345761282409353540627014400709114820954833364938657662856625027302154425979845382948191301499938168390326408029823488774147168249587848181800555206691015613702532736823984640258918801

033765009206477291158684977059128142539364633256144
938138098819347295892191223730295843415750510217733
876002742570067130721327155850271832631656732297411
655699387896932382888666604753463987363328505616255
487738543568830057262497407546851550544779206649511
596322925802293266172296221390772547495226462179755
460868209939045420657122232019376562938297808861800
306195284931320849673872332603947486973079385678500
075940939478674254988202420415470667198240680737700
803660751254641737104593569506195610338555273220988
109391227546654430715285653966082482186099201307488
257076988534894691543197165697224766161617667065199
887344489662458628625152225384290156087408995434211
769517541033533634037347503819645696162086050486411
414584922244531855693921046091709499351230970681244
336744992981962743873931320970401669537573173363922
406620673366066435460951047803390531981705875771233
827378025247349903133500461177887772747607203425733
148159707116345409091842317519827442776377940258299
492137246161424412299249358946143400880938914467000
320346521898372728974239743797153198307296124285022
696561588466394484055677766860581950531483370976866
851718630667649597890678887068315052510880215627000
170042329256525775535714748807170330384064659421311
322256028818375188180027781993016740998644106271999

8252745569596806164230149058371294203283526086813 4
6582068661120881999425608719239598657559906884794 4
7989572847189711576011266352332118719974665840035 8
0218134043653557895102240963230644670362396496910 2
7401415384026186040025210407010782659915044971893 9
4637653897423395944478094125964467938810595401770 6
1710349317906010285848179428692776802516063469818 6
4876158623370152516023637181787999034379595511508 6
5145402587972642320057250444419433171201374682541 9
0708531072152085126939846628017711102642445638079 1
5882495667434928755342215336739800701841459689064 0
6936381641534693733580413486216823628124855196282 0
7372517116447100484339267712904709544982177124599 7
3537949895925018192667009919231981513968720392407 8
1317332882274061834899368915962588277943418125978 2
2374682335655696616170703773942455538602130433493 6
4007531953398491086996333561330849820046220523794 2
1261127386469773435298406141202933574769854283798 5
0731423029608600645839020326683297106647485928028 0
7062228941198468523711846288178252337801817573627 3
8656338576525114589769142517386579768133455331259 6
1089216796759921620047777736601739698157005189305 5
6320934768057520823924709307505648653540147096925 8
6332447535240023579514208088609935236904979271649 5
2973307312176270227758280584330992778199380439217 2

6811176593651677463485868115239136038172399380436l
9137087041783245836870732687927591512421327930692
9368067256716409379581154374100844743180798479818
5622953378315920943705859879306743149584212809177l
4693715998839338365967633328550845214487173498729
2802287224597211100337067885195708636469326747159
6123201811286192207037816689825406l53l830765384398
3956690719804851395299403331186528088123217077735l
3270097093477286450690552483201886405445912131117
9044127994901780460651193462138351820079194171186
4779020864787750881187224477634397287600533491197
3576540686820193680867718864154368080099068512360
6326960994085099039694836217157071869815680859943l
9275507836176310635228624435829757772397l6171244
000785272578744254553882651665801545049441516401
2449890426834573456261734020571401l793825315539669
1786508532861602279776182844821286729462937149110
9116351044932010780072370744963492569121890493135
36176727370757948988198708148032945608027014245740
2799289156950749771877632590121855832l168332456383
246354264136630474420695339068746l804874269573082
28928549775570446553072537265354490916550585449050
090807360813300777288059176211340781270220715772l
991846919996476476550010097766017279646966552244
6699337699312900316835211790528327287495447512981

4025062913810954966857283877952905044288966151 5542
2823760174491373513862739753898374287836457085 7778
7917772282941837862509262813945141402838181071 2499
3708570349600679768563369686476720810794013433 2689
9229203210797152854322309368783898249784699775 5897
7758416212889666118309718939561805589888734788 2238
5862983606148281970638853766387023699719056887 9142
0015005893278157667955412656153240777511837016 6626
8023336345078784136697950895864028584925040484 9337
9617118032804557079693217083088711762519959435 644
1397149528262209871179393056412254938187438143 0808
4727553083891726934629489967863754936115462433 3630
9926769946870192230881483903481460666095445247 0388
3761208316514201007631833758934939996200824800 9986
0462830624324904927573357191805826053249355127 4110
7358603022530576982049946002145986397578505832 1391
0161582089381025366404328385622156050481874565 9654
5074877137045502581458868787094158414236369582 5390
5004410260672794345106150247722806223509663315 7361
2514266794341407466520635345465839222611463235 5783
9399370970262019162213473885624539830201655471 4620
8476297265257464268723386362315313553556816636 0519
0357189524466423758661980411448025219901302595 8934
9990701834644312706805990043256138711210450689 0557
5067907676256305038426262251372906522565494265 4827

32134998484160539500471824985656018473144907426919
64574526581135702651071623877334688337258997786436
72591741155701655292484206315218737915952464483195
25159806339460374218673502419803903429172882058569
35267866581582011958760698252396492923489146794430
84786574974508366962329607901893079624458748437251
74922985957167812557484233167303580613732387207900
93363369257424578919538675866761134125824716030708
94316874964912571672763444303055435879439672798391
60550213514833324054482959124012187831340304592944
16212927504998450167094648495344091524718377825576
00293979425014893421463386758834589638702611272977
94818453034442314713124407849821484673586273265362
86255010397360301794632125535434232983465042878299
26979525076211766041627496983635949960324349579121
03000462192014621172228858441330174290915199745617
41221425481510127488263009469748351230072170223802
51636265424573166829154744421810027776127607297892
36825861162066670221065842569816638217984120387841
02644877355661996291918779924348976235918131207934
21262858085245471431809776763721364584043359927672
55515876687292681898646645773718156713727127327069
17446076837023027879242438214038304398781254700621
37965560074412906471083531304202892912152146345225
67535668396813627818999544967628545917295133246231

2686271207307031686740866015957099166315864652238

7456234496451599074979209945903431392149406798483 0

2722545724305143530454907855046857565598503141863 0

8483486501057512449287567182899127645724607259255 2

9643384645472945207641184438179028342584640929845 6

8121756169389359659757404292955715291507682970780 2

0239789169692521995691674357951072811013584487803 4

7612045865179866632782748015063649022752319205745 2

1535572880248195865656936663054699706295114422061 2

5550456869148032744860281726828102742488640261601 8

9341813654088170275190363279822038270382089835124 5

5779035361653446984428513345483864352548108312849 9

8328941817291612083907139068486878921381010367965 0

4435251204222146561436472201498942002143834420124 0

9701466236343858272692961086252552511892129071483 6

0456679559516865330531054510197832165741762682855 9

3469187149247242547912327152909308767435328387505 6

3162595363919968592580225709413045416467857239737 6

2668711162282093474137383953097453856228395401248 4

7808174876622182715157013569546601451452768614882 1

9451341105980195908637689785102904745476657438215 1

8113451025024651282130788257311518251357320827342 2

0695504162056314244492977578541810479961944429363 9

4669739813593669111845157779926435064354447789078

6688566763655567510133020392064109944674869723800 1

422

```
8901857712373933385189115176152917903357035783597959554448978594989542466471543277067082726518943783
7948064033422143377240478678694063066207205650277370025852374393455794943717575948222394848213090905
3923116986640964837350683077249445046879290633705387963710117044090375203852640296257030044175089847
8007785474006909831594109288735871895339473582884735120247775144152864143330152376020257165466393135
1516958028866473153834042344370579637648669804291749897294330983715121568619296541976790875435900658
8519119491014260755969465368844561880990145071492835593653328658780734465634881032988679671646781357
3843886039356754812673163834632608152226774336103425627990445807102437290860556394198440975135534819
3689894438585629536549986258860485713492088747953260910977030346501294040228602836133422350547868311
7531048043788706828828150004082704666900724460766081328348616471638169678446051551761653711887635152
3592785897555315812735391683028019688722025518660905434784145591634664587131734675240423205137846651
4548485210827433728001348672450682567941253261976165988765239668887392524079984935281412709665420506
9769479109091969184310175731322507064339087907860867329003063983535165159800074053082689602417037023
2670697644702976026046981576139529220964311841211990
```

0812443297453496971403552504286138984205987355762 6
5543534721231099641807557394304984758358977867534 0
8277752559453469072029492901386136911719381317360 1
6464766254974355119237231903375664039955424477839 4
4298351828774246412327916622487261166153119556515 3
1837930374483071056491908637692464303925333281823 2
1026516298438247988940816153152609817835820542047 5
7574239190790661089061726333635275358836728525323 5
6699956862701830812167405280180002553689929336938 6
7881167440777299165427880446784135620093629755456 9
1518076713312963755314816579909072931041379628475 9
9417790724890998839946581298870509883672688417262 4
5600654681144806371742950845879829312533822895706 4
2635558951957479210047487800990674713490817711659 7
0278740048485584618443621880455975536139781877110 0
1600120973806585206022746739843219801950690953316 2
3045898291761625860113602182893530594673628712855 5
7042048740358073801752241601053644920727003135873 6
2744654707779352664844640806718320237279420143447 2
3474168049821435321906618542992546902783902394693 6
7565855047152011417500088637443752809863355356663 0
5314474278010855994616123990295628653163830851747 9
7943117702616621107506672591136795657312610790687 4
2527132102089342043068644265621908898010268788167 7
5863339198793606817796800152073864581118643322230 0

2760660979237284918816522192627682090188547803894435603204243307256873460617370232452680436617589619974446116911030486059055319970563600863393574676825493273026102929726522199970137847456683369278196032684120538725039677338741009430233106594985975756289440887494502324471045141157592838543190436560997944177869456505908673727940501810358913300780225183670471294785839325894520337371154096525172614324582136510949286496372790675667757029078810824521987372794038199950249285273634074361722349146013133741882615777539449981758244493738170620495051672294242853747166776178806443475674224096592080380341627847256942682902292521252384858533734791367159246949973608350100908415999161378048415807766179309191594718856909961023256006367965097758829543573818629851803285928477041372436648951461450501920694469100554517531628065330522640076777089331089867475923631142492119647379838595425577854479230575068063861269020901325063079395192221338609185950651259496621115675247703172613236327036342371720466923617527296437171794845104623856042582227382057466941639979217811594135596464692984830670920142577974238009352953076421311879630325003384984642860363407249831285559398096274868244319578185903888755009025913675504375891472026058362137766642009090107059305338
7

1909593483383302999128166144933023488324286278094503744594199622771925912129739618715920208473155346980822917945574110692956227707464682292506407698844047590191734774146649892635236134717021650665605904732803649682439836851481673729696986157231072880503086554205465345998321799681376938521879386471374152993484829918808957757606697549607425734899720499944592474776550655881309885779153221253482542661842900833581533004255332405321421248360436128192217295783844480015460029895050118238964630978560709107880102649379376565094718793225833884460889554615294626640019608389113091285689074952441099295591850870862987749246293509843054163189206518901022108368738507686044955836700884497199414711807644132023195029043987298197405881795755592494324694154799405009578634649107893595827727866007415601127758927156974669185672088046158595689739292346460865182597348098762780327357831228242397149180793499521896489149874891195446601846485979393343279816952173481047300746483125306807551970638079106679558987664530004506852433458445014194380760573215972428933294095357769028928132730950373344137444842404965267264912307457602800339029746726007190696517893056846085704862419219218955295012064993829790452218907115449969937914434089777511702614082584014441535739125

5268782112047795676433288753969726244731879032952 5
0147526864259374561435487996402355502556241286564 1
8887114956390547794276858725041127991197852527863 5
5553260549077541637281878794216675674857856141623 0
4336382407650378801560198809577238048798808776868 1
8853155071552135675458248621074536528904229917221 5
6412432965485960404760340108960793000197018816034 0
1870668767349301168067625375834101944939599597517 9
9294529013819672487642943530349403840454890206908 1
1451703580193819159005399253854990428116443209598 1
0429725600989398297814280181586790336160128834089 1
8242656076965727547631996722453307756635651498892 4
0332801785290967159121559220796605920051664715113 0
8401574719857331559508149313274438609677728968456 2
8669479813650313566094452938685876216472384194726 6
7526482797803646166461654600938432009638665105879 3
8358408749636141970634373244074406175963950405430 2
3084204531168926186905477455123081429286713145478 7
2493672262714019480580720895607295402660357300016 5
9184622869442970735359279779135141545723636680561 3
5103373594160579869350944593076459253643501294918 3
4074656822106802432954472119886042088970448772597 8
5222935514414359586661710840576191296480249689572 9
6336190810647342929158012492334159507279086087473 4
7297779283102211703600785545769509313647869059130 1

427

9289750813682069374766244097973906085819570369479562173390922423568787195448887076554041753864894947001250532659549065911585793127048165934568764771061383451657286356567308144810722413625202977151230115216366436175554153777313531260736738451161060841513583749649991446718312384781726612783229101190230569342678897476884530592788790534903105077614255429962938754841751963997912067148771056699673222538913932234015644585015038358971663177969650337608726334162566515216857077375304022479440398754569309976118475950363021128888392344959267003790422257102806512980545469553211495375827664971867066319707916922605079089218874076177663472692934300002854445172960164718901564120699430998616936685189833401054866295948994656903536055415702937086950368322581323917400113357891228386438186621427639112016762850917015801323940797165867875199335922606774097310151174226890239632200130165011170089640856609159641996020206039985951675993361646087251610537383060830138547011469178633538023410741772497712969498238933474609781466633088906239419319707976848862203944896652185530855371967667509635988051779747261793032691283182674862057809265256529034280190882705901405466374700138330258893616017150154888689359105694404497217202113924564847498885836600119303093340504 2

4819094808467898760038276692181719086769660182978203559920718977804292361836630667945726051889605382
3472875932823011951586555180178283133565830986137316525935030805823962559082865729213865472195779312
2433591473237524037869082536021646294813204884573987051367246382465059987311460376225349778221030101
4542987511382244821367352673721070466677797424225083858464887294909600521861477477151996602465522606
9621270620854168787239515997826861207922328864955994712943920009967608462614452966881819111809448899
1955881471379931481529329582516076010711662495155659372028930345139657761202158250017927165821147493
9898252164131398331629215911678786311490350370804672911346756645736776031670447118722869777749372049
8411552534228368936469948659928163890293333295967050233310631864547159461989211746960440747930112114
1664974922769663879341360554362801356521885916919160126501703473492198577912155996554507884590280024
1979283614688616696872940673265794485514121029331647678050432030238929162094969940946268112688477619
4192988872830204532548355595645610497507526105244255809386273420635892776828442281295814647347367073
6225597282943726377487768399286376323453936634450584640322202749734150248757659910215195448391414894
5282238326814839805199707655926889831544715769511 8

3155510618730067685680405712307832433568627813031 6
9868434085520815414852556772088289519403587858372 0
2454478168634608411970360599469204205022389505099 9
0547462252473281286675507560592665702381967985443 6
9738430363475513530101422313185966598355017290912 2
6635606839627244308404652362865284232381423499086 7
6609158081152998567318827000131093821576191329659 3
1457997811998234263059141198338941256260215214745 5
6185978394081691455551300017513102083825563173616 2
1545903512910618001537992129948114092826421522700 3
1879995958336372414326471243780519752445258629866 0
9139765363120503485519687014261642737394425538704 1
0409340117869028483173244466964383927413217588098 0
0049498861502455683932136997226039513159990952783 7
0145480127595279256570668760339430121291197850593 6
5743941306541784682021900338105036071495296968271 9
3408249954082421616396553900931007144638876203134 9
1340775627556205877748079843945811949518820071320 5
2594033442134001243688746110151026668901067251610 5
8423245264855139823924004357219566830736578634636 2
8471394771876051423987077753537119885446765729346 3
5846988478103391466784785470873151504290874245923 9
4613261089291950371011825492318420721043794200626 7
2244936264350959550337583817195105443116873279605 6
7532982916131257543568252456465008122805226368146 1

1597532119917066036435974480828856219322673936865606254293822490061995607753330652464844307273487208879767292696814797485326374608211517122721743446121372624336324011843291889863711234758307389741059168181881668955953718239958310915895586515510793911051537159282391972723851893459502417779055151515726497570872428767944097314530204095907691738750096132648370745595341535133134490003875280310133785644191147423502245236200886553420535485956209777634859173787806212255440225925273848307765179996373823009096197593801747525783079615632336266463730838957384671116709275064415747632824210968186670214207763268375526077611108988944964673277534390149108961636184144351402764581222896050603815546531573231035915735922758911349256900935607147977688700731954102283427174875749070918716304762388723409696302534078247465097250027222414526033508279170509524408937573333123198203021541635078677826550932171378171231371611421231812440806330981536074376395026546555747238777747951603707602548634894828153033520219413464669637514327152808029100281629344182641082759195249518173693711365151453769757463035503968815577039389834871549884013238769153330886083961520387926598342627243177492768626963541310684656244843493116508966874844693471034053482295484404249445480290150

0871209116791765860652787248125797753474788031668
00351087458568174549707049735995711339834554368894
82161005371526145300563991242445399625803132802285
78155567533705179614335935483126071990025851110866
75429079991703537006064368388657603432842134674936
32847981345995095244594136668858863653580165643967
24558897521380576361590214842158335086871769121384
57600443756081874548473053787916068543093840810194
97206105993813537730874309360802543746183604369148
74112722209890114767287794789539517337789411265620
46748007712938053458407655616163671403281364506738
96217852090789222464391679860438040198487605953575
72978480805364654179647434163208018815226299727917
53618419010572539102352610066612857938612848287211
51144331217481644040056183601867286327932539692823
24260140007259899509705126468119851380702881169297
47036513882781618018114314687279332331454315102504
80273769735906929697188889345453153536951518987596
88924675788779434750697095948389187091999856782139
07843263703165798784080761347005954231533063135629
19723476311123701263743716988364569939180204023601
70654847410448271684991511973761915708006875431889
67229491535191956193124787701048836490034307122021
69327164487378907486971688905566978934955748268599
45388159342379901066924553808660356930934748516271

9970008372666259460916369119186683408760398160534 5
7187304488378784459945641066194649282790298714485 1
3829662277069771018679726274836234505524986843346 2
1758253519948935838926400082160425785815010148688 6
9194413913566869688314459862119923349722584933741 0
5532462372231784115404225791978377626057249768611 8
0888568657979800450074365599616849105084972307353 4
5599811561675513166841957334475132922964429136515 7
9966325538347945076610328968486987628172465341810 3
8300169434521758808549607478490075673039704749799 4
1243512618421371502775616682736902616881508892134 9
3507321826932280660518231576305416072303671389874 8
3779334050158419807105831531091345171439567188012 5
0305988695063116544061961806470807361237675368395 0
2282439875286051051135181419197379569469363868127 4
5316528106350383468283573844055142293480079936682 1
0804493606862164600676634483031922495893155954045 8
1694972413680574963656793307919636715256980718618 7
4731197459621434447874538755676792302136148597286 3
0338941823745049891769740071428842397668062831729 0
1190857403250338545222354033759894400897932960374 1
2054603543841820076325880936286978935955808509497 5
6506799535033458370680057239672681329462140754013 1
2828636882307453773754966448767066237058674528560 5
2628768437103120859783070774298894233319665993370 6

433

7247096895252498544582098143949212079393436556802\
6945592260893704379680883059217354990280818723942\
5008316672586298989188652170704858091843945174164\
6009022597384114577622103057688690926001961997563\
4983572315537116480078041903407349958308441455122\
4281776021521049358131823966276787157371499828414\
8036881971422738830208745015739858523972510668956\
9623496283549272734508268912027147525704270506111\
4594647182853205454272334515940869862411990632707\
6182667956011701275258350864738849204602785712850\
3478467533903131878629664955207064550768958438391\
6767906678569477562130037760802451808273452521432\
5516063315040369941548606130675953365971680023592\
6089478140468185331471060954683369162184806558707\
3410551936174510371015992161361995097086501377805\
3897593988366937873954822789683336138162870025109\
9802307692164016669599177393122483908264479128099\
5780640532434091371862188532304910289011371610830\
6808748672381158597421815653709296744655184929287\
0040651580719202828052992244416273543223825649525\
7424671577482689612161852563998936569445055835103\
8185664131997626697439111167780948717936965736903\
6143192238347665546373088851777088449683238058186\
1049089021478787690731157126141234536496390084269\
4470802551462468087502320398977365460713304328417

5373441390389323484250318168830269138738845884794203557989165117728792068933863168270043214700842467578529416604696403753841191237643274386841834063376908656334246919941284466004865121778043276898551840227751809879011069676458190953231321128789090149768694698126335988541954556717571267667883715576312670276152597776992561643721030108499313035437189899247009395752824298729692241071111800967264157307261862392713715782806114143002017111426482584889272072257212203277130099829499920651648922455188366142159595891282375248360621720444959024857568099691558623443816516714631633100487392293226221943195365465767781209844862542039608301127767452831340676229436884135422093949607182598326001355753099690969163734966559745037380554178792938203007569843076695439031187270674422084002598679309241436629052273054873320374993181703899256416167449649356926652153481507710571777303188284522175363855090902876005207644455852172346692659704934706045532756296067906066323102672442059559496173835522058814667667226152539099092237347001406561397500633569448750968771520848323518979421232259292010069507200894275409808572680945059064154821843092352059880849315619983713486308631608177530993431356826119391131319755311787891831559922775024846159670664664052848809211928556363

3256995495732701336628910201852959715102098731818

6394428005269519090433002235567601977870530906642

4844723116541768542221191674862350821405552416336

8561937291560265630374851963379831249371251258466

5449944179398939503613056358538146534974294520242

8047303931963919665686795097812119450371518494839

5346185707607532969762060421264450505727237362397

6574400005188506438255472818396964755953980263000

7329759096766811250192035086291396430856380268780

4242269120670846669566779380842887975906633338519

8316580733312886410779699802773881216321646181972

9799382327922503439232071557065563693152921882935

4619023650716907691665853411416202786881452063334

5182444586927795980466279701274348819999836714161

9300403854909347712321623085392496688136772265723

6504800742866450667231972813565442043144422054427

5569289248165106790636054314227622982051060394683

0735987427441902527429805800573784246772140507586

9327578238964933029539316754365582636829334227866

9969086201880895596168898194833665683085048883617

4603121668763086594919836752609718937985086429615

2780131573884226269097207549301238347693325994685

6448850358448438659834930060179435497954684711880

8153183483885467009000362390165675090985197438260

9176297051751626446321046822400453548606399543634

9876179329543924509327532211671851255361710720256583335435269680085114896326771841394897101579682237123237779981704531349779534409755378224041468783103118732043028771398412667428430830099637565151994256408235324995905280936608017708154802977468046987301844281722489133366907642573498314953015491797186038684886416413668203152784150730160382876090478550704679705102972376240049732679654044375743461492630923299395310213857334039465464313803932847546016682894570398520289897056199050058566331681025424796122497994161923808081718695617683355593082034329171118611940661424593023416858928325402281122375144878383804375333860052459837715219808574847409115965605101261021357390877587448522307072786751026934059525840044387691660888998376929711576754644468668682258216315938415334021845430200445567878616535387790068479648161154614774256766434666786165714321395605805106852492930203486311187697906757373061308658049805399624983088516297448323420918709324865566316859988821807634263361803803309370806856552116308357042659878493962774257427221268652608755377034324279721316247186562181502127210015338143527640446743840817921398524717656064532716663053443606587885020021620083222433975474388465690808482297610959890936151291814324694190177542972016826029260693 6

2867759394413039980700485624722707461638170802726093244910407161694311272169324596134669925072649358332736922363720775270567953185986989393297451923406580320289778734716023174722746080557162944886163769004988028768178344620062203271019135123357703649008084555442557682671091481559673655385825943822195135801563771197167936702062224568634854690598778034658974565844785240881926883092277705460494635561584140974535542394776734275305008393605426533858342924088679140936814423285879009223052915279991590500906519247441417091004770849988903033856339419441048643921902025662877398462669712962868737572216188171278212356334904715499470758868040594632498061324505338954523862725524564400813036863468726841379219379578507749890278243158382732350331096708993301570664195240164048025986195829466611465708789699312666194868191195168899785713826088972016502211515000045916759183141379528429240162630759069281025915047690687227211554583699847244222110127830084214948985427598928757962681408284246202734481156377615885856666062870759798453898588853973591506784666774407355889621176490263887730463122881500824148640352512607007505904268551545873081994483614251750096919881214717769429055846364755781593888066239542018937490840322751020634892328309341028237894088989

5317257072781466983925467615050901133856273474822826535359010089528178689238513054833708012163757061
8687637859548021488100672071140270517244681807607601299422257583785152623729804437548974460375910029399148776753477242411230998381469118795725444744960420094875863210496756226171098065703754579778452875550670681333011940370283684631830050668075306247064752243618574382697783983354212993579342251352034923550310322632422449618848671977535580316521471061995841040622119083596690789796338081213639892843731074315823093529694423351893330134370824326438532789908261497650024662233601347971746464208079836954651332945377557662272524462050785169967201989999340101333507207580771040382655836481700018825204873862694727977686819841244971301436744461773836037845058867731041552138029551148294138196811165301623559891014775948075941177157011650869218541147100498530766154450326362434342050527856128683711788698624228453711227804753731921404895699108618357580954983844456601308474652765120152251640460086388254089210102461583536189885561567954555943415393774502910066121558706401665298168145491504870910453636023369626790074204524510787476711108581603883350490730198454596575431151627225013288264132732720045864750400359753884115085871236676733053671651766723590

2347410822055662073897145896736124428601318448099

0996619418551265914031244826821505050968211722386

1231152652300713165865427360924785213735015263087

6450420970868697527750651953873468375231671703179

8647078333812547030567421606759571812448172415490

6779553950339497434406511014026688323398138407299

2577942686050980385710038847224848237875870249233

2172716067232378375966828065587790533662110909733

3419997844334852653243507225336039871946098706430

1678895409084338318327380095549056808509279132189

1619966362620096226963711045923058598579332139457

8121849704692397468471194090316286548267278160233

6641245867553153722069865707588845615920039276376

6159553914381141064107128036641827384857021316647

6755240750094911376831891968759459457677975505054

5913958847686279204416073899438660597048755736032

7618939929078473257012189386351243450402561115311

6159816041062934721259033810339622107691013592064

8442727572563624499218841929692845048865571680814

6678966093634642719375556300958026571667406069670

5070055976452397530935669267213475656322310521709

9726788201175673384420258585856309958277223767012

2619501402141241517017062574823919937573153980565

8447478149788507156871414235362443327302122681085

7082779756822570093257014058836963664043602801865

3558394491847903362635015543240087944455288584 1494
5115640942709224065884058157027469906282629 1235403
8024579975749327018239144762628671972800674 1510646
1578426087089210088433757773968560088108 1369285756
5080184359309963392248748227346979480784064 7767757
7435081064813113854120266818014621696063486 3869351
8228333021346613369327916859503079924691 1478332513
0820766910151785797169586601857927299671 9400552366
9049880576522883405403829572329495666610 6181631097
892263994073011570024576283747735763081 83798161638
1190797360315872121983138196203449769816 2064239850
75228327733732583324372882160597886109873 551913778
5588140372986508381751163266745475940834 5296967092
628169980844889010443639929417133550491 72185304441
3612755372740438019661670623338297380240 4906298258
60951393502749589875052807206731837864730 248913057
9054815627366934203153365934803545221237 5932319892
888437480373241078620860562246217556691 40664965603
2562701524693947009851471160099408912835 1947568274
8329672272176682993494445340679073655254 1717488658
39010393192874133368705592913800277273 147754869775
5411984013889604528855416461552959673 0625328830411
855501188829841586911577081853736377 50607133505432
687135382591328509795856142302743603 95764960678598
010893795565430875945538732132350076 03007730107917

8964083799188708619632086790511588913741262048 3854
1157848822039592359433270452459141147350780545 5040
3358190338470648101424868919725638116863193321 6497
6298148495396460838748495439694585152579518091 1626
6545236733517450163608333529739655892210921156 9119
7831672918442579257575500403074904666422709066 4322
4285132454408076050309972583021790257921821690 8237
7943883480865654516580322492664139624733960511 5247
5958393563660744382993667731189712438143450714 4263
4906683367462679651448757604216490046578045668 1089
7623735246630448651394648231966040726712639274 0537
1480600202881411947914174210964506313055942410 0563
9877803076831545495507157300582014792515959046 0246
6115178393678560161253240627524204371192506137 9648
5089198190958777058099249084208560010388602394 3155
7064092622965854619405990986964765074089090371 0204
1073773228330001943441313189898291146076879347 9475
6379260766087148325864793093194260650376503122 0789
6059737211942645807433393229464562171529928698 7757
2374421745243510593701522448697613048297775612 5599
0175145475954309572978672740072177410442876241 9527
0575130818896669903902513418046187913963917519 9961
0688039579457814086994355792939886140071141724 9894
6051202315286273269232409802703440393572135190 3458
4028877988233814226609893318496674788926698874 2745

14772695849546580773589496632043196842272939054023
4206993659346551759464401935696808875736513565527 3
7827558456003178125785472579739016890446296702126 2
4861217876626477548370653350285918705939390177804 6
4717594243236240820479795837934985204559679902540 5
1594049454774417608395779736867376905855647918279 4
8871367856297647036197192772736875817422061934212 1
5839221471693970525072478316583686909212066060297 7
8144229145154061195058652651412881871106491879697 9
4316047996512884740365408399967083236314679272132 4
4936269857074070471305843482632931884544051058661 9
4037558732502573156652753929021523622074153014465 7
5930722750888326706370582148843196156531041890179 1
2554845787463405381875056140442314611978451309705 6
5453691268255794448780425882950076968232189862623 8
1111072368744992142469150404040031332186682305915 4
3595496718901355903146969137362240776144310312264 8
6037647919392677174935407534162571025588711228300 9
8045539403337048732823588397650909521672656474725 8
0205480906398927909594975654229061846067947625812 9
1478097037557429248089816541744855096727088920335 1
4269360692215766563468441714251418841300734634211 7
7091338849728156826975564830840913326336717247725 0
0819038332573981873743660364293416815416085287464 5
8725565350762115073088506880345696823291535406069 2

7242413612638349624302522273482207667432824462519 5
3438168663298333351231892641537539026898020923069 0
2469188086616534259713703199646563655178418522520 7
7400377550133609358614163704490921998912980817235 9
6202953847731659451593254575127621826588269650230 8
3274877952126416176015483903845869845831937117209 3
6819908328893259160168315237898417509554214565735 4
2447703079868907388542365511940355299976861512185 0
3691185811806196552576296458247439549463884952305 2
2939043192083470040859590624775869267390038385675 1
9596357188381477340819136711013050785355589760197 2
4131868873517693888960920970811996086393237611436 7
6107035675675195450985667726092830783033338494789 6
3026102904982778516773496566301792404581418889016 8
6110371492187075536854421284230029436184629978447 0
9902389209087028258677599793290024068740412895878 1
8001551262385066983520761015258102922206918505898 7
9780761031752744058602314927111485381252502212065 9
0865901782025878010422474264403050814934008893553 6
9942155412427940242883301635560084548061142519736 0
0079468367674392891368037545225852503564337492304 0
6118813478986495017912039521392725893518850322747 9
7283045553778306485639221525481817233208066725276 6
5964316205418059448070937337627385191779318699473 0
2459081165317084647784897935244335720380614698700 9

2327006538735123781189355588073827614313871047732l
3306585242921769520098652215583227076240478674720l
853835783437702235042508142457128437565714796893l0
363418089373299722019185677528387336013394417726З8
l562202849015960447422841069146815777966019357848 5
3607566769164334614029548215017627807940265З2754Ol
6988З435434195З16982597257270З2З767232710438850214
5755ll607810784903672734l375685054751283331828168l
8068792З48394235790283046532570909969893З92931956 8
594221510427531613778589l3З026238З9957249246256520
9238098216З100220099385178З87862912847546474997380
846098849157178З874044619813744839068734059128423 8
313992268З5506l7309537760077344155197l13447780l13
63671293049539990019837057605614721077458334412357
5225879819732015437084932l2917688204045074494910 9З
0517869705671177011419656169548746956995545794664 9
024598805818205226782805544006305517162010917064 54
96657728091231282730371179344888819275752509942568
0572045715600З0888З1254835453182167003l2020988817 5
66560248l5643З39856121033521803l22203872454617649 2
771976075616З9899925558844824712539754441995752875
5338160752З828907495794340847840981905049954722З49
17678089989735554281691198660291050548190046634l37
15557369930816878792785736669646282662826784498376
78l1270499l6l680058808699835076429727402925188906З

94922183187369232560399158730451177448334267912516
8538532935334055740695466163939922312566237332891 3
0824466051596075681864137729049551578853288990615 4
1234378136169948046390831109473541619189442527956 1
0239155036306202464858209675195205668630960889827 4
2416026648684310185357920109341489959132940129700 8
0979209338728524506836770635227193756121070552995 7
7005685216547395630934014599507090684943999526109 9
5037011491148583565840356944392440181375872950668 2
0507129554209918508765071118127238305255094270970 1
8083673324604796439163711962481671287816880866722 8
6327543572199760279585502124996042934207237855661 0
3352134288354032472088407536227477076722657032216 1
4598530848070143271133232795589627033533113301913 8
9309874263357207481014426060412219499873952098204 3
1409400117396015001163746493739333742500935967983 5
4959808168174942641161758900297445379024645100115 7
3256811536605504921822907182084906673068373474135 4
0876864688036281053463660636396370508400603225944 4
2368068407010904147914080743724325375420452945492 3
2054885409447277733086772895728448351993062406233 3
6014894657010295372769319239800791374246128988062 0
9404251071821687003541827178246935885289693683871 2
3395081807112652032316069421394350441642211804586 5
9728470198747058770491745236140621664718268422765 0

4309872213025329208062441013565190192429768319418
2247953230488722276199998130593434354096340873414
4009836113799290104049021651980016965345105093201
8652889500134985548157976486919975355400199623921
3037155704956611140749069890614688031627456504309
9296856492049391426632560049095467246245060386702
7906597782558864298724579515518278895492937913618
4335494956074796062993943328989560710185007412974
2790275983298534453665473738254430506492187558490
4725366313745370776589299887545318170758033901446
7612612080121923648496013191453758738420887032773
3104544410317520421681702024924246854339384818323
7201173367271437591403573249742190766283951872620
4877364228903555507099568064481385391213949440769
8176571221767587769774137476930080385309241470259
6730972434251473897943330822070919844429634936827
4555999275654308492145005895949858388972194908048
0211031010774694575030279867204560296682902433004
0195865656152338506601086085247051259251072368903
1442604480419106885691711560554676557754131337846
3435728191355792152125244163426728793514579872623
0684768794244924543295937593225680382412430804044
5170323303546805930255459808401814193883913099131
7803951658668856405344250459768630684647038529304
2812537128881240638371919682513155064045865821220

7033445251500245556971852044942712661755709779076 5
2201631409924345624965823463274199966965919096303 1
5077216229597379413304490691235466289997678706396 4
4275439705307201015678667651462562096649852069770 7
1028331992535522210179071542554910668909890157143 5
2252320882493548326405825443322899338818143324607 7
6202119276353556055401812466401180644907486567924 9
3045753030540635899858103643050669178836044633760 0
7252105930721019229224189532238291589093412822875 0
5109801463162395736714345765411805422274015650441 1
1311050586337680869378330384195969453861337328924 7
1602532229369731322493799729280059926755672479757 9
0953496341417002038663419614534418285905495280534 0
9997763087934339975978910568604133901260650786125 6
0823204380454544863133251066372391013324302318546 6
5265092939118054325741690275954071908417628867735 2
9998642546058514480703245585088002374921985388998 2
5763569046940203693882744668184013998417739780380 2
2542914925919574927731783795745010729161896999328 8
3137541980767264918001306438990549637448406914582 8
4642612420496167874919002870799697918853412624810 8
7950554207435264417947194040344796510910272448179 1
9032055597758773842727381310581436032811962348249 6
8770668087190298872341728952793641870640694846398 0
1089564315352334229003147981016684313694791961472 0

60973085801361507055166513339144332448586946901204
92477325571823058188574716991463603187793301384759
75986112096170716267577315729761334685704814097969
15486001251242060298788553533764784651123129289985
20040610540065834250345163468563030940509789836252
77393412354469101293626170198997139567103939774531
00963054901054483657021671991872203463575636382441
11617093788893854939355612500904793637171542240806
10343811886033057556124867332684560694175279344094
97025997743501467019950271079144783210978457155621
88832741071097653063416812979334593467427567072441
34694314516216704733767358268531719605428171285887
08301593160488414921903243630580503307219660182809
00940432717917990576993235443881050324067491860691
57840628987344737670923422578224494543482808126567
71732125804023869289361125565308204506530663405614
90103696865856206381088416211250724374687218924209
26302653347648510064882401875311077523879905191475
13017011555125936509502776638656047599326777269553
47806327049303948934897959809117789256537443265439
37422785062716532617100491301276476585887813004808
40711844142690290625420067897649616996620372407499
90183839249623080167971334236069975708749062665937
33463493311747238915673444128676776285007328674289
34742984354169140694898144641854134452472851022266

0007961380960752701040772759689266151674443660 6657
9171195189270912069311570060784613104860095902 7972
9514654677233831975300392998202306775086147937 8310
3409232516679305885809444971780201240607532058 4269
0453320997327935806562077891445512444048255269 3035
3303513359014814445164701717409678054134220952 9918
0906029126071568339276616892674456115532092800 0933
5523419347624811687507833375052144864123004693 5912
7245516840949343564359202084008663972887452644 7641
6812224319790057403767520411314593569082948636 5028
8665138667187098401912652087193821461049629177 1605
6112413262298472918197350192326469347606735917 9204
7346019502146850204222725499060500390527173983 0882
3934696132954605823559616885961443855177325568 2572
0040864066715726142874215865629365346667650305 3994
3726433777117552486333465468661747102947425707 4711
4524084069357459330581066479105872577087039412 1595
8349720801434732021667320029592177831146547941 5676
3235809015934498393436031139470196023680643647 1015
5265483303322903249484887401748716255541784323 4598
3583131736856741194821648828321983039293782089 0066
6864165635632999002589124253674659874275784244 5313
5056811633366503798136161033428769139977909395 6537
5874699178205295126606543587480249531054620790 8286
9238253173487093488509220298997492167707593046 6511

450

58113338304783246584537799959642245110552052822598
55135799543314078046873828830918171688650474647342
00601615944581759276487831751006154057153340802777
00173393486915972544835849957031169089050234790041
82696112774389101113682498365112435221732941277060
38130263418165235751483500779868261068935781083578
68111581663802542863945488244743152171446531882122
65603371686438855279490837229672715058599839020073
70435204519621300668261863897112457539798316748358
02866090243753365970379553017428601709822852543466
28226050297822819229679749507068469470141114718271
23771794543954247545582317637072002093952480305502
48615291942583807464456124756630329362111940643853
51261733638375785199093033778956350709984872647563
28815771858778297353705484562184061665163805211633
55359561571365548830402308390484990534640227536350
53221312628579847488712087974239197129806515715622
51453573762296496995785161894725860193048018878841
40770642778982111550389340417299078428877913960319
09094756427746282346450496185589571867270893050509
91750825906016230356085410026150659958294094188223
17117668561034310940901519556035941976295271519144
65465701146273564760341664073355301078406612170688
04877676582960344592623864758557477341228559099455
12619726150335698046742946544652410747998946799784

6489274548144629270461024277249451728542720251707513725879735089028835651237307514021621311702640482513319750428220989513845528136268841773267008825254317243579889892752698716039884633307640274102072542860753914632056334190051780169548164179493173488781224447251861194100883513137555490494181672864244172188026388165627539857333600411059599433600445109382525788027664814425790955484257632566676861865912705148389804415975502020223084423164817145782010230876136894006217159186369664756680115058939506917948617938811069135739111929119476457163842439850676760927015601387625473877555130821614917863311075676996932639836360199843056398867930350363110146212592618232432920230504873973555103880618396303383920224450218778063418013902925080016547655990603908806917718524407509635151958193085485349436375269314283472601286321556955893475903752173339569860535581813340404683458712039407449236354697080135396702968920564153270576178507436941042162002813859740994458039484371712237808591610625472912894185014337332011394192377699272849879216795704857208482621178953745099590160573191451033015921950477998616399735136343018127076636196256421829613557147414196825197784512923995180948027615779051505299624564676859410800319655247777844310184875368377693048120859

93475149575363519083664510383481178383040200872495
43294359801839909611614425208081024615483437721590
07474654697078956825591781021535644406013968931598
44515933212019827378778074605279848063188533935925
53264056804758713927361712743904944420640017604659
60097267419950111801944219947030763868082018915210
69608033731147927545046918070866330683047177127699
38884349752036150838640309236770796659624074665303
20588557954353589859477754208465854466213117417321
36381937611174526719845377107365956594981659688759
53527256553052258677787436196995545270088885043127
59094143302364295198309281704636367105770040823556
26345787874785234482399846943780739800388210355197
14677936743948439795042261555530639372957759761213
90828294776160906986615995244347407208254872747416
37905412032043763264976757883944911594852617550814
82364352014490068449037552549504528711277590244026
82896602399138122666872871694391424233569071672197
48529854906502866938531390027800622281054659491949
65767734087173852622258531958476574101365001688354
83562369923544012235969360060512297048480867065598
28336254616249888405808056838747680592416721489925
46676970704279759470744399240192171358768929455771
48244404837002827609384443667265579592053332863638
21183436202774646087176456018236920499752142614111

9495091413659399395988849687325390545616898630962962774556931596271112913890687533714285816832655822915316734128890277343355493447886835534106128230021846623652602520308299055735996294121284036158487698284476721665060508430933235779163412598672524107411628555608874176483498207142090696390405828539182621622899826869597594938059048857536815235174514964661426965879562019976643810050615041800687076584704534771470059633072335779079437670642119611920582425444418641308896296689603339150013243279609922778353395891846625759931945266902421463659868461586505934071484008604030338552638224638158915811836335966437381856210405820132816569854031673556381630196805645873480396751605716449040168382782016031003260680326683960468558981291340311753680129125576890009703604992591452651397757729834685305855369363518247572333780440075047551435097561272195228462960672210621607461237715153711868850400371478628178842646139058053647502894690723928909472263625662125720569197736932903139341358756978228791242833507250272859563234780250407896120197892164132387436929916913977434727149780099649672978953914872704895812275014589904462389058696429492723035412933532387618921156458876442971363897816413221384394558034626557913144029141250116885199892287079988203332745885

0878739620195842849169998809625666397846140216 0950
5972997287096124330457625312926815643291803738 3948
1915146495291988536197668964987775347004098933 3379
7271594905193918030312440938121636064272059749 9374
3009579616220470674611740857341097442874902407 2224
0719200849118581815181242763385231140880919338 6990
5247375517969791533483698607788473417923759000 2069
6454778980465442096165582454565757260109829279 4621
2016035864590980012146110812974865267664937754 8555
0163800936391440387470440680741730711149120395 5955
6476378636872521258664199651815527268261024910 4716
1897279219963728814057729543718948300129206125 5825
0088095864823435031158427250447144179924088583 1604
4363542631311998838150344747327397732657258291 8374
2486825322133620191484736976267555076004784747 5071
3026331527914424648458310542617927325595978995 0216
3649805680167217023986364221513849136789469665 1895
9963698189528929209109158145580415830296387791 7869
3541218300409986888870765056067578452348837144 892
9958031397226925002634423933729377836121998946 0046
0805192918157365071406052132436657117486518651 0958
6655317669933181738303448325237239280960676905 2368
5146455827238435892090666957383546278011242910 4142
0564745807139444790481665880981587834729983910 3102
7522874694740469677382116151097247127560918182 1603

2132711544828799022091580995446717910239857757760075937066236993152851061780016222800130689503482824380598897428078097863373237536738751563996250020268891715608720568198038132159271334649860797832469882632505217246773232158505276772769080739518020633239202228935130743426597860593702510692638789504893955632192116661135515559813269057575409440166368942600926755204065333655395145959443033647298697252246130287398349730483019618694555657529791067787275547211347230810666512202661837023659008353118127529782410474176812005473285408824483885466837414233650591259942286879229483507726271457547046200616509400348912926039955431957832683200403542687182806825496525383158353257730798874142984638739305884324111675854532875489997195502300338352132642356527110701750793748806830785603325414601943320967706374935741539533003747883990990070253146296598041526455897799394876475410724850931927603294897917174136213784198103506849616403938713561098187853350649482250675345626451525297740329892753756169181748537555073371637048051131082092768493599453069558121008228531454181705533962376276768523646265893677373342803558785781280821115743061979155371243564354768881163180868339377582789315224641995493001697844790900079766476198783361464566192197575452830238998411

8019862103849883015774370873841082808014473728766
8190323709674289419709340243364458161318074722821
3377537599246894948856887259048714181460237646959
5080138660434705943517498600905231831220139459184
8907530401736869961254394667213996723140303493622
6270110183021106675111156974413093694485088430863
2094696380055670063404787656103708240980486788426
8505599647762752933451721794819545507384938113304
3859464446390168372344019907188086077474584650233
4552057248971165150373546124839533550370716633546
5583359220890033148110931050356252415755546073932
4444620243895162945071839767619870974697327731850
0836328590628633813257734717679708608286365784771
0142436557087371372940575360685199619902314232615351
9121878183240382660104099322768038702518282689905
1392874943375476282680559264438064463585291569837
7510240859940571555962016906118060638530479462781
1163688371115018556420832409881625698054524196110
0501075913425742311627438861264992086892643935521
1508479061673596495341792033572993192298700945731
9991169784226885366510539372307341483362776594610
2027507201354847990537719775211020802148813910728
4348389583374523960791312644616573885318211704659
3665343126495903472419700891057207310514031003142
0160783683427754926384781255572681147907979017869

7065870634749514416252532134659135416115937735427112748784426401032091386953545141751045683594010162
2677546837090867791763832995134146804688956935286804536200975579858801075441759285242964102754439417
4983197584543691671545375831879858306467153427646260166170736520150241250941328917174724357727936423
0528420491538431367186886237867006886699026954982422348265355688667764379757582173536817241785261396
21292352814651019033040202959808631994332812220298985891741331294125482553096868723311629218467821310026202656856968633389860311490682515184065358262028492036911080130045106582899768893986223020029873020266682395983433721483435941141868009441024239480597129516215285958031825836245884073891924717130756271362697428833359520054337402297168977565143850023979631220832296886854415180768757504850991986416003851929064901878184328260738036579415375088922473330912890232978391570165470989902590963377562583277115219769901272065427673634314435963386698378990691427314298771210280981354038990518196590257528717110177255359810918897180596906653462252559961087106029038506826103736595190365980945903875680234895812098378184566328475101226255811761539113972787869656636476038783309584586952129741360212303926230
7275831620171532709809176029470213889754474404764

35418138440232395192710500836541126144987477629576
64613152927304082624646701708792176731621559023521
03397158595470580242283827027971494018602228872477
44951501920484063908977847063936837638424702769184
37140113263995349055391609284364993786270814923084
85158569104536572034214111838272419259960984403071
51328839084613953670714121052722050610253405101940
29407497595745271749295390793858606386322716975883
09131577548083427308450034582094375678511762382918
13322850072395652673288180902382192834149414495655
42842602213790588610200418833919731786325472260696
78634981468979548112924564919562757485899108511676
60235201086703572062410419111398965080563101776254
46789940282116489206299309939504162691936328525056
59071223682642913459750001143812662446396194029226
12493139664600821783860242226340290988260707141310
13402251822925181145074532496117982780980909040598
66888739465434533741529283527320684520374228670618
01875774419308457568459008304866895218185054620583
64007276520648231602447922945765035027161024023604
82760918929259141865443107973061585721689758130145
99779416671685835670145627974813776287791201997077
33760091548850548543734919107244488782685079767274
24749887750371695099645685066210523598133155973577
09655906404999570137621979292143842319021934015133

459

7337146388569975602575260969199204167969823087835l
3389340972127413617967133318021610655335147840l227
180500056058996254410874291771059638614888712l6534
20274202194001089823491632143341096645523645641574
42547616280614994862262819794712099533265692883575
70768742314825654762139665761587018860883087352063
42138180550809538710626433109792183401239101558732
34497899286404340085664332440355206342945708350867
45978222019072043491820981652741547556192053287163
77066988391265389325883009078593309732527980300713
90325461116679061262209148495864246313746047429285
12122584090588471531943843113310747680446329529101
44117885336084147241830788228795538892654286664484
34674012601752783005323779504717394619894984126586
17883899732766773092597723637251124093693571530993
44533436315957211000477806131956256649419026610029
20527566702498156483747966409720938614287428218067
17729444668642296989806010450055271820474193533036
59476484286197418817359912109181105178317173557233
62048767977349797951642582972286108934350l57998396
31133567144207775122452215944588812353931831789842
77679077619574751252027257634592410599926915418595
09460537709471536644233681603453774944782038031479
9452485419024158225473078010510922l383043888730097
41595897624392851682724173540249533525649788361744

7651981462148737973733502013899631749840480314174733112535768108772820544027530157949921224822818831585990321764218085761179589830507631045793941516754013599164596088966112035636072409926071387687035353083602137161827587949437078802623545134999471005751616584083140181416096414848555695573048403239322052485420840917721499157966705053940949709130942603584424107356659675150594129765057268149531775654706723150313046360845483584572144624672088377626519460492307291085755171808704011926298599674373996670398429978562924491578367945605019382322891997842022914384619287710339811795327919640087064849999273641610192982828364419870228318235536960133729526964003143205504271571656300347801719246420651854607568110387948042645886919236548593033626064402769482209740683542342439780194853171920260633603021898499987739570514319242794157428371466917177565362215383803955612588336253255619898881383941315190594078361441569787973390220266643667605661260341772385273381717007465432876226735779917344206401459575985605811985204360990748786201063309505039894971353174758183494361183335852575639212464655851461773314300998747082934936630501465316745749214912742258220888494609209423211433462825171607831824274822368063119758762681072277963874119144812076079613539844999

8783245877808558470791403580403227933215701389593 6
5817735396784757753859198605907702571498519979291 8
8620717554066504414367406195975690246107524513634 9
6607249358249381528623686592641392363275844595423 5
1653026603370230664555840862306562445697110879197 8
3006102976488461105742426529547417648662520787040 0
4909017904671035984964700603486476171102949367265 1
4970098727032847990599934789281851306023690074930 9
5737937181386951682139546812959146498623414918326 2
0755026387682489509567486763202646934551755102928 1
8249839119646790918239352418715552522863268318942 0
8769977596787361174983485899300898246311854478422
4101131019114582133065280581124123005358964903636 9
2652436919364069404865160756328368948571924613377 1
9895892533652652570482026720647698022098371415108 7
4808272712145526565400494632261371175565225578557 8
5438620484397274512811246989303953851327557208738 5
8613633284515498099912162217608194229832953752884 3
0849748152659895095960317076754986645374137630467 8
3260728838516515898281905983662442409841239767543 3
8199564138877339025561910404340709254058733122719 5
1500439073325700740229108927106398570264233945072 3
0166256217803265052508088792039039830239056304093 0
8301813017261457073083950018428619529012573812442 1
8064366115969970222769336793770489676516002294892 5

5184171690301299072120129650133350627007142276635
9741111999219819664698709566640066532421003947145
7812910000178032454064536894501473949749005669062
4257146068056925494622647946704886636289350462532
9784701286810903059627837913196010909078160372575
8889091566804943193195890596973623783181042943725
3961007287257463297767480226244825115785530275005
6014154190875372211315288767244349548893937126811
2357650797573755918622609547587939006855053792263
2071301751998848581413739120823909552910494808863
0773452653449560697377315653885478357543068230985
0903306345184634352421193590099177251932732912298
2982399848033143071342088986768649183176648276455
6485097831831275719666859409654673991686667380311
2877256054767215666764458975682178499580369793880
3509182753585483735102380350966032255255659914155
4441736919449621569243311265081247949877523397160
9896404320451632415661243250145503431660567536064
3540198147107297747801155023230507765864292355729
9795505513976023219507014587792644147392121187155
5931178810856734946743677579086970048686007610485
3967400939668266925299485376913467099834065831062
2213642074997103676648809063665818289088678365447
5605239961168746643503885454965793933667829994221
3905754675789611320021463888751427704284851614103

90853626728543299282619009124004269300184230897419

4723371882770765364599634437675073059724489094684 3

7335025368601750831720395152360017879073227288852 4

3637033300444409278129059345368663141470104659341 8

8347468928262998823630130601376692698821779885172 1

2454145733784882303824671916659511051746324312790 3

1560874148860708155483110213254013356868540558834 3

1018870889387613937325023408807965938201480483031 6

4481123176201540243450258972177670052598768575291 1

0799488761703346812320199323113219287434184661259 9

8701817465611791461186892683702520165299119898887 4

9488292420616964965430894423463417530646262066320 4

1270524790465222259474852629882180166510377391520 9

5692571767605139151290790833063089131384670767807 1

3608298991899449053998432749402438897106017627516 4

8654324350417468217404772053579072978819030064762 1

7956560515937853174699754367850429962280685938360 5

8350652163718143758120359463898013538578900875386 3

7799944252751397164285764558538815095998654259961 1

1121263525218353737540893838299407147671947955656 5

3338103356092091651358796043175645214900210873745 2

1940701660790742117146389209287184760160902492319 1

1042267151029060178956746423834095198359114240864 2

6457110707485300762498022067363837798445988414775 1

5071622932192031026050055150907697894319437834821 1

22313171976968730832874683832939868019319165370266
38200348246498888280099530802191763804197594627304
34237050498168626631463313819924499513504093368521
32648622166261430456380155416702997567018107991459
83714301340032034976529521643857783420248049746048
13565562787670014116764532765709159469878574710951
70775617589719547014691405289876238634466607521691
84051529203706434167143445810148812459041088366769
36963016122140430307962334187927807074145543096121
95098803307323271225143074674379294908470001118157
87217604725628436874440299990349072352336477956148
26072754304750733835794169520854118581414211633663
31884361393046086404438120305008737474074303519812
58795565121015437961854018176835163955314297889210
97933506442189220638279260170808596615134092310144
55095980500497093334182603462822266136524578624368
93382874818080831166321408860189627933379691796702
38926003951088492322226248791469952469448221322207
16228187633754117440717644082563597774910049844113
15866456552169347946993853458952764802986158402264
09999421000433420644939416446515860822749727905680
46591058023199814041816664689710703815899178259905
24437941647676653136370381649556880784171970666908
88187111892963554097089449350838086720874087385891
67828057846463873013356329005608175565705186898351

8288538558189418761846431885541883532205586551491960840135051091304296438673726701769209462568404821695594224381628363176054907299398382901877071378648219596279582737284384930210765170111412097127189513677811336345225119432564060929092039892030311428693110299616289715741651353122650976566387254150218818945769606338265402520174627484331378659366835358927288944137222712232373031899762712187563590305524059334406804067165885499108922339510318522804003163077793139388788124263739945766173505780454864709713365612269105452680323351709465782235132634711977541566480012164761891538394454382707413571109880273825243581929452706387243028983887862373972699481019099564763398726779743818824078646963720613457502040438651404814540848637229480891874953336845383329185692611600136090526980748507788080971992207905493846449129981160445105124820157681342303697584597931352507649917267189783592046244135583539680204390112988082084879270599398452081514555277160455545091663910861465981010943648552995834158940501132217591891822740788585450573707541719807935765713476422566400785520271235964984181478091852475405178298598358719450900926456203221456793600320098036589140365924802970597042389340141784940898340588942082813754108453271947659401578491808798841278671288 3

4697304445346330011340784244697467610052163252314
9607461797235227518889113661084728250447333876988
8997882496174571432653895931989193809453735620069
7956600732920737598787739533401224262824638117604
6552954932776015165444339879779657596421303648495
8029733629734054095365660271566620956242040189725
1002690308873068859675832363484860800313674933788
4698810817924348705558586126044335111341550683472
0280388630798842486479599344269107098070530828950
5139289872456094740899115049915932660761263981350
1864212683987924382810639019024427167350764624024
7681752412977343770472115340861680417829499676506
5806251274752995065595324988186611187221699214720
5560654755219761455049109990697568423675215339297
5597122527571508766565966450271917178205293885109
6944721032791299729978949595372179654148220468484
1079713315292422565810659649076885751212831515757
0891568839077515923394970555715543961203428758061
5188670398308678334081013481683943703392193419742
3163346877167554010287905951855469702441074836909
8853159223576836050185875678557363745857714841063
0133489759087774905833455397705795352135901682664
7382725085565578135488763598832002785770631642240
6839516165716965633117711645412249718086216525530
4508026356189132604359629200964032384354637212951

9475370293413557820560910346503148279361410656603

5442082853716002311366813190919641028730492085004

7437038337446281046462094277696378558093427578759

7841833340399660193542026714882612819488625539504

8151533608881983528174947354252961305205889894745

9789819276536230214649271640863202923565929941917

2454776144084306022379318567606483039434162187536

7041474976139638429863915287083114593851766848536

2245247913397018567966189810070204722123318045419

3079943922150899183397221294664854266918247805798

8782653881338779174799929862716454333930424609112

4741410076110542008971258536672836314860898634346

5693410241748675676488649993201676076913951174561

3032737449804460907809064030467634944431558869897

7215023060224087689628089967772008295400972862196

3697999085628637818920687343124342519125716658608

8853313223426184326055836735173575594624744942409

8913520207424891718440223182667020736467686101862

7364849275801473588812961571164530777730991879061

2988862871493020467922752516710370807163943912374

1679286682193444622476572604070545998596828789594

1812296099664498418954355051269746222284055821601

7815638489324156294294102354724474406529827595650

5230803988104176753109539450829566866700980596803

7238783071088873099167083990986667030216146571722

7840852262333384257208168100733965346032149843206 9
7266393091865149254801370103838705478495805692390 8
0907147014680319441188291677410010867607146367034 6
0970165877479386198655725149160321261997199738034 9
0164842267544912596739312397990074831055385068661 8
3048290644335568139253044901755675497722458655370 1
3114885452145575276500340012894742742237558340321 6
7742658602941502854059595734178734907098015908582 6
5302204657806921368634418238335855058044069078904 8
7694695230168242268953030195038490457409477237858 4
1308094244812638676254526179071856678494915944757 5
2589043298597155625391687066405003386911470252752 8
7746323076394773662205021243171119766975540707333 1
1267595581143076643508377661383937418821198728140 2
4301959257723399249774565359917373704823455256901 7
4683861816059068502523687172292558204547178143199 1
8580749491682119101061410175466753076202891546321 3
4291872260156914532339244678353609292392595631799 2
4773642655885414299302894571429764367323222629236 0
2401555030564320283705186440270320700941330893074 0
7897145934113546630626365872857188977005569179639 2
0940895404949675776691668312826151980538685795163 8
8745693396126973669872220449857426520785733934500 5
5218249597364838727810394612054451563797961203029 1
6594765746993415432710140747457728926544229966008 0

21914307516320121147122336288689110031419826976208
11610237200462099132116432607069198868028640972266
78090238074035935421449915746197968355714813677142
01028436827004103443187994214361381197705387057025
15776750087453539287747201965450490621594472377056
51061967599990856948777593914911594201505099136774
19640531912235392749755102752262125932903159292020
63227431563163988355989476949127802825984508358367
99862035335202068546055921678655283576498156695323
15858857238729888822191559448037870908916485672990
72137386053604371214396169103856951761602847570707
41220885574454803861554929996011109008952930561509
28346650288039831552918890865902817664933855036021
13010042614046121856202729086358517057052077500603
30829518090619335033657336926887231145986400466223
73484736298028779881021471019245854937487774531159
62897925405501780747491964778406746552790393195565
81389669254392861168127028607801649247175794769004
07138384187102292173351898940764080897143188308922
16393659687537987014204003784913012750100361893552
86464804238014072668778949947024252513956832936672
01267277468876032284869428730134997355463449841082
90399024614311248528848255524681487627399427149890
89896406588465382774882015498940055948650851084659
81978619330248608338007255035370575267261626271208

9574838570781071679039632140611479857589273165 2066
5138741418399014152408069427164153124841465750 7367
1621014372856615067280484820945901214115397057 0484
6221539045505320545140864908348169336750662852 0708
5044761687047642470629251984218234056711931759 7738
5071213843566161200541291487091099968133185503 4567
5525027394805609455333324261650049742736992368 9595
5712032345816444506183980944636812010841892621 3314
6656721599470819817686659148832682318546016554 1728
8345341670449309166374846568976763423120189832 6438
3910341875841362419674579946492022219798345930 5656
3692756849359777671093103041411307312539564248 6385
0145550075794360426654494747022596898510266337 4383
0181532607046361041203506982910077402475233657 5842
4349259806781961067661254989366947457932038348 0118
9180462399344020486054740053972919887064890835 3273
8462542597815237701653934090663961614181369936 2622
7242206373381984306775264803874177190613456070 8695
1288294213418894326141155983741984309650618079 9248
2485995574739758659791783500162512479117682056 6112
4568789795467228944116120724622182150361118719 6038
6759404634081534052093195489945280136392392045 5820
7050232815917711079086385994326625268337083516 2218
6279069635134610001892728789722396733421122488 5525
3794962334805017456457141696886360100538717492 8821

49746928962534740324906591107947746995501662902714
29846508839179574390119154423166333872790505489315
73371400843033387711793984550288105152253878558588
52767867246546822526013941421263800251511052536202
02850883368116711791314535182745826907936214338287
36367147855025406183150742638171351310767393576500
65187225796621355848452519981400465049664429369446
26432535342270481087358438651531657478369349438175
61843938910192099339207935917302351336134333617409
37889433243636766210205752064049860033947626117730
65979007173384350861190466728309191914054876182490
35409603611171758738428295310712978874130067815729
00718720285253473736830526838820885190065288899206
71141417561482180485903016126993630220042457303654
50630834445212718140481106462655021833491808728134
31700059389454647778071780075541159447956636875231
30280968563849766467416423979403809780240068223930
43975148776185510146807492444313049368424027979663
80697010721859444694667569526315883828526261340027
80565139541647267978472018739287343174319563427146
86128687031868026805130778331133364970514243458619
43399376038313489195361652219857173400602626816423
33152627532561526998660446742821000163078713356756
41760570610365397244034349964075523914459700042488
27807009018247852047697306068182728689501112304020

2596546463916882653440624513894380086858263099263707383047836303898086010994899412575125661401534463844237087490956244130195998756389104652096675458776600865903952152693072494759346376552499957398136870468238357822213502275156277174392239955413454901430780658888714513281337076148502576852323638293314742805966880964620998422476207439426900279429172375897478932798562424729659085321594720533236949043402796626630740273131643223047124289657816081090460225680448819724706799349489374391507550517355788273674663011336512806280676387389443510734047785428449458103240215302688926709289273432162228866530807917255253664825319222486046719040118814979669189723839048992144990637834224725829744875713871639376603835319582212583899500531756700955293648507888404290003623246079851080944704118776696569852700224236542148408230742496591289909650888536308725432732151415989181628756781130705162568510558151267135934483217802678350896047258005426171033289518836389103244737167483205917873365096282974559694346240925565281665664281336902593075874044002346731373767779248672610262584036880816938609418304354216051232899431137753391065117317425791903877442755577466603040662009904063042605149202987043184601327389509099815270306433694469041004457120223545117101132875644

473

03959370242331710298393490082072739036495979673246
07011744165743432549961178069176467596474687979151
55727815162473060583345263648512898167784698088189
91132100393955511186968360232676578194608392777588
77356094075598291775428086114543301395004552465512
42910049113728859660686718953557118903733300649089
75683351650049482437502013368515728499636967464259
14953603739411549609823443143510932022180970935978
03295497595988950811043501360621642003040542535251
82009155876233217544217588085941929940166160003634
39101534009403986138161418529659189582746862217600
40075402240523491448741154144506035042563623296960
36597208236492559421476520771374574795122002325330
75772735440666725460638556600200246857044600372754
03923296087432532813924489275962636999746081980307
61215869443681254346476005823451709865886875789643
46022705480070837900413305141721926594157615687911
50191340297485850517148608173156097398981871178896
39975438593851481271228565920278693528607609610014
50046862821433081002880034237990803160388504060829
76294182308278380860352272498102367705906046463477
30952402490251187179864243391902530458957320390858
50787195225501777037652162664218528198174050734002
66637251528093405208116710112696986779372259856933
49519432693201259024230765182777135271884472532778

02055114483586444782301154711844183522932511493257
26988617491226032840207277788433002018243512889526
26434850401801176692189400301384623039255957312898
15372438169530773158947855646025489012335984452603
05842110783664177049843804227277561814636149708220
52978940468419642105195952976344279449380087623752
74587365404368603239256812039681539780620318441175
17340635496464494688643129005659923971039802605527
19134441217649315767012502328215868291339917094347
21860199061499472704193722324481136577736478433420
22599969627985529882348358134519821814256759243498
86313315764355498522016187470094484862457290141545
59189488870773043749586720792483838574340109825006
28961660799710944183699874784439567679292388862416
02443690271546527600224939349036905471674482965770
83073924210015283272337960935692399033882446560129
80079191764303142021942373993964374442508813987203
11047330446839944062988196979371975773532541936499
97033298030950573019449051768134116524453593299051
52911986147095703537452655787424518568889601351304
46546702707588099460903301835695366013279171879444
95410156034369228648022224704476758696090322096842
25636134056348368297174343949134503501545627121130
70691281968263867332213184044441497703738450944461
75483054536899360682058038898772474119523892924216

37467845624985427985031449329953315855430027667154
02629626516695809146078810174714306991744199865847
32904016553566585762630805024149558847753348985236
46722389341636565324794364510059025225863213646412
58499846796161843552340352324721110521226636091573
60271302132944820897661410378070919365580262218178
49571220758511904228780008745928677362763323009690
43780313708952520766671757271829986143936555118371
66922372541946679808216666811103956604393375037280
75545148480681660436746789432640453711566586375053
15120812713275492053068222000525692985014308858791
83833858882722616677568345546004203873216650375630
85408359999738344203187925351510988383385390032909
65874054873988529729683799722936601292312307160205
50973393093605034590395514435053077998616792471614
43270747624508513019789738699270993325789524645547
50676366826464527152552254333880535483627391626239
25296676645875489467344757727335601383827372900539
38966565922305985710484827743980497205838211155382
00989209661369468931771991114747170373374826981059
62706129131399606088218772148525578898249605715119
74099550713992866920154565838343101426030808586884
93271922984158950926435718314092471047051845128758
69988410928735902874312039343762798516411032441226
29263110011096914955445030945335769214098033156765

4806421257727767562525366210180850636818295792871 6
0839823402147203536259820636455200852312805800326 7
1686683448151104637370484997348399072102721190358 0
0884324222116433444508002259779528179717226997323 7
4386451794698445764806394894918334385251804287869 3
2632752902447890475937940428598452749922277972100 0
2389112154893838239138287298993173119476173906115 0
4478279287691102376475502522571732194818147370630 1
3088417889819598162999541083390244410692706737595 9
5699711953593093849611028657407650636769449089301 8
5586498703728972723433457224927891532609223247702 2
8772629642491769808030278236217239379885400503625 7
1554887536100890114568649828243767815051248282055 0
4920676147252714652189663004968857959976775225939 7
4060305110289858039626218819712821705192632230895 1
7468158647724940066347625239985417319602616103692 4
1957159776019716949023993287274397465880436565936 4
9688016852863977515522475999764941859502680405006 4
0969843511307379711044119791800574646549307802152 1
2529810087314060469473565906468924181483912636000 0
7362471055648198258938088745764536277429937681358 7
6541917973572296127000892968471369649368367896352 5
1823038913103992633758596525796164964499089095524 3
5508658902553027859907755325901273060023553112413 7
2288339546404865777833161576829861517865092413747 4

23720887013088054395225927885302394309216595649098
40770609594261296282479677881113353326295287479754
09878835566787900429195451576744148678404482363922
33509566007275479391401697107231858244127989233882
00237794063975753657251625013351636726443591597747
50611925713016230090937345100474527618016380709677
37009437680596671422941358960082475538324597480393
20607960449050176920705851236726198458956830937968
06254340250957462165951887955057796549195504949 28
67123325133755673871605735638002894299024885121880
12405686792361892475560482487495532826387314646416
42059885385147743343317259129731711974000426498722
24381061421103274992413637133754743240629667251815
65791386437025620243039647904890050442985262446575
66236218820854094942368505732727377622836552938642
13194617852606260499906254796884745853044130593739
47277930775350781935576273441069215589407275736285
96944966388909215851327061017106149797620538570852
81209575276329498576677719475935215242167687786817
34370556742374024365096351799715330205714311146401
35864028290245151732610767169202252500633762431074
16178747624311018029013318097223112382400446652702
55791343338648233847824083641509142630321466554736
61759625616966594331206659851276704614504355650567
63231927238034514025354212809618536406586065956865

0090054298405004609354853062062677047658456432303 5
5579621397040128414507155132958915455166928658278 3
8940339152992238823329025388857260584924330742050 4
8077496581896610609181058545419793248020379655682 8
0399926145969205463805877136490314877440480911274 2
8165482419174572111024497423161561692475479084730 7
5166326609819523795676463876788253431508822081795 6
6747714706801635105964756831889832497120460920855 6
9971337574144650469347830224327100384214768793221 4
2485713565646283401032424128263276542081608944807 0
1691549541907889908583899738707067015416665338419 5
8350716971451934192037445743820510407772973273608
3932416374562858922413376538636749550495430566377 0
8434508365177004646646381532867444822629049601846 8
6050368834407760844823970025677621323572137726913 9
2393095925237942205667698370439260789034826737347 5
4528332857659917761012569555350192620551799398021 5
7103124143114530230698589870103035894212885231515 0
6444142065284953493622024421560328509445445462874 1
4074018450857333734350776305942612250192525532512 9
9186342147658214038307979527387376105273026392418 2
2426415421509064600988318441525643072600146861460 1
1619491302403669382475017141894225920208067077454 9
1575953845423781388608702178664247860286824553825 7
0607007852827332226510563344566490874361582295226 4

479

5069096083169561726052652534915020704138021903400 5
7017883118312374199817868723882510105974751202349 0
6541684015733501431783733524819386198287179971086 1
1704819560792586428195619770249670042110009538004 7
3880392004724546787309062927968600542682022838886 6
8402908313352076886505277918656290128921312403151 1
4784046500075712617797115876960036259178899584553 2
0352877641847839786316650707375096690883613167391 4
7668310680483001761136059412558390261849754766696 2
1728534035859219034523767151164313372600671055941 4
3593321358059343196515463231783380908185782331957 1
6802322563645435465739653891585126961726835665295 4
5299336653616507398029873401838864612441636517466 6
6698938924827378264542631427203865011755309707615 5
8733454310267608916815162421264870580775063592788 2
0073571778056908881607984334565970610092424036098 4
1782625417202152788307191579766742885145058773813 3
7614484000839126439568917135693227613352816047973 2
5611648002436478133941949391998144463450338977304 8
3079017221897876114152675849137827671364048145222 4
1700976380245927541667269859014203411158804515183 7
9364707694489921651958233263828168333632551302342 6
3516944400844577342648919320741277155095643226103 8
6891038570095852192162848418489882732686554704236 6
7527507529843122908730541983950440894202141667808 2

1968098279767077492898497124238809335414495108 2942
5629732782669230041011618064786854216339301 2745589
2232424786749160761576954116883021345421715 9658460
9084801971964948722854229249133226957718991 0652192
6823520973428529362798860921167917076294858 4749614
9978359834308720070047710218568974412617231 0910355
8622624994683902497802482310610773890804303 1729059
8477045224303210033049575696595575909808971 8773551
3274829633988645718778469106403556448961252 7351448
6823105300277818843106768143634883686881519 7935919
4805864518378586597310271207805878176828347 6422045
8041748546527255792593212754220935506709152 1746074
1863450104795444847280432287590427853279892 5864532
2429852338633257207854943441007130491816007 5095719
8178380956000287475827557145959121423798241 0344201
1990429800083484667984779173667633916755981 2330736
0449981783300027146207947153962607424019051 7782696
8287930733427372635545596820513214757796885 1655215
7856382150610037574421068786981759087972310 5471878
5979450934163531730971342755736848046549368 4608589
3279519387805483535183845795512788897107538 5264812
5918197952271446731488978306681441294809043 8764754
1720328836793153948731927842820614083782111 1238551
8592573720264234464661698520633845340600855 2668716
9998825468531836845011643354224246766319745 6134600

8496308560574537359030332058584604742117198315800728930013561157562071742314893304796447468064963812931642923523581139029669949468001450688385729504988003174294755623676743764994243612959018878163634223194934072584973173897184738742749355098506472696968441265206780502194204287610736288893858850387324568556438816578846280988661820320357823033380099305913007233341323450960259737460520043570998600298145509578462832001513573592546027351596756441636530112264712786403244824007737996917646650602387339665635679340398356568072219654048851193224882054279809129711007700450022775461206617166915591398097656598227169631737132380233081894643812813486645249599544573599602734037495319810341373545859961495498360917612628539530787384570759463293037148822519303817175115438350026708995826545263811037252548877439260135406025221454919816995798737164535132550990520879677994407822530807758169956027111277585448684402760529394514288800290953802848541101226157784149158140774999841496292240198891308317859666915388229009946947450247844902571367356972639792830403286063454681985901480867741408921089040105765750311041922161494187431458784761367147739183053531438322669545383299223940456133606017821411886509292207929496640912160035905115388056492162705446419123651

9082065327758919973892229390120026823222236977367233003938217236746530526507439140683094747321260320
8840098990148026780199482685855351480657053914005769345471367320387577245130697596060567953900372658
4611384511323064583372505805316793447259943055217500853177863633981947217743849839416646214485505188
7706616890278874741977750727859461678481964887923839242970123021952643848769171169294191367645398975
3022131894427468986445119523361135808699525657384995132272344858932311386797831195178438771350648230
7870482998034471550701418820531041426682294816008160950246823597889332394676950155947575022359260204
2472263849410031136704409745365861030801205930892752761072852639425752928436218637764253542781899306
4800665696367275161697181990722601937571168925947974476124876288821798650136747507500638323479883964
9774004884123575666865716142158311084736091393450002732005130798128157022256169065526833030836656381
4134700708194221664848221041593434919082040564085952240388003780734926165030023171799931482592911800
3774744659501565939981386238692869062652382061233623674596407209835077011082990790280690341091750963
5731456182319044477049548661871606922803035013735952241233169641834879908074808040868998221727551316
1958780967752165398983096203489409368385665394211960

12308102110347105174241643465517192077927713852950
60267518642439692655367233447841006814559511490367
82838817570535380038946002769070563127023230141413
06631680174679733509725414626095995788159410727806
59665422853016083098094827980877799541513306341851
97787230301266392253999559413949621100419546078252
06744250803288180503393892187565244451699554137647
78416716373075584797233865939263522401822608031692
76708468269071288406191974911765628699969084970730
82337564779768748466753052691929850792803668182143
76796073050873808083014464297598254170078643973049
61083418619696619596322018403591635634118435818598
20514136319153091251744066240493909245135885190762
70688936627099055946468937668006920468283630462501
64021027437917854480248512861821612512114570003573
46740692536790368909502592398915481716225418252452
08060039060040615540589290773206873095800617499719
20364712097884192446667092044497498748240886590526
69358894877525751640135436742379201453072202353576
83454468120686595139327263559276996599573777441103
79091071568358658465622085862107139549354539122567
32806295275190075494090489639438880642545570726221
15936312439491645972564910184257540822004722888846
63451280304483190178400740116764773956154364713952
35581999769359010841775219733620308326257616596841

1936614585331142075321195292766971704206705185984 2
4997628346041231639081227908900560239147276254723 0
4465613738919348291198454930609446294509615911536 7
5525286261059127121220414468417749781863050111297 4
0039411193508189083573332905511440743044446758533 0
3908198677458587064667531058733204448664381954737 0
8480984019014571108015111144466295074606523305173 4
5945257725758930786370071957679284954220239137265 6
8259931838496357371745540503873578054083223542866 8
2509834074246191721241065928405281116620092328296 0
3017213638492851047735852983920870989263169843588 5
7422063744579956105414437052488223358026756746099 2
5440227768400935931817775078576733453207311853083 7
9736957382024604745009604524055600641568355404686 4
1810641559159869257448903034714608636868420714152 9
5195399688863994416298501262198265478995063129214 7
9605647184999313392444952972883378335522530665608 1
1391115575999790713828924183735740905193241180832 7
5321057583443407862876642948811335953007811514259 5
7827964092837812763167468852532329802856792473204 5
3209385421015807147401809479461160486277678673437 7
5751143759233304925499457206276842336439469327017 3
3610844401875653569316078803127015677432921109546 0
3746698646305896432996195799083916388510735836553 9
7358685803947562940402286352096347217039450470385 2

5710853133624475454200105259671217835787463335941659232356257039331280188197993487698085088538737901567888592495993380410450709566819780689097913047531270144691199081713805793823536727157978743995647891549064076938192367836672321819058213639903497314398119674217404866069196506586883151348340187681346790426439557385900654837580715281812895107414409604501704396548535905382780434813583077244516003786097373743147217940264953077294295524732164285858641931339046225557314287679022533447878685563797709322070475438244713707210817280726216192203451676638569854214600293710661317844674349494603427459097077940257119887375313991238132600095632063682362858307898741532274462127591793546312149215856310068890958077806059372828374066045173381475694066896879074464372890324045717468931622799152607670087495794636552981080060563205359323461491322115081869171155006556665547745497875592906074227619249013128677758013421084016288308729212261577650952201150804466374403297822650479584839492908809137834911052701891586665978153952243363020381943077972210074929529190141757752516992977147935001371899644889115206473629667612182183930848992602460041899154669973852196756729309643421698898063419295331116601520268906755263925108101725929474115970572467020836237914576

57307631055046947966134150629498747616641845707823
85557437047474057201870953392723123250003365765441
82150162660235171847267215331210750964015851018981
37749142654529986669208708890369491023049304630341
75089835146799025697287651150445102675835608349627
73334541439538796196861122862718377702626499995437
89756618638452242447394924921505485101221670755524
05102103873300284593613184584427867338231426176973
56364270842120283188436738192834713195087173122191
01203167211411093958999228846748017416567609937878
19687707634475970187870115363507042680620343222196
24818967910905627992687206315734435950789785292306
96719511043330556678384953840961252779583891054879
68484862086797174930084521443594253462001124108426
65667586897808277627684013469829419295802033057400
47491397897105912264221040732557891314047746709521
63373109546710714788243474697322536208971843414016
89515209329372895796179900974531322807631818289943
31896956895304723703995389058396574835501508194701
00336494607541568093909482754499811810031151431124
37162060285082116771605290150303839981778749861963
50048908052208969068279491550381572239746651144204
07121328005606536244601968573857325813809450794347
40660360543591168103854745541390100521085682696417
43645926975730111231427615691640643829304144191258

0970015014762604508430299473977704434060255848315
1837098621043718244490932449990941239696807273557
99097475439290255798479709348219032808505910233185
05659588569341036975217879661677104230494235235108
63007281287132147932780402066461426230078561408403
25983489255712085118985382238513620972879195187746
50641861010501100015239214019881155010333190671539
14966127363813534906201898801186062648881416943529
27513020120744485069394971565696370052810443645796
54008558044162484257185448372086643338665752522858
10948289217257839158191476913646032684476202255833
78843070662682013656256706042916609673993739633372
55981754023690188353530079901593967249287745723100
17813388850629426776845236106426208547207080605367
37626847668768462104365662552545771558209684895512
56042709483869900453706023638867136791042491149199
63014756467260027940693936292085268041593916556942
83101370172150024613412555388032120174802466199405
71602598114205384973309909585864771311219005778516
82135465676925436958683955395922697911981510567862
42787386355969635159652578010088777516139485947653
02893365917624022970657836985360711004953475675722
84079338746963969820527548854138638091280465567957
86738024779624558074935723887491817201030089198899
32379533927562492951430639175417565236205655375337

47840354751434991801696242127730575175317271408992
84179971054379976646930483998576569703889161802688
94828664983964738224030523683857879176549873616284
71601522751105553564227093034129063412140503747065
38761104405763127767768795582839693606879749299247
30557570145071286487760372167136663996479516812181
50895635932214508085348626452441380423193763653355
27483533321558341288886647780139622494602435843022
30591757415527544778471665151580601596831434699386
02241167033961033143444142152378121270529004152968
32835814274572054807634173997685403211427870270994
65821456696142049358600517832030749599849994536775
96390154433298372959877021587984045304241723688539
56543113249128001668861432133590181459881534511564
96930872268799815440163790362584744940276762231405
83830246323278355589704912287637551609935228638759
48264709234548966040439552829693496327329619453926
34125404435830649127279699414425771537866021215962
83848008077648600684421195128428111186065633816275
87966850467909393030243819414713450444610996238141
70804588938597963438244761200943147501391451102903
53458464233986653377503403288751178445621701907008
26875371234894254845267952905967289911416216871720
72527895413036625313121616871840029084914010882474
19290331003958533280903056898161959584146403500881

8383544776616176408343356576282916036527855053342920173444239999129821560656392330968312326061134984745904753481757247935228998935009434950753963734828911547110172984407907116384882298841792185428317498575601644356222646122594640283086477663873594598842450470990867877167500913930038211751981118425649944996192501939380472533739945933773125252463064043429925100636277264404252212933536398388871255865028214839351953782912192325132955047942707747981757306909813981758364267491567563803402416350300899745884664455951052637730388753348734402177258548165703260033562049041773557909734759843947599584542976546367412107535150701385121261710170943881638681800325344560780113893154572325876316875914141839336568222962466009146205514597833791156464792666354362782330254858219782070997473109160351106470097487400073152228766473962912778621844683555002020430719142007284627901831863978702570277226878239103697244548641105888916691110592202944493294362703541330988052688008793461709563048460288276601190708940730028200664359866943099128838669523792986662817889842726970488860447376760942026153771779179096775127871974710440809155990679190772341720808059904286004545456751422771384737823411005311824430632388715284408626875660506972347847736219620237658441103370

2159043811894698293130692861159856453139893139948999833404400924228379125175552174621891287605139468988472677187466504785270664362574831916908491537125880541454036326747869539649103724005746130220293199503101987750602880237975002552157499644642453349885915909369543958084528045004936639830563782254105626241683217301132374663650818321551390498019391996251482034852336035202979892243773111150091658570103260035364444751774246989158935734705658751497625632680396958169694903975994610639763432305422721308762466857346704606223493784199198380130993928023652274191986054264249711792282050370537587427136667271485530946080779629080935838546546834984036355521684570343035006341023502853487766353047125068844087232667590565579334784591133212607890192869809935963677578312895726970428837993551303926951240589199844906046319277629905646039476875652776188987807508202115485364253791970754729071126344281360599281191735709921525555198027605603718090518902071857735055523271391396250159427253930237186445017661783595005367424528353342966004008468072728533180835272486343316020649687387392161609559277707472091863836191285755719394844572279339098413065940599965126384799973332898272447135236300117319458797298546955574966414860678319364121215726453407658070668960 2

53185401478248747972806312019166738072237763920872
32475421013217402193170524688311956613036567070305
21912378617793925690762722384770505239270622228374
94238143061034403779823821088774143963139015107082
03127545660795464337135345992806287196946972555924
87623405608599760254233805356029198699095607613736
82770704428667046412247405699674920985983836128293
65067744980245221678095700993792811010739323086789
35464775565148775074794665008756926950491325561264
28060059883949951551625764082779816057275574439612
01814749780045132178212978637437510997476733763131
34440669322169897906481415224596057960363749293853
90580458098260355681952893952216695741564220430366
43722991469676043864419421301367590016932422693491
30492467027077824818455231134611034534892733150600
01230285383342303638247155025551368745632166936656
04441464245556981823192741194508279688704694176702
96601950745024985165298061868054638134752514384332
78991996092710858122008935766222569799359869922149
92546471768210127651995959782470050142217475458619
42960392394590928828418146877484191361418987382812
64835534324101696493465526295345563461708335109501
68069402286750567763445714741321777516730620778218
77064922444475208280009834255704577849191916884176
77178688630332126895491976457394075370098837140048

492

7025429260329638779287543770695604373399901 0029485
2638150032628997285511301036985819326744885 0522284
2191805455408227747527607465389890506437479 8169834
7177749076103760062828906194576396781299288 0200275
9672944986154770652047321954189029670858378 0605695
0268859915202286168317793181381113370084664 8282316
4294019403501667489299392408705756479425131 9995861
2783309735265384335938416752475309684246977 8191862
4343771115599252828273132951369787821407425 4516312
6864523275780821743915421468894359097731815 6580220
5796404419421225370147991892788537903377743 2873409
5511741378352019197915279650013938688485569 3747482
1612927167295727856384738632469385840529246 7490402
2413438951883238010793146018342916216331965 7370015
9794273900450006384165131451765590859700264 7003221
3022198522497413915779529879290963497289851 1760181
1374469220942531031313834496135599318178835 4416471
4503878554716659769824672479744031166060619 8912250
4156909044764662457128363820616674275647027 7596897
4627841810514767013580425903857530620365729 3784016
4916694827135928569273543067691788670004922 0273231
6264040702550279562093496216227338619486811 0608449
3589560178708588313384417288763890931537407 2400072
8025325627642840264856650196869797443042592 2584958
0474179227925340055252474495023408392656172 3909309

4230060936630323480202108678868089659181684792736833014327146956844570493654212738523641976274894176037602975201615359389448762202357391354683427259462829509057651431942095955160726127413535983319184123578419642134288725668738970843831141046585600376882203246308656515410799296469046577706523795053459602461494020615605448430643787299452582262636091970063423456958121081018804294851368286739852132534519851986806527920161753896561841182522425296893463498323878626573832248821467182212392161452163325275670017042893990524654825877851241251856125788689455531665497546430475350319035590232143812858179275339840124608238907170546058359605867719902183465283057186827751076250665370945298883021196273029318588927084757014856899852966505733847103862059963894320941335957796447699221415378655112464853794392540736219275246848238284997312571864576555150869582415134979815701743782733663799343065090606498092983863033353942502182256638127320974354662244588764349940735538863587706720633681111322942298365405268821561270245962885723548264218314546143319125458331181255979147364840129146862219867375818977195188232785208093327828052850343881380195284554650513932469026911560267684358544393507628566726126650839453589830932080370010789324365829155080132238129887

4648091356440292471252441002452525445080232461578220635868716711055693285438016246834619674923755227751310510012677605764387991571994859706517602138914640631735022338464345839483543502798190272879730320285084688401987594987037814617966864628754667039989630424833422549049244670132939247258323623153119971239894462176588427193382546662161038214006990230277426443857141757458794397897959481580497290597777262187482791915421390156710404249879603838398730807155042530393201138172623366914341884766267550325863449267294163554406164160581260068978504890246540953673844850804419948123152264377783589280107705287235798131917642254407902629775223299431624405682282404897958586204209590301675307700984125504143951737057720575555081755126017901812007351334177237247622081200086044079512395142659896434037642450608295996661560889038571068464029141271737657151348879446426891076941089531011909992999563093090503522277723326291470140178644514635311873837849554388250085692730878394745287492017688644731178310411019916006314988189299906101527781687084216213818395570791840511980675977695998753137757726887891088645916544689831334742354792980519109215146830716323855351038727187544676708295297490534595376525931925165945147933685063816797347866368832707895439596677296
495

9832709668006279053959998294577731682383260738801806541025146172162886788358706619093677297966422255
9336908245867103212145301576140656384883204620465511573100331062717763663272535510511401137294797424
2341799659537348942142140023658440811338831976175255058900924545313775605884224762865238760627246990
3021267047078094512414716294955702704018998666632017984230055070084407533279625699917718765426525703
3125495139708649447191452729448830509460184152955625147404095257980099014633837977690212939408531024
8856156735060633863492368448950752823340100752025828306207113719059426781552141092186057054209610307
1329372555368225794735587462567776516453310929822876028379225930251318516581337706052092108657561743
0123342890846992234973515116314217452542671397892480500251722320908212457411077611635359168604652376
4118520831045560051390958949873097070872311142547023121673320381085480920178739148793448883726854568
9214877830390016547741762281260580728355415331369007931396300063769702007625350507261233441510111428
0709368194022369899913082474246540127019401132229999320483328746713553834945796358368992886232904397
2258449381710772590580394971625950663691604242881282548386971596653055474254354559734332016501747169
4261408641380380466595322388060995968930493981398

1441778108044017768041263118730703803284078136515237865950551008740358384973781723210016623052721994787990743605742314099283345866153030265910880284894388262719286059268854625261181150655431439186047386383201495201419924016510173976740922604325484294565925858177689977165202674986419890749336425882430300822991408842303703349200032109476423574937082515388359612855402857151199968412130951329760106062238446785330430360528332459477151752110913218469296890135992039906751746663771754089316263526915922316675852838151330957335182944234019485759992887571589611373525007335299446864517727781072935550662001116627864068458347421220153546184274562778139563100350380090185222039972627590546827269914375360065865512634531653422399403325698761990327001828322904538021646980531553098829533761896730953445713037712859925458180227261374655690582259578692098980461167400939173233575445142418155942790416484050121752751116222484137648793952894876891106208346787576323688199506508172349368185004920139539693115045084063183316979565001151633008378271107497728604641519331149777186200581721183571765889164635570184488733065674121671104599185285061221968011073225482951877407666997960230384720072533276005946786952679051431952573547714111157306283794871723879901011073

19703379511138790244228576611951347093824055168672
98698709458855280989655509050058394797768163621359
95896454669367741167952365593301962543171459828163
76377348304158535288710628200928673451317867057905
58624228776977038033586718966440076045210507780109
02637401436327800462862893243121698489569692681269
96557009611629781048808333226401158444986578869198
91551164987759500820116547107949547616272535974431
40698950143479155214870180524406888053182445054861
51055750824583348306015305152714103401346158717620
49327376822811793638223772636769508996060057645760
74349083808672495330340119364736422164031877350174
26283830918160337130530819470054814566633422929439
43791296136117974299795978982220183820433937515139
00818795675780849881967116995779814800468611110202
99855976962841938868761232745152462773308044657336
95463654938404008197776097066391323765425391868682
03566854276619326843902885919967881472483502319505
88774756415910641899124069125309416312561954109543
53088146423434083316097049504493098116735398312937
35539341187320088670867106762928026623131366609838
36430756156824337100324761286608742139189356752130
59506263362049826465500820665018774633318404810965
37269399354992508460932223638918187900587249238610
78321577979026003556222664391725444460628932945945

4295831001567300550754372474262118465163712077 0245
9968277475890212707746082328108777465643762205 0892
2117628625949233373223067991761502464359913563 8162
0607408584397425133159389863383102724114385075 3208
0538973380115912508795623407291394530386270706 8178
0146819477240289396172216441758486302045164887 9583
7610929850676053716776401041227878179550018233 1972
6057461761188377946845473203989183811701977866 2208
0801810164834714314032925450314249522008211143 3074
4664013624225319259875091575121739132432965349 4012
0953928653470846315882150495516801442870649484 8315
6384372726304816947957920355668445778638297228 8953
5344118520610069545041770445474492597086698863 6099
3447006199388647273449927912722231658528362329 2536
4825934210735524995285484423127322046747107806 4243
6699584238528637432273244201828343973400032241 8590
1923803059005872229289610551499388306141350064 9369
1047390212915439774945360510806487208013119049 0223
1107072307706242833919528937220911487783908790 4495
9631522298968270822053048965601639594558607553 5222
2215957383495960928649204136611204987681652094 1632
6912589404845282229036070277275509104234760715 1026
0847037204995330735661652016080315883563879622 4312
0890070941921734504778787740940714687067922594 2590
5227518180949282295331821489040420843933377285 8902

5366508426327725814394860195937648754924471152085966166588308595533616071705852042479775057905952120
4948991346273733393517973537490955401805020862425294715561008799154147069653545729992240709325803842
5538974677635148089518769883646358942549428422073120364510050271607803983361317000227633573220580504
7209990128777689353375985741664585200763921687804857367539294950338409822939797065831425555392829591
9229698068777227966397293907779082178517324761087355641896708494182323029269132494491340375769778800
0085212068994885195011870424308197047767765647705166600738206498848571710483227234571192591806527116
7048969229098580751536275170955052842903922436500482488074481318574364656698445218053666467548379873
5679164220132961903517086414797337157754106151617424044495799580315561115791030873134720990353018949
9946582192992196477105688228298614101420194639054232858443817124083633226562432512383859477635673012
0676441085014753981446342859310494968693638264004641625964695149031961110485447759191706584392706760
2400311452127176470833320094175688738759477706324099809206846305347743324194522002176300046622820238
0827780419779493389391889852244085506866690987261509993432755942195136148946032754854002824746381855
7430386722484814571204128940220014152688477096246l

2221149992288764391919108994000764500426736360335 9
5644644270818978527417707745133958409576044621143 2
7655989257121246407049760606889475217788884675365 7
7313088848317041308470830281177925946670120877184 1
2865941990187787509632002811023755143635612304865 5
4615329882829990461745177485814776012313343417313 8
7710905577093670657365502031757900430672293031445 0
2419919774280967622124251992863274025837040075297 2
8174354804106393450637326750684346881838874833235 4
1121663418804241233034034909675779416537790841258 6
8798288610323527885733215533815198830588045853153 4
6904313089809636940664181370415485931496667115981 3
0899440825457153552300652508228496172872396746508 2
5190045324558235748687720066747949712163602820852 3
5430278386536117112453214864879424132133170085231 5
4337277460768066376699618895122880491089111765955 1
5736498473886069524716684752375144641521336548924 6
7276122585393614841651438581869173841675434827813 1
7663142911693785564618171660966340291272053653025 4
4476383065335504511464152247086512121312900999001 9
6815169592152430391022949696439063552199065139432 1
6303653453974715157350144591560970031479537382507 2
2286432679118022285454450510066868382649729074813 2
5848087102088749505142696429373925813677184169065 4
5215610876157378020535279580044684913613691746825 3

71728035367843503618901245777758338646770048718755

15418115037141294549114272696877208861952903110006

52148060479389430426121125047463622256753934768192

22219200635168766825821506827988016073570611080555

78616867049474864042027000614400977944187614785497

64582395624980544495512570910640270832390814460092

51177787652063803937135711764476329221621412656483

73947107451322905073720554233262086352301211192300

99328216475364369237906325033568253135543303478962

91533044923115380919957555329449870528019033511674

07527636655981472206121804385730030729787921735685

00012562331806742598872401099689698138523973061919

55928336948611903239492535944158365958161383912185

41195151992655070437222451106336712668962567275866

77388238790791336450938651172201396285944786544296

21832667845170020278188419240093649036627235744372

87448563310872878958458482352508201562742207923922

03392045082819462261529184460706197582285213387796

96323678640133130410995564537477406457775768490351

37916732532182650044015006462416364046311782779660

53575667603716137442026691617218914299163923048497

38254289422199854547868948256705457712083060696640

15175470113984382899319336352288857298115482869135

96032428511636219222076679819006388404842715260865

90715537049718593352260571181041504579347353963276

399887232560636896084103154413642148782611928541838499574304427686838514591491891874240066190283144798592264459633479953102863027801831150089300076576280887077688855667113610618616899624996387993702911361950062155095910026639429805842317789649650662756529783441514973388255236336446520362201321628032135004936195975070269172783237013837157643230288810132963328739382457387462450968950822383308441761924084760510272468601914474303915108037774819238710529112795905517498822939075512744080364169328292125537800884919287028546754254666973573970536536245400722239895620130676048113391563497277605671449640906404511480948248685117962164044280689719576297535622361816888500272856943365288001318441212141123898385195278511948146790166528406883821869586830661295903977459905614870361228980984113820061585914247128622986004171890645301008203279408858038576089051226987600864246064826948504861862965172218487518355652881466312752376870674667526917244167297354569567331667718492843943138599577385048506109731380578292094499444632394306068759581190038602619049210983987196993364746331140662945111471520556948040279873582430918597382639771340411416016623775269357722361477563479055527521664824146099814862813287663118752410741743298743627538504577774254205757662731

9315698404385677291438378359018235173687708804803437428632366590745228853952283577868134721953766050084686198962633005033093604099782229148151475257718379528138489156804919218123836041227135829611649724710802612545920595248651142278339115649754666274486718521875618162947119647138066877715360854178694183861466074853653955258090169662377800006558368188471976982444587322984453088699029933788779526571972808991597939419343675227186634378290793682444032062463960186699049723190315024362504081305535338306531610923789527333914369792593690728697404262340424758703379170022149258343524101571864539834784545175892241236136735291362601712155441084930332164423007596971105885469586957117263203798513719294014487119501537158791633212538307938969441274689227398610118372085142869319715028646909873284817207387381520159116379451230101019666620364454129562919035548105191253438713160015241247855045224548041708580097441643608403759638018838607489535266269503532816480968167944880176159399293563064314571114835166747565462775942167253782296133795200482904228816599956705076073487042908590849968490952949104632685176365224631701348799893768877984209294851296278523015988301533612683429917766146392549477051930205003105560549367763391632839538955788699776971431354

6101324961890191705701201820667021165776654146051 3
685343451173302843741097526751835575924718515188 90
916898948657604164533212417028081148467590773013 27
254794609415509728678967187961801220443350296879 62
196440483278863799604098388253629382303958396983 73
949610171235821842177439742703646911258107515945 26
635546467514367886879782290229559947715764306712 65
259718556151103574766104209641784124768301584033 97
936011211878112008231745037140757004092710837435 40
108919934594983756706127409717699213954110952101 25
083981365495620451502436684311339897385873611306 51
247452423215425715091709831141400860264890539370 71
277441244066907683167085424057300361178690524323 20
544268235686500327030306501507748047387002402672 92
414480020515306773270191114548987396349292489206 28
971290478304492685380028314875358105997056148380 69
273730096866109888637890295573247377321839296823 72
659640999994766795576053071821618693945992778164 45
253696965812245009356458994432191727916867639855 78
925399696609882487227058690249200178490271214863 53
955328059468288469933578566896852991438034105283 36
938389808106541631250749494609447408886469083652 16
571068529029379011400101710418758204392619824337 26
156111356858417307628652063100312749714469978191 03
881992609016646179754069102972565847469045071925 24

505

4946583352764174639951788616905673265931633412458
4517825808244900718850178514288717667208311599555
2926726211782561190445950693489617572283250711475
0441276776575050868936709803366686786798668095854
1635645045670009828213046712442375802553358494967
3455027631075616185676110242006229086221786801124
4591564775661362731079617325234681409070011050097
4586345724419026620057736717904612327442085379760
7262686877009464227258685007163645957236063816338
7494349975206543190488268758253505156910742713458
8417945695582717709802752816862020313195443597491
4686549228763080466621431318534173986503522645190
5805451724237931971335479894431301843024011898085
8284287635611511359254505175900660902931753419723
0373166267631045526770572841082661953953967680235
0467639232238198895390409926916785915668921976462
5371386957697999908884131768915113743462702375576
3560235953212929513393306880410662258095597530152
7590711430726120998040611204959544702529022458298
0326046036661079078461456247718072122094537822437
6089208478369881533998578438358476233111145529449
3163589565451707434941008645637568236524522552890
7971719998672996381621378347132538829807661287146
5534783529714630139379788432298529584543951967680
8647708119996215817080944398958038250707113582707

8334780985661030080924836334010664378517170500867 2
8560572566582490063038166592502760359401420724325 3
3503290715340643720991049554417219296172851893187 8
7667540913587710997530683942283296170848065834349 7
1118140092278253026159348139475517360355840894266 4
4749330958461998620681292484299900690495309560199 1
6735927003422770580777725794298919248350750002625 3
5753826874832363422767248087114413930325764451626 3
6301415773729913585526476183106154750550543500397 8
8791534532770215960445663570306770661001920179321 4
0171479697167384697333397070560585989228309253129 5
2649427953618367607928799401770860176084753039347 9
1124788612396945329823362750327417646243217820505 8
6312100328081025353090522811213357690673482789377 1
9290836686403502827994706248624768867044020859538 5
3472413704692825937227528959641559749916775787268 7
0096143793390912193869911363019731897109456037301 6
1110976662442440018178065055572462339859256865538 6
1168261270433407009518008868971398949213194807654 5
6160954465122643149669349697436169839616874112409 2
6925087916495101225186752483635616057123486384689 2
7964566676498484647671650465612669908654854037052 8
1050282325415823196482458286149790041803457596958 6
5716578935991202692404754468625626567071441627711 4
3207057262320457058642548648538642871832592358827 2

10050178192591032186210252542906106419649321973848
22924672145088027677363100251061465898752818456725
92050079006099263317935029302633914975478998055915
98387407228201211160318474460731309264223605720140
68318740741436847356693028138596844963678163554669
04575253185482659911617918864750699221326838807888
02178150798752627095916528280767673143687407626055
40277158332846667905622524415031604568648941811259
99979503530707283995418800406218376904052860463782
20683553744365548569477836150626359899363478702790
90309974627721842411001764821590127056711820876687
82275764676994285411305424284697967712936556371908
11243475249918894104423899887655814909816313382834
43986788305614220699486564370563456816951020971434
23812653705290231148917416269759846890675493815136
88231255317855349374611505045803566781944318476851
34829172679530465154959807564116899823793686265452
25447682319382165559881689756544989847223360804023
62152126378985700273204797098350733847558808852656
00460111363664106953579734490868621432857776929771
38838668754917368355359148530578245719109983029831
39513757052525620958095401789769541394615172026176
49660795210633054864581189033232775355608042092880
79548131044308314254117564693796449370088051788439
06465059869952993456228849781367900568424690668982

3480376722839141414639383441970505255527456615243O

7031168939958640952184680068901136191300908934268

7828837570563951953301251801823500492931069727258O

570319664319775643414186491957095194411520225796O1

5794217433299871249539848164321588401682318015676

2205889033443405769062383726206054194708302698868O

8831940015177925067757175174593722384717722050820

3070415931173622020003881306078884009111773966418

8367333204465296464459344197685964281262445125625

7886323153831909565428679230834512402761688835965

5102882925470174588508778546743233541314358139890

523422703880060771431783425266802996652515958052671

3968256629757854112732459999634827193710570217727

7908830058490736336401316479936837878094275476160

277906353980263547708948992177734451897291008461611

9056912644584004920708308526064556605541887941017

8916027728337257152926339124809560002823379201775

26406893511804497791997323780203805484515346421441

12157409261171753177525342523126565278956547994952

49996613418668561137172657535761612467563936363465

85290219883593583139219249139341864245413593442816

60384057943034058583059516125841208664179704045005

57090151031427979014579958567197456136453537244757

32597176241622166560981547765107924332845973035022

14180191043778487240617468128371996146283916642534

509

8030966724024117848379051186988338391790267930764956491327966578197716956457475933313313426260774897136719700587905164110575608680390392686582634870634540551576313986167638107741445122594128550754494215952948573989863056847155351487711933227943103860066287606970726922388392110104220541823141878387002847488883890566750633122209205148078706136108428374406008904461466797371582627202911168422932474824789178968587778059776094181864431634002885026453644551355067121340118869078555749941020501202058436935943833843142118798496695796671231829694191171815804943525795240601837585099793437113088026402154288164434430672028630306124498537156718090967836741275202011134541349983917111725353851702142430673210003144137288710554407895824702376490475232030970596062076120274233173017656903200367749269422733032275776275170079415069130235233822952293804237429919553110013757008735740489604930149100131051482856386998429294173647557855294153337949392024402317194271602902312715943693646130477801570469751026061543356023532272713255237816494055253651889464983903451788574439635435801343497602714738438551198478108928668229457725753597842954543499095269077618698050126097324257566739651664186094335038414961838737035093807038010169536630461609240729436221133735537

2563179924520868182716706419610045069000178351 7268
1539217865847481240698829943944692847539212047 6967
0400891751698004473501340113780055210563049882 5434
9320679964173418381132082260661908719833602171 4825
6562393710727708004426030257864375469141406467 3799
8813330627498043404884443393728585142092907140 6931
3278515053469681273452320463635666300917026335 9763
2388614244380188240491008510158252293256556727 9300
9966171516757110370227909005772432264519348539 5815
3367620180430790663469385952282763485280737392 6695
4153406812865943469956911804724376608938315621 9243
8656410313134058911508072193286739168832381494 4776
0719920810354753884234538967326548496844080635 1067
1575237120307503288768536916612388601773535404 0091
0880395892751210025497166937079787186642922014 0145
5882456234241446703132303501281032442016321630 5765
3771387099052725968494087829811861525888492527 2186
0328952218240262829832327008176345561299714577 4658
3785472429674618246643849029786530077631593791 9644
2547839488282680655017633162340101463270947259 7201
8823335388133530254565390463483105173008497042 6153
7367640620330137906478738737121464525553365835 5828
2531298690853960026366890725505682714100041735 2289
8482171759994026807464914188870306381471153296 4678
9559318086512230266369972047113174786349052776 6941

4273422723279580870002598280525801378538783200 3118
0872150984623227074316277615294128040427317387 6699
7695548191538084277357093281373760561766937072 8806
1211955806890081599398264876451200332178564869 8432
0906376025629999288897307612477412283832696161 1075
1648915228250644546268306417227180338343173765 8197
1246395144787832000935133331865522233895566025 1647
0810190022446747793987501087746162698894095028 1310
7485697512863709006577191414377029675485623143 8325
1595038525173136644265502859810576418370704824 0607
3207871177055295453096981835197292941154182519 5835
3083363474955997898763199425104174380877385642 3077
1733254051976361123906352198949174390525500247 7559
2393944610777614131867655092406892223028644317 1562
3756205532535947588834188411031832605661608570 7801
2412132972749166000048992747414021583437012481 5741
9129887709471169331110411304646457319878710695 7011
3548766016847239555580887290897174691220369251 1897
2468059171125745739439114565180610608056378653 0895
7847735391188780952243969780018458236443954482 4465
6556278922902372298460832554705494068221878803 4731
7899183416054026859967487218008132077885533824 3052
7889525289709770802608507881752684419747475030 0894
4242700277303247293819695799127666762690253597 6229
5246233268788313894840039368170446872185101395 7132

4767540822323043782281750498121221849238110607 2004
4101737240292002257194762803149945154783344 7030334
6453163731315274916269277287196580757976562490 2962
4121342739474949499605804582887192221824373601 6280
8616446829421784486643308194165490980503506193 9353
7344184449884818559504965026322264508622520870 9839
4179516137292615631666411637908625996619584832 6953
8206406102682517040494898838579192421686509829 1704
7583952932601194431057299970094882000646282506 4142
9808857846119843850931743499331587540568461844 3087
2481690382849694454914912112838991744269803554 4256
6720592375940150852875841205623818670543118901 6681
8097178919022122935188742790921955155180888689 0313
4477084577771454928357845296172487465733320431 6660
6413022240780940992408614861966164617915731781 2411
3520858151699182455410544125676216433441070173 5120
3236836922470239475223198646809466576700844147 7627
1127818203706739477302725271299203114384513520 1994
6347089810581466817328707877561024420480747530 8420
4104430163487263326788345044502448423109177551 6736
7076052841051752145229349324802842648388484690 0209
9445286264641842034722165709568643477981110366 2204
2605284032034121534186240396136792653976305723 9176
7808239419738793739699311857904544687873150027 9916
4768258851740784400056127034280313124159400625 6008

0603168967960775267805585158444773757320409868661 5
0895683261795987193471910824256221882689002334105 3
9718917603630564713421885935991661004043119568998 6
6854709529630760786863475180887668213990046769273 7
0948474866326257852632299652649029047557265564262 8
1710673612277932681885116213824241463851419800618 4
8256020216207964774601224999669672286852450602851 3
8006176482634185967083763616017717878758478721135 2
4257127483452764923176264625743670922662113077335 5
5205683386054307054158740244929003575611165555716 9
9857931310006819332853800182877747232509141158198 5
0576954509512870720057652266342717714995753519942 3
7585201083275572559101341983066117809208403270159 6
3024197359149660681090192953878864962912091547913 1
8409276234623131144410252780158536443513026311959 2
4384614550783343687132109051148727123095875779712 2
2071836071360236141627933630276200661513014317558 4
2436447252712844828608334767494112067999001847319 3
1904696130141786043225526710083095029661516123391 4
0072324812740694337484813194585701844194851954609 0
7139625406959265565362319238294985722128612645094 6
3919495411072692219061756817721293282395098163294 2
3697312472408434620676415165837242952236930174326 8
4138741020941322315904311230900855917808980986398 1
1472423431259772730725874965450798846085036494035 5

6360642136024636725029758258821423970906963894 7515
8521960100567087576174342220068818401867828964 0797
1342119879894242005426232263910916080832822172 0623
8321815660095637661311507035253943137043847640 6712
5707365986370470574729955770563329249287066767 1578
4263974841648189874644206273262918091863456951 4082
1112621118307784231880550483902301823855961986 8972
5866375383685485188089002756723914879675747587 1447
7044963905966647638840555139832085110518086946 7334
4214696438893651987429294500796357933677630658 3547
9134409437498487491781105259529349460886960396 1792
3756363527056828663233569387547828496049149559 4355
8112337629627949110896272845630669590312923738 9498
7390646454823452653011245970936916636819842940 1975
7039611050180939637076776957461341673659491868 4071
5979940977492129514475364355705104049071822680 4775
3468921921922396655988926401383385425649428775 0824
0456558180339798752807500932132516595562648968 4326
4720950845726942676196203246524253611380812855 4108
0986138899323175276100059368274818919305726879 2705
2706681650947384411241352252246216405896697737 7662
6694722306047925937658904054510890872719669296 0261
5646056922347083077659724942225173449004958810 3258
7117349851293340748288962822868451406587059582 2088
5463566222379692684577270800624286247083910001 2713

515

2274669329107759578411605552325394275509600607608
3705334480806961357479866100345694290504874288654
15852057182474934302926645020129015228508576137455
21097273911088254049019546790225373255943701093302
22334353367924791554865089056103150920105329770033
11490993319144158254039376710385615125897084131515
15283217981162509440783844635992698248514779982623
83671542281850696667162662017616097056709486112509
35942092576725027370408358338931609750567830354428
40000397002028642333353238003083672757694716706320
72715632881451354026654528053705616337565756556156
04568397358211272334930266571373761578088814841695
46069518924508977614582773056447115603672340137375
12391133422213509952010356177643077090804473048268
99917797646876003448036444148641346346899950784555
10203029888633384832818107269920008898285719368413
89153981116763523701359960477679432735219462494183
39830341772752871973216535239747836661598830001870
13548007254996779481564122250731982077737494936934
05159261512147252409133124328535226609509917886242
06214707618144436516820590669370269728484430350602
52191404977551261450446572569712315957976429582179
68313207204976676286570471311714659716899414141941
55855279213291655341080358645394236043976346169533
52898463390144370977103171885263352978600986693086
69

84352639341843697031885743906286547106851908002382
4792265970669579691292282779776008111989619170 5187
6577047154804076234201469014747012300723672006 3747
9414652488488002186972544546370568600472326742 2019
6980822142277847213930550996393066658835120573 4209
5362327068335190537432350964241692802434924637 5291
3196824007038389209946820797082050855302650608 4172
9064678943292489042266623714939148718520453336 0509
2819272200266783545090067219293448357187400486 4525
8436195009455202553385301501936082754550814836 7762
9431734666870183989663273687066717388978381705 8514
3556166265753058934928379956883715661905117469 3401
9853587525067274615771754279297665411243066168 8579
2146630482653762362917863634478732060481168564 4513
3196337759745210891420642621077337168716290579 1090
4737837639993403176101329586566017868615084132 0259
9439184688026600919412070156736705275210446025 4246
4766222553796856221129982222136619496927805123 4613
5893880093787006445888955300930967808022056712 2291
1732449621946663360850150959491680911944318831 8875
5727288072604920484225726950234777273625668174 2643
0792407273243055492388314054863945929521673461 2059
3473310812267074435854430639051354861245846923 5277
2955595950816339124034488084615574831651102805 6596
9126047382200962429878618959522873019383292859 6279

9349844728509583416182154386610869136544064259089 1
1589698129897442714708606373440889508112079256324 3
4391216048670980372692982232485582499570894311086 3
7654840373752138369775403725350930868402408318659 2
1894754342546568199331920286973641687638078055942 7
2649094054318608688358706239930380932489377606395 8
8088169278821723284010080077874468552849300953561 6
8133698782188131987960915707800606587512041368105 5
1501389914072160545407320984244571124078690275295 5
6371764996922732097345339032749384224697177560429 1
2196379400439291393993696383431238105727123160165 4
6238186080341693779232360806484166851670088458007 0
7990539901913898692886788685012546791682529572979 5
0907781400775837291959525923077898529009537496931 4
4648856042018307248366816453488890061641848721314 0
1761979206738425388528296023984285540130893392381 4
1175701208083015541888719101171220354396041258813 6
8880489293940966294766794056226564819392253637168 6
3010600798228698905371847071955248636144245298398 6
0549722667381399271232326979135267819475081542475 1
5825957071821517477933308380538542252593586879001 1
2017697150694846872323977569602190530277291344179 8
9533284571722569595139398450080818550502846173120 9
3463323897674396686784116298253664412222350542063 2
3638997861301160460642764252472119953879776525470 9

518

8991387573337095875444606881810333079159233516940026805099690092016813695028758939377149493311215724159021236225154972698785804236244127487899865593145938269756931430554981795065314418668327328819513027519956721753823705715225229178899738983906301739917299478596473288245148057315766239727468127206928354685997204915820065493214263737853653777657763105425649156377280018981099444126794727692115095607280236282848806019820301770557360355034313476907412760284240702785624501867604936809217966663050628579192569032160921550382981573843650495683338819914203756320762894376846024766103943520229448101014041168409635222224465266984042964025300170064070372331719352207617831350035742568452310201544861847411294624049632889836405515453802300065762431476684153339805267798198723759552846345594350875975308122540783115285645913826698540619890759859202685372792300841475303461621845748488155548751802807500870114860205663005110795262621816509997046246093820030562461035531104034228743366878696989658957146052636013394740295502774288600482358997616032607498570471221845586671322714100697884695817126271499385898285859214625368691960786535613356845007576646743331086324711580071025086357042200427551027969222298288679505160390327842273887381118303297732968241604

68323692533434394805615130277475655642243538631283

41393926559729662026384969453375872939469025962873

88740148807094633806597996983165111929088025119256

02858173049910841216417996843252364020412026660339

06135644140131389322120287306294453261319831333565

41252058211952929321494053648823003371378130699337

52626752573427205471825985193439712284754974232282

54040766261730855917977487126298870022667410474706

11468698028702735148198879330690780405185216982872

23191317558377555383293064193433276705871185727668

71456496475004679237066771990706913870008711630394

42974822989518150941074191583828498300089051563374

99709234458126841189055720390138093744926726325991

47334552216665140583847415931793774701388310929207

29725748072689274863625450102261803654579949694183

63051852033485830613886089153747576814506890483050

47432310417567254445678677540565353246244263845011

25401588113376287922791445769993245490207100571938

90243323158180677444472667231766456076823483862792

13909238724304151108883374048260207564476757768523

13457857843464984582933624074648014159794645214350

92855444146566236726007057107442947148089930546252

46150539546672945745477522309885938349227321181401

21819937289727478363913024222954228322658127299397

88697581742933644005462333979847923661918522402262

5456201012629622742562381753005177632863755395427 6
8604195767584878682935658016484751646810850672530 7
3869350186544318606782117480706710238606132897325 7
1244782397944323926851468558707175932678693358768 5
4716034489616776117163412996673364505897921107546 0
1830123633360691144964188387934121842194935378749 9
6652379751539176305915964610347152121465642747239 1
8539650213163259112308165283502948681956571358874 7
6772396290191693199167768645873058755288747597090 1
5918885841340231494453516371582046119392953865006 3
0901968781148725200246325005859550973265666975940 88
0924885276626744424667263984945494096333588544944 3
8550708277866043263766955889909423392133453243745 8
6923695535840844157854104867882308876591499258587 7
6134937893933817239566126732645860588609983313023 8
8177066929334834048048944814411828434656375280816 6
5602947298876984895191128972799505976303277305177 6
9376782997599259573447528148628394441893629920990 0
2413580600242332685520325343646493589775270690343 5
9880903887764835281141728985220615766577189745996 9
3126904994274595857748900715017710280050510218508 7
4633374802818267238663761105936721215117891006644 6
0382809245724443141738580831441736587686372497575 0
1724180505564815645888269442413625697379292255945 9
0205061321039231722794686286895619967419234007390 1

31687938180418212831728509935919804705998908531525
50606111290296074552765416055543234626101670881285
1520318516352330546845016309787686886251609553 9218
2019384304322085788084740784823651151685245792 0537
6362858300472488949906232202771501038935424792 0672
7218039032318085454935230021570322404830357516 8346
1419504518377046131294502206404923254337208233 0956
6895789820800186133500506875378551738982296086 4579
2613460122933642789412934723737724118347105671 9947
4988132556630241748551125446135307313825080177 5959
0020575525688293535410332940582476334595489119 1480
0263059411228562902099198297089226752024511822 2001
1255715792407336505746127588382381239480241104 0449
0718897939017921349177985750287517112124497071 0366
2889052674505062509392601996539954670766856145 6593
0046721731049675699045562486633893772473508896 8724
5530867838193797414983908087007124844406148488 248
9613102697330738591249879037418706260010514215 8390
4088761237036537135202929487876505488851828534 2824
8410038398553662313376457670923704477054434480 2824
9088623220965866449859194336311920583162054531 0144
5784822337399509556817273414508503565028059306 4829
2718529747212853238817532400077625654889901114 8468
3462321804607071758237816362115737939333656351 4361
2655788243001838705978682745348622410331270982 4869

4442254632051824297733063193782880524736277279010 2
3657515838777044573638023243101059133025223974603 2
5442284253047639249936874122594125253442745719143 5
7904261985598032355410755517179602225731007940379 2
9632241778553617780508804949631587383212867555429 7
0688659515555216828508491818467151197608790723569 7
8603646204109197206493004123150188837770458311397 6
2918700923805268182097875166508952119937827049455 1
3992044479894337884842312224876272598929978895482 57
4664348575579264603758622423085401606220231239583 7
9396790618608202073848623338500638603716795394641 2
8279817191131196147821670008308089507854458132669 5
4818166386256950925231648219178221346241417591335 4
3797902834142377835388892059566846197981052319282 5
7665293832880911966876104818588964544244022054274 8
9691120693335345523517307201395279545216123690563 4
5572702560858266064853839180881791607076066138641 9
5339075346310423163143461455149546839215254571765 2
3017627907134670298964119348104686248731091290588 2
8693056154855010986571699431794832040020461502892 2
4283253987204035091938364542056806579819349237779 7
3992361643392328441222912416131023681238412309400 8
5955594392123890261014800241184367325721856692868 5
2117117438957735567136944036553418826630321967371 2
2047784613967242423934382065575710146521083904110 5

8025499057430927093659718121325372945327612925571 6

0338115993272951200795600781120533146361127222089 3

1150147192517953524282097046383536281323733050395 7

9921425714309960203390688005783518739818893141181 3

0306073718915536987311697604985511407637751095130 4

9911398393241826775067861293093343419446004710929 7

8714189848380110311027418843783292048283906220114 5

9245419765221268914531787212145133126779878455604 4

5615959524975452985753522215468171489841451113842 5

0814105501308548962342436284979104194400095354198 4

7829409880436504183375719505308169336254654866850 6

7659486021084403208883697917857456235888145994833 9

2712832581756647814893076301831884503175187702543 3

8151217217473808647418369178051185427139283059255 1

5203696154426557927433409517408790292846894847675 1

2818289936936963800520966258096309522447841141623 3

4706388675154201504131753538500081328771628081047 0

0188346896555554432576568037656735020267265299682 6

6884467810665749563509998596178894324430751583105 4

9771763453238063905820477318116208907400124014920 0

8019238695449202136793024258024646517698310567148 5

0197856958739975556787502966173286707949082756613 2

1638302579365272711723576493719772988183876501600 4

6960198076260717297338719586498709909968724717494 7

6111410147825901880118245361021522042204981976181 6

3530033988599978726056037579759868030733147522475
40075715187922016448589055409022006921571006776359
24985723995527632014441216849154357780055265954849
99851247978090199909088142554531420111741169391548
33148205738280414543627180464686626291373582349664
82875220896995836290036596212940685485088790079706
09715361504930307097144793566401490311205530808240
95024438419875824164708605864899073940687544131101
74450351946487233176746260249006611578886109716268
85032390425642166579301971423307771445355387862843
25143360212501899094526144540052685213771778766749
43223919259355906514401227995323657387859633667188
67982100511224848175402924750136695005047596708441
80126373458801066225304001850669818109719049088130
22918728763660112598163407302581325662620787942939
37730883405816982294048034393246806755200085304321
40538370368119674497364266432990337815352550225246
82542776448272604906490826977213886983755924420723
77285780670194840754825024590313667177787679458280
97120074709141033453979230407021247047895972416306
31679390426246365331538246802784629998492955829706
77703673617809127448651096131947837554214734726097
78522142206977441733393023758891545174462184146588
81740633219251066399862636936880015612905397748917
86922752271866000006486886069438433416956897619104

7931550407379069948054142393140342772120564176101918465198316227552484709378875008888303178635730728291876730356327135387492718627847836880270457848570870734728184365507652351170625675594045614751081746288865138894890196169187358664401789113965033124828628212773234149566257038143667039496496422017426965254125031386671549257792425824718393040622119315529395247295659610883491077311846506610853782237227650723300729864336816764066348271265966113355194054621502427959882603393437778513689665892077747703809123061987976754485388849348861517902298951335515131781694479389844805510160447538729346020810564239999565313294381811817949168206643422986141748888624688910910401578383578904647033850624225450915261785817209601549590419019808172498633323653239962035299833581288184440031231668441282092157103650031779327671655485926788764291194438852182338965094495108299292607756543518139988333500316594418749015738251515349117302529210911907594922425748307159707103394639477290177111179548387532454308219195710971163136558511133616779926745002254567461727026192658228096930167652635367978562181504406855242502063277431207892459280730831609544932281990578760422714125469899220372255809419313290739795298469074966884973028286127683424450940254197334278386371332154073906994805414239314034277212056417610191846519831622755248470937887500888830317863573072829187673035632713538749271862784783688027045784857087073472818436550765235117062567559404561475108174628886513889489019616918735866440178911396503312482862821277323414956625703814366703949649642201742696525412503138667154925779242582471839304062211931552939524729565961088349107731184650661085378223722765072330072986433681676406634827126596611335519405462150242795988260339343777851368966589207774770380912306198797675448538884934886151790229895133551513178169447938984480551016044753872934602081056423999956531329438181181794916820664342298614174888862468891091040157838357890464703385062422545091526178581720960154959041901980817249863332365323996203529983358128818444003123166844128209215710365003177932767165548592678876429119443885218233896509449510829929260775654351813998833350031659441874901573825151534911730252921091190759492242574830715970710339463947729017711117954838753245430821919571097116313655851113361677992674500225456746172702619265822809693016765263536797856218150440685524250206327743120789245928073083160954493228199057876042271412546989922037225580941931329073979529846907496688497302828612768342445094025419733427838637133215261

6298271886802877048859039816542665131221746650688390343880540662876132415147364980113225683524539644591778808774654570209538890575598696204337257885828876643040148602881347856677752231677008528156703135170869936872283959797761427043044338753674046103409626598140079595373380376608206680710192988098346461125352172626474614809062450843560918326623328614765717887367070432644964237558311181086135320630452731355013389325846980396507589459952787098686773661665652729409662709536189923808343523250645354065363667008123808431421291608489392606475750424360773370076978010486226866973272061313087712428838079513682325960493546269875478506976087090621394446709870504353997170682855777324556183385967258415295843880954100363797690748326392232269676310863039981067968923416082594660541196578250833791005176430719600669142267780803108635894954912666019682168984872798099736518826787773105328505919123036083903834063911365752938473873273964758695119039096129214465780096562782308548525764983192372138419858188049149140812202983666476256389535915309542442102381140094220105435873360217656075153784198983618305840809509579232887231314482568811590029308704194884195222515577142536019696000711634744743935005684563443769003357417602825549108885215323925060878448597

8816727896690263172001067206472074045942489005080 7

6282339720351383460410116855895150189454592283258 6

9990993583184838883333495905712543219713999285566 9

8368262705426927598788149893889555327752195716198 8

4675840926692371227242945252439825238364176386688 9

5023936487670293181515076725859767848492337458449 4

3089231935310651250470844594598229323390449455206 9

1951947530503597462788335698461320222129938974906 9

3428402335529626356027699332292725089430202063972 7

8510558905844300789720504880441292348947467288678 3

8915026228885291287429527504355650209629422473679 3

4640352551269544793314931432012374843865246657866 3

3810460290770251674067522547035447178168614852922 4

5879861896172324465895281971514061410121927327569 4

8471047837285769460924518169168799535580404984124 1

1049197574392925110095931428097659219158870146386 5

5140297759601295358470076861168292264437488830903 5

8961861126606849828180729560094573218650739506343 9

5701253548259150353689577146691650957644504336265 1

2511991682040885348821839921490374688320638921958 3

9677180721260732788561951313557657524341345366570 8

4865934159844354645376945359090314079655081066049 4

6822472145183834665013178906741103928036189001441 9

2600451772699029465191226253027545038060324885188 3

6047936463224990548258049577601974085448238309028 8

70415973120470316393483654892654723025152908040772

70773036185182519612016624249355133908758669104232

95025219622274262425667159298289304043119006795704

12010084094782659788365032760310302848431325642110

53477207583503146038617532938273761710329521381275

66993973744418533716325063558390500476440504318465

55050730408990389269936288620469402695844315063108

89786433825298791700659552819878337554177791762887

61977750252490672963806218479450140143711027157594

36540408833825817964419430833308599847759889176852

25290274578421689690036843713892403690325632174580

39652881882758186777509035040778567728215280374417

82855392463930301793557599469619528141809981603585

62272455412759745369637536195570980535234513266574

64468262355483975934275684583454305809159838250894

73892876921029768874299871189541517320435806519158

56132717351681114909835419221182834703657288674488

15599802621633472873434300014617603878659001368802

55812776602634600144920817095907337266610360736242

30859884385252469347359660993796975691783492560369

33896156460246531209080086702727847741561036000878

97533676639449245622950923406638335836132514639323

91220211410475837363815388273912015906594748848180

49489836365636223485421468944007752508002307778637

64248086281910281820347118317437303493344261779754

3695377194812821564298546505610964355938031147766430355133888829485169813786387513074991074046317672
8759532365533291265947640487356284411750797139047400551332393896195551285697859802047769760052520606
8054835205471581242947362801219088311512081693681709227961780504089455783599130934763228080151499698
8913569688136111051402341987841705950776564048246311888590148083377611155237681938306357143194096425
7422671435498184739540779481350877889548854413001331746125100043073325401075314242536243267779801060
5783400730462256735948868856191266923560123298435577265000064743197514702226705282803889500570021520
5390805702685168817909665359775812636888591476941979748297001132585765878572669679968003208967718995
2205029203490718021401691020056286547729600869263802729111469401471195506772843968772487327158127480
4285978103024505132899744107575415357075206103691029094313706923000275848953212511978468846423010680
4490373289192260583773886130912107117705877528703187465304552555815403887856524173249573697748876076
7011950492894183245918218070770062249502878998405996609728435314033200749819370748032083424556361863
1659974150015818925437235841475658435711934943348597563546491917525117456083081918043863357646830719
2414107500409488685010605996185014204586165368969[5]

5114758739606606076195171626252502367814350592999
7432365421787159533803175923627889878294913269018
6017961588736995835363153030503048325861920935222
4594208207413039779873837909064062124779703439511
1630488008217868194136392839249637892044245671039
9952897567048617902880627342384547397844728193551
8116073381263279174219928320972189396961112814976
7228426437027540750347640790134533313313245649630
8811571355381128154995238826309068009825704032522
4821418954573119471050493392745559351320420656215
6892949366468640905631095853659861276550296528504
0850254774598215669295127371133217455907531571802
0994325883405386994816409967232531224608321089931
5248992344381194820664316769432057280142533520526
1878287214890835065610874192721644374574088327016
5994309456501459953883255648240406611283333229346
4473822981475820213179753550555457762429632551222
6361396446854997894034439749368161016591941235650
7327701212257496652664631173071157348366699751314
8259115846143281085787581342173761329838207675195
5975541957172396642226764547465200211986278228782
2403645259902635461770596464704118323000965795490
4871371179156318995621081675428352688809117989183
7001510089430933502265509880417268148908812291287
8295210976641544476183309811369127897747712298020

13321274658985263467192662455538831927714499914083
41010595248725690306547673218555781410028384420588
90414682109669054337555206532913423204111494441007
72459855641528901216225842635255114707859555321360
98809328950696448376187763252594271087013146790767
50276325987325766791190434282627051475245364942311
69042157035922697585321023117194458974786817232156
11444092844987448122559723161679444150344586844820
61781214268917234825687477876627836168367743249408
77324494898869106311260038047886581813424621072084
55447364215184728768745937138298428035092082752117
68993845949109624624375453677491827465418467347459
27049744842547339625754198994080811398880961788701
14520143244990958695292621402193397300316065173591
89393323587541379546540821388091274730654354517356
64490932758490061726388976458421845913459045197700
84034522599909618879193398402889543235627906082493
68941546323611677529403826834623555194286330995651
26369680011564888048929462661936465231843409883458
60273058541333874462705453538350203975715425221285
25212821830130299332661790412226923870614682842645
74806844585575824866887213502541730937126041796911
24276481319974611402653413800502024718139556939770
26651364840094792620145897591381816690481772316593
80550527069076839774618455309912602312300839997984

10760478293851415988787247984223909143764543073187
65451890953265023109477426368636396795651027995433
04550196299510289841429099115580018885576177703373
46744546784876147552509669944506590337393015003131
60838320599729844570358016495399357568734065602219
92121815670455920865803054460810365368880519721305
77603369779128213097605368580630079515176056476299
64106247398349695899949168518709749894440934598359
35232634681288025988542531965131635958944314542006
81572435605398018596809437149428655669441490034911
15569797346153042368660689450470004538919216435945
62912220420454155483397818361155128983312621025076
96743692985516832037854186774223763371695145553084
72609142939192564006809487739878753639043132845210
95778702457216803676542536975566933769168937215968
26427575374494974180054169944270856774686279433457
41278193459750892923701449925344551435339662061684
61628694631883411638168732635660966844266181685087
83583022017268272795159491962988946547141503006699
41787908569445027324080377784271503413853735560505
07742961538376582005594222095940727751019318804644
24558912948593645383784405015959209169180992093220
85122672924749205144015172216109792122102691572302
36569349855124309230660305936577985029687173529133
44997241629647348256737640787833029427750736521959

6517539511732842538480999346666970118541311640518948949526554950081439314826648814446464020940783235393
4236123495389862481501646262872514068441540323241030381292120284342758340771587145838104201688625456
19529592250289375037943829260402097400297659130668606595275532751069879445414339965551619498698692094065915238201172767866616283443831248166625203883657625412669984546456630562695630052414535081644907959
14799096477820024481302876707249446871007039715991
13759347014971086244076651521471989330630186021305
04808607034518380062795641871228536242328066541232
42592970910977002929721219947444262285433086841273
37911626984752085482300415690572101220265546980356
71548157735251904691404309378893340797835766389240
7945831053809339861714613321315002679579725818962290576615119916240999193263215059982468159612035086
19616218514095538350773709738165512965135202631895
29392435623951453903175442236331306573901918412314
58942990560684292537598977918245736986947330423936
92337352111541335847620381814269245862206816051705
77372233329961192988887052130039696680004463367180
96923708853050360875843204027557567729670050070934
45629219875590098517416117101049895879708446952195
78481169471998915071084496263525467031605791774211
69382207722093235260057182342362393439411167924584

0915260616864130025591430568111117797082777361518
2307889385667509092809708369331327427004104019029
6144372591081348354917074104732302975622169328016
2770491932893191411149088697243890420492218758259
9970675643926559694021381142671289816729574280407
4685833698703542339906412061908925873490116640570
0824007649122612850101872935100246046182225683153
3826198069982118384010719482289989607372010907570
4014732667850030562583899804980719849773423190191
4724659837227207421085576954325059034070334050482
4226143087628088834201672994184495616288695892134
2341857679721081980546181583973331783147978139288
0648258250881896576169717918714150170609154500399
6398970448413092125469123200475844245375100418446
7710493477384411257984961966549943416890264371295
2680562302820852708780439998811778775264384182314
5761652466193118860690405132423239531733139514493
0956869460930746931416427616166093185970588956635
5960237753074830431316525457281206579123672849821
5753474555387547682602700226624748154671053178253
1142737172074582716509627640099158475043363431826
4635440264040597328437116507225403265136655394981
9050993479379819858069782186550218132703931536004
8153697632986505536587743634152179587756124518580
4830994833708860254890915258282377983668348739557

9870662763298057251921879145360285571773767137829 9
6157796051868521774624727977445894561254974374283 1
9048153508095360334517620186222460126046248802268 1
4489030208699540534068141543851849396599038459111 7
4586904095735814668336030323456446280634305244412 2
2099497111347024145602396931181520775528928748789 3
6396189283729487007933111713325796976022839831774 5
5775458612993110518107239694876579428203755884462 0
7770717323413389041519555404647557632702765338010 7
9265904501991399911148631955713222124599327298591 1
8497350132241737752767249833216157371180056909299 7
0080181244718689665787726800545551153681979719882 6
8480789452275424334870367231884210352035048530872 4
1154459384754965862009222207569799320338036937197 0
1186206867854194952555633246609115865504217061767 6
5066648772023067335212871229572864628593292686770 6
1307692555141372493400192765224853943270059561964 1
0907039162084403283279898661939875924646768939114 9
5031828083479399860466583725069502132569217564902 3
8876561524018521701221162127468589481789850286474 4
7787288052235235682285203593722441279936637967428 2
4483964378068084949230172094688777425186607959324
5371729080261399410969767654663409431271434368806 5
8920699238896633992377814747893502809437366027590 0
3646241613009187349859596342804784736956735049651 2

4278435885422229450338001132620039715846114551960415420912023544705338201478038741000722524862318388819378019216582103744167097585735374113408393955228578747068218429437450448918247514388781233455586345077626270217716576308624209174705004017086640127559230703925990257096154954742574332757651801896883382854955713228848591640290722819747439084329162549923360313093772591162447164874142268157619944324616057295606007775572712147755502821957088598761030861652699743456773684934533075310785509520368342153820268676367990480875512997682554833269000521950313002848256936888101150090070833401009054160543970501044880124123142517279266978094246624616089531136154168053097688007906225531274958649556987999188853625530061132458335482857506369488225573730403719252797800932401965754539426019497499777946963916736741873698798782505943711750613684512558358007146559799183227867154283537193419549062224893595622487235001596551595820360278287417452051357454840974327538257555219568073477789127242952528547537741631054371227392203054066316539460792954280119497228598688626209597057713657674576946422985856740408549931614689233548567863144181922122136886299706540317111527979213893436282996378841327782939509892054955684786747301183738455056131478157054163011814605

1812583181526609932668565644749486427236111006399O

2015319341288259832107369494952916086270297793904

236362515914082470343247036819246398275189526910 2

79503149337308998377992792454394116047159119733154

12320997178133722888601536303280053212834939228219

4279859554554166792585108532064032098488506278156 6

16214881284667672704162016898436880694859910074525

7530198237645384205604722679798456326015055493416 1

8925533263566771752943034111901878705682235547120 1

59829502893609563368361185608376927023150693340265

9423041956204596724407701136473169496910613049728 3

2176408469533539206481500583501825585103085490348 8

03833748183194421881309584774220376952264714441724

599395934119070544163630797214176855938286411209 47

1656201941013076569395469755996400829760053541886 6

178823111020172715573022550592903350137402586928 5

4277197466984463030298141183451832192932934662119 10

49720611973683629567033419427791676238341546392166

5589720671002110390859686683905281737196527813921 3

4501547568786291318332843345475807220124754674876 8

289818923468803249712157862218584652381817916033 87

6220544502610535277301691773664780882417390884452 5

8913852404189170539301360562050253228909091314659 9

75223046546496264872705050427985635524999568943548

4656290533528389052407476828234694425124220524321 4

60496911515995027451192115682913619877757442997508
19945714978774047543664667121836718639985938647758
48049737957431031355610692264889323279418862103430
30099671295756250603303590322176674941553563372391
16889032366927392379605559478222318350257576956904
84995783553419927080045371029096730804871931921873
49050957832790929334097901123050953551778787974257
30259126615147330971950212836644394579639594272143
48479182656385965253201950438972415926946839252424
21860380728712661664237383521768393446568942250005
57581315184030850597256194696235696507258485093481
37829283722170682289794264165425784454200928474864
54285138283727783813351358194082795357922839889739
91137735931487315643412685577389382827974403739403
85808905475853764692026568181661000376224592307825
36902831976059742661345582628952000747175198661393
48452285860670989229139860073767216427450218418990
68751282105164071420660638958780283243197758108844
37261383554629612460612810338131101281474830649250
01565512390649263760563155724150594446447578971934
93099102668095708148423810488418579255005136768429
13511411251757939022262587400884536416338712775753
02581962372271590742555475734011936308352925466276
94571481133866548463902123036916905804954067841731
05594659185983035030658313990683169764838761011995

1936625361388897622661650846673375947846630420393844658903846488347282284523795317069941161364108194469699672444074692839236413056793392301529191083607535780895440722657842315084058834195478235687997366218421868049687643075313951636703662637544391351854293973863930350473224166952865438439549227104700120921738010383576095311569449746487595685772393959461254950830179421864512497606909585532848141303982833219574415699412308393266379517589770912549177973118459399261534522139961410983491061840577367414824444133572465291503100508044625750253745275459855153929486042330214582807131173753191394089351712155180430170462205544797376696674789317309627148178043205241537398501695409051168830681253148680904395232324376023162252504388366898685706616530661819045685274746655871617726585165073415506594517561366678425907159518526492326611989419927697833028837779411117501447410422908089023660833919406521113932372676135978853892342828890089773054733631268033251710912983926148497000542686160299429609638488644406004910294550396652917023423634660650422229602109878588006944215698577053669844841086867310506963029609061934231606638748990018828949512561559110240446282053159377096842656480346033781731481405384504499075920355090644590990909144525972567149530282 72

6452152739661221826041346147501028649224457265765
5452903240547143706012344312177520657776455271900
1539533425054180753912191505983798526157337051622
5441197030788874317399891457948253499871589694378
7343737675161566395464762435208186531597510366689
0777583283865057523580501714023236204182085387774
7983029508442338331103745806536419079447497062847
0654767948296218866925906821760067313916066581607
5832842513862468330626033667954679124922303238892
5687728947612151536396030940627653119766901091138
4874054937787515860827573236354566858067490627165
7215990299218670861389689513737068317315680091955
8277920465055777750668885211866929765211039077863
8443369590672352028399996432396387686732036137916
6686795031121791267912049422686319695226494152603
8384601653704509259257880042440594434946762285550
5452556602069422687732189463339027671535820222547
3312234798566827028252459880123468395377635517468
1225367881238189199546378441270332418737376332561
0422332711844450749742422378266197046104011122653
7588955723849850576364804940924804011116277087155
2798840790361257278835912414460810333685676978349
8256973338399561692398900085029353534299965740696
7795021408519030064495477747354841168405510287761
0864198567266226787228785939335839702878835954512

3588076265414634051480829780026991158114186054762951288199430838665320484267405555510253322746134221993103619477720495243388211785032250462292214245695555003313775842857102650520168844871279318563741260727741141786989397154226727632286584861696775818739529467092943452537335065005696013460731802577679099155134503484158398467526505737423974714748125400935781953545973458470765007447097325493931035952440878024276669846308426444638673638016286511939259851334195630392655957116711230449799232117360684897591755826316223902262248984622865793572796249103764038231040804819749428592702463212739006905074988773173218854689364243894209649285664424617526423270727279330815571558866484163195316141173690908132019027389528425154996722430348902376328054372916139822725299083690889249738852299592377545012678088732611954616362090049010456572723812186073402918544779953528995921194551880521382956261774080412733037942090367807531125676008042604950740619056487808050234373558916155389927465633076200800996912907610063205373231269372796200739054334374622102589957213978891909703175501973559378692404636111602720633833840903223989418916722494065846038688359912725214200892792743098661635079572837905143855138729527112983667896161918139486407368579422616671178599051

```
03823472014009009792249130249978704003805414564064
29066379039225230449217160958905202817816159901170
43582891340913588943930495096599605113324294482509
83651074985148901512823058472152580251850119996729
09230195341591046634975148097657585419544419386603
01023932894081909479278480783045240452965721750860
34722585941757724710712442707798690720995580682225
19789986479329847328307793432374088524818024125993
60762807499552231046321991068299808118204157702024
03786723523630415869096428133036466253394949402426
86862576591833522241354102004887850569974716852406
72865751943425706257347366754736503125572083747217
07773173242611280307759065469239502290675828206127
67349847106351976446644271672093846156072556820379
13752094903953881686272030842192749330119689065021
85542429917425792226204508851936642892877228775513
00947736463000642410992990004593246677353137444054
86684875877715788647542882513257102499583552305099
04068164634131457314484939386983313477742735215011
66697679503234920870266706333426771215264880879536
59299373518992420672251194807313265923343577207964
52977775486743842476892616068173391692812463591354
94609645011156588572925382446911719755728510786552
98454278716583023412111155300074663525550482452345
41048573187791003476233058840725783349844254988058
```

4587627134845326920402256838316423222370976454714050912364134406361959220500003871490019578335980781008598886055972848479116532070874593435630802187162111489589626800897330821420606706376919309905812237161050163381359939183593187130304492618018971089282042610031614996598585966795900943374721233344389517882139213168961373456008847211834055370417390886550221553897742480597895417234353658614901584283694749006043088952560611138755438584962726915091086239755480590136238040358262600530735745124871077414263477512509773977309390725282336321002648028822972706410952010528838078676946203715639576047661145005808047717642728780013131277413244302723408851298968560383152465747436798237046012790757806089242271283222644030799006153231410207971238005338205305121911738709301983853679081734700155973475132833216025461225027248671258349531573900562069353295402359717153946924644274388027596148649412924752773374134950714878033537786636311856230615348675776706325490186829580038258788485176455630870877721920831838898622536779155140403649128193327234646410410420881109312609839618401855846370235435946724857491530908048594183126096729940667484419440084259832175480334598617400200431378508286183299756817765710311963158186599504906723797917873672190751564065343

7644763062170576698567087492270750280876724620422**5**
3538944741424134363110166436639699880878573350453**4**
6724540669218104268811566954384513391960569769130**7**
4521339412192950876911121752555502502270789147173**8**
0068542365030323737486778702558389059893630502100**8**
7166469785711805166173156702947958588442627198410**3**
5509462151000546726532666861744293511621047567390**2**
4197730966147242208704524111707433388517866626228**3**
8975950520312887201895235448217394782194244399758**9**
9983500607804123879219306567932572487287019768589**2**
4652325066961147397300880047710443386543722688439**5**
6825008857164813094684461270956543139557547580507**9**
3514267563138193621702422973187848122776831895740**7**
0484623353836216595868433085796285376160313676474**7**
8472565866092667662925760874527312462223550441586**5**
9706369989276817043499411681279792821296922692766**5**
0708667244800880233097892820355930828885978535341**1**
9785021182140046842505467402549771417333366895230**4**
9168314443762977348272050599618427960138243826409**0**
0540500505438995622032576940311410729669385541238**6**
1845341651357163376862041548822631196037539535157**9**
6511561579168752008167453622412708438608227154950**4**
4441606876735071527867361649906840791020504384460**1**
2308262194961869244003083142930447840925631186320**7**
7751264305941995949177170641308906867774638543917**7**

9381975761644681110663893235836184091595321 1635978

8090633295173261028171014866694864396113101 7175536

5403322789044470100197631212341076463636245 8309773

2689325932774191957149924498559646976173046 7291526

9924740555769815934966307737547040710403479 7497551

7710849312135392429329973675722029345975758 8025764

0391775690512155280231452102931304996533393 7302320

0920505409685661504058680341637934252197386 1293658

9718569331253741457848278270086059892165403 9560817

3187429758719191069327571217995208732082698 1863598

4600672764338764820681561136791228409737944 0355613

8714059739036867993047423692350310653421466 6419163

6140197023934232575269429902746933964408159 3015791

8795154429053346261410491553156884501255855 5000913

3220611127010184435006952174617306595986416 8810938

1630424976087706154578395449379187191797782 1405022

5790496722122077816023801492381294008546323 7140405

2972776933521421226846185978211744358524205 9109702

8941984624689995232422398165559046677132287 6361960

1838487431946537298122963352740628643961041 7591624

7182063541974356857130071675436810628538358 5873611

4148832792331046006134451413086470002471956 4721679

8552823676900196362140435649853331976888064 8886200

2046177902558022709496834234610834925724753 5445213

3926887369393128985048595882232814751038118 8809460

45143978036923529233651090034139345846785041229174
13504943706196058666194826656431821665662964560637
33475093289553432517497273791362242708239356455824
43273066007731554713017808401693196075223441839922
70011897688984844635055266072691642378379008047941
61768433438322845853768413811825116775638388925839
40201206135674469196707575278047069344581827691577
95686023249588411602895983784051152559797838818410
29014784762345089670289667288889647657977823069979
88192708835134933044589817086468179711128381820020
44197499117721541034205165427027031999846634914695
20761598650684885220316328732259038150648355010008
45177843754507436145059221942402418726282490356341
26526431192655030406320257536605315091862694230400
93331024829860919247004411577693505738700428590486
69736423070558612735640205404826776438809032580278
85087690994809257329017331171653054678392387839859
92084494944282354551111075567141794156706197119864
19956408981974696503835985600015377631978659426847
06532072913018346587824492507819878301123504261299
13080412937786711714417436494170413095998427749615
23852311952163541571620418554261725773289754274896
42524558369008052069719897834053279524962832641569
34156139985728673098742262140288518128600190846032
31750133307807483123616417826138051177933714470414

81211899591909802237467877728128904530357995934005
67204305644044935478026963464639719156600092636864
21734741176193906414540231793906317382851890365239
86290070998309862522489234371226060985810304095763
88510924389509763364947748584167476644141210442699
67768519849816506753795395453287080549905298268091
62734102724026108419569462737591630570306936049304
95517602916771452567323503367130957078176961089025
56901313383745115817342608720809197689623761582472
32799696762659491769689035000181087114738574349836
40990927933694547181562903452870089331778646260018
48458350275093946565743519796624693962789671332753
00103362167058028060203271745531773549327571281289
72230169431756595295821313773640765032582412095839
42276617489875728184847630287518607461981595309145
17767537614228781538324691582039685564713187068248
64146943554341864240898653402265297935042531053074
55647445859877651882708589209421996518670330660554
02432358530574124988971883964658269498141403272968
04009856740944722029444144102681929134110942187415
13282873310798232925145066107827921012180103111970
42776907694303544975283057095089336353333318510969
02389069806293571634303881507485149898279017106593
64412707476112985186817773137047234454037456002862
19167913221365782707024079509967914180334821962558

6266951974361124884659465827287656449897715944421
18234927551749896827448384642155445225433577710157
11153126469088386801039213792718885796109842454401
76035892736009257986197434102460936289896955972601
91902173807009755802375380835506211199233147409088
46814351990335032977622554102622476650244698571713
53572652882185686112393022122353021905162773569741
28634983540839032773548105080711638965572944766845
79217411209448401996556143553068983086120849486986
45171066737076918157254460466820282052648523358699
24999080595519278288145869413682298976929469666575
23038260343104885807605511708300919710119849253648
07283615697678187742215071103739953692766152452449
65350910034528895977702974277885415339785881066071
56894926213082779492654943621073456967878550687385
56113335206511000951672238444435331586671798353595
35764511966809574527400042434015440049062666137962
95747065274075783714609400233265567720783707945010
25269804793497599536312147248881206599950447324540
52956949161135437651275923571260142803889143997132
06284195468196885884175292922668864426214340633843
23544903587183699050534709475844958153940545298839
14651863181509397362332140545096908945353116235023
16264542428788803218861917253625798092179692510697
66315534866721289025535342766321179954188944080231

11712410789106391179138011169084156147104326412032

43520194668781977732716307048851095190043634508471

38672677153789281655621250931993308461735522700918

56241962610481528464045526818176983236033294487179

90508744856244052584667057078202967384386993693546

54364564447230044536227375266531452992196223098811

76456806767139785437916584732095046944304384883707

71865018432569270115171349496173698078242694080406

45009225068239337956837176121539057082385854829100

45715628540523094477092336799211584887188615244229

45904780396105235477529451843291821776470401267419

02556257847710396875503365299622144881793526405867

81333262159209134904418941231255215399597795265706

82574624076495486611392481467006572277196024957345

08058408702213078799454350725560360218895109924837

03313007661853085253912740769203896980996769175607

01484757577914252713802209415938774884940496468312

02572153355580648888199949024491248744387026964819

04561785671518215321421458688965726342557795756265

27006292978459645061748964253000210922479818088894

62516757327350029677147050327998757989962912792874

66075781964794847523920352226455940631262832484175

39754817457010657092602259317232087409327491400979

78186970260143742147863179385313081557116718016184

19885007706082881144649675351462171955213852392511

041984108164140482204424941782795380173574309636943649506351874820396050910708920984431416784064461
9109367713615057721430047516429278462760612587932649555864471865902984818220160210049977198361803778
2118959565168922539341826350103713632115778121460237093669106321911883916952705363199942535844908602
3980831429872436326258410691536617915011710034582739884502300190025577477431214334215609102142563004
7292952168051282215647987913148361230334611027752033829796984764875107530862096284647678635312023068
6050987180875128226550528198916999445054582528742745970634022960335685388694979938282801471099860087
0595684841215196473343476633762743513560052413635371901147912029922253153318866025153770683310154889
0999536990171736942984470666770482793224482341820656742587914678111518974774907255848915546647004332
9222039895064945277075532932299426267433298828142825568965733266786575619337195939080664291914750311
1328446751487396357728793429897564133604265814305092134813679852888292572515952463686670526471898396
1963598492113415695319863804558148479071780907869529272791840452294301029428367110839506348425063820
8555865392327654528622726648834185074874139385493074176302795550310290813677069430289701202531770184
94182091497923829631656022298361980348204057952319

38132665460972135883930448521662872143525751137236

84505929298249561147422682921830579426533469225932

52263720317019199984476757154104896916082005560929

38804385615393938861080003889314155142519880728134

67570939331543005256903783714451599730234429145056

99864146759503031812715272789425023834667263317333

74558809943544395003677567031091909407161141154055

73408848342833535993192144371060068593660264699346

57200936031623444263821514244283917159614658131742

47317051563253482379314749449200697954801646821898

84332759152807095398821268398936423181065489044804

89276848921854710676978861350333524498113861637395

73102680251642313394115498106267049750201361285327

16794506413100084685100521121363995839031402261910

80728990981630702063541311154226660786954871773820

21410547401402403263196456393009621855171291432652

44274594414418275602144551534404540028743249577705

84494080984033027258180963179652491735070149484668

41572546592899494762363700598048903965763138240276

94236662622690151478947116904980254949025258782220

68537260457330359730907758353931703088870854234953

12230318022928795990640501773733442130627431431286

15220905180899239090902879120512231186846024133278

60975002467507917126057740457529256436482325915999

31664450989019146148028600254823438719690337398705

36003763110023850308855156273942623157390714593247
38698502972134778226071168099600604407499093418534
00572171993409130820882341230507612352696212454550
84222401498616621573160299790401496699491727462378
26730178940942495960688437738947431540589473271470
16961985825091282157140530857846619186132280610365
03420039013081403792861284302253788112844894688305
37103303123570043462316590768763089808395415916852
05458809476237119278899074678575366992814235247044
11716652528910036053775597355884354254237465176941
85144707314525476876928997005954613496803973823293
62389980198620565056246066813102252036805483248433
49695689653100385237546675878567994009464253726661
50546757091298762361926700835987626785550302863066
87993922650993773988460839066820820662301246129973
03780115748296449826052470590020138856244146334105
81453363132825605320520059292648083031321203507877
66295846454418916953734242813903516292914225048390
36261444255735810748683489251853965653149819630557
12419995035132382195118696723815145833934908285975
59919669721704534304327316193571896762686397897886
84438861190418094418582586957960263456303755247758
31115431147620359386985073776707427651082481928976
81013385969978614342443000676843942075955495740760
93250167823992960045740357758333106586041155550814

6908508483995958616766251290531530322439401172444887403452240718053522187971473853132168896260285312534875858556725137078186863521169633110572032172237060467811950861142666656026580629084848817231556597264624249137466762446143719528456935221561844002089813015954860029902518858507357307152932312318131849917893637341453991341102203556541051010772435986055631748277847240137983474630972453826070078510252638166027436710934976867796097426453923241963379897682484422098019133054859645286814246290873537053411643476969647296675258300786930930798498427116879044083381863267759733803252682422433296807395064180671565602714268211230312342948551653653215269457610646824700707679329111011960165468779920874150621869243525586056608143500705463657282512899089865298827626568230074377036105806222664547996570037627144257157725812686825466294687239956406509728324077614389187704249767623422145130917936877460629168518390246803136439897416961358829185973655389064577513081193455198291814912845765152299640726298338964187393802463224707363927685951291328962522675690312898982088924713495701429446868226555957527745822828429972809777383212732530514169924655225066614655913575986554748942601571238087794284727911437223671115303827477533414242407179488602028340577593855

8604743995094332651136487754324221472663136485905771194353727858104371833790095179817963113508959960557056842175321440798955923184808524878083675500683459483934247832856563524764189493364922492977088581624231502049139804359044981004314932330105944902474718476398931631684443474047505681172374643921613431838126854709402109279571879936931386000038468514368458211668002182820129991748092639890989566539405829588860028274480269991698010642404924265810759212724690630992456074216611694183897204028455317073315231511142056785094965756120390076831567476272107045735661718784029626248721159176926327063591387678465536199985983182304514554009697426850377501200832133206958860197305121870854184388061088381433471343256668979262770244341992180768631001648573384040824075853991365579081178390854206293306812294729335597163936794620335391527090637206946734233815138342694714102439822438830866768989624415715064474790566932331808524642956292310160051118640956880068052259396549137978135636662786584825404606873151675168565871305305211587055927383753478689080814844722468403352770000119125467123303888615629669601587218133024728247879162197849116433286067222446352883105320858360458051478498520944223549847131411318817352440769169838170078031706833636151053133555

3309584662365539260080212583362096679555444629622348692244319084746391935174960159592862044537991279
2443954761912799230415844328912730521691240813192340886616809185433824240294544610170882751608810427
4721924920945394697026860285263079403107069099130922043115964504298191085799442609001524514242833415
8154882276758200364152510502790358004805342809230236998208941459463316935938990700155598350644690822
4449861971704430762869320144595156484877701259485011514053979796339301004384053190679074364712995847
1833213887110909982356672212638054868387418940101075400137881018393159148808747865878795001515539644
0761625775081863582179310117261440466688448182194560440513792488319715457124384193438967247551444236
6589364718518226071883638750704592945198112364117809723074340955219414052446422009022216668654835608
1018514431715550874520307066813582038843521549879449603949472960654708063982456273947063974406405137
8929533572858668999008599086906703943434870800817607140504325690320088153694716707609996780837875260
8107329924794981733321395318387783282359167370125831242890647354742150887825514984141423501301672675
0821791110025579725174276007393731921421039260329708107698190589880389161813825799144434322105291569
0578788474582111038266054989466937643057282009457

0752925336116365750936006367349850284388726581710725994107849303081301175864861158329066057327427060306999694824005860864033250510745707713620352068864946234411905631680698924069541256556398194247188892203522432260972317548885317282667739103757237101067393376638089815158426760468520362036724078914901879273556180766175587818153830714572203881772971875938956629614975056785345081345976592828371823671924314009741054372978445101625754395876245790382089029349315014810483645135388892803043860369016426589231622072189666519355916274979550480092555159519046186067918808187226970297962202088800248778717791258102117894250727613197954310962466401977209723226100268637455300186190885982565656265279366085407822811525155118261704821756956154162785139637782479952394359312469752436905921867794263833307337392092318903473965757396649098205261877270846169558736145592952198126893316443382397314238472615945308852540887188657764022385105108797310172252284529976947617375824995263247141181730160201833111918112228135088569821004818161146167604851873699956114717104896951452849696758125834536129780347732313296535965223906335742142020499047977949714036872153280706435798771212837235867186123284810142893866885703762072348447967592914421953864220121082077988765517

1025031152937169329199651538878042516256025746324085042288449977623894692696315286572937413430169360076035329369706417827787737793065010569739456116219240336676403090783541455138316434889449979237557815875014455206486934713086498330073898088056894346065207348759524887381452856331188696637177260653929012996245121362161821249758551092460860670329278198602652523263228264835722732391838349258202127593894057153041127362818836102715025364815499370099624982612448826291798672824976494874375237721882327023286078786741446467607560018209489067346574075767645525563642243021209167963726132117855243254451672661784549610873790374606632941769264634585023927554463003063866779511564310976617009500805367466292149031922893154613447952205175673050782240665412164309774725130449522884992542381654379640699109303726768644369877159674558387881782369993907291362951135658592126247060512379920709844530680675102192359762580382091795994036229322416000214494830694988847984025711575886642601488261724776092275527824931800612454680443270369494280519969324740567656213986896794541045778067938189867874389603154930808754485087084139693776973877043177428658169640187113187555513983743414948043673850691099689283408455486588315078298044442921781351968165206545962885924899

7217333292060737007254838521659865898890770988354 6
5950445851468112519578727298313561434878739357789 0
1650631075864406944483973846508885441240799357171 8
9272387604339267541421182404624139090542938706128 2
3904674491829046176385817767365973869331068507357 0
0688392261440049675224410943938679474310473017573 5
2214306870791138992751983374317080328301799688937 4
4273125215821356317063512194580243208618521125215 6
3609484108627492827688256250168628994059815893041 9
9588164286788710762011095607597412872305221317126 0
5071600536828028137772342999917730050094327364174 8
7408931931722894048033459985522641089298221544911 8
1471363488518083295243711560960510757651097870387 6
3128124395958783094617349039834758336946605791545 2
2058959144056918656096427650852458957058774828812 0
4132612392858948735235603381043140003572891237856 2
7432502504636500743890095572740636949446188365286 6
6054372615245417220582983085096593648284195869616 9
1157259324198273583245853831440167068161487347508 6
1264875198978077618791749682700117124818918466138 9
8797807611495726137823984153462245734739133766906 1
7788060546347492480215010001624112121713945435621 2
0000272927378809068638911983351608116287091044323 7
3070159783768052842819095215390089954681456048093 4
7727238999210771270883119994083118190220414788829 2

3964542865097988111642859821695566288129031070650000093202373656256754844374179931102181762310080201404616668489913449894241224497019175557649285423992397248206504152537039228810588634119197203443941487016575998455338478687656777347709176671468038236731340163982840788020534954683295900144178046155394012922359304469985445894149744390975240122331342354965425154758972141848937914350277894140168852816498143955298295540112830729059554776122500088200251227256136937374376926594900873746044344756874791717024790073562716781833766636490104058900490891903746456201786773831536991028400082287598197485352472502014372421047928487967599705577863311114044746980788275213095399080803117091873922137847363226332007664951635051082589788722053445147150516363923455862358747744662242736212811092579582876119166254153684657318540677262662818074645612365270570261399929161653055198046526503055454849917940375541108398913905394966914995624130865765744020383965166355787306178906142079724617567147885358069361700198445798435091165510200227365198453484798249644618744625830476746482617361233386321767888312504912779200926688484238181854808972739446180692274654904673210947494745911730963142655993105118144649849164657348892990956236056918074537823430166274316235950034507

3718679986930718629506983311087556768767520957403 1
4348590022881123782362422610194674169308424929581 8
8229097115975301249041505839344052802235065103086 2
1844597274035293927698964695385469623728428517188 7
0062273433716976454998828682355302327643503763520 4
4233031219185947358945604266835449612689909240130 8
9983378701351245239487953845969039342470609246933 9
8335944514283381668768390601454197079224731086282 1
6859276547233642121807873842997293257587252274196 9
2110088899483495642276964023114275391244744324195 8
9510468682513841571172266308178034083469444691605 4
7679329388942043396620864727 27134058503469476983 7
8481116592561577153522840427648249729162557314786 4
0882004014719734509654777030128475568141016328618 1
3732440985906856266371605889070719967656969369557 7
7186970008347826798465723983128062485664119583559 4
6686463368241014706634969054555589265162962210076 8
4166189734544232485587531576541157523508244197744 0
5089409900945155868296661067096709024218856726351 3
0220769461647419610124835004883243990996858554186 8
7667730961363628557499053167283427905552087494170 0
6678209583055699624947773343363507138316650091609 9
4458603070199120636209472616281628154305055797300 1
9787551337883522833593019170150243774923829395637 9
3589629549538010617350700506211537941161369245401 7

561

79331106731368079062915857711534352906341740273374
65251218836939159355205715254803914101411607607349
32551286532242006682870834932947027112382304481910
80636701705555168166051617085257753897094270729668
69302260064896574146620726150470861373723724645325
43782557590092567538422619308420193014170554457973
75197530047041686118589733242245538937939958889725
73965585786621204211377058501004153632473380634849
30878170556606153341128860737674343207140406875176
84530102491894478822892467092476454535781147272683
41198125157937479385901365363192228537725907459494
89165008906353103732934604820812754766554480334689
75099417337722730080088351386612163960876950803327
74463275202112383366389075701736586883407143249573
76376131890231795720119331834684075713003556003589
10191442671794848640975070348915715578801216721948
13174243874698484019368355064257538885953635406457
84595258026348940536848524566120713520282183609121
07282448603570984859862149911072056038245919485982
98235436647477244318744362593852443193498859769508
47699830301144277916640235362440694889364336665191
20633002270696431428914178156515762413660679408644
27739315087645327820000514311441693845021360245385
95273582412808228405148007249950595042158198022032
11911703806022726228531527782250798281601848480446

3884542381877821710453476165937626072970888421769980440600360950716305937923533727603256790842966377149031844698075924229306159288757880937545566441609888103227332432611609552152055865572880841228200008754923083828398024930370185292062238770987704278101256226828645825820748937450657346805895735712702446993304075235454486384826117949774906522988066396915491619456757341717414665666776155891302285172493749891423154404203600837602319326891099755462658514424413069169998816280890748596904830687724150091092482260722119536627835626888806669171455147204065469867244613418392754666639492422275787260538619426620379390926492695130808143167659282504876472104863583938056093091373069208483881377562730641491551091108441252688428224477997658280451670887896100155962325457841694603139229878054528721555967498040850462270826259860992156066567760591964786619653501186103387301206818626988983175553856349333496203625458890583539704996418141434400220806029988614134685842391393401535642324721425301428591205657638569356277624708771726378207859531814331466842886144057787948439418544145539011896337566375370590242787878298698149149790489982181020529068797424909942843227323929273792293589493756346044711741346181187637755675531713533286944678866336852529977913388

4062520535576727452268759094250269880262302902959198007187271543905075709204894742788081121617537057081777860657232739443689675971961324093497733807177485067680661100024970948317758504896131681710471576013281159979796697117964893749365801828293146885326670686356473845919381630061412473853884559004582927311830453194923750739495359713935327341573558516210856392947218980959393414820835849569334691831189479801443321814633528391077662888449608686963782651073755036361644921669180879049103339948482442207474508737919354745696156441020723233200904265039496704594794672172322314104619778179232279689115160333870859699947512842805010007507936666864488336267250377590252110262588133484892873136664049593470280206296700557077340622029755773349891842778084850329492415000656210226872992169408430237869071121487459408905047676091555973770140654311513641993910153221693197750605362646324562937860104085102597225325173092650965923479694992248331176811659480608800082618923704059498077040017396745821892429548950716877133100103978515335345314710685957094450605373359195365861719631497006018216015116781644587779937232745484370216719698324035215895168535513924782055912827961534916630151458051788841148097186706984272264732539627856885621860135755148025841191 2578

6169815402760912705074195114039656379289828828522 7
4086014503953521126538953883867793995172958629270 9
4784127391152433112925946400072613464924997268181 0
9451514403360630052871288117634557474400496852423 3
4339885902991306423665017309231172549322356936462 7
0826473653961470193614656488082366385687127431181 4
6280242967084161021875899860964969235031298244682 0
2286241015811833808695873215776018223789618015767 7
9989263352748408957310408461068537718696398441318 5
8461150414828730502311806695986341793389531746981 7
7066866352511778784457585311149522528920915042815 7
4922455591384711330427158913553411142349566732404 3
8530735724622868469222840837937344847060291693601 3
9930409506545961900308183802527282563082209372697 5
2752989520766338895811003934670501955027215254070 7
8422203158690015995130826384841974877768499169239 2
2196537231665447574407641010099650617126279590178 0
9881925888477927081016545937332535284128020075751 0
4825911652513757834010089518476852491018622117355 5
3486369698415740199556028651242236187405834090844 7
6878971542125953035591327072076061508973819799481 1
8563835674506257294695134369167891826306650795243 1
1558263643719976037744462018791016135424477006273 6
4765654919626761644468077219092292908086622811295 9
8849247811486715342571553676031195245475615652369 6

77038537047688660469802138524803056117638206875750
67581364128628780137765140619072670023309784587766
91822833391651290787076086693751711689174162769080
95517572796980520168210271626213606970604160915617
88705305407209797684930266376389686627360501139889
88367335913513960315474288974713854169693929318308
68002123289632959938127165372211852951450167108432
07469420490209766700742282746672221568338634130232
86091104602401561230498455914095239210460975654364
83444615085503749970595533666022134626048399601227
32736419106949439922465245700052391362273333832849
72755739335649594315523090123323056343415235105696
28228677882109308461215686611444387076095828406715
18753498089714331027439670232072868301053055854740
61120710903593522245318973774892872122393887443165
48020903900810810885266922772461931438252909725863
11246157795502759822070616687080487695005424198755
62046699274663988639348486840142233528728214440395
47842289174547658271945439737217167460006085368620
66597343051524283327289391251077992281717140591722
36020738527892642080373792927864355780211583575735
83590602073781354710814495049045918321175530154501
98368358598699232679936322436043562460202847050065
83453866926334314789829914678538149164332937337706
47285611977754717802105720656241678062049249605068

1014505544400083691585386399196405583027286332121O
2715925478049198906708906687151219434944169901581S
1216296916452965667288822617346469987438060666365O
1254919352995156342670614836862978791948285828518I
27841377026940221675580682835676215271251002722532
1755011753916761857082441000569786355201545717750!
60983903500128251287302913885175974609715463747851
58162912190028421493728409410165155706168620646222
07366895549393145435182266250177371479799689206120
65325275418413914476113922152134614069286419355821
65447967025369448854441712394333499860298027098502
71418159541678025432450545151692226883222768070584
16857108824894008108059824363880693049401400360540
58825147274558825823285297655543660060976141881745
43950683518994306440767709734158274975433460741103
26888197363251029598689127139183273239406546776520
57012685602158373854658756251286737197305200835452
05711511563796715242285437561231936717685670090063
73542503094551019185119622995140325974379209354374
20911843155116834985132549158654381928399557383125
94536724825067114738962967299087888584888259970107
42272525040354818049628522570520823634851226938315
62806728367147435055983927973260668429507263513827
51041974688976767259136901730651236573171953243101
28695610725805283363158900958266984173539638487201

6520049064906403549854492372294274183784110330807

7386940393450466333220017422240536339407527505982

3574910869881854105227312991022233397661253324690

3008027004902589119786609546141221334121389196263

8266617865561463442108132633077176078663806363424

1909183254194322747324115237704877561380927960483

7649969536874851130880706247612732575037665910783

6587857685506619883979458302690860270196411220225

3660586407392914387722598907407359876447331552706

4661916708199094210860851403328060178785143014996

9947363423662222918206903244530152501557857601522

8473671518234944926548288571797699263163527538455

6557644067754489066824899661345595218009781422086

2688630564291540138296534685734899671972420171760

1456299913025141444752488487885952192226843723645

2964338807885110699339769612778269162546309732353

4514622641376521392975068099247765973472612690939

8722139280745585647099981589429668515562704033660

8762305340310983459322900126983226920502201581434

0280800022365801546328825529047068250736300630781

8956871980940767158512610334401938296271880860086

1697072396703943181261309742471117179019857430123

9075403547165062880512649200956055134533362029263

6649809154087581763402129960016194911103493751576

5887524827214237679726425642697736819889088217226

9265553049872479047981000650468434265519305954846
3515965834193256019953942725424637317151517635243
5140380742442385772476565961524567466993162860282
4855040685912246340769663976942701366938829185607
7582008669438337563145932941714551996669772822181
7062090620349763171208646603060567561493310916735
6869262998033651598521300888024046181683318608779
9665002779221347601161748135200060259895150218963
6415385131177521071464107072577934971822527267900
9933701865961579327800661769111831676147157964648
4106952245376114568879231150886303623840717691959
8900356580754727010719916644775922773065889611193
4275860246657291646477829595177925217284078607443
9511315658116636186290447363155515655823373410205
1097055398105511858777484725531770169456197732740
0762746629160155781498938499154800670015880287271
9647788555334050152578884671964802052467242449395
1864372558440999600630630028981857811273531940034
4827534004296065595089225351860155422289176429463
3097283905715525192200671822520448345695728302485
1587778354371951268596542670816960798234661679259
6073561893989559028954229820069011350119992783370
7617540712583480582780681238942856193111114132504
3316426052802330398141690067988980373760320995164
848905869936960683071012317961526692453046492374

2284627990824233479833037403445017864480398812755922590204653660846910213794842368881452629696866213566476702014267253205644350313117144413771351467367169726545226546510614403820274351610225460111162195775537690901298148136883286248160366899277390833940514714338487476920116426194819239644946320044638474688479111517044843919386765303110082423870498152452040557396205818316248694503295350919858056458989087442568312292543450747373415195274236476418028199548731737721290125242144675404294585540242390647170225700446424875936387663670677479620244276809437785482576651284377690093142098666071018708703853858933104377328530343716889518480254779912733313963366725069762400444399984287154827354002136228003638783578086193032813099949059658918893750753834426925570332089037583246284679499477201616184924480670726066423943232192320717600372523136002600793811788852402504577314925350249739942544051399099724277891851189238955567249088332253210798862708156400032252780315109766866228334677738349417461225894542098000029093296907437726013869091027914062598515250597766818440107816706693400075149348285405556143047553911053314375746422948620974467908447587646836317892773085988511135509579474495421862986677496696159474444092731132006697861138085905453176264945901067

8196971498613994922697223384527051438093895135O464
4375512254861117089139668089366777973099438488O861
9331909104357860720849673073825937923963599328475l
0040727279386262716704475407571920250393419197254S
1894831172790246140496689551790799869102537648909G
4845981670901713935120678283957996122631197331491S
377818343384193185236753866290190046334332853283AS
418249210719160927673080132353694726484892764429?9
870681125654628061172604607332191763047412150640S0
201789320579568760510277525053043612227O9604675845
312738661652142419408683408375891400951141339295AS
77OO9473174811688536409418352861099710341672355817
860282349820203149986794017404171914028393621O5194
806048190182451800817013710421974592127984O4024268
9630053355368549416400863921774567695344586508832B
629821658460164507800003598985212901239590070420ꝛ6
6074498878506271760776222550606390745319477188925O
990S8100936729891954099576633538658378098044793537
799187712142977461976409472721214023532655177723G1
634196607437639153866019450177691400624068412731G2
9586080635067629377512529343675960734271996751352O
158008737395483897343990123825656829078591144258B2
85213661692014029900413146213680632352650865411218
08474998758441118362909790891983411875376649604809
362648932910439059772563295581388776744695461815?9

7870419159755833500037728672460735185350885495464202930971585636949785764048374150555809918840209343333512819551455518573334888164916769442778240555433697731192014372254154192745059760137984144373599420287605255571893780411489261257983036183801077110050042392392644156922779005702794740136494229184793369253543248404878023177744518417795835582575476184254957539587854945834308480441737087984926741952893230314895899160068542287957892948159000683735373333333863813908420994872551172617108729440888684478508116345585269214154029967209886937158862322203314855817426826359506893623448134224737869394609232566007547212567414103421849013118963967654732916742471899342433028029092698507522949079709443009238672877439362551113136287615919738324134916722682612282631277938117508074089589439719002542264126649479801764420164541588131760189726596246144139131920678503524638306577640165229732047089201146917133722878630370384531341942644142496649844744048617738513529373108099859472815111736507191398812693074826906140392864227662784943295588285938372148475070778355119896224911955882370450645820056101702053248444902150229456176556185921457439900955482294137515441361329150430469141799412246093381651362627902827884213812207758942403884062294331727989259418366829

36792596042241845941770653019548643948170335524102
87470447311715070347750834323733311632587672763683
46858444865625391872394608273247135004489570868031
50325038676401735315079400345572855037001845602769
96150615682914161170610461617408248462670335189152
55188248212726007259576567889912567870201497866790
84710663107487646730989091471979879259859062573364
97349823503126098309873468616273935805790735490824
68304972840977323811670824915163734680870510521919
17620541698826254760544581771117993776778696542169
92578557720426344244304207449548970339043450720611
90076973635174019526563221392825831205282400374669
54590928045259687984608140870719534254761388363353
51191121441431485055201235813806264923135383387675
80918892379758551573203658831762424116916752381458
85920751640352366843726791759063705392197981126597
70811394735167196299997052090170907589856916389066
42704235700744502775120104903948148329457443809746
26035105789819540763987060787581774072491184506978
84299413834206081242839014881487259985418148029294
92278783243561055491564109174887706706782011985910
95890983868839511718380134914825499274914269855259
51776536126242157266244889609614829797030842021051
60279671478561594064613638247758902011025199234215
32100601752302574212237542107495918728675189552155

3299453226894251884094228267577442227552820761560
72771039471825668024710660677383120630314662847443
38620474325956850568928716265329083278784399650716
72422061382945329166004638087256305952415328812093
70099229896006981396279686279567635198741824018562
93198492262333643189930901704881995258827338807953
26588514493938124115432732058916457864229452684117
51880818405095690469138134430778489021148797121162
83977344305484614980793562435496714129473332666422
48305004364454547027491723207839956508680187617327
03319065657954753952069292520153070643504713068812
89032053854556398799210109566729828730479466100543
16358462344874415554071338143234413117884241960190
37028686962422762465024004208137135046401599347205
32755679503533906712721617790603021623997804185763
34810054483887031730716255256479959999869353196813
01015629709787116730696494027491665726749434320813
23146138869255334949294118316387788990325940109341
11572742980133181457828168791351424395578734205915
61458773689880807917071145511547626616820817775747
24842787971298154823852036895916524054373052466728
73130301925829524987639320985731209161056135722017
63927169959868610886760613384364961695186548486046
16848482407438381180741734222448394789399827801473
42223057865410217729264820914094850350132241515599

574

9901630714781485270516144322582547801434401095336 6
0239362642493138522940547536416836467041574300558 3
7298470401814557100296962346985059977885573699802 1
8223035492383187976298941569772123638440889178927 5
2775284714477621892057425453151037479977706862362 4
2189906303096282211773219708230347745455060238585 9
1140389896916662207787683260123961741999762365506 3
6326601699066116890886877413337809195161497705492 1
4171181911014954347869382062098082787895731327899 0
6002086339112784715368430438149815097030477088688 1
6359741925341341221913962874578109934248327141091 7
8276317654209631250713669263658821357511998754011 5
7902802850780669833384183382667394553683196565717 0
3194629336410927266727424499274732291380098357445 0
9134079930856836048467786653542105866800521154264 8
6749723953793642156653587208185541259819454742751 6
1184169366255632419359158569508890535314121833662 3
9987802211504245660015023646910815997419202544378 7
3610226712941228298888053367943950329404804961677 1
1072878810316146773037150218352890241464817543095 4
9059448875410425016804069999819671937982082773346 4
8558158591077617882849750546856791399040113845624 3
6040357440246191237694402200760421433573387260392 5
3724664089664914714654730072195292737417679613565 2
3306780426820002423074121866748669462805878878738 2

99523278050107066101385402880119138557309113805727
55893681940309380718863793758215444351626559912030
87848205239374935189559715815518280481480783131053
50968235671612355096316152866585785901952871775464
25064129849451057303533243348909799720945729170095
87840832214044050147411438170956577125267157798170
97676384786420648761367939457844238586035649664463
14013104866705613462769017492832290043271120819229
56415894815282655842219261890253051381591180342310
88514912266539179448174339043227005068742888199670
61960688500673328353614680498596081402879119631127
48254664043703847828840079815791344523210166867374
11212944968134510122379842940219479469166481503124
31873969119602156712114227943068201040876756809373
89820546842147856014277688201880717174141274936746
78175132277109046730015309467773069223290953495694
49160116904681818272347781619751257278515355698616
29220291884745302698301566387491770219476050941748
66841197276604440854832975049890782580615390200301
03521802717920995081783912123397007002783290619371
33682183369615408265203927161518022791528640768315
03299740609280483105062551572262871313276818247801
16915493786248322401723837072716088641929421181718
56467481185694008705299611314105945829387033052862
97918826493247420179551244232947629034883495272292

8308040122263722761102752038001209375208856240 6453
1125037264015399643712337079037439512032028535 0254
7482779809303020219663250932909448819057451029 8521
7283069962242195471016519393297693706545763334 3243
3256433136391221083529135557700812650539793164 6814
9451341207512188350547396859555387809194737465 6627
9031868161713641615215540774535438041479845458 4063
4474745085680280862324126969399311229640560327 3109
2793849169187933359614853517001814969826164800 3440
2782281398587901486285212867461753848503480683 8652
0168074767440211476655696438739675796644295886 4095
7755915419261507196653734108170649748222041913 5035
2239320369277923907369558805779975526019030814 3550
8492475981857797980298126412519269808310756574 6594
6935112856279759057800341932347600136961144729 0131
1372932651887731467214107412752210105151558657 1349
3912768855730064565566635935253545094573789688 3580
0277072108075468519790215677663559608589952449 2722
0497752998154586253592955688586552190862034885 7429
4435488340176616830553266024583599445433095297 3620
5642829474539664101759387807875790401431956726 4450
2565389640520071487068537065627117466761571918 1064
2280464382686780641781701710145579987859492981 0286
7487747167901743550399316968352859211648148786 1286
2891163759927684710887436616177623930982949823 4064

1378280711217412378342224144069984863288239240 6563
7743898084631704339814190170417704585646785993 4941
1376710185104828834584759112985991132618063116 6520
9771093260254577766404781139798120273962790521 7807
9656593348303196386372636054817261754402626843 5726
4514741114361974748853281352543231321040655374 7535
6091405133576448451265031599499398475912338676 2589
9886282674242141065631702826842027427753547852 7849
8062554779673095621350107513570108143767120973 6106
5693389811287700643950868226352419579899875244 5315
1326843577125269551165684260624979530056413423 6794
0326869432022127715528452294559060131663002332 9786
1842729369705425640895722473147960842279960643 1211
5572289888413406901570607916985539706270694986 9226
1315505954581624066542762653609898824692284240 2217
0510920884522641938004050647235141065446293973 6295
0062687069185743503468907870252668899031059030 7332
0209977070195562670800784214175004024877643693 8270
4966754069144895634000929852354991296996046540 2832
1299512881718293173380258934336088863956188145 3054
9363321022467023712349079740681256872488335280 1820
8796868376748932865951563500158437345427148615 3424
9712522615178086471835019904993217819915535387 3785
6234550871431390503843286965138769032905340152 3842
8243963913256867292722487084779696809273656042 1516

9040230075017366194993585447144041522141064749724 2
16152303724661255301796533454354088980086901630718
91588084555221984311574223129451967037586260587762
63336684850752752847903442501653764916331792832073
57204363149629332621719841204149693900215789875840
55068836313189782803270681820620114709707824647760
27629635132451352251922427860447660178455463586895
64183440825955325433408871016151070367468245292204
67808485318529560302603933699879125296023073278584
69371627037491448388916337500526216973323321524007
08758098485646289779180984825342721202481272565551
50503057004181198951860921678780927093724148047112
03209275216382196930053667750846835893865445281522
35347557559076380237852151946018272456823639549056
81259327472895456989344711418098131536495974851541
06854609786330324864298777018635531367450811076763
86047334640295768821152889813566449309493104358903
64514131755241478099253505914813095314712262341354
06460905980393007295409692136945644985787813148498
34710618588580258335380086634822074587547577692067
41006757177870214802490680993540340497808697475231
82136878867192069420344186215299004686685357497787
10147528458215215350982709863527703575629384931393
16042388716890073982395618988722188420611902770942
99032275736687186079770707721559232641813601697172

7774070288413457177320625302988161726406498017801 9

2696415503872932862487451156694400901469103714665 8

9528076907506309916580190402824912396345679839269 5

6557159476136694387393330068373830818123094204415 9

2959517187192492679792971295029491581185269446544 8

8816064489091085747384972252662561359833739178319 4

9599150654399837939835090051743387881718295516184 4

7325706942293753652551534711785761849774779733167 7

1607149942145263817047522727295570500173374401356 0

2978121687188613072957200868270472815099449365576 1

3530068382030072487238918604555823405676318762623 6

2589043407960239552914408186887350391637299347162 8

1576586285346544476718977966400943420249016434108 4

8630536408494091288771199650698045788071379779515 9

1204253802570919860455967388601901634414829009972 9

7139228277863871263080176692137049349769043808195 6

5618801297909146507544068453180516940496248454952 5

1863363242222261458699500929790456268865970393098 3

9695602356438896863299233237659081142486035803545 1

6978206769488924866383306879176594263820092637789 0

3165827050291137857297509740049386753580516323216 9

8473633858419735204876339455394642739288524974516 7

4899046514594738849778743657589470771779435627074 3

2572285536101492929675650265851006003218146153612 9

2859106934321487868637434297702059825451095805417 4

4556250811648819563443233555509154070228734506176
3489800492811148486033667358805224298027624506580 6
4166164609330965832277412016870046186470873546075 9
4600235537343636685846300082989115932174654321735 1
1755315755510186309658856027447328817436176453655 9
2624617643877740379976886080184145764476430357129 8
3995556915655942311745306594836250206036438221735 4
4096553539509045743693865104312934271665810521464 7
7362856041042715237293978124871060598593201780757 7
3843670656311350685930588860836202347780649879758 5
3178401672905978765702813875802603233379883203038
968539991452029129125226423489661976339718268106 02
3709597596629809185348190125040315899625204717076 7
6639986835315319660868752912542311537503475500515 3
6740686846995676773305775107923504903457787782633 9
6473876429056401644333168224565090395700668568009 8
2518273305819042432261128948518491882214253968613 1
0033713722430186839559644173467084178320400757151 2
4168083755413148247924004524308125367729689704440 6
7964317974268159359203135821514639678923853314691 6
8480192378561366570636094221329625671822214085376 5
8070683461685834963756556481521327880020825169618 0
7984840474867542864812471892324572784880995178492 0
0238132149505597686097804392272136566791432558387 2
9396288555753189851339047123780845594071844832836 1

1533615780257058364385933712923478051058091607 1579
2371735883271261645606567945034809907997205084 2273
0547419077811064940216016666629509459324696808 2788
5873826896084877445611837984486573045432053689 2684
0349142345088153510167857570666874956376066630 7293
6364979840910528400845462332617818149797614121 8187
2861268653460711665095513547783230627411811482 0717
1646652654270991484788077768928234579548611067 1504
9473647399736480665299537367799934023532749648 0103
4460008563976973633732229471469730277640940775 3962
8839012582466293969389877015862089379918551693 3084
6381599653959133926292450056440676097423169030 7802
7155970074441832783863920059150419266647287527 8979
5492770341508263915478969268833081660479564209 1123
7931251245238262891323911425925924887235313534 1403
7167337993061711996480374076644403610827781509 3719
8926678995883750525547609294200184307444389649 3496
8142535424422875482634672599399787959797254722 4411
7287600771260884093950481192159674887395558626 7106
5490302132402247707926524977694495520510805641 0482
2068021729276356152237738510636020972031378948 3890
8760877304444339107037138713316374909282154921 2966
0943559957654250506597023923980013397192543988 3533
5819326042355334640709072858048652141533903522 2970
6047122013049412345535778954712486300047055628 8945

50446086222664852384731073317223038564186531180217
93512078836789316324319258064485005114528227697470
28812975567230419389696691151684034252191266686056
13003845205389336911210081205025241087952203462366
01390629409586806381048615670349189528899594434218
07536331295702241260765662837857763105841332497008
02109639513491608642051940551379803738265147259899
90212475135972827648704803024095769246243692551113
92235317869482928421855572437473618265779560035189
01587687598144266576265825837773537988011685811161
18854587199032823772576597479255550151703522520432
95945668950459779859313354603058046287121050992002
65391999022032802985513499055895296203508118519116
23933176841545106106551624788219806941469531402163
85429484650993057590184254772587685764147409170800
50765864163376935814660781872244505837942437576287
08545403350110537092671021601688974251901726647710
91187734019658761319238244016778669447316036433235
91053046392692548647340576221166484269938330305048
17439731193500536761645050844763047325637642166613
98181721671531112891024558516207319700700311254050
52082382908931287575642187541678615691797009700938
05014298466685212001591511327205923213373624510092
71857273494135289481232311599234615896909789674454
13062762687256330468233531371596513000406153320056

2642138432231482703547358635091988446533835684004841684653835147529872668521047590091051673159246264853570708194303523598755049297733307531722035573470236517079315932787444549816445932473938377943652780031092775354373492970112030888508113851103629856205948834696156362320828310842502873761364128467264503679574982163446945992440232038663609579652731250489120123599962848087517002713559088212824459212365972636236261931717499306027800672703852044386944202396265943071733875448439649357394016544694254389183159395967500993298475531832019709586811147403411464307749078732347323831843169775800695104759625347803929053122789720283171030770441520409620275360661687750953874913564865489935285108137546623023010441644060787433799388659434319739727628098872553596421836886252528684292094076693531017467606143615040224106100657518385781845943097381666527422822359523265631560043634606066179929543426812782469802311078319221754882824844348942155905096249680955168161417840810580681730090026315272179607472345797447534390082662384080704887676620125669754226324768414436029961270632036424767255662395841363346696342018339637825422544743063280535146449208028401169350717192513434491759163446481547381600589645676084057980165902557489767118772253952700017838346180 7

6833574250619637703972907186641657756554922398951160504436181020594168505418765847159029625940307677186938605462437938952917738297414846392692211185354790599095097299760747387296264727605210459511282743563127096059502375573180619545259876531988819158370780609460730104615314079672252575778609273091902469192988451739871631507685766351864937976297380660316503198618172065118786733591976523956744318887953365229088652008014049981149565766450135714869973922194603166589011920226137063954921500008096808049365156179044413993654732119422707627168066232679931722181257457609152455167050976549279875792849661673761936853435468604260079278210505029351060269911077292583322331389423980871654050463146586178672199499749697290597915791846480370351873886438202706098049340045567860930765382619265263181120218638592516569258659483274483164346145940369617235805971795888290583815236978853316823013314522929991540592302274058550374062853590459765785964573806521600263159177428881248018307666463770771998546947143246041543087106778821876907079694131367846057701838283928309479160915776228351293308159945269760684026594233928858711054408683063663858102047363209449653498877627578626990535391553279118811926335106919312733976667409148613974561452545275688380518228526

0871349632838841836848480136264582895400730650791\
6074102889083454659625380869625526263711592359482\
3845456087258368603761981706726337448128763726829\
8877722944540407706789940164381250027554201698302\
0695451162998313431071889909862541016002935524415\
8625913761597478709185153402568888130198921884456\
1116491063268883242344830962888049657974271034082\
3736673828255772507677153051860616483063355980193\
0710989716309884087467259104459888759596053032924\
8993638521193949096828371086457135234560158043864\
9710353846683059689879680835873497857626785565888\
8364951627235452070877953346765867204916172087981\
1491416989137566464545697421666338802887093115965\
2908909685832466209423687259552095876586763964525\
1062760953955291491765181737672918987667798425119\
1680755258160046926728928376965028649208798782224\
2107140464673074851974371397605307432234515525321\
1235870851616285214538008368612462951548039453329\
8377364248629645702435818923168622649949921863498\
2468121494673751199481950450744965970432717604013\
8355222360815340004795981936852230925881457545979\
6696947562389495724732524848660706542882562876735\
2883976141961905913290839946916384100532188918694\
2565720667765232382473164380797696044457296944650\
8343061665221698708026175757051241641110920735772\

586

2039704116888594037610584331302931444829065955684 2
9648729637716132195073219971641441702565468946101 2
7030824597238418283604031166034891537160762328639 6
6616561856000946715549151974673084232558676741097 3
3402984616967564210763223153678979988580683198922 8
3085976337509294649038791074370774008463493623624 0
0830084950073558164966916759777865808111823047707 4
2469643604732793518203847198896117035900830045568 5
1252805095510667699602373878235376637278226774052 0
5106153201899838061149198595287500266294554227352 6
0581489488099794079523817886224433013323645543257 4
1038837042323980921416149632755395663617686752438 1
7655662510133743046480820755285156491167182834541 3
0472387959848889991562759190821521959453589439873 9
1987885447878558839301953170347124025007207286819 6
6631889154092375629824773736358962930373027486492 5
1369197889067635824615369075723811889000386834089 3
0397937519930653817228736677538511417161821464063 0
0539934079367210950941233283505714265283194967469 4
8502122505862740454811093958740537288809665227994 9
1313504114857375818994915227341352040220177174269 7
5610324053900259385589578491549406875910851090044 5
6698779029635899957858043995947222843355440391384 5
5157545905101223677094900429072516327250643891141 4
9403143929338160492141148298696151260756811930048 8

587

5160428925653343730686239962181200837591143173089441989980293377230506522502709849720595963536060693015540542358093562221999017615513369475682897390100935189886891023056203345606747815955637373724315051310463884368461660222105807660550163384439513392753905047198111267789378425274293071714287376055437904153578146194855984706040401016336531189306836965939759500845851332728473088004848774039317183964923212125759155986396831005033440560527898876611472430892073906771713344899959049955652866870431389745563864195065256263382007256053250254497912589372866069366527475695458554937936549466905956264822166011090722271664336271478599464599992674904954961512642308529764040436950307838875676652232278535937556772170054417615227578900688492224647258100685483167616870537047140293293794295759712945613452455275456568249439714331385804950973720607539412574156291011023260518521610876296113466237967436112342517799340059601494432947964164600310883776688705920048862018019633769761450582921768913766854755419381160747064364618355095042783676384472746207161381971191770444487975137788922899588473820082965070462231272806210512699103944589360789044290661289121648867329327712450595576499953164568888853937404965765716880913039242348569376445019991202878400273546

6310802804883903986446286631594078401029177968777 4
1898286222270285329191455035549524356674461195336 6
8970392803076336134227848130080590245232298645365 3
4759379247009771237251485597896223350550371408237 3
8855989996357257681528249857323029102096633655298 0
9751869164292807619274983229652194481696043715488 4
7590855272358644048020175814257540052934387946196 4
3196734902934702696186973283056021266285835941429 1
4176432704388399714037984862965074407226526416346 3
4289829191540694582238400532287197813012034284651 1
5000214159693875605989584674337883215104458173349 1
0293140849261962544301069475586326736133960131549 3
6002702882265375501691319481721677272774887797907 13
0864591251768962270234348267173744476254036044361 2
3834266368529097934730262217743440936100473438325 9
4705561796242470147957759938396128282186704046594 7
3671346740038028868906734350560654196291543982323 3
1916634157727577726255667127287567764740358782518 6
3240142935123099265241861053652623906898057679590 0
9378267212512205511131583478239251417189326668486 9
6741049338628805893314125836487308559685236487095 7
3522735515641731600057043568337512858648679877762 6
8789119701741989262975037390169668114553105639638 9
1334919478491126002887272022436295541133021032888 3
1252179038609153411678577623388013856364347123025 3

1331275834921496268168434618056550643768648443216916009932979358869713263459480476580167302876236263754046417737117123337555290761684576098412031481490671265447881308749669265249507283763395824831279554241699844491415609082123420144663561151439878692836764403819999607361303565876406833411029087823685230451771621814804943262467842034037569121810020485713346838603164091890493318702825651133422596513951836285179232653400316253031177685830439058553031434700094995404289931062006909384298598494625764243642747550200929598219970537138567540242399582249361468818357839052925627662578147628254905215311884516726792585106299641121890474290326898290300195391955649073481812466843389938765229124423119814574662009378080796511082080920250037221765646622654628516780697561651229846904028763819653602313563613649766389022197923617233885491819809573522970142320454913947600203098311826513470831957908274217797322911001498110420929199727079391310541688430564766806828814326393122924847528035155632827952732656083410881616979610239630665231004370268230915339990110185178408534796664576963995643862325907256630756039470551358975851270259376353252345454607115787656777517132314071984930870727417259903834799083775222662385016189000136966533102252957386519369099362590

8963337910411775860518781920708777656099941098051

5176052433838149857884415802148300377380729422205

6114422187341912017380974191603908969457081286961

868771823441333977805975939917040852574024595279

589551683671046122414148488235070420989494640533

10298148181498384962874854695004074324843010042370

23770269359497780909390095551642812541683795122263

40810340240060173185622836711787912863505765122105

23464875470892286547579799198663491343367457317808

00010159228032458041560620405881497336905468838305

68311188564269274466682562826056931827114971107908

02221674273725205608523980970519287617281829491707

96810849563420922156800522265765905027081010596468

96004191594139713443207974875200619703621436531076

81949231466574683330194256177258029656287105746356

67936196429335090417591547605643722848231520544883

26426763087111474606360347328343230094190420867481

23219633559808929813901374321723190294403380213835

03784665824784928237160284570901850939986308768974

63612139222874464372822230689814427108087673984745

19868597356568324758502379022904387433865650163543

09204949751394651712042399638048515240438271400499

87366092215951679436655209716246719028784972343068

79414622093306540351514653335343817621214097499529

08133436688742196085463005629418718571989796549038

9226099400645813457698989029375252603159479352051728738371667007215479619563757407012855926075633358043611785695703271510860973266002110088271231991637593409971230320261381098899642220973175527414255363413061597294843720485673053633453566183219602569723677437664041985539084586654773133442430617212600862976052967207859322562292355846262846333189292831983610002592187113703997150557749320487597831976713628632018442823365393471636379457127715884098417687777055114469465240422088538202824989296395084670465701934759746010821090022379813893938891736619958702353222196294149913960484299279341165867048778571113372653492856653689288750896260840586049730811807796500601006810979623045595480118976856619676242389312756524165598319456614716758220572051507331874386499592077292171541152707025157374293274060303889970181763924928444961449892119960087414559201197110619178135600831179394370021856788080126118115799464147173035479067670391626448036915230016380975095498647857715301933207587076728073824162729979856572198166844451931151214721539462606241547478844925314745222342898144439356689652081728352018491044685012363534665944391017712860590789232036981778144140657657953141693427566274427564792495722561771122441508205905726084814714045923953079597060427

17245927521655060051371539677724263182593431649599
94084881348962944398019280504469903074332958696420
23477994406085552980260168762745948165247001320475
09569931582510565956554511246812167410441892014971
29170591132046486929952189360787257198954332687027
64211207971112580634371790702853656868188130649315
29035864912313662571902811608044992533173093318861
97389137211839634887920380921481773975151215550607
14212378478249514649493285850008995173231334179449
19571954937381022516204335585096404429995065494821
81749182982098028501613576469799306791322247849851
29587419897623402048264287062020511304845432074564
36305468298589979035884055646100674589972300286489
58952414533037922186076757219603000199840534610423
69673948465981989033226447136417782885831861564108
99810633325669588014908754891185529444754877770703
32542816540487011452902591625351980123874140104360
36309205281399608185782175059199204440716799015338
44586401542054227660394950985253171464765665886681
45884224627681547177489770602016193969477385529779
51792063934259381963552380388424839581039275670564
00517745841545364779201707342682078953784241931871
81125134001913549075223018853664245615188640302650
41520622587526974644830596060008664084673975874693
40310044305071100803285756185260033706833217834100

6973073703640321298250395459156645162518016358548
9250188649041767130862347416451200097805267165914 0
9458666952971943266261362755466627639747988313242 0
7660024708256555168634654157322730379846334974354 1
7605339118055495848517100306504714657091740008220 2
2033342084271621025506998295166962322792052067901 2
4999105979017238642175853690642136187723710913388 1
4995600185227362965360920637316839784737149841162 3
1404795457163102850830964929465614289077736030956 8
9141375737242200843195367637207516723402117432726
4670777570720566446538170861043049130199330474798 5
9635164887964619449295289058257309790409506277206 6
6835694427988054961983751273274650760182121520533 4
9220808519176266170836135723334251006968310417820 7
9718606502797325776115716507240273651199086137670 3
8988665032755774389422758156617307697218364368019 4
2195847681141757576578022594122936937628548376150 1
1371209444777267883907263765061893274494741092640 5
8693198959058559969600972046356710955864259422250 7
1342281083161078785456208386552686224968775589567 4
2840096517078974399836452194028789699296768855225 0
9924548113167981196095844999451283017439565864554 2
5349246733192769929221149864428842742821896234377 7
0714914385776080580848564273037171353764245306793 7
8694579057523350764388152181065660792707515725288 3

9918515710526005618833910853622127568842615368679
8180736017087567364217013332426353061934635454360
7260388552556774580621314638205488997794379948659
5280732477127701533566724305128745511130522707692
6215106526147981396130120548259553984982903822165
5400027871828179452759345759816062682566935359109
9702531758789585078642512381690228684408855504623
8617680937438712550030627677911446042717502369048
6053496822003468062797939752823723519731070856662
2473255481566912018466156539344860475403574057353
6497356594491899073616081176313352491857472402949
4221910553466942302866373906308379579526522916582
0260997650740918733400133052343101030377785078752
6351658346277844835368366559027055834947961298350
6123943390247573969305052295130811046709132498820
8315378942261322355663430981141830986684768102825
1550286827483833975719258734740115366467168262937
1552682244212771105239091796931923912773797717688
1542246883496201400997322757593293917724086463489
8364644435387618113834143988823534353062371783603
7270922206790149131574946123524864980368060944848
5719893841191968471524836899608147222418754317335
3374236949008176264368931636788534545428571396360
2750992289571258032414630563428729318699711759456
8363103616835157351924115291745856865483974709206

9815889999713360367051251783221658704694156520627 1
2941883036728616973277595474898327009337617091038 0
5515938607797518316479113151091832801275251593651 5
0488607939884858609930811934938012778967091084784 0
8470943154894557705504550361821811546026502333598 6
6262119075457284333340654655923652677967900972402 2
5590376662770157178745301067836845974624241194146 0
9270255181653574496408037076359218204807031707800 4
9503051527919804684148029262375914410938821175845 4
2230025871050989743405380196080967060017294461315 9
4353931902155249863917703060325109395966038206235 6
4441379417884276524064389978721528985487390825419 4
8112684974003413805877029331600234975233143783250 6
8346832390294862961289177107044987706230858455583 0
0725385819369995627494731655208956179446276477688 2
7751115761470499019482284323868027347074673862814 7
5267533372012101071646686196160063377135213782113 8
8572121554773972169330440194716653483026828509805 5
3100367604179853359108399121356009460421182548283 8
2608059451163333745999330985400909567553128225040 6
7646007341266354406248261660563576912527998130161 5
9259426864869950047247753327706499938464441139295 5
8969146522042990812243906286000465035738126952170 2
2563921682177336732020915867504500478898168703646 0
9615184600485574143988172609738447212746441954501 9

8335593231768829557830645802089829527631549073550 0
5465411113719476304362617329785902846513191614666
5516766350641193345758667137818109841564659296236 5
7690836271607223381478850855063886317749078723491 9
1987679896746362545471260440954168197799220710427 6
4025154843319647739055810496100016470598951578529 4
3991917985197806089395678647197363890098524223400 0
5442237631164031518642793802179526568429978142883 8
3213895982439395887701557990783944892067091706552 0
3496769986054155902105765147715787378675137125473 0
4466033499423963787796271176836236896244596776440 1
9969786930278957043516744315098022898650128774540 3
9340739724267160500255878549888894099384209100168 1
7387489835845628935275170791170549000543621962170 6
4294043278062798737866767302228520183704159213524 2
2427596283750372997349591431251129239685319012975 3
5611629672308486174323176389298817540247039152280 6
2546847910309796282934304213394022884129310475940 4
3460835668343232495613647542579862544554498896351 6
7136444593793573500702773176734884517488709966825 0
8104389915567709984887401788299074948442331678830 1
8060597371518899642950324199139880647782140200104 1
1177747896883955510807421116480422750798779310315 1
1511084338317728872525585366801323192752339690786 9
3015925808524191590883768045362608975083421104441 9

1172855632146461237202911674061466035739643190133 2
6735113831808685442753061156822006420507762762431 6
3090763395746802731529177990810125354943612591471 9
8875238666399374852539797888793077692813208745702 7
2961219939081254625546254109008343052040387108383 8
5722642176756302904930176929511528857908547895413 4
2729679084551526624977107434221537656995492169311 9
0035675588797196959360894440560279853228297459230 0
5729290225019186904996051519634665873845766286165 5
8370926229549052558715098878019153598544171672135 7
3070063569746236645069994385958653045816955766814 1
5188637516729582855194702568148675216121345853932 6
2425217446952550700769270083280535053695163837024 8
2620563452119086436094550878637455568841651474777 4
4660686802732090527456817539515713203754621706982 6
2614847590710692505568871840363000530513868109575 3
8874806334632999487695537434810824541310981083736 9
0707510452638146157137362035056374120611543698395 6
4311367318509717496343405832290723583401618290608 7
1658710160130421591917139023645897059027348156810 7
2289867195302579683764563989718769225175933155867 9
7334077373304321675565391075575423891616070212271 7
3759207005630713684374782121352889897986682177628 3
2572533345183230392747618654039192087965652589286 0
8193070403573964208098932108943220085199416761171 7

5273539788820266187445622820220531528314278483033868602799651751797558198833310256254382304160189423391703863378357921032037786682180618908632648674196620083453772672138030048353496696010662241386427252925300053729177370611623486543873603335731512271393004752577030921799026910568336986814700700466807131900900638769068942035418676510749733938247585986386289190118498516056762720635681836412579224498280289965361861777668677814102903988473476271790234863835367198841815377642843579068363587905670058581213427848601734299273114985258294263813065849793217196027188839888813672103025293737306872842842526768184950327932957470704537523032086408891882046920257811437470677421043931464527865896380704085307448240780539431479682354362054098652425446130960956897299253200046937227651926452523471043868061628441502632729061257192725776763140224201856235148905903061312244081943896347125981067222308073624874038823446428048391759971189069304948686931188157335894633373137830646307582206036072722165120394083173607712722910894553099727713041310614156773024875503030331197459367823569692069290086840655178435506990979613012085913420825236538319721640025784386531552685180455950652762182978072927001626238075398453178749321457176744284224049806304873363455955714 1

9216555990693160116854568047578569445825814652541 0

5690942130415186078742436405050757001169784515992 8

5143636331419198562203928363637698073696424802317 5

0529550137335897960359874442590363690717246275208 4

0312123803089261318802320710301404611955903967347 8

3221472762103942851915451503469923928686006087894 82

7204013155178548892421185875032601207662275879486 6

1078061994316694602312466700366406945698803378941 9

1692790930563800771255696111385511106823071862635 0

8781301659159665719956166392695240132819371226867 3

8399710231302371860614424028167500027852370132974 2

8005731412337710767305263002918854321849520377262 5

1725196654898586302752019858055528655670174124247 8

1398441147945614036133723592910024028800169542825 2

7637001726055817408445343080511456901070920068537 5

1074980056229956793937036094216558524012682608620 1

3989663997981826683814642688762945498686986956018 3

5872133246870517519561716040850360702192659349072 7

0251099475725221910842445952078308514342748979583

1409061138136873218656247805199733098940110047570 7

1818985229378443814143454127508270984979196457929 2

0802355036436353509601251717716805655499827883668 7

2030579533233548922735814390956051222929425451105 9

6156665989980158806400542294318769492707622211102 84

7618082615964466027043097290549291809577577590269 6

2478243427196842521066737089539128792695710391317O
1552419895665937962888409428690519523491907549396S
3374338510867886831129748407742561428880242025456^
7075085740339539876746447064724122440508415745987?
3169274280657938451080829334713697457317170780121£
0465560773087987578705024420182513066251328457937?
6693426746591767544732128729799255322939565415828(j
8358625639296227016169581436104796463370168169038;:
7002557364944013958190229025904302917933014131985]
9600605393959301511803485506302148638173900592786£
9377962839746005016600245619242505593516523938993H
578583292259171164760183315867395892269179867719%
6426770722804451657455450128217130748500736779344£
4702487148837188476688243781859855683230039182925C
7222124723395438145081249592057273858216386717412]
4554440720007746256677999930338858143839522468418(
0609946505511749493126247475454114900899298880244?
5117143941471715620484316616148349019046001190929(;
2556851628776043685120922176537252030663261027926C
4571211234638430897691005760760382050626948945183]
3368129757008494650362783044503424298855803363561!;
8454450541852394839890825148086679715953087237187.
2952461752619649890592054696908404522519746654776^
4065536705083961295269437798297198225507400872467£
7960737559298851192270040140899223099769250729082^

3725293025365545849629334370195169448316009981695382175397508939318308818349025619452689772640110604
1349080453131450107139376971054634766542938733278849650778891157044338998759686206776694117023532572
1969700633559801276796321735405701737387345600278846155575539188888190157937805544173152124711048525
2795976660872618979299145615755209797040480867560544694283122745402563321911571044554296315225230436
0826363084422103356833710034748286461973431203220247244393229338029788392731660966573419664813971173
2905763186077594191418982874783291136684330253529252496479211019646490652178242802165844480119414837
5608706264682217052788558666093973084921172488988070552950041388669076368399430081887793480377554118
0454695193374369307401500438691562902746936145881457045663729762794944061609311993111741804520449283
5456146997128768235017514453738928383768007204168069639536492505786930809325864323795839791850836678
5268709394339609878348151314236645262541524927558779906532561633208127186353644050491018131486487972
8064836084966650248920735697536217190475720554079269663844354262130994352432518830971353082340787314
1549480966574879196207042981321762437810817966000036278059616864585833110248343312510293526638577653
9714735100522118161656726351353841367755589213883

35613754616690150611753776496372976412757297961854
60065305881543374664637502467661873682860135938997
96610488703732129989880771893034558284247986325865
08329716478813687836934043158699441584056073105170
08074090624232298342148364593754066689887990245296
77503806308864246235400067920501694025766842267333
77623470073850861041947110699435804534455704891685
72684254649000937125624761059366963889973127846586
24437991441399515694668108392632522318191172864007
45587634104562885751255056808152522939279259781486
17475452694776380447699595505060703040572307480234
70574234467241031229653495050651701165431324285219
75922325039634918024654316346612918022256977140890
21233932878860417394101352631152036911145392003875
41090012174008003707640680658246278050875572041054
25815704573154793095847220829190461794537539554705
58955349046238100816637319455023584810199222719291
20161775202444668605900966401426557247684365331867
03522065580145891365214214884279565586627059338874
91878639391231094985612126299412921957055098215904
14591386112526656218794569178586414084184662918123
12771701856076429841403475924859795364139295700295
39960004476524174118063609089107032993576012356745
02894896672436831132348273563813700784818092204544
48786971363944071406838108537502379067925491990743

54539111875441697879774458807061279467910261059726
78506875496861910266428987266041554000355937062096
14687774802119559012974434756190369015032298765074
42116594074948464211635836077421426796439831027568
15554612105716791531072217779302545732287453729298
91949546444430214743494433991526199764617560500446
87614144519713784817621178977241435546735467024250
73478364221897884302406489528463143881634350752965
33334782074398744784424394834378621580005295941201
69584499759566219531459463851706574494064454137708
83853227475395462267472178164107859715062639482911
74373316912308779475584016245243467316076527923038
33610840339322785923043706961423361851512020163003
71064733923601594093487614139315780147375520999305
71439690936141780868692008127299950126894063381545
94261804252487070552936951201209338500618267008961
12557402629284289397798199536585334676890135251331
65447848621138975793953376384770437896000543746315
26792261265540350013294479593320389950440369123410
08956512641833327189635116513065117671202257937290
61014842352467437854740469612582211063998326045158
12547546779293221601003968918351668673368303931362
98532998872877313365140099200771811594958529964781
86606788956873041297968193338686403654299825024897
60838987278799683224799486129062153811952781175065

35007681270346380699853213452396070408503822031138
37312467354408540035498055988976284821825502984175
19242138199529518355344031257843107666981982362890
49859569939761472019504074153418288497163679555729
98115769289902945365175441526532860972531124706097
74310064281021572319914392872471828409399674138326
97591370192060393452424462818209416205366883589174
58615199461028929758611633262539363485791650895497
47556108870430826578335339548720604361931381687421
18417529818004502462401321388921541354063163302382
16156546453399121918866588028283036730994712897808
16548788972062587681901474865764326474554358647966
05054419314007833058157665753933917660149690172511
01351930327641254379081724668999981078707432988286
06321054287292306846189654216257857556016125523403
00580197329431255534421488652069980970043014298345
07905380923445824367943874916281483401529428782991
90846211322390876235024637891877012267547630879194
53241491141091253487734704529022285676973757021670
27235152036832281449865303019336247358246400226530
17817862306131826734757455627191831385937038694232
24060783415856173750148103203795100191326222685916
20758399928414258360755023703675143734725006l0845
65212317820690269323271707170180717500766710702438
30088213495621142096666279257629475353656122311963

034872979923961295610014411768430991443598065566847331837711114898251668605288243158296681577367429301750530961966351587675538641288368646401680329010209836414539013618201231060000077579660767714453237449036664538190330356596405377484863770568919521436067964328702651141982058714099621884954127590552896627174371637870154631182349958080516726387898690116970574332525233066881141023090637160965393382917542474057228131824852865622014084294835890305433176866938862725299013743012988285332041492596472487084288708681215621556590555201187669920995349288586951293492562058852997594598147350552550331514573498130249635666005715621294128820162299984814529158027274529433671346133989549925197261429546713411065508748687356789905052618418649467003626154556517859007474346830220335306212633198282054810388329437727848015435298542340690991512207114081916532842162868282636635610834323566621845834965842435114082527134184467043885460564089153311183112391186053987811676276761370365842848180731392005624904716232823299108066060664706264035428591900796973473018870585654299212914106508310502492118115256100637422924329390473242858590436910997808736870161271565760862527256304137946186853271590894846828027643878196883034690139863099353489043993961413138596462884388

5448545178614698948363593025023338886138660578825934938204297542053481966053943726434779791355298709044097516714256549173418657402833105637868993037656181566235182047554994194349715215489121425206470792904376212845403635654004264438858799154465265045884415022083481899808252376263783493919299087741863311950233553507950955019850442946460037920770326472316538371677976322551046150834470572786498431040691955211902908981909550664375400366598915712966903738260586886220943158567621416946277003446146558837096145418383678165326467179887047516242002769841056810499347974174742755566238344821872394925598724808179028869791780821130782667388227175699536815810068349441770141103531411070982796796045742155734677372931318357429009881725107070010270568161059092561977387252629549670643826974876315270996332315389780214195846283702358552280297758021406191250393900095497206896922935154870995796216818651729414300236510071410275558943126234999452621742518340731495182266541367011205435950477052984055164144082316040094148593227671833561041031952334848460795236466106998696317658850281933170909277543809750296912928290287182718686756605656010388362597476899331918150868463510202044431914159077236468302553916808891377426723321399471288497759795397734792296789362

193099251120066301156617390657573683767636593718 92
114223684991202147557197223055741005725452572453 85
556505686460537112268226795019296310394584417455 80
652122388934673777811748771108535856365104804007 02
351384140839434491495873363170337452474420769031 04
658940280706520404901026101806307144095089011836 52
829100104263112612172301607303914278299826054825 93
748719707894559086334217056537691155991337169641 52
529125865507192748345937113075626822331441930750 59
940067353636503729355007679804215121435197253256 05
622643945414113167472987783687140996758965630701 99
695608246280145049119912407121857480537069396403 89
212346469787122550669606965161506813000606294107 400
804707570130916173507733475564877254736912252150 98
135033192993383343821078855438332361873569071608 05
455809843670057435085075319940976596533687210434 93
322280618834992004827873811252750304920888817484 64
283190165396006304665029156208905322947319996678 91
042999177453412876891030909976718814803093271626 98
123657206043315964964934205359309749955463534159 98
438238620494250693932014266637836894812021997614 17
986083058983829390067395145517573549997170753892 48
031529410901185149261408759447372115939328926370 50
695832991810086208404102864899234632603456423704 24
824257063909129380801704659653630724144928183755 33

04794862335063366363758865610589066033531629111765
97900236530121728575366201890101649815977724729054
0226707862683387730111700943185140357762194548167
62064375319687841485184258934481405295839963849702
53959762126359785945669110637060133227953341910530
37954042597830413766751674976878746529964917834233
64270007454754819494713598668069156666458532914903
08232059890281205878126815767430930721017613582263
18999288797323093201014923212637326715179649554896
89247766118431545671617574939384016165229078440894
23150876687054665275793238805549126661693777598953
92556108040693811822480005135080937204668602003905
50091411653944819959417321871903409718825590726295
842837197700858179418507010239247599882889613573778
75643588549634256114678078334051871095131257599993
18051909219022665615695039282619479016017023122433
05754431260654464625008686622748043866744194420153
94260381155782754000040402071218190131574640109342
73357483361014694036854512564432034707528448389317
54561764631572209287810279912029021892238282470350
54633830941944779746913088292457205029220624985552
35510565416430457629886417680620174113480892342272
88347454320119807266068956925882293270245447753472
17655283908061743002542828159828767471359831392486
77545318468446083804815081566354194625658132963595

5059482907633010681564496651788032837772344264957 3
4762093975759557930638671004777439340064983405507 2
3621811989484482127172777851389956849044762700861 3
1269781577572295464760335927355634301851525659582 9
2013820915022620088003174972853899821503906535593 3
1282828353022910424849910104096008081292273713451 5
8145829596251438171754663416763065800124676193027 3
9397496828271609649437231135575629078101961242402 9
8111767982618671404839546685238558072759405609329 7
3124055553730447992932564932798114831833202137311 1
5623240409254441936217129357321551955582693070362 0
8693910309562625792884944657181752916336105084401 3
8556367920711571888579885134962980427561385500828 1
6695303908698962080290303553800625563214036681779 0
8180211648438779482785129378171151953129206025349 9
3978761754640800188549112650947737794033808138516 5
8217736547421223193282082698080401490534839550396 4
3892782029247237348271696437467813541562307929349 3
0724033675169925218892240566961469968147387885186 0
3142897635379762432426981910159665618186293922048 8
0958915352336772256873643846681697674177357449240 2
7732442718521724582490379444028830673844564001853 6
5607465417560537108254681792569364696441802072207 6
7950152974675083841352311356162549952917635141688 3
8458188793842769207700363308166744134057171504307 6

4455055708620196218750902138849321558849314636185
1668192193333106871041572192225845136232219900267
83802223487321575797119113968268038488404028145926
95923283959641886626796149305159820371186283109450
19769133557938815895114153272504224953588864505295
25188569766476775406419896461256327822597017023337
55852088622218260028535928144630861090706741716126
12300225306229432694397803268357300881624868449638
06183381290631720666982539273397400494758569587351
39345476951134818732264175263119057768859219802373
20935229881724959823218020514164654233174602677104
79573856951746726028070968152504373358982055047400
80301330175581522716953096751972016120092056623087
75428710696458634713742806675167831937351325652214
83833173672308119816534223980262474376558947675692
16343687766915649479989449089533354826086379823253
94916672689941674998347704699021464089968375824950
58290814533142200622637026588908567589263050621772
50459027499099932791976237866665291918639558768793
56638777647427669516078960839316235252927832503641
55846780246181598805142926914406989652471948193396
32313685463418650909284138271725216953836200632300
92109962062494250608111814867512981608654863784916
83891420244074612537349911807444468004565780723476
21011306844607797942213204417518481616010190843118

5778373692302853393992756111160625500938380159311`5

11135907852162560485386914323812245904299772946964

32227371518952580297336604535600707534380412669670

58679143693280921830411392517937860772590433010536

93860564531228257539431737223358522116815430443635

84974277208363422787961783015362502801858578484425

97198671328342485127694810821482898998745431722097

79240360832619873253615859560141938413651762588232

31664971366187149882091304281551016224391160452496

33842565407862054039684759841372950931581487773712

40187179778380478989949436542977673257015705381263

78522274697246787424130079364232849781847838418709

50009202723276546498176971856311594683012099715472

73531735570252640974294862538148140078594209375626

38394686737163244650066947567053159947268781125617

04600640744455807429019997012621053694428071409221

66151821307934869897283700119529308107366672854879

85787148223531687967478735752661938542362400071391

13056755503388529014237718541648922941556716384588

61411106333383120411085276458284026102555584547225

93759618723463643099396380123444892556529898272029

90036784391510418687495824429546262126155525198674

50944465290221964963295540000703852105632196765824

84226507331253620546260268684522660968880438380474

37262323316166601591279368819959405025719999329176

7339310271001259536094694379663859680832664319３164
9658496339772919441451837316675736885364518202３023
8148263770653011391128913691346249132791260３253534
5919916323452775814247666027954795407043３050957305
857105121982912094431653359432408468138074８8753872
97085375441682806609884935066699637289794431656792
687636706605922664955035210430834357140３3518387756
17420963086662250481525113784858825700250405158386
18361645076359197566456471215061989852062746107207
78853409008974133378884529056064324678372378442381
16245396078973114333370609605259730199650937439545
62466866281243275277881785764509786865491389233961
45393872016099547277316887599733216771184419958948
48614261038915187575363531390084472167159313610565
90552306882270163900604646542371934043098508250773
50154851993174718357373044915069497572480079084269
35982914383093138985548754942322744949162792191174
41681762258515329230906270288626273271727137367472
88536386212322152156598140143461744208641223824870
18421762113798480012891846115029134072351040099682
81635515588496259347022842452965644631458122087796
41481397405213189828785428426965782243489218621245
34021422918738248798312836552083881102235045871328
96511975297239395600114252964021960676967957581479
35979993141849812041111542822165132392559070987481

6323371019161139791981311334362875608519136823562 6

3775811195201592830109802456170110222573672111807 5

3783939970561978347858998010395864273294684313310 1

0946879646342978777226821944480569992455368546016 7

5335399408618117622592942776471534124000027690102 7

4117619239922487172129321988282132145815583308103 2

7676656821576223286102357888866495575706551976714 2

3095042057620106160092703642002340450972083564857 7

1816682415119269448506815186293519056117128036592 6

7821369850750877498220731933486197900725897758266 4

1428063197595598631453709706547766476800725878500 6

3099401087894554709720638038948369303697002697458 2

9254188935682769767592328677671016980350973276936 0

2728831210398704047295073357317572232713912886823 0

8969775881257914549379342985359447300616559315055 9

0245069290180294939653193727641307597943503018619 5

1828494006827945565927733810621490164498834284750 1

5304083572143224589265200027521484688613520268320 2

0123565045190191187232355916703723297903459787550 6

9469277215711471823799668074639072294512299085346 5

3261746797338216839409164611176212107568264733826 1

4614878022120885461094160724950146164718017557452 3

1575725649165520169646279706183473704619611947071 9

3166112537770751989446486891611246406779934062221

9650686591370531036233918759281965741610783982987 9

5138647707406451422449302925240762368664335949866113933096820043150156117174402845705892934250488997230280359024388557971513154588328461904663148881300544616501061916339253963249956689188558120768329613750231954026330963046940512479868495658727645287697099156573617747339190531248684494625872269120955020707217071621879679187760705580481015192295074326337820027918311553682643767887579911981167968873963177814529954425665773092756714329124847023022786475224533540251407909491825462535291014393522896664824298455993425575591777585758242352338973747484463340047259313572926244839848777017654813188066970615022889309610656882030057928247768456505759164018129455869688032645811705112881260506082220110294813788676234788832482528250394668865604791472434959362408575339314941285595065802576280008906356881492320951921640031880972999198025467032863218567448770476679740080524449412301925770616860793333772616679523723102256030456073494572063560313170703759627214649019425087954259668365673496784779640178627750094170839259651792113718885026960580859287154656418538911511244828095751369332743829787840259129242527015238018394282776423077865998007149900112718626725697797493558585882762078441921011501227555741779763862705852706545988937833296495187701152644

4216448752086329424108541931861114096827628512901437848023439124804724666828152772743115489646255670802912294104703665441279619458724516005911000089599347648268573468246049695113680191131432130230724663416373425090192136199058793486103011684913670312515932112231432891632315514863903892049073046753790603338481462237904763363720223176833541143297333311418939424737931987551333659519236920605564181536292745717249538204457474709743381119982520693905592573907077743606915448349546454394555065175130465938835163084824746341099051994962367971035899271356201097850561624995231890502155814684467724636155469783168324827569631357175583147078970917287783371804851989545984382859669977686925059438280995311638096443817997760350113087073944851928516254905890311087233296314882559207427401434402388147125455959070011936654709673891258727027356852730777519396886203870643053734199636785940852157897724435609553832097371222349936362340929899012531960339947214295787475147685543217321671274622768033233000563823270722754529494217257519412510539167218643358594453492687692208238733143003926135466300572963673315564909795980489924726693864564374620224968338000050557898268566769671142801876726217786557664915770035246110093279468256367716153962437927712948381379 7234

4729096852205312331820157895844795748404966542625O
2039567468235473353258966746482118862207730244164I
3964005743958993445124070810023107666728342986OO57
5549363747498649085556304880457349808974578492631g
7751447359585777356307725467852982333254687020O957
1974896190023249744687725350453317273092423088go57
8830620727285549856746790484861180492665365738I113
00318254729987787422632245O5235417218301325634I795
4396498386793829456411967522772180797079505564445O
8380435789200441015991008710562086545753586I988I33
7544255212730289424165307580303308079636O397960666
4242815793244860528724956O7487409036181364O6243O20
17652262395586836828920962749246091188942919O22126
9876819746106434478899463354904936758430485I434998
0646095449673288773001522154402956812345344894693z
5923497985578607921934790424873864420679228419251g
2730049639053883815793747911629959337347I0442586s7
3721918359134231189246812151005641755378356731275g
772033942O845773309322939337741474629120414336423y
584532278001O41819917548416469079889666380349O3I4o
4208579751276702343697309017820412023120163323706g
1609809619376238353166428146780856607220894937814o
5850826582561206415669080391330145037873747OO86I9I
6342078689658413132733633143633823725986924785670I
0819887206149431011600932643020534519436686730988g

9365873618527462830468486508658931662844174281581343991205834318479331438251361257686530937757477371966080824138797890956863192427878213653414535171512012415632145577261257171154237575230435611185589196631444230869366705119913815340322621062159439742712076546523176519896642447526204715190969891744551184374331256041120600048106283417744951899906102213412644534006534857615800633640466882739220226192144757111594145475705652435388670821749955628890890167708239731020519483887183549834328808886071103617690332310781379630557273898112912770386827993216590405314689632598639194291520764412183740533566895819942652091520607223478701115078494599263794258273810045609373403738470052604324004765151033974426291589785942161902765461243710073141533133956067012099235705589355586437332466239368273381376660988561386081756085525751881822982365620593039848026846892564831572720381963427502449053813871227283653813817411890381862937066879655274018351601106777215442748763186693851665268919096693241241457652517547713861679070746876905028630836414931896559562354278624551587599337404868888059363509476404640422669023739434693813198094553983059637952785004028188017151896873158310682541473547504832093766879887868201624977207965462296599869709286344427118784043263

4846582416724416037900486290633522739626326436896 9
521863745855477379277081083209980065603785497861 79
281682380184437377396596758291322060125539286970 6
131183075749736498210147313999513780119583630465 78
458621881944149784937009840275600685498026335735 02
769035013349159994106340615470787332906037072311 61
240341870550788379000898176947025974081263663402 33
205234759494628647720279625211368644837784212775 47
089060751025530145464807254596276113743167930832 27
144449518251553202530688993058531948318061909762 81
801667723036121660678136951717648759790641767207 82
749004474566711439030261848117098822188891664963 93
868513193469112598949862477341922210392931856537 34
628244718989578758679611281511099659370100378346 03
669908366054995393142099942349260195172005600349 85
940409635399105472773946979904135787022632069202 54
549841657267742794639612974391368521794850340618 07
728509874281227690114136816402846752887542766483 47
172854512389859157160621106210386115041453249787 91
301213806889378088785741135694023601086117274749 07
686345867962597361001991170298696396753605633035 85
985059024044857052314430822798558580421066760697 84
668585613992053252487035554585370101077350088649 51
963541191453995475570655262775843576574584612584 15
631074749536770190450884604517896103563009644983 25

6798030526371100903483368327380092585578396397697 8
8757455040977616660990279542918858930891795098681 2
3115630538921168142337958131082941913018538766498 3
8432666048909688018607869899694639519523554122354 4
4495109149042793265931689165384524647612102977323 8
0494910269720631973144576872230188864547231035203 3
6088032734518925146042837827235737381379904451396 4
6145877241578009918294527691148925644955445782081 1
2585497462991227232646490397507964230600261945260 9
8123860389417285256976447427429289378164410225978 2
7808080938118848982866564507504699035503682364045 7
0287861926400784608310625668967210515107875998062 6
0533102100122358089908786452552773927454483894942 4
6097730976810328818104837755849053575436985478248 7
2097962396028564633703672244472560265313928132432 2
6027749446017801180064353804656177241828844153793 2
7973303165642625496445752478522515140333292180299 4
3636689200450280879301458362655927453036932085819 9
2368582405824492867970470048929341036743249680787 1
6780528715571526979538731761613935613259300309851 8
7458526074604280714530295334442483635278630915145 8
1116770338434981090347138086879895128909270471036 0
3336771077814083484462468606147254988365476714350 7
8971650144527699386002279228873124616118886865145 4
8757124587583194866819607135129780973428900934829 9

60916137217184080568891284832030737804399029801197
76744595260872450178788482758220314160796646845338
40137300363393522391326174642283971469201272934108
03224014862978907413563620435519583015124060878235
79905459937055983399639642725428884443219350837396
04441268034988549867801424120139847994694742672513
45750432841611528318934336257825555762486044698920
81082951581213080747248488317379714406575523709296
20468722922975057390432552935848119802663290934039
89497358092902735650265209686282787669265416618779
36514649996335189185919828112371770580851290889147
98950229698022775369781832643658030659460809240080
17689072325841441297192824247203800486590762483298
43266612530268510334990265765785799633057285781580
44815065341472910340118651075275759146213859575557
98465331746524212479703562965764849716996877845984
14328136415062658803237353726720510020391872086548
89404916333923844805717563887250930123137906973034
46402836948914532187479689036890800919107696487522
67931968839730831363285516442848545438955119235162
67055241661011619193956232121540447458844931776033
26458648332699995327613115608198673031798777096885
47320697361110696873523008666132573282355451328892
70735840381580895934095400477668633738822098999477
58887252513928947102576115811305813730792569508911

1060363374714300481807454470712358569670187616304402485928102941244816533043001976781251848873242914654653747653084078562990904537378476391634106971349483164149431772592573598987741410425852565064699225753338667022937999299024833844979636165826017703760240428543525146892938266773788401005040778149801065156552974765023025304818482902235166349070894498768111961215106508070884528940298303191343694788607197230910879065454559290442696210241265089620800237754863792190058221375417994513677375502934421394783438454088249683005596980722742714752346186384496330037201105848844426282284718356695105783641807090871181197634134679230482799919294233444343374526571185195827581724295569753655476535585715371587886731558237317912035819433685902461168954935845484381021820980564566711522781111528663148797912241046715034541226359174023105072675781565169079497535456954661023435063517892628200738767157841844853233126474816964104500932952639391072551402638097234507421452663467912487992195042495063983505756316700242220978888450142354933264477085420732956420064799904567282882730897363424016355981512716558570876026319347603574797113673228442544954614124103144112136532959073184466267811106274019900800574085133602171132919101914817238581103597632336215944590686

6885817458272106636078324721105539882285311162З083
0772249320718760З142835549723999909543867479119041
2064095816350З069215З65З952559З982910836444057789А
7686559064269590785558892780148115З1296052829739бЗ
7830522396568797932913415829562З1550105619750057А7
88258435068З89480272013168005449241765541З41553672
2967818672262975219З57296762159745729299827845769Э
9581857012470410652755234709З1676021088746201894Э8
З099905626803547З2391917438803528523945196855902z6
299123405562З6681684202614065946016614268981636489
6322670567145452761552084031997755218112222830694б
402827545830907880095255382670011748089440085824А2
23448409014439З0995076045874992960929194486787284z
4465529426035504015З66304857278457506789033420637Б
48565180260586465453504923154636606721495597923199
6128З89256606862453821966213790956141809481962680z
348З73704864453909857960411713107012433147227706Э4
38162426160779174735893060403221611731902362901081
24146З4682390910147478453481264736939З780345086690
20117854092269189072113908427326264008402256095279Б
366222687803631074992951896334937247807842462077З8
545646297469856781877946413327755959495919858741Э1
66844783018668875825985063358095304730592627958788
26628135669574185663518366296779633536616256900065
883452847893261230794253332120934З1309861700139402

2451593986301533002758857448261555201163216558305

011090247991317443186094788894424719176565857393838

36152938916463157877752069260989922377842721076226

75471362967726528338260458031548818429183457905620

55852313846748688098747574182995143608952757114896

96984659133055157182490172640634694738316224845702

95688213478321860050219757949327957537140194691987

10339192150346011748954935005764831184800383210704

55100031972994606266908170328465232638024224858174

03542298510813693111624820378156824026705402650609

27629574130039459067445279197996647299332750032387

85344552182030969527725411833131949298374542996743

45083494569207945583308957219416697425544682533864

65610665141619474027323306891805548871442397014824

88141302433322116028228928803159132754604063931447

56504510247078478270031008306239833790350592085387

82367438487469071591071661383527097558515843491321

03501222558659285742960510769146892529022359382791

27110071779878737897902060104053792712655426027857

23538506654446667038666314508709916557153712069207

84426287258032345585653143785432590390181683860053

27549657925726069037995759888134730688880747447547

11193224014850571325800645281485106494506217879717

36653675812418556178181865092565915089678588385373

46006935149766940200854142411958615773819902618019

9575558106225483616404106207630901758560745738847
2645071333857565460417325337113028013789407938579
6433995336278092312108397002330283646942338620299
0331376974507251928193044810605361488981272372755
4536451517984386997375729723447961754122638543250
5231780839725572687850225687121681353425390283478
0191915420343242593460913311364251073193994337038
3238861375880568271561648549365380237850903934833
2248227318207409968453296642006626803726878202648
7057829851192845030221581505303564175689377542106
1387943008169086192587428698754675509234944739615
7075925019168369112930377480495519909703982336382
3648913505843039964819572362115740772576823369907
2374463935429270205346044803831023144481145913795
8474923915729431278074120440608030975872966973107
8198441066933408260496984151577165929551948655816
8675779423393689882775900357894212761604704734211
7218792048876942331963840544994751115932547961762
9384985382401964770818520948648559242287732496687
0030102462610446676908525456097605252767542609722
7580423153215767353290753481536411137564033449376
4773157010744177623582318651700354720537594043178
4599133598339181781909632989815139125754319138983
7254405281508154570310228968029957722750833121165
7704221998268965832469412245112832949898729700252

8692782008856127159949775135621524144621201185７260

1525246972290915140464075319219928173428032７618599

6457025802115601746209063589075186175７530000424919

6720092148567640159697615970405７369425903568270576

2172698082612584580596167061886633284026338564828６

4261038593074900732614647683459041578７979304998205

0590432130023886393302978738736196275533218595801２

6622163258466407754647657936338085449649570965549１

9468161205115569439108079681353938460597500671795０

6310256122479527199604657086253843127219194520031０

5093191236947954585612237929584674483220803838519２

663153238284507062223554163557520160484585957877２７

9643566407928977315177892543246016374195165332485４

866212599811797246357628056178491675839232577223６６

8439231390463625063640230283172300137855383978440５

960356833268427992665461606721109596063883424295０４

3002336365108733945914246608246878679142241097259９

551213534391932339520885700159038044698266311069５４

585363846429954740680406796096334008965964761233５０

118154718221565202593800562590621502729012224260４０

4147261584034278162605459873385７245637147779216047

4827443344111296731237676119862978669863080241795０

0473099054868078683929009975257836056842325273451２

4938846464261174378459017654469540965159470872997６

5071127626661175786960190328974286263834806460258３

5183651959147287102541609034171076266775815046516946254495799382899617866660985727357260685506695869037572305499557209062621713947039685039523631294487087415247642250606521669707955283041281086860497392295365924315417259939327074860795667414593870684123275004166908602576148758879876235936734754629304596834705781824339237473999249931821377630383752990385151049213862685594862282898029098604098401166507322289995322405622348477842690882777333300250955707163878913757283611131615082824058677480612837809976588122450097507098479143992524014162240532859851784060267753381922826784952788667245689333759451607319568621685606351203502463099283741850780760420477384305325483876359241255753163645229316351178652228232896444831910269247416363399928053530936659261798644249549488461748132899568137313948309594995811247355548837387112521903370051546804023677832615442406566906224043635791995891916187319853048280061974222320988366936470840181232141747627673223947330600405172628593548541188246139912254599360462896971413416520309350257355936126114513964764664902106275445737497714471550805888268603135966157597888808251340841751240842314218875957026396166667684217885015116650295955978618415960547920178554811646541858311314120912782845969044480818199806314 3890

38052207497099964459268042684734454155781033449320

59501563201963053976214180739908627084806430321780

02476090143977156423120072263543493273799157315518

59110065247277485199710198477976655689449196716486

16867079037571706648356280803259648676734045842056

86501819370242695253648169558145909093659078076868

12438639934256553533046505678506554865557128211838

17396599836335767803088710405729720638481947048233

30793522090608439862801838670895297949455903398039

75056823449353678374441469885388804528100813606255

83295193112119347517762845206651922225273866969263

00256656057137987467747226321911039544639384612184

55857756926921127446965654071571414181979492296144

64039021523936521713197016823791016253905630796286

76903703669998720101055197275883904902666193971648

34811497423911738704227142950498039184409203535350

56464826470908831627172704391412142384229216009271

29123600670102952490482688952858136084943203538041

35696451593092433827730106982907400363781910721422

01091906924187216027755580459326490152150594142335

31352862778826912685057008770944176708211117803391

61323107788454769589235628606267690636811548086194

48865059856349824207852248210273557171168286043742

79300190532421473269807603593366348559246819120239

47148092123328418605006258537910855539500693514325

7214182173424169658289168710477383110597050998l349
4096939955335172453464547253019452500219704236725ó
3394199259591390300437260389765339723331018927319g
8036678696654613980753800150074994058963965696044d
463410488891018772540175813648299270189893l8743514
7571951190164326245651420062310747654521955306220g
40907622656396770318223285959360902816252306279768
5291067138807712746419025705602446123783078902648s
486006490087858777224582811024344938706614774453só
7937320714533408083249610368600316487ll6045576385a
96400092889905659038807872015381686860578453602ó23
9537615843658764131568954201845166804253112509061a
8057586051851261261263727019604236219016699129075s
28914842550002031663943368032040571141160423757980
35856595631247994695698495135867617171614861342ll
8764921998574023604525815531400876092991964744628a
1338290732168822ó91315735551490184217278167785213O
383660376356129007685445315638810905871806940817za
1907895745143359593839035139959232215815478747867z
6203342273037795254810134334887011269882527069457z
97044292547385863958940316252418176801033883738925
9782856379513349072256643982136040806076951229905d
79422077455869779933034443904419997357607975028020
352529286365622716637530104348154145433270653391ó5
099594ó7358711349333821669894856705573807822002173

629

12093915300782652612868451424290726599905709582548
60430354523299996515557814617689528577805366548948
59263172911706262038297980160841215931881886962902
82871579787179368849040257669196947891197016642307
94471163004796916602963366541165671412926658386416
76558425834662650669041699510798199041563897096165
78360678034580385887549043983668110794625922809484
39890034735745765722127802050766361242474530272832
77919753687094602692110264128505204647715113195909
75978475200954067737217411843995901350727293059963
62535527518365125842604722808130501701636458298879
52963874735239442289840412742307669265753891912937
92702273587158906780074048592164839630908392340398
84009512873222983061853071494441245528974454318958
56118740001809527520962851371172568457262195438787
85925627372240011892859210973591774453090991376018
57105133655268996097982796691301664713645669707323
70814846534938788898100994832982220454610020172043
61275120315381165829910151186943049114475937441511
99214827769884667239091980921508515824456105200887
18546069873013725536346329956445546387264452326955
78243816895531108965313406984204121863850069053799
02901129655602973049646054821960184977149958716016
01863218792857765551482609868891466417867435548639
88576721640798099307846447004158925298121200807754

6940444869022853477093950868213234073387381521 1764
0444760483455529305299958930207165021318455760 8516
3782416290715979408661795263226509087062500009 7852
9459880341211082557760720141887727490710128389 3632
4373447553276610994629820292478457279595995866 9060
4600010182553848674565658275750715858729686771 6751
1148726521220658930514702981699114593575970624 0523
8204272016760908971936440310471427018901122919 7278
3281602113559756325548699992243388504519858282 6291
0381822612265599259159708291978623319316688106 2975
2541068411710862598703071440860838890816173401 8394
5217867616910217840007057215115331818346398109 0485
5059841908065379840393196765261825490144962826 3813
1368683019053727762902214082282532050315758144 9110
5214969340080059171842886747423281889208221098 7075
1009609422271796061186875231086513054879407303 2475
5855158572712956851667115026585753721524970207 3566
5542874804818838168943809294719392497078342691 1981
6210471308309570279144044887529446522288091642 6932
2120891437353263434701894141865498758085443897 8375
4276111604821944985733991946416345105882759641 5074
9708686870653330876746855170863672200413355069 0898
2270336380872483247736238427671272998279000472 3750
3365691359648505894871179717735895375235172704 5329
8808976870603717168938131149261179907638681757 2277

8250303799481053099714133210679111769390824978575950173473432748633566843154997425554342879813872888588408286655506303116923034262400651924618208512940513841094383383099433732356118408341561095254744542667874415394527438085478157481718055429230172577082542155145523116898159841576303310410248678593445139563372056885889069057119083999697995213344839522875922839778656931697054502755249860375938138006589525705654871539925942499971731716797625183078071800651730515295633826327932127180626959480634164969102111602364643235890477243477665172504370188262115843764422666620475127825235188702178980272672802771182277315210303587264208245289884331683157916664992568216114499034246695153246391357047807685268989984893205253372101246744855945116869825165086315065590233506089461332596475857404743071645102198896466685765093083300456818727572416807670592160435546810092925593956489533295027971567218920273257081506277090717387103132384249600991967666572621248871349920569723586933240738111770557323460902157984722345213827715795803472205402589664415390534121374470050890338715383493907836511458079202721014790629798992357303403249969762406078897321843108824493082661908026220499901128597492955627721746461146899392940105949420973381759438287802504440996875340

9038860177170124591227676884675715236965521220057724245036539737696902851785827201084335983398454456817840625749043191708774382410403186714142041720368114298950367725654607105012860183188433059026704135914468999688471783347040829146812415474309300998153842585056327604739087689049279322492409534991903416211544608213898364543627345255421371578915213206037656434612877334642326527949078838192386444755770595009119444142257604748727334642460795924629817046415346065133084095714764871552128608657847073529551768127582320953381637314429047417984026893595113836233619036522193686948953929298610560654350579702715511242608643085927282057320382452863375360040537159776632209913491222622982155246441341529456551577015191898692407298625805270698483128954807962543531974171285842576611402820095349691802167787509064096388938910484504664086575037294052210411280009547319660046500439442168485942209014452429272225584905936638244027733283626450303053353993096987770343090712332576249414960161079242873166852638845275126706030057076410952614298966488181203960638734084985550094173219877966753274996201186977256904144690206247765655350656642375914691733307274891543405830080707221480983167748193021736845370021228649151994480864391860713650673852662802901568680073

6584826956762542105298641165933869248253833787878752
1349222969889549770334204786174098071621018441515161
7722148191100437333711693674308773266973085990155161
1973977949610284291618684127575699139864921114249787
8143531088307012871037747664524240630432870837731
5256119447305575523791098461773531290644241047089
4516690488069509146073182689449278788849309395000909
95070229035343539213325589476525032807105285424124
2946878306631082799514039926485381943346180295601014
3112432856484696531717017391253878974666097145394242
27727410114423938795895987891054566410426814789116
26857280359967830398709786663444404744950237805374
9408916979173853720974707345273979460572492759082424
927825833506825690837808354569363668173955915005488
911712294589342501939702089639872042336081310929955
2781885040277128738574435470581971449057130415919292
507557151185687124513861708461376219948138815550822
9388483756914525902356397006311126012211800437038484
7770706721578829144725047038571195085880934755063737
4838293531777538088558941174192632937495430008507272
22483922287543944226262695981911896956305252709993
4629461536093616354944787917503777137415907062317755
9672455836853259984215588103162562444276554990253232
75017631362943127796011916430509716959532112992045
2717744965463360265153656582884193638793377535352221

634

00075233062499389170886030551349824542033286014988
2251892444978971365438878760732583968694123983 8808
2043346266117220437998133074235136784990845864 8166
6628620111016787728549322725897317962900838938 0937
8368862243092816036269180732135646537153505048 8691
6477877918584277379081886131475435737043839641 6108
6684544778605185698836435455394146744883622569 0758
2297656680517777748487429731521740717222408996 2520
2713446380289384331452516983638073117992146783 6533
3421747888059772842616020358430828924451439079 5487
4192059946703109376776927346001157263547865330 3787
0508825586261691695475273604262765242628038247 7111
2903565310920613755010415316350029477360280304 265
1560687044503456586532737488831388713636012808 3391
3126850405697305826236750606618539761570417421 7427
5940940477662958560993046444536969357131235331 390
1844731016702853668941803502361632619326787257 7312
1497249824508730303420476258522565871384417192 7986
4813496990033682366359258820601075142130599354 0511
8239822139359584242128868015569496013163426588 3922
9035170296385493143120268575172092434167716759 5367
3854595891563041515434088850041606705334665408 2813
0700832897761488249696289240160421141615103617 9777
9321029713476265799794021546997803877847940159 8816
0852142135353041497943485318919528301157500655 5852

6423618771644236083078973458250523293243640264 3759

2459180056329087230507629703648435508696762133 1082

8770177163493776400157407706192909977311832715 7053

7209205365402970776786726653277933085996580010 9221

7362389041358427951933508882214543651911343401 4342

8094289321478884830738725770497425332464660948 3535

1665781767074465378364802847096926101318645029 3122

9616599437355582029288202344507282771381373531 0873

8681566684680584165539524063151157367921549112 6324

7750126529807086865320787180461286792428807755 5706

5292782594194300758842780120959101663775041401 4314

4565160939204213995507274987872445710941355550 4501

5722897094705928715478578423754955553068827716 2786

0681824647647199972980036733287720747522653591 0397

5496408864254765241431378861906622713920337483 0355

5382843444764459824363406532781363195780834389 9184

0207295633122742404063291136976226856540001062 3898

6047816686297778403127948999170739672306752216 295

0965287896315037828467679161096745584887359347 5491

0866919617224603794332653671753266796427575943 9960

4997668066120400165330285049499728607042754250 9372

0773858637004154410260595244937075850036378413 8186

0779567606680646172342950075239776514594329489 6719

0018394508535071152508262845453452737577969122 4833

3719234276158203080146280176756282502407146025 0971

60563093176724593076048688248790053847158052075074
48203052649668981999402515794942321159027841043254
25835337177788899239517463665743261372851811005292
75734664184818518156994434040881803768753519740663
63047833728440558181929943124928206995745614238266
53050981344664300969883579889993336482496472266767
86609483821820069176447799515410064831495092340231
32985550207601297659765482514322142772658066657557
82452114351183573372377304924371425957029585515871
15638880779956709924041678394507854184745979089815
80413082967546815203466039698784393830818392374771
62789771382844434051340951168427734092176907252476
31089224446647891168794325132220073651534562311855
01387421523354450308938853986101461106907489109566
35966294815046854675622928941510892372943193195614
91823182561129060258364287817219492917534538823527
99362858896363679518066994355394737960678838639432
99218278556841255867799549795461330287862146465157
13991659140284587348702705261069817062568063586601
28164497972466681641619698798867736847470963519634
96757677241171938898911618410167572490652812301639
68169315003082520148974579738890015268240237779830
97240046310850649974105912095015707758414148918052
83246730618351409517491370788512597534824769265004
23685462358436015970729618280443091680263700578592

15113722012165857223365413744447659413954964395531
32516160965801809920877908352579037577267506223225
18588306075693231895633747331807153668699884986386
91437039379137969021750962586928425716912905420020
81554697777269088469155248117449993657072604850439
50809189432853044749398963006031851877274582105246
55774108122548587461398410245523154697286056159900
49197301338745304316023246449926512501704259895981
82556523887587795429109096721908835535777249868613
66152804958762154417326193041179249699714236480394
56363099307208351692249539620200838815119183724445
22752636688920992957667709566738351889661959616053
75350086023233648287212672794571825927178717732484
30958282735739819410794665642841537352097892288900
21037317202758664290118383502401038262269418554517
46236005539053368444799037802314935009104335155598
36118650126049569602591345769365876222655770632075
18025910297097449295178885420211929716912663104142
09140107864252386132081347634547297753174408567322
10322546073930167741895602027299203162479753768627
80784597105213268572645373624225531925095186171876
01345112433762990535554619591752548043038904417376
17913169627434487853115501952536997807793447126384
24889934358191719567296122165205346223085534104546
17535160285303531706014088121363733345863747449007

12868341362130746643149919626458766238324794568554
9526493664650173730252699119087348893838082204903 1
3999050562754439889044634722325658585987911886688 7
4080697010320268203991645965393982763139767575867 5
6306611912485289248569949554527475825958380592669 8
0566909315279118773020597897063137870893388322070 9
5089767335300855561529457849364066391245229601266 9
5960096262492362354350067173565750932462110097876 3
8785940003781112255481862865919130265466121607498 0
3532560234435636763124118158964697385615082951931 8
0065715412630622899429863180944708829996977823600 8
3731932759312453730293080319708391679211238220377 5
9386912820570401257724448615797828970323720982431 4
1995219135693399070137648657237940901897310267731 4
6477049154312463353149231164982846119122320443297 9
8798865455048855028172241271964129621425524408143 3
8331848355485316489156555947284549415951832993178 8
5179785723333498219716745220939822794703894830938 7
0068880950095001760186510756826190182122598791106 7
3576574102371886627246993510757585531487585060688 9
2653011018387189835211172154353512759382643296902 2
2339493804597637855809073171634956875032708986570 4
5091638820524807942352227535687082560260318281292 5
7727003799185301263523799010619425957035219797869 4
6037934090907681690393742403294222448564906242924 0

6904135555797817628099397846780875087378892721735 0
5415721686106252435312971752870170021713892652686 2
6196686871238222001808199810556711287217886692866 5
1408685730731420302602941758006147543396996144541 9
5780173471307453251846650248739186631226591260156 6
0236378626652016174160913156721283704302383185801 1
8360359563761144021963419885177735871538027980839 2
3962306959289445028812707711326597922053836475249 0
0638650538467352654712796013927057425335723992843 9
2566821190075920761228272723860856213827653499339 2
1722883132892944445541855911852332513183003512791 3
7925207603882293290768317757284347671056843279974 4
7620079687854596090230370601547443724261146739763 7
6141025089181934278782304188311556795804541243119 2
1034413514902690955017999960420723226099427493619 6
2125944584701579942673840826916807034200373342817 3
5882422048034577619180553844186706109278647544687 1
1090427656490961336789669320618650990481167965986 0
5503404920596174158403183736624449878891035047061 6
5000925499423394566216562460486362752367571958462 1
2709710103586783737628594551903569480784184420461 1
6427432686078748084405425187122732222002621434798 9
5429528267493240381500981848046570078416191838634 9
2574776926460569176755318367548227892033180272665 3
1093127116436793381962280095954133047870684275861 5

7839815966786353122126491074162834036375848986732З
87826613769035930136232429615603116634579503348069
6041468095999851416733156416636610638135933370291О
5580951861002596596933585381337026672093038574257А
2167864290636425462773712451614250089638653859527
580132228918653790607932844115312395719443330597ll
1674626649023894326671796113079458231044119190079/
8388171522300067009440024006387592269436228510839Ь
9082522875583396750453543274241265645394801066480I
8793370264779678643563015419592850256243936980244Α
0700414898101285038476125576653219679989499751165I
6655256803543642604731499806941576711495717908706I
9144799725227147952932796307353587611207582906805G
4592707528771761173126629456760366335713353483622б
7492316090884997339500082390802270834018442186023S
7156226894697590112111641763528196178800201355089з
606998035550395507696017523557173491367658050366З4
8098917662374727779443889209867951693893615953250G
15761042649807718788583191666025875455858580207124S
6020356901436024116067650944175116399552511760463З
5458354558683733327378353855866576517556532384665G
8986398386295793497986580783912028837322165418055I
0150451839104689209505644292618713072718897597198З
2246213142951936737845472512841913917280843195020Ь
1487214486818091226214195079624858367872512008495Я

05249253663525575397130128252266631931267472711708

74016874019818205300956901210799493693240463863410

05226062833597847775099361974110216099153341241745

63222729142898453154604467932463165850820599008444

30445292356835613059585727698497651003576373809488

90437898149713389441121553404782853834102515862734

52209298137895801512526795905016883811079779373785

23140754536423832677537259113972316858792687904119

56752555832558943262474631695959323793280773972152

34131651023326955510042567134781656878944325901020

30761299318706117131114724468473809876166132982158

95237336732356716715456141755516238807971200015234

53111994541783387246086759196531569649459754343526

24147173770273516235218690845881694332649543609630

69032786367827217343378723421220127791453073615284

42917645937575452766551173616624937762583412326694

70386618010995264161414469436866655412146535572510

88231326044430205947829570646964208405066397206393

17365073513173003880445262259603654848636596942695

14837219194053748866482246955138001416617534413109

43976696304892594972320831753099626143078452993318

01650845208032363582644210162743101366129855870542

29184691858535800025965709361068886707408368708490

76125799471641309963888597728060572543836777759459

49487903959265587631921103227650583873043998704354

15407721708153371228169725347084804606784815303398
27425354606736133106255364807823517193731976382923
19760687931863997393970932923584652592525487847560
66958736726025074964686593205347603330267022587893
99715593846707346382221087165431159871108323635901
50691704625433514220561500233993163621226931614164
51634672248700890857559784286720908705035059539110
28556125649913517596449387846853627188016450215023
46566085754400621293280842456354780667137045656851
92593359224746434449681389396409572880300774156674
09023826142450163971489926715058806214047363887717
76520916125774301134751954522037490896163122104904
35346518019000909935215196404714588647735602146512
24794178059004235182076679650785800263851082616667
88485589507491586451266193098383058348262969071317
06731071719728080776848480579658754441379929449107
04747182972801787259017034033300092303925380610416
75484669889573135068038686174263992443690005077832
34698240692427033122344253381686955456854241317436
88576721218523392455145195436629288774904004394559
46655074084270251388154225801277993624948276125530
10957594107015575245701740197885097699952595617208
68943409159725896349283592949176418770735118875573
35239097533861390461174419754910858237894535948817
34097886394506170092273558356900405856227237806491

1621799257526358767717337825450819281108102159023883118495295970302890454635523927760376697180464550093663893952712937566183649877213557432275835211796176974028937456777117102096019708609988891974822781834064514963240191341985954666751863043821782298053647680859641348784882765133590607031616600807385645023674086326510479565555523905693241365906176731915774394061383800816228694214783660581227966013786881036422393449289901558277560476721452887526965184984097572531141269697999683583131116362301667967637406820847352207648198751988229863052801822887374008463358398398351191797700578244819958671237440728854255425882067330386593512348849979702623134280932584612061873144905739334295261855568315864723465082335631116899039298074623730185896175127462011024135025301650473598739129966877316578879331468114620930068822230887206158330968583647938117175872322118804407563604562665101608344367723134148461871266939435580944729922205809540034174771169249485722497611316668715094906013042427878611700218095472391317944418416770245763014022975018319380448844816047770140408137418939545475965527353961460351911339301223133299133292565079896523080905985857406951069192032793347339726649554170561661608154295217879242085018926158908427708999081541020516351796459

8157545596880694260180013035578554702715987600680733145181619407836722122385173317731783658569999622159384875883922489929110687127774169313747256956513343006306522737924551056266921880807811832586731369601120907714665794436628833001440815863098631726419063330440445080582281128154889161983229327318187999588512737838729385096990500690958150559968623777129423176197294040813941813602724051482082073795136314843354227939334277653686103525407725839996548618746068110854415993782634421838393844858485290353045697151099125044231382524925295400896002776538738663574156388274314110235995339222746614280895030235763018473899695696878579647614813385274626000172840076610353359970011074295886179093448568823861402212026281009878419477855669576706020829729728493217283594788507478562688354139604520503273390011597689975923488237896003704743509440126218101094815715133050052696734750515957930241419246771883779907897096741985620620603365776260662003934751458951212313889676805215858321485875621004939827433779291000856345960847872744334605561848216303387229105564330934672192647866563146898144200381872110934389738986303817212957909299112743076719777291578376748546289285218082039671437850793363736950077276642667558541999588569725888941718854732457041265453872

9293835554230412841370132131163168616764950318207
123352807867036057531692611111413192742877904464
907453108303045956119947788929764950706463971681
146294531242943635554886863612488265612400644093
046272099193802499353896059744335128490659363042
010405817460612320439445967861994375881821078870
290972403150885180446976720704932193264732747494
465735270631400846002270606955967696876993581612
808761428908243828225082716265451015076507112254
767831271048985812589031480801153234822354857562
163613432445755489708401852562487855841161559062
570640018619382678719167145422978427013185563530
592339174371504225236871430802869738972306594087
261558320028856056430543675473012697599239121409
782051634730568394435766080505495391291458645641
519842126675570326140401652646471819168255617805
043662639868126326051567703737576322825572372240
732656343992610107277749134762717616978002420241
542196335423683421089982050983996930900966833517
155605180032912375027974138336346557054527834853
761577072978602826423169895661621536415061191691
695850763008877398413314433235221610864807537627
279535732619276807505917919753822080505536085921
706425588204079499456805320998452161952903487471
915878804337898027199175755284124951645538973669

6679774585106049237316474933485138913107670478168
3150928005652508074003360262558797465873389588650
5549105944187115107898947642772391413200859027313
8230514711471086256844244305561264573131797594669
8304134034969841895264128081303923795354233955145
6436858329717672703387996607050275380884466661324
5208470595623603513288763569283104042351423073689
3022576189398221045147116497508649579313310230516
0070274041872292552531255505075196263090141904288
5837860801872268853303342603241887419947430948709
0900779689622152127820403638718498691155689285267
8514369208111989669919917593944222765985852960731
1102727719303922875037352767460313649872860148590
7801089027696481017841925051376836394432779858978
4996707510645916080799781498674621295942992949510
4556123952851899664838931513416634256253872290420
8570031005057667238782499422930433187629331075992
6334103488185307894578621304384469902259715109537
4248396404519561395264994091054193480278333814105
5497503863252134416652532578346241054313724205134
6561007097502647497506018793298970049526351080384
8001221708113442311592330182506552329000805329609
0529674761782776499033804649275642460784400622477
1022984090446457608828400843839653757251633090869
6595011316680590317606539941304678318604500629809

4641179322276064394545097464031190004046101363637 5
6652514763392205640853948811565665156414499546999 7
9896155170851923896417350486164401960282283702310 5
3195494455715777919567588597530366609882202496886 4
9624023737697414908962278262671716470905454589643 4
2513581072155099312787001810947933780019428811697 1
3845597813034375911744983050397272005088385100204 8
6452766917597291317151669041458699094829963978857 8
8471241582151819151311936465926550224699522520658 6
1237108617077752972480096285573811172643504397723 9
9159135333727943712149397486397926247924574630926 8
8060161268332810801373076067896388530352476247957 7
2962330363206079753131170032156315773961141417267 0
9684579198896782331749802500904092769839889486946 5
8406197088371187171626789505980379928186879083596 7
6744386739411089537196986182976738458954392441121 7
4432607281434415683337839658009332416265311975886
3863145759699162822606077903337395378068615499543 3
4396662534041372933605837613571366314849602284656
7534731883339597694060242585033382282696716025148 8
2648376703139366150304655694403590997958808653064 7
7527207618121415394106818553151735880056317978950 8
1069982071232635714671453116275825250080620098353 0
2998598765345615877265590577677705235068007347211 6
0449806488391234431496994566296883810992317937596 1

5151983265012059878144161793289005863320956390449 6
7327409677561565792169512569575734306501117727944 6
7699754846396367647409519787469857405002566630430 4
9693037828646730889074067621720816291000927084108 8
0219803664690320066048982952654419736165080870899 9
1399726806525622796418049464541564487670128005839 4
4430038777135570780465643299132187060632208151427 5
0622404635739633230334171292053079551861594221891 3
4174393464269860039630400508002042870415729593735 3
0995771667761525162452409290068764840944524487082 9
6372347946634083467678892429045159840508607169534 1
6892727685702610071896175287752516051145757923487 5
8289688272500582964348325725019488704916732932741 4
4146938616110082120730148945094220915611353196601 5
0600951530042151879680050092567027746169752691736 6
3358847895310487516279254152291573647418488012937 0
7600826420065741850241704070543171728758494534967 5
5969256058106800091735532339246553976580561150626 6
8571458886231368778250270750779389298522128983767 5
7339444061238960194625480149686695371667569202794 5
0041465728456706853099431195910398723702492709010 4
3532552598050115712122632847074507459034059643855 2
8208729191184983955166804404872154753233912561994 5
9302810597525033416854656765184945399888524327757 8
3503720834777412746381874054586392925447115055543 2

649

2799818208681879698647010465613411868005396513134 6
7232381249441404741459647131100723335520281233852 2
1405072386153693166089460593075675862667907505370 1
6110407034090926282674887750285975237510238545267 7
9620553060275277743678194057795338407659371912339 0
4161229938965877540504209331657806959653412589292 7
6900210583534723405610651455542932009170745043947 0
1995669836627702247022883042665069045512194383705 6
8467083823573011816322854340018430494979858262176 8
4156199179199351241530949158010079374774040392763 6
8882693841499375805717517134475581593103274577418 7
5763711877571322468922722424933777711395755848434 6
9314320561935228175997645633844635236679326941663 6
5293829299473155416026227810434045971282582242670 1
9760969254233568002538348946563112495170146899400 4
6400911880740870773299643030944043581834084141758 0
1847899502624738956907547819266522199349674054172 8
8191105033252790021585459431757345887327695863977 4
1338302654225157488127285818892732849776969110852 5
9385652172391840425825823144703106476046481450202 2
2102865333086563744022595880471321869450144366817 5
3853073158920051906575480158234491548443177708176 7
1252046119649394501886256763741453768645600601421 5
1261292424645967306428464885104976111918846720498 6
6454759999268017756643379003400568470375447562878 2

4934898408714007702362965041707501045403006968311 2
353172934030263172213170861762029604344548209543 48
676369524939415384766753809577355121463749908050 38
295646709020523046739855643558238071200134051795 35
817759266117929746014869213202630600393179956484 94
444473161193725369420623475637450478267593973212 70
337280578134312662111738722249280633363983451930 36
803892593096889952092520352785719809923805762361 22
849606523276970970764790391394231402133368690394 80
868768474330801226886994620347082371630972470472 50
281060331416470144741205421382403081283471910093 08
620269749091536072252751286597749519507014468359 57
034266146025302815338482727764497900776889807445 83
010805807625802826525398467121849904439425891880 21
880629759956314281638485112094713499524227290966 25
621310572002786025213027165243573020132199505317 11
204193338562432181159685353143642809886601095854 36
852601085293446378411885371826272165074541415429 09
241257634281683464248035818333998660735773094094 98
606570661584407016735064684551083448304103407143 30
688613506481612313350084423362414174425220384716 20
685815778003440744224089977379525077227224252216 32
527079828648342393603199360077015781454854997327 91
495715242047771832598625574711721760004759186861 34
657668007479138823888252605950369614563755509483 64

5524943318493757958344708256511202977130548905985889360490419843661556802806391016931507941239844261414631452720749063421674666562208207338740544102755527732642572666260325434141645180646462013591074636904814091394881734915019090588786588657560805463319115395795199226915101752611355353654804491538052352430920956839133923664186021848657405653138658589180388829010049544105395042819085217095689709852226604914977034425634152011335435956016208048334570567858284751828869432645728470941550706639004202184742841481507293211425552538487682398405964036946755855870650778052888118437054370766853940204366790879472757699767427174390824114225151702319553260149292053248523316443033614105813480812118784454016800498418637195377507912250981688395943984374349050092769074304972197321668269078681894298865543260393479960279152866631674245204993576832197598296140906096002775007541161182341365951954364764826597435387250343355756076030942645937176844352565845618941330436265854933396448813667814189940353781251863618098614310938046860842389417657170919837530273529460531821774849806764100727806893539487785620807660764628864349757813849167549694801333616458553592342187444390487282202327482790004380974372224090556657982792540792018271917640731568687889908698234433

33242984617134807794157926078943786937879321819276
23832088562198256262053706157053365099866604373352
78004302978538582577725820814349306895099746902842
12321480543625214410992658451320869835695037934121
92787701548376684625884851480353282100576225953123
84395499845597718366177469694877133736029490243201
40089369543524642846703906282961292533317560905458
01524153362697046334156094771470387833114080455327
20266985169165505458088526234722700918568381152913
25160755751473298310481745116901185447389050027079
66281357373328915219473513715071421181962239506̄40
36066250793766101141090975719875195062790767199208
41561838312623278705367794958720934808531033700370
79676981443339865319473005539550361373716903540441
22744184825089725543411329141409921010502794060781
34345274545748910397870395925576771973032662920585
00218412430561101471172665885887585811098013622427
19178360150563008450612609580351146221868970392656
00676775227127811508691824093126398323889514330730
92080618183670533272221996712213824392494133845030
85537429139510060612140640152772992047216247469060
19968753616129309594435319670213870262242747134252
95198346411502152585217190733435287605089694898596
61873724647148445754004263211169130661080007590199
27685277231229433845375373445561927073184207700352

5188819851000091058869702463614133946373640362916764850243139592226108914312458431080249185337663654737954281019800639467549165673882209372067955022453974952793604321876041673712529418689041678756050715819184628397499517761898470120141728492253165997642491396155346304559673700366982713924474617224053775638845250605738311722063309952246138275154384262484183054546161423976795807575792892955358231583791059988100013635583580253819304960874848406232442130196731285727975696380891589114151062682936713253390443220443935122562713425835719375807555547099528058650927489148560615014905867221863018145395527154337744115748430146045421047237106590937458945560185074706555125049620797634952629628585741910611986843374359599027675135124284216278738270407361790182264211619056545235598213465009844346847498934255194190612568539471215509383577839973398535979920804409140140130196920588481624165779207438506165929884295428759267653257646127865813653869302306432495148722915683419489339773257723831101860728599213827439955316707179778694631024120965629925156369070709797657462230224811183699337954003728904003552813838791669645146305017446678302677339156584851313373322134555912016942819944635586911990104670257248863039143131892690272342788076559567143550810085 2

3328736761888331433062584028544613817909164915113 8
9868861020424410969493039946188156434692259238227 1
5423732556186576373191113839350829844737578763090 8
8819066974875034626160773620105614764919585888952 6
1757302986600028449208833098693563896669357365831 5
4321980511463029180303532823912512265145796045112 9
1362048141607426348368904872534774146049792896866 5
4718043110963702069366180038156492646017632282354 6
7525772510063481083324604963974581894856250715927 9
8514006882345658766432861696499447028761727860740 1
6278793760031340305365372001633610673119735402165 7
4274552661377246414679701634232210948392735205399 2
1618466844316578051485787487389956117356157422927 1
0799789378304117463423317231236870629887993956379 6
9323438140930773031667385587583365894879219229299 1
7029253219531310631375169956489555627920773263344 3
9956069913401234556618660027238644091295776817456 7
4556204269696639791492485463176155558347884911203 1
3298081093820200166708214261953839391351949433245 5
8741577258369481163492140484733546704852527626699 0
9591444857090831604238663433552347995241933217431 2
7082642757150153738114470464896147792343239188365 9
7604173276069183964760678663226749291933231611318 7
7673919132713156449130569370585515339505822922629 7
9366928009889012737440110729913075848391948372516 3

655

8752515268120935615506896612815652785043774385673706596865712904074504021396786409805016287163242664
2267337613821529562365220402118843091692449620167039837724022900775191199017338872565494516702488423
1446673301697956493138953858612398111668308257202233372469857377872517673016746885270115642775820059
3935709812258690125889272753477512459695452503898261166802128775738056368563156444219945818740281065680175318556456529558228861695528627420028196403061439105900321537979539693021851942326880794685279
140725877194846904117641691522747211068243909658349368174072439125672601413920553750443877850971869061283089542144509045453485238152261213609136327962561871364143164942213935544220600533827345153079867230668801356293013165017655537704716300915062479212373919370575413872603778440942173025911125049238615493819007039732269827084459330938371631480611283411794863130846199594307896849641116870843379334405700795264780255324299882702122395890715726215449188311989117964922556872579518737643726521041961886235970807637082519160197482234482099443332365004015103308033450987342082127921412004204801805010797985617232164735044013698114855410588119726087395394254908628737839037468098832081722147968307431302693815436368453784576155752019947911774123367085935 7

17692095928402888000062917208716273797741535129580
50297099442419138076287230850635785570220029013432
70927772987375157616624748404739285155086316421530
28208352650155756311959083682307340304392715181050
02752650033708689498428813235684965007249398847401
05694734338056373384023824360725388733091113738840
76450003773447847091001864804554117110025614054087
83699288695274139261937908513852292978958106283980
59044992413872737639857194829128448347659740140414
32598188502453910670591768324622694839736115718148
98528770650237921321789269536116379304464677102539
91656844314443202029811685936616659255206559795684
82691676299777340317373780308748208117848767254586
83733424633452419941410780153692124159877833997466
99739542951868182009064969761036782152809895298760
69957103569096028371008599789898946334872095708021
79233665748707146777367360972463992215753219402369
88042560150000758404117573195749841674033303526039
48097378856539028866590990135840319648037329389860
45942039868966162227548943655076000234581410708961
50939469264527739423511469401112771914913692543785
85394835272648575521602087204812491691018527179951
83756073284426677184767954071116218015353987918247
74981618583564645228030863239977138499283592092705
55307866515564527689591621869203470156455573402876

6926384132577036016059645969040322551231020295599

0989164180907129145748986244302977071138941462836

8484871576785677948781431251243293550247687268468

4693387893096861937217245242168739271859503264117

8319813570892707560107929918514562750286621924369

9841781141404540319609164247843921439027833868372

4171155494396304194058880675238187742910855178800

0788117679147787731136388027728566969401182727554

5020009359274049483769196417417474376430993588281

4902415856717211865451819540327446308508490018672

3652717887423627513368543825843572609765763398593

3648790620203688881027015850058083028005290525005

2040995400955993382815605515780805692775037640593

4228538216945892473083726933480345155440890818030

0097135903138760369506462952558119323319104201739

6968511078545102058841174742956674264086276226066

7216076333832609244311716326610442814595860625069

8686074775429041244464632860784627920804163161718

7736540720514693121214325169234294535433247282417

9604332479029063540574426435510165761886887575528

2490583073226688579406361072634713145128039096794

9368497933681487571329869781321192473059949601402

7818648319506098399949029248482264519690766949366

0918529246540254800772199089177291960931566054867

0271484478376604390600314714645229672337382101872

039173155245869955423886136497929893405730911 86898
229687569221987835267888481656201 21799323557181193
394789972941131625038237716074760122507890913 91360
073698161644961550771156247518486718642741 87522209
836992625110794587674427102605491018377141 49395384
601730899334493604769733019287791380270313 50707321
098188209904217747958244675990200835711681 78448830
478739147534493519381401175208813705984398 46549557
055010189474633178513544780605002453222898 69595610
981274453720034050684331619519836303181703 74789862
663270724406537943927775061173843773910037 01560450
854244171829462232309874159926137923103063 97975196
290621495493675149348295534255732673405736 62545638
782087724780170125191080613807632941910483 76862061
550399017105775493794371981498602274574327 68735866
547211937247364836888473863695504723045861 68757789
926241799192428880868466327656215489453775 84642693
660170549041069679139658565047231426979266 88920856
929628784233165154008797079484044606266020 59142071
572641491184272577254451851792252299228998 92552417
931329556162933387610416084919966631744230 87794058
873508394787307283099169773983479436847746 3448015
790691042083874953549261759171854122935975 18990089
222621721914459306788619760356221881278063 88132245
635556068069415255297897496905210255587116 66880394

6253165815590264701717990003990248334019184741861 1

1779142508795783220037431338999438878790174932178 3

2857091362259345239879921194135829648604238718240 6

7417098622812190185733368156857032359430919908413 1

0032742416308560704018396764542197565982152583422 8

8679649061753328803833759251880213557889351191633 3

6359125653076196344688595555679031931342675338330 6

6316434060769725033746120456578575427494456057731 8

0947349044636421152998533043536983846609846137669 3

4308461700054908361012391654874021552018074383204 6

3746783904999935185678107922897258746903677495791 3

3853503513360755073213256002919103155131072831771 1

6250772551531257304962327220860225214648402202842 7

9859329283668879907714081923988378503562205294533 6

1568028203753139540331764315894056325311235868239 4

7289210428147770904529570491287593524120513586876 0

3284514258273469448854564319334456061039277195821 2

9219413108746666766592457491385391579446355239886 9

0676799695355659403400839266309489156370515518332 9

3940005032264170884889946017449665907668684722866 8

1018342347335807481678608256992636145794143415773 7

9697276195362514816047504644571393528525921757839 5

2785644120276963185951519925370647385437507348419 8

0458523109952456640263945256711483053596867831113 8

0040816192340692340326098970410456803793483601054 4

9292069273132391092894894161225287725417258807l576
9800290232769299265396722223125954237897818796l729
7369231269862904132940693047792690340796085936969S
5308287063349885358980631703790655102345550359811O
4722630784324378875026808665286661970123584310754B
71934469961351102465382307632638598946857435306560
58275300173591298306951563954194337812121118044070
15361531438457987316667203618404665922914000728615
70470923183888837125901137751101546728156831261731
35845444955569340401606251591221445202630400731678
6242123473984156636061570022957579S12596067890949l
80714872199201151338603342012490334326901903152471
11117705376749037925070477108000780724379721999748
67805127054386580977383660845571415922313112507699
43850574957208447061617646428970167342485313072653
11314113296922449973258986937933620538231043046881
1672702967817935315147925262277150B73178413472O117
50829199181400243851651872933219223671393302183937
18018284319234620686122487712481614464372623846672
27387169270434322667628213359572086575925299335704
6930167137706293723161840281281466540339392997647S
945083556352931340448149974608215731436782770602O9
0362000236561479481796166953389820330364315197605B
93882403131045864624539039457563768870592794191446
3513165656385303413805S1160738301152349650160262B9

661

83311752665408951427645487394364290003104649756341
8646706338393702640432719993444501765362119418398 0
9140543543120466110710229491479572822300488815098 9
2880052029822219560313715553191807236758087351573 9
4941586386346592426492982712468742873788710721177 9
6093428528221850751761203163287865050956785978469 6
9439706685743639441733419056383504407294386217526 1
0060673994465714452565082185110811234734977092353 3
0607315603438336668128028972835529497834686120793 0
6536662298488684458973023686950573180717092710488 0
2093698860052594234685582421466323714836033470887 9
0508346751416318599787318213771136093379679226713 0
4808400635712740447619016990212805036249551464937 5
6285725553472201552916273600484207174507880795076 1
8459136069577882486187479496027948214683255363696 4
8055794751958042265961817575455372575780063850078 8
2894288015404514728664507693636429261656146409237 6
0991944230253071776066476460974890130071283206700 9
5834441486795964288442656533480626985008900143585 9
7934320495470073979019762402183186450225187355768 1
9538466957130700628882926375616032787642159655931 2
5292492422161329574504065382201672623986186616485 8
1434298883151920315905796007336630592644780176824 2
8057937751925499116138740816555196180080619144877 2
9485116625699772451508213714632819036518087733473 7

5322139017956945546985589460995099448197662316 0582
7389739243085310494440787084726990640317835935 2904
6138482240608140130673921194035926589229119690 1683
0434362279715304844598073159037135399085230555 4135
8503033059942630753008447497312132922813900414 9372
9257315810390367157343929813723660967707037239 9756
4711313836503606104054887160986190396184993610 5390
3230560359089527165216882441207600029377720542 0054
9345059959328476579144513894804179203585085252 9938
7445006490770503204262460392913479186052964181 5140
7354308345877036201626136356475367166760597478 0085
9031429361333792933191750084855096043897181104 0988
7752004921222370695585812496257133144760665069 3367
8827688873103244542439828907735107267733266784 3932
3322019262193656446632205485521963628598869821 2459
0594841453898355243171934249129900618146395923 5638
2859406169029756476311262291466746536626582357 5832
9722166170996892121526322495409725300927609096 8909
2981539854778104754603970480564097019438611243 7832
1613301721735201695386677893805184729999611333 01753
0953639202007972943843344271324196298010719595 1189
4080207607854224753470765972679570860437380133 7156
1484930232571019813287494389614948548783732970 9427
8163362544363330826939905579688104948920375875 0785
4537640505365757571955571940241392108268760908 8769

0522636865403018708227018835475847239992289403407940

07951367963796350726344224554191280957705903158772

5558922077896911118686536928072383024038923627104940

80728883128755350717511334248096928769720158667518

91421714342557639048959469858075006092798100439092

49452408176625095274172741560161454315945185221718

55749552684752772716738913902901472023505989549615

74173169890428553994402830278383776236501085909369

19201540276948681440882683921593425318596862968867

70735568178360341970518419116791939661833729700019

38229801502724830835080109717730911105870894894672

30542892715118246415440910664532953239354505193052

78990931728114996492725306034702159871961345650020

63107133613651786165441649703573682097625837494386

30392248773435717559667110116693127919204620889828

75388710715363136881554667959015531454623653372771

09419292748404169131454197001775401916619419279523

26018882537303377523360121961711612555388978356176

70837738785260756313420586568197019298042050503450

95013583730270205832447069646396922369063859331108

11220139677100067477245536145173982465787334364145

51852124685804072880187810597648717763079789332546

45800932156135484194842177917559330935785967194699

19505619129316799344119459729424346000102857975899

40496943656661909757932956680542467013837449990948

8656972175297862499944403863256488733167600407677 6
9071769110217133246166713693357767751796687482379 8
1197416413893296651098321913188912306128832130617 5
3473064594326312369021942487650442656800640372373 5
6520012431948237319111641586119940162345610705558 8
0366626031622166878471348964997725714436357031875 0
0753298600633308289970512791458197779206078069420 5
0549492682044404634256297157534094927435579725160 1
5720797972660701996918700986122241889692247833122 3
0698835193026800133351582348097469113783697448676 3
2078154664881263924082841865160249149549798644272 0
9866051820357176456894993560204307104892958158650 6
3951917305638559382217514301314348075986693326504 8
7479903805646835095656163984160231551047965988593 1
6847452297845327115630225679638245805708738335984 8
6159426999235303174720562022037261527089760668460 2
6088744711951867528525005617829728887196752466048 9
5413107910513002573103926269088847423715651830991 6
3546737457239943835000925165391918101842370641827 8
4463199649055288856993932528265626282428690760469 5
9122933888826367890525889629799260043658351292859 1
6601681627115850385950992004502382880525787160799 9
1485779511741071458789278928594455422975748926639 1
4906061225590184674242048983069603260992416053731 9
8039930958031845874187561196551694103025884274613 2

67715286041675625997166890091974462057078876061938

24714430682007869995158218691523480946205994733672

84161874380183762446843114622719971835404199085721

26700675220557081779080207642238770083023145963243

76972484302281374748014994596782976524511116475628

44948823911265802232072339396724873534837968347090

37217278071821993045796170874846683226075483119464

63631629550461428918187034402551606610996043968227

97600851051090393629109199421193882665513643110459

37739823375470223489709893823833496062224144588181

57174486985800768017680983135448890807309801045982

98840671012861381855597791311265857946279763440209

32540464256523214487854998370452126786486295967723

59938670287589062826992794921488808890259752971774

78906720299367123678763451986595708011874771798648

45108982519553391404526404027575286220156098390974

36788392343368690293794902388062976992556920231250

42770510894350978320237026090787722102888386917306

52029707426870592354303768898474913311508457272408

92727685293202568303822902698549830926642798169621

54826437896461283683804207320924463481062482376286

78481958108547337889172165033709317162300827835446

09535500015708732585371829606975508170435834992204

34782397372708582326963623701760976748450030410906

04011687748131236415722492541367350659699997435146

8311300047904376338946838115075044798362249775689l
8706331215982573656934306098101058107512832028464l
4444669225835877645410765424544616023777827884230l
4324148376077527228666458631768687572843620346387l
6464703378104558038408699001847001329490672016291l
6732086656015272003570377008772639337084619152832l
0488231140350582535412867184976918987401837011197l
1247408166154018970145776023023745038112311099710l
6466141404185726108956369605831244662510334421769l
6955312306918353300561885184871146756537471284253l
8375360270025404781526769638680028149067082684714l
6627044938342088682979560559153091431959230537938l
7090912350168317523156938922081723667794771797136l
7192414555888808601903804074946015109518157321992l
3163081536727786395339826503769350931962174930710l
6054682746385192384010858938048215379605703755413l
3419453179102144027724400228595051052507885300563l
2548796203963051416750538902815483989382605618460l
9692543092305011844820244405735333994864623246986l
6427152552041418394545883390645070021120281626903l
6437236786327092384808357049285566542256570041716l
4346794270566931694659035590025009811020461599706l
2226960430393134150112385202084330783492768521280l
3229115251973791375174328405671719578654820096834l
3949354987063341045109115580239978965553728671671l

9806356218822908985971359456599565839007199084 1135
2900703212798486817378763769197501596503476210 4926
7928002979882816144262470454993187358737961144 6122
0750417737680384233088995124892738217191170599 5177
1345342994572972521521403834304607340293212929 7183
5990233671675519020483679889348578542813074091 7112
1274913518896650388059503648866001930517747973 7720
0603859479443146650104107719235172244725816987 6135
7315539473606361022608171954947748733465753076 9762
3829299706659381130355666982838308327669547610 9668
8653181122041132550888898206279798064803011217 2279
2334181960798412999720720088418393872211390347 2473
1085153277483669837824867965448539605467332451 7828
2183737129068488432260975031906355301794126482 3895
3511473878639950548602246000335769136031838256 9522
3930439416276778650226367159054260821794162606 2786
5341378178728420381565930074463640673988966754 92687
6493957184903132121136562023902615229840628730 9564
8128169303501869685037131095472329376747222478 5729
6417081985894052169659810525337889235031987258 4949
8893728640768329664533840034139733684656642998 1296
2074532556516610754825373816739692277169563653 6682
5813785392959280486393462406800456128973677765 6499
2644452755616222399431748911099786814130034087 8616
0964068909193446601068578173996496691929407151 9797

7061967355632780830374867624281895329937993501743770330412678463941074239000407519860591815646594775860969999412559689622869881578902426577897779204528945726859788015120391878644971604999362226461249586877214347718177827215403315790874383331809450293538191572814541832682112481972325972143223493402628954695747621010807874258476571478016088334049625546506324147444237115967899237058982776656858977194579259926929040833893272332479302542032741208279443693635479139795797203963663957821049584163144039654240938604752833259243435007813065949179499077038816705671448564759014708193628846063438708308730139992537252983668910410331359439434771325452511125521110927987277859513827089163665909520741709275251299026204554103080348103227000462081993134977410339699357052008134906942080378722037904643828902499024012213804633979802421821068393468508849301679182896621304254933387996548743861093208514910533275877322690267241292966256736459068755914896312050174243945263893979024423237032649035968525782137809651504544989318660685590975663239442261822295196564215725418090320998044966138139531209853479671146993426949382451496674751598529004751805276612260071977572249670815150580391434618240125218092935634426976907759366545209082025060278046714933632677872058166693945263893979024423237032649035968525782137809651504544989318660685590975663239442261822295196564215725418090320998044966138139531209853479671146993426949382451496674751598529004751805276612260071977572249670815150580391434618240125218092935634426976907759366545209082025060278046714933632677872058166

8159702504818400764542843654950033719423356553170
61100284423030042053052952933086763760286456546110
38275374154748491009312872595644205697610999302088
10403531866948926239609953565722335747574315878618
45904831966429563222726105271648198398546337943708
36572964093948882039748696069433331514579163972074
80723433442706976286568508894730949815971906831106
12001028675230952011106399785970418819427843873191
79548374603671903556930383994015483738186262489261
81581754672309466283620556512169174703278872845703
15345444858522369606979868892249345328209693435676
16792601084723826258975990526379232591641503276362
55946077462741704332544934574448894772168762718277
27072947967992940703725682106129508999370246217199
88989446787668627345794135226403349817753083399390
67029665213380346983727289053247600661939254582065
92897014152612950727426292279324657917043837162693
20753650111960155752594694061918181848737771342683
44442405293066005733445888690588803931774845117741
02397358775282284385958672028239874374352959211556
24322438928963002729105687288726816161177303569527
23169774369592914248446211898945750116903129574251
48284517441987133717486576746353974745761595416087
81521949380382190631719785463648068772488618103918
94489750730538558049092079632148308935231848037909 0

6668134527178233532246612521949926765291427590890

2262117510817467050005956809313519528400804390075

2617866577512574528843305355317484142917533742487

5094899335437358359554578827060373973912922693703

1243965689712377394516731859670419317393074231020

3944927937255669514349788055457033059083401130455

4208837745301823471483685405703839803008349014666

5756278297245438449473653894739985342875432822747

5381373116324699293836702958321529676293169015770

6376459707311545568276634901948250420327162355437

1606289610103177892081300713313496833865486540725

6999424381887465482728672722781054698999243638538

8917100915927170823049066727659616237816864044108

8757454793666754385969867095547499965912023647186

0251342342866031230832887254261484650491333914084

5713489742121332627956375141588593834370232883676

6142721091091632643811993071180581370532052181871

8903404084228331495613971410009101715099373550162

0498698021280775524186200458708968444383063445989

9555144009876519220044348268870127019830394069224

8539144344376925256906037856331636359169597563628

5116855631624525027754537619629428904366194589680

3918515806791438606554576306665385508979167196722

7397520763582919057664796718038856453881886603506

5431683355124532052382832782772109259629794743650

2733419069484117477135866941623551515418976650 2736
5243778292737501090510930825867898462418684947 2218
7945092867305656472937265721055693249737530172 0300
3429846293990357604055326948019752126003066980 3843
5039953622458649675717353644866229608676650221 1476
1971906683670007878619525727724960774953015827 0401
9156303489627631553591293521702092981509995711 8977
7124690854467614485083505413333978482613439531 4953
7191502413214925257011457627010326835919788551 6410
3614737647596250976223028811188954047134804246 1791
1538541632328400543710846426909503621868337287 7564
4555584451321260709365088896899626104066097271 4901
5825926516847763506236573352767195383297892000 9067
2985653235452227481654101948007407498391882302 7932
6391449423695735288995277041099533947552827010 8194
3357336971843195081657518177313617892037222004 6232
0225025710195997579524022444777321462083760083 4855
3877306273902091886835251019639767078418503278 3930
3456164014187654569380004166672187859830183324 9780
4306684137087899778060970875131224537331792104 7765
3219632269292062444118602403823939582693848769 4386
4799215827507678016075065363560192478163288489 5067
3931704750819664627195118968792595048559814225 3735
3491882022522322545270640311004505864934019626 8324
3996750270941977257999962112631549818066293540 7155

8361027497190651842740656593725451257474213565274O
6125514208736831953589153401830056437614755600059O
1887559432489987342354418536298897724641429112985l
8495310609053070368529095174747046621759278212702
4427202763242218865003628293273448127781908247371
7178733122826245293390331056612313694376721597019
5627862510231496508385051784954746257928633548467
4750561938956048712724763153542713060257324619707
0588914499576286610805194016087738399359475968793
2063061649761016289384743787627083980936528689093
2413539742230974044012337734528350622583007681949
3505737271247291463024293420118205594285875409672
9824774332995253289388910288262385002918686066223
6007695414534401415437802743546527798112480595010
8156886539095810551792517892616859476198901851288
4853300197191365805093430865137339156714425310693
4558535936906805731112135220901489843226163964326
0776114024959572757551801795894194013197745734228
2233099739196245423781531637399205324766455348061
1436730683257957605166743647366202346212054883257
6206777946589615346666284962251255998837366356154
7380994239822341397785731811852669450921933340027
3956605221904343907952187695286295362583451142883
7418801389766833483451992354372759509972488475499
5348212875416021214200071674252732281865847130243

4038012472127577155173543806869321781709846930477213869343623935185177209438091902476791912350163419
7498300194349251439227328399895275284543098006139755700791417081678257933982580345053035043559971630
1845528168292642279637951739982625697213931034888695236503388767235345917921388311578797662440444585
6862661187618660778544234578255621751391515121750699702826712148235376167533902997247943869400984398
0337239260825759149712252496999091625168224188302770648315381122368712756122608584023252177282389919
7546169668710046806668395139405468301470663243728097173085261750040540584635799643871306025046653245
0985137113504784066696740812062280849524708273677848967506686806656952046159359064032782602281023655
2083797774909998813393057249306686654387869383628943125351751613853047656960848342689216379531764454
1891627305175221678972080411022372283886209656630432693750538126058074357155644252030153606598273724
4631942002726368400072903913523216097806820898002503971154135638074184333838437755945688993432757328
7635899539343330132152259001208386005125201093186688267356726049987995351226586460768784544884183383
4136625422196971463251892117282500974121983889437996477424611182875649274008010958068107163190905554
4066376841992483030382445386120476391807877747840 9

5532936773126665062304634915420945503013186992835
8704049776949876230868160119822506037840778293313
1486931955769041248096002894285901471563003599521
8751134960928464643882776366816444290872354236562
2418491311097071158811075995684882418627659429311
5326435533657810786249366068097352567283282438804
1495336516304463220419935623776365923546949824861
2240436933050644547086698381945613271731670628721
2922330882782287685661129367040431097366815821566
2530953192735760657553663381308114126150418274259
9791584686097566171115535926504724528901397973074
3656845667637660750300080388682744809256019525018
2877867751168351851390092399073510597032706696191
4073287289116846607505209092006071456463839356591
6554266871106258607999663404577588827698230347449
1771278741658923779796117044330665499088194970371
9281218530920424550101018728097074432904339482702
8632007292968230071606130096726729562697918386254
9239274660390007121099734961053233558472567594158
3536503896957888361222771610209908180784994235623
9210965202007496819097023368204647962109385232105
8762150886567676848354321163469821573876550837832
3733814319900742026349784281011684895754010218975
5070983266542762146933390803990467531115202415024
3200566561580635979236181932300762882729466887837

078853974048969533931470031131324493093227705326130028850543429077890063403191002285599374199590545341982948388657641910838216642991461141910541040721718375771550615135153927714008775520012284097818725816627089312739645464772598088949046387444120338340398470547482648434216601506040978703871976045332968159456039741792770386611691754030605604275947492737317580608753112966079880717230218830918163103554699678999676814113223840584872150451109777541309273348085613994313891956459179137461296122743264902894505828696018397663266768184863672978442961082457532735323785581012799169576075366163284457154796775700222592039479012456471885952733235380132049867071615509158782889567274613439615495902481052675789916395615629228002473414729092945654241442384279751348945730605833955546620662702100141027670794584352116489088168624369796568234197708223331580282187684116710285191137349625550441565003220132187807208363215672758328941194293009420176277343107493222163016969037110211968178145961129850803567824717557225952337646404023992449941171332270648140922089039340677416590793358224796176127195757906232160753334804425925247216637653281249173787913554545318283886538707564763973408162444498793361431231856965340138644220930574391287276338158138712550673713

2242883009985818632101563534940227831056311703310776712499040051320012934897027213099521549239150785904214026893130046098656152361405253039272543131409786703723671598135087041444155684740934242858068266918870587013314646320508191505624847600443520708075408782114949462115092792335641676736833501642284278652933928327928453321515289204094301200081708618584107504415762168102606083356828369738431971365108293621246800257976799115539990764840380499281718037565345951838459509934009339260311050879753764133549052939570876599134289972977018161429476080132837284371590590628796866400470614917846595143380897979017472288822130531415145267504796951734362334726153303000930497426565394579474740788563667819470875812034604862122119732683985031983988067512355607212314224839768206933579702545411426785688286857621814616682467550295237752661408949262179410234215163541177570269072944307695709089606441496588167174212166831811496370914477913934086779172036360471833759073820099690945012308440297824319898307429912474750965950540243211346298334415639386846663845113041716880468008283501799096954455742858132774403014003363683787123611627532239185200931510869547854040603851429675337051449228581682317546757859933248970433194748116313656876224420921196163984780749398

9063255065861047264994627857091184829307640052302 3
9571694045302297748433753449693479104278804649755 0
9168928481102733559380944046934895784831966191619 1
5687678664744209176769614601596143007118763711598 1
8435709487634197399138085628617818195168335660513 1
9780945322585426552516534052564189836041918098775 6
4754700933354564638637458818370719308992777474777 6
5194007121001602129242904288437751885569693798413 7
4619594878664049528851797029944034170922571269836 4
3477923420004450897240195642776843574000469180688 5
7882963825556857695524334810592353696323776654121 3
6136594165896489360126908303912189079669346387826 9
9462568989432384269479001954491764907992596728333 2
0150204055056395822883229865421520127390385712551 1
5833894601478826796130705936844627140731766358507 4
8773515360878547105994508157375037687217575866897 4
7637142045085859347552037159289414490384555188824 7
7822488860567681794844885054248271176560204127562 5
1081698730294789916929041778073208202945391238728 8
5057804711502794340678197206798706677346899175968 5
7017096422149884386213172333014036484090622963366 1
3973120512678548019751401068761497867822382951553 0
1447754388009420919581119084559317284191284475424 5
9302404344156046849603652232207039181979547390237 4
7928894306287558798955043463327292294265819818993 8

678

4964339039017485919007454985194324377468897151635061784044765817263836980897975093316068670902736290679673652827703154632011642375553779929847464033232739853551610977778107521262296894986051351716560241028710377241294082780755589199253507584971547702149091468336554322310865474877713862288757608100792717858979025987591886351963060456666333631921740794453033459277301240490432328916988631072549085903950130666659273011702603766298106832918880154007740068222930213859576454235684172436497530339103424759546679776970800273759435800647152486835066819946207850017810354281282583528653403952123279660353632408223180898254477105204750370425226479722869915914522430007083320007429597732272579503765299376768720265918931466788798396187665084089721207162147080505329655306838233758647809970173621775251826622594488975554791079002943280737776954120378881938575336245355575553862151372157904856451955247827238390439225555860854598378324204224899605866221584236888878281887503287720578409778708991012397962235928130415428146206709469072943044276373570795194638240638535397538932514553204039865813187666506718012855292092902813884649449913148962151109657353827367110519461256070483211206288125968749690533254651660985515328470502072184489791513038599618270755255

08309417881533073713333483247287774790518106099400
65062184695791416090258633376537026950336325159012
40061077265518504085743720504028696419034506015434
14825874821359489668051697162204129218909013651942
66163349101517770935418782341159443425730184584604
79674977341123967367460769375849063542999397454530
07174309149674014521858837580790841009395282512399
39418878000980008529832501179715524696629805239359
42605334256683484171065964689960240675931818730076
07716569646002749184784539283759773956101054362297
22833079671242759581913381790783409621408277302609
45983024116813392425402102479082958427192272091231
04987777436008228204079398238357631732443171194831
56971330010828525340178091758465229417473591973493
72218733486503775663769454517348058412741929648062
37884746960032363296456071875008561994006290196361
81432769610791010248477449948177473036975189922813
55769357501446845470381796435604192748202966411484
26475538846160928431736673260951171414551466420877
59372116066400571318718319403782493035660264211455
54655096381561717598832630660635415029101213817574
07054603475894377765734334744331361457069549958552
06815968719207955264670235032289325886926552115837
40457176792697869830936584416052175398397969141646
92130528871247348215268404863354416036667164545205

7287892065390396896570098833039278228312463988322593681848897300762029501913922174696391900812982244
7578103017840712413711813334742069153806373196342037227001353128231561282092730787333606573188224330
3526775361685144012848142160469279280062614904237264752955289806723868980112463526170892236094195142
9831850549387764220559839784235496068384308044463091873898281103232617494249024592968705429095989327
7188672788181490220518594249649786437220191508458725241513773308659016343738990369096183941846604804
7641285774857339602432888485615948165391309950784326152761242743730419813219131097138232353652196256565684132100997793465867125309809163123694545655240867099025795737378690735707957623330415204577601
5138834558474196237479266731639431708110461614928063588389189301292776504366428922229524865961964742
5015639365130455542218413698115505602264569224268844270921908249138797460468842621535222232159695297
2046003562844801805143092351464906483155814707337390990940330635162847636452430703990228906910322690
6335776036486055194090278268031593780882659283867885892833398144312107432421057444077972553048758075
4382718089738160582946051048302938386321120440632379853101812009680047840131210419317231158801989412
8999509449051823520285501747845472762059863697070

9621505367367800710401866180814138596278076915303
0859735979222742977968064432368930843822216161344
0290924444241342868204598923914410058649485559820
0284922716247787026995589742281427014367258362020
9104692411143248113656782388531661678230591013029
7723739494218220628532292532966281056278942937466
5051753207102325403956069542024998214315397713255
3297586855252724801325259204962363918642824022950
6529171734982073877274864534744992666383346808047
8431021137809271950366939837088898079287353281533
8474260645007408084432945021048660235279258531331
9653132245368773308954167066148363110682779419010
2865443855254758821389430878387554697438926764549
6213807228842572393450520834542156644577393590327
3197581717659160914992230053647772838127334166622
3384147224262994241192462240097854472979829127844
3926399816969824983199881028202402018949606067126
6566100746939708920646894033570492380927010705105
5093856117942730216979882535416280152727203897968
5160423690238188359887210402920190710560875100167
0371111051793917137546623683832541447178593865302
7056462626094815960597311128207255718281113324607
1042177477596454839111797136188734748786825398458
6897492106177035032173667065708216985559866053152
2702364292962106033276295129349217521429748836174

8973053872979523177137651695656076009410257209652641367228047189019484536577305232471845768564345313341809126025754013903941163886109277630735614771042982037148558809988280770118207688604358180555697428951349392085027036099852913656672420004093406815626648000477503692670100671875654983026784039497790284984080411286490427373187873235749233515777926654640587552701973317415255343693433358781774394766769865341090342418288560046824427173558919562996250797908273745606776538490242262424341394441051476683286260981169869629957329189480313093836578772030544063568880873921733643168563019749588240778565646911005844850632217485602786987082544923435009462428781142479255709287588160371333704989444793554135786176777425930035019948788189354645706998980238842859434023529395735903638779955485801844435598231690842488353550065678400248622885397790591902101008326643914042378583471415392112521196644127196798500140377378161139546945562639343963722916983970344316180226380185350772747903835838776038137578386470121363152065502850438209268547160480494467248770511152956399198461966070480199092254387591936048994177642432378782451275097624575285549009194966343005632504215824785039438656573470302650698002722496538162275541258123830022466850559270192809527663208

0553239136074885985495257698995079276140766434576464290971818152704084341168648751952915242506986869720912197272764166399894803529381557206103652854299804227933990984630926287867918884474582281838491541379025757617305573721909891733580870609521181391392283701733047688180850991710905044401302490736272237452998124794221658811858963808812967892860271735024790613642266669709655633060101790505226554257504425919798843096292810306578173471637056821333169546753852570412755704075586258683249666663999607717507142454243476380734993509255726525019287640864927618497173045897625148716488591598951255375228222955357809275515771773494254494064636532864388734334217530702797210788843935784080519477756982541739321292803528190432830422660811527761503372809322221614627280225517275940258914049567804027668536835600648375121195655603792908901749705688289249537680005511704451470904027647709526612617891164352708494766333633037504762668181349383168469838603671786180757090384099944166818885088571567337508594523816058288505949719141157735194691638266329100093631969376262656339971438859083062405002210685624839375451664538977952645501454384899174219683121931401372995118410097509794199237468840954250132123647670753289568716490593510289684443170331513881484844754

9115655149549323986047347014309945309592965732996
0696179056571891557139592252223779966163349292409
6900212172351354308093758013216123137754512348729
3356146091481642758104995200236087135985496480127
9693337261148782204827141654286109728738531498106
7327536968559132688931246588639737786052796473145
7443870375512914383631014808801025549750185056343
3742326494288403807981432555780016392499296908528
5898363913292517937062540150226681735964657598594
6332244151575736726621923042569556660186221382619
8801925812037238815460077600385904490388617664212
0157127662440876305292839786002937708353109004391
6588120008743195074102899806565937988870123097310
6970179557992604473869636116078651598376486501679
3285933431962812865551608452919059142677920493990
1189678877878667430392997576167646554681342473563
5818313412266269003748336985031872001174603213572
1155487510227692201433444170414759365038920954549
7699002142804930356954589200600890881228980848054
7614642398124170653574543043763040631682499554358
7677978729067940476948112679095135574378201752416
6753461329758000981295779099727071190393638094497
3956296258726823835894718541656384732924275869509
4276737772192332175276539686606177282371596570821
3035581036381518279132569446119309158813353194273

0665428840741599708194924029183884976257483153393 7
5254667365082843965540113896630167639046301783547 5
3694786523936554798320943468147633789840657847245 6
1420759944989774128751744945814534657383789979602 5
5958626928073950269927756990776084920221558974346 7
3926377917530366643870530714852519470220957089282 8
6369504935855848932090955868667023345755431925451 4
4251812880078499151418500330138018283582919167951 0
1513506325891573568794876741918382330615913768592 2
3498332250831999552784862550590848674550469516024 2
0521525235667638266643206244011346246184835538231 9
1903078979048915649288167569495129760602261851595 7
5090914427722463313568357223509941125528091622824 2
4069411322325689953200039030202196968217386130987 9
6980072131163862039032729719199555770591894651777 0
9310867334359701908675463750777494181642136624587 1
2283625713096904252214240927414444286294676411115 7
3339026068992839959142073445918210129878938271304 7
5037383316679578727390062834881721234327931679007 8
0179277820576279424741963951177750945739527443895 8
6335334736796607055052701214254429947908049134644 7
3573810923689307860356623664611507441594192307991 2
2635805375263596249358838854994535786088823490647 9
0166624557209478823103870099917210865162700174127 7
6478931430636070317268396116681796735997405243721 8

01206234819404677351511011501357530393553613503983
87654046363031729240400443934542228866504375595216
79638559904741481073663576222693266433064224662251
36196475599479394475167428303938849538786086663136
56608760867401686825424385950930983900950824741461
15182797151479253878236323116039101597908370532676
13356530501089255973694782566935222898154208014466
20485501976532321021816166219530346571841288016502
64483177753037857572107572167270373519222403141487
05332812556025237909652855171060447447911806731970
71002068603349095233692899435173460169991071845070
49095286957774131794120530566393158259808009454159
45684740167337619934446441859524845857806791846718
26721457933027162864842332549702086814740691585705
24830142625134913013179318973838245254931717540343
51063059441518585179933228918463985687661286780829
82141129066850039256207747696005665324348516251485
42827048561423339710633961326931405248211840228020
87649328246007079295186711877074641645736456342222
61847181242843835488266056541755904987953693629595
66497254118371933569798469939982669708232831209910
93412559948081987322038686457497615007315013080359
40504067340560123257097874696291882994649670095532
29932888316237622770234460841617862958418100330595
17722906006608958130305831313955885880482762259625

17551839426498063120045127181001922219497057669748
8445965926929976916207972664234143396980960850145 4
52991168678452787722580150857428597643180504071622
54946512152689507976140983569243094174676545181719
56674720444984286032696803718410825938273355849743
86855805135952284552875963613860275898194531001707
60894427332474687242958911647821885362098458294683
03040751100830546676612131694944656386623369731490
53630487890788328740420726733833969258348281353332
46261196639727672957698744403654713600165916747714
23861819916453062722898155773566229226610897177977
15008346279464409360584315732063783476195170000165
81060210092878404435682065201945270285682643221760
71358160175222197346722332778027439894359711559780
38127627806526046703857508556025560810516667781838
26369162112027595476357509273561033756517976994657
79495961144911621311679160046072342568134822109174
70416102540842483992404235096219691263681209164349
03792669349222546351017403410154654375283162070610
53908212266935397141446701638713391957245620135139
20405091861473232182936195189123645492088239049722
48828791425729913397782224781865210133914143716010
77808100071612966209368046726337703019405918478585
96557308893645078579360008786286866338079763689028
07806198570100232244772514039330322119572056967186

4238802321863347761125994354864992447475166117836O
31669526375416043600635663238710592793579217568711
99982281111089142464610154655356596212704209994403
19758735153439833319560989417309386547454651409993
89397693553922458643035887623157615625861587462872
81878133711235134587883785580421697764398525992789
04996242906538896215821222189788781162583829659073
63248496977987612007130681883372519003703774034872
25042973496099347660728486400016319929606695437071
42711831921409924423946958256654205419145120455361
42364884148160260537748661498641102837595162909996
22091232981921678339239642561390727753657077363937
25119822973696786924689151371652648697596513443576
71228268583753144012628041840462286935889735824637
37878484474816412107338167587759228223079154982210
80479590434831933876343307339949925194243372136321
19153658108725527549390349701179531056527436888894
40854746664727270780909808046997309405202816129582
44606562916550769680235614513978599953561449185685
79496089902281540993189622735210747582448567245261
95100482672561527017230093439430290688053019264553
53042977099978289188712729775673122508012156908989
21046206103032654195355883084346331184232432667935
02469894057473910493235573872862497868075144049873
81434351183852558258596508486197653483051655774653

5484925184706235846361128961231063475613487829196 2
0808029021541889567169547057841263606512805097004 4
8653394569212676107464890218260151360021764042075 9
3430425154960471216560638269072668810603281420474 1
2200888667349415179972464443148785230281956677300 9
2434525278035472371332498112111447527196051728526 3
9093240007410085041013534953404377507086826929095 8
9645056777697550518169976547742490749871376897080 5
4222310307369986214421344497048083338862903619246 2
0994170065952755234994560840888352771199512564117 8
8748775542690695378901665837170505976068817790849 1
1618570218746070392004112101273866342584584512364 5
9384881049049889171246857392696221806481134103477 9
9910285334504336352935599469991079748386073093832 2
2418565543650497649458385709575475892418107954937 7
6431689626073436458913015274465652114578614155770 9
9210493343713276548550207819757756130190263162731 2
4397224267414660169404353621126647620668955718147 1
4997912220390593604531712953095554012285510811212 1
0265729697565469723178282753589325263383311106965 7
6581556117359486795475942419029558201244575090753 7
3370460353622615497103954431129334077823908570180
9046135796288485527163402699650631291909942696959 6
6225589497975628721287757198542419673475301587463 4
7073305073784579614535454252064423087824084140807 8

690

4627967368738878895852044709279081010712119877987
78359242339335575561937132499795938760984147798982
13818265034322401306385745448854935897070486251427
87242965210065664978707015683883864539959036508017
11143641042662786967241419983265473341112848793309
34395808667890754340702026793784774345535265665129
29013433723462897801078201155221887239373120160937
09704068632553677092619190039894188411459261537011
66686589563673150522163304107798488677211494160046
62110658605248504107954794838142514049963682497073
96894144246667174873674631685170456357754242310515
05809864764641739106287459904737924888107274308142
62952489093198549576289832417190896199838410018154
66443780823753328402254416041489599319087300847247
28557488183769758189534793908801984580628942112361
13335463254004046653571731667323865207845030801661
95770809027132411891654620198070895546091872385437
26113874966299766658252314714818800323795003806670
11859894219599482184048922604588548768880233759401
42157915429528712356822719394165950006243911835934
26781640483541623849679242080877099637573387339727
13857005101721639010281400619964029555551092051482
37278889395862250635820057623558604606700333545148
88308803206990796123184492379733900331150588294 83
80206876710240916485958888394432465634466757463358

4953224141651880328254882089918241029406831822065l

1712210563581095080526760824300375506483382815036

8350774394016308024374809798482956648727702134170

5589113966218009352304353954888255902667090006571

8853359523301307008761904282865576790762169073394

8560706158893619301348780259524996703159143624421

9778519830043798444145486551659082820414113937673

810408771959657893608900600929857187848245431621

24538611683785858623451078284918216914586433097247

6771131495903082734618524789221595763617619415803

1303131918416077594410121574394177453130001079505

4422525109306737523223688543242791213530557592621

0311221186203829750275381784254173117337551711968

652409284367663014028433123610329234523189183702

0344454974141886397398650837286068616943625131655

8064294041596095582815279474489407960067040156066

5423305660888224109246225581873588042827934696642

6274112459752152202761318262096736092737034186306

0429620948015190112156463233546199496049740834443

4531421150067268251668779506672541821696486833308

3372445854924129216731909818022915171702763953907

5960845015945874597607378223637182049117249030372

7284752147681893828285852418664014070914099177883

1395692161707697901006019230526629784219510099218

012322062914006048217819490156194790264663131287

692

29083244483715546624849403861524853532736635483810
24000726950375367248133315649581319529832958248945
69947015409838635883751052744503875423741635053454
84390591298010160337024065091419654406408930992874
56350361224915848602375132873373130617776438334911
41679742795635358264326565093438974387697125404890
99543976103094470122301704959677916134546024092072
14946497104487480382550964755792337840850157046965
40926099375292975065756324454786401781820868997603
55012046052898752372284096564154010430487466276071
99592900351813908226465627800691749938188975755041
24552628118769537357505250127280159222927782677371
94613719216516400180711103260665465764572568399041
11265510326989847762004945257320763366118794668546
80756555778816168336505980479975289388593446218272
74827697573534811670385110008812060026845121931613
49872922797354351452516206626446755043513009958875
99865911443487330276057832738606108196032567833536
25213985372146327137143733668525942897840927984778
78664746644957883589668082045147767271907031262880
77107717808759446592879491058281275131784511939021
92043621739992710417481747355300551496807137461376
68261024582297889026864070620871691840805906684021
07117975507316360971232104299798331921659946411876
73904738358239727102066913868675822234076837140251

2878602433601375456956121012111866856952757609838
62420131806009730015109487704186475014603471909560
01644591325816011088700342409510860065966824661861
37003404540305650156032108961119564327940113323206
24412968527189733900293043875268264132523728118187
34183772668317079822366819849255173111404842922636
00497298366464717470320358925111903145526378203697
48273764447465796347034362774521095560749209997068
59663108318811970526754076084185209907452641268309
01434767342985506555550495836710687190384924438850
17162418959241597064389551791976124801051183266210
83951809191931686471500762285491546332100294923138
43480405709777013982744519348392219713060823701654
63372568013935034810121226605114976878294628586232
06434741211262663352782157747324524831241354286604
41401919056371445619336167340996637827149600978057
68754169534454405994793961814891494772883934449386
23785445710715026668290496140379849969979904177314
53498520525154680296797462648196687022861642312147
76292412429658312763661501321599568755630321383495
78504195023669392820440838149111506865684280960304
48529697382538002417267698709458055882387667508804
69991238113646498178032327138862753999814306474612
40477541717786963338613965617885964831756351902365
38942860987981324310596410750202204906039359870915

9547794213809864179132509391514302291823591945 2911
5029434493134123621519818215831203202948600394 0276
6901266322070662570651654600527475224010199238 7346
9029975061163166192818509767792260931005135445 6493
6116459656602849112845526224785726874706115946 2603
2730492603873190984272702230227936371756711926 8583
6471857815551335203402009425573257024135674979 298
3260661689237477237909231564483699398221906223 9598
3512927748740492188486514861800676468364747663 4904
3546852270441815032947346688059802599704514719 0867
2697542090927146372479398724290800146596030612 6644
1660222860405072133181508294609888507098056622 7981
5499892792431405323990348617380802149334102633 1550
5110372233887514816204398816296144993711841473 0654
3972563580373206053741937671572155162520262879 1243
4751769566274504051833871608859843704646720497 6925
7186263068174611117896507127338941343126400421 9002
2842688463221924960269928537680961589319489023 0425
8339012860852902135855253522872936927725731124 8398
0587096220893068466462636341647431789867000474 0615
6685763785710758427494742964857966762548769795 9410
6944926811657656925791063739128091743329342766 0082
3474451226468172447913454112832897445755146507 8695
6589905282466534990938715111169679515364328261 5119
8278986688971093101695910417845024882873523192 3844

86242263629734975768439282263112020004713218720170

17837109757566855371393824758533811898056805524561

75892532901241044606138626252972014495518845924861

07615753201952379210693182246551772858642266047786

93839844215191391884947712040124803222614617113859

47975656859117457472444182755643667550318617371053

12840615915488212497193717302126743920082041117549

85468363984135677460883816733867417100470330451223

72699632967533503556837425593278850528484397099534

15176590329384028506921996426091089906842903712845

29345494907934984037039501594365634463139951298245

81333531389648303954685377742386758238799595073127

91666339121357622930082381374995088042414367706341

18679457902022252519770235995448842923046328754923

49672208730074226185326239441584686508261531865605

77857699729253351807440463828973043612131248741664

95577320583031985264922840033821229619829400035721

88960922276076892173732137561281714012789476808601

84617347613358304779955557011084658991846526471602

90624326823097213791999950260020076779284281280102

18904655036864494068516374694740097967052287174665

33465347668328529930583917529192568422946133303350

29926614749035530997059294430175663343834322304415

43437034764664049273950265810912648824151780638495

58473212925984863914337804053563760280606861278168

88921524835645436191658459051120653701944847924254
62055879015583333543255865910183915327556343253047
91374070246658885855173264155785108271162140919115
02018761617581702513117007944140863486314831905529
61554113186777476030955399998608079384374976227303
70371697491622920021830001353391812999182960402359
29481622403757349964789815652622682469224661822660
03346563155444069190919446133592294764761753098401
44569649498541787417212313607795570046231575740701
64761282734096389797697740198761601941576015291091
09253122761838347867951852419370607979165590705751
51805129542831018535917318636529202913084205780739
26757411563134564106004814859065977727755892339730
47601761186109466683938317051367676598060864546532
75384417193324821035003461438700642574999821742521
82121892042469834596946017145410809671735478479028
96490057093695658507360279962669616846431118237198
19499540175555079372487801969337650451347412370232
78581717052728754067680867786573319191806541465070
23469304107602604380764983984187762433538838135818
31396332297830451927354200012443477014391410202805
83513761524868346540092241485555890737202921946094
96783093804725225427153971564461393207175620510574
79473825563034044998409055189312252581517064469135
99454941078976605283937995021912602612047720514588

3687727742039393492746617423169661272448881420286 3
9142022781241935332974216945094679545206739569773 8
2806280091534195572092962087021781623595731539858 0
4940599130964597843674616880332762471313321871636 3
9467180936674734403357555262197725484420249996339 3
1748616681168580024161019357181587639139371591531 0
7634250433840677491100623988859795461135553975583 9
6530539242511338515197295715072567194931591445438 8
6748094127009297425772211701976780777554115314644 4
1588881354640461003436754633954381365737941755202 2
9837046337812404527631159587874291541420416206624 8
9126162385007770392863484726233343506441746226554 8
8896432896084716921233108446333350533714717333033 1
9017211530774818159753187403206520654666303834024 7
2404436419295851566207720195731935194885916298153 3
0055105279952540010923346567985970645405142910657 1
0504302628479375935938805412008468120716572595896 8
2779436299311192290462874989338151616124180754183 8
8765972717000319388966533656527359657047298370555 6
5100268027923851679503365206653091784354680053222 1
1811784568324368004432665902546285945991038547579 6
5209123438950325105958302845145019453098923277198 4
8928078784554674964362756461696626183648666203671 5
5784981383986825287619563857360852041933202576410 8
6585308207834609373542674417458791798165097760674 8

0342358794378816611199895956667944648382154771584
5223575130963086132598323044566468192097250293449
3578658988884052055288786406593898270941098662152
3716175244926912647222856267443179067066051325033
4572067834404637951426017333495920626461812732873
7940013015357157366237612685283211039112016619481
5587795504039408651223604194975793571897974081155
373467207427424157737740444109123848555845196736
3504888683099313898234421248549562023391981900603
4898518044067135803314087241326581558085633552923
6505562434062217386358710059109166690201106008519
1062061521729889870836133794588258419892972813593
8463864081462097321574887645854545290564856934762
4092899106691922560246425452910014982009451475388
9058507821574990164238325826612333030842360171331
3019740264365928105169746006112974134995436114150
789015523161636275821160734521938551112723008960
3993710873634008474458582811692917284014715929271
7197382253553963987645924738369326112803742994013
7580817617506936047380882591607654996602854941583
7942913044178937413498128512994331756758244076734
769510242443311732080541981225031554764825787016
8657667023097852712134326096082828084722273551612
9802179432486389890602925191544808852944924913238
7532148964128445650583365153439839435370632236908

8184748916340829302685671978579660416012152288340986449503006136379847527887901953417743484446727480043634827618082339916100874051122351659677445178308192167027512514354946996687266873708278491919916820259037114776598260684642971682887151964827056579379456630484995342582827100202874575142531348788698880801239182527547486293592025797500281821975100994629178378511034667160915765076894240576434882324541062551714557685235574081545523266017764320947901564520546687532565105251479763201112266026752483321395508993126832634930136851942428403094260238790532320478767938488157817991207588399895118242016254924399375292502926833808912965124723281499026982302378886144353189879921507200178726947659321610518524050768636489123517516719370737742162435885629406235947704312005266062569762509684217812114888298800266160440592223293316241761229087433790222878045617013577237506195216034268628062905378649688713933857125624169640793244758313698859182729992757829492957513048250436660285323714020549644733807382457755582570927007591535821362248787395198064475365092283387321973789450989488122243166650106987396166729899209644205968175696192318398661917934084742578681546159414589386406022961329500381200383897674502086338557826679881065690369990815678277851637829

4599361943366980652979221522153666288839940268038б
2183878413895499792007228937116950775706172400234 4
8728986838088894693258218633782343569120740289568 7
1885668709606127386219349873263224096065960699176 0
2005453603816589660214387177128755309837099020713 3
0847123039179755744838100506832809511893292721912 3
1654940906640214568359874463216265575739792837308 7
0286061293977236838581491993925841574254914633515 4
8204141285052561164143847386215794850259095916940 1
6701922227152051592446384786736844034101976022548 5
0585962037452021034019586721608171270192646070460 7
9599287131210748035118825068233530449698126552095 6
7080884541941022535199131368352911597222819779651 9
1751091412574906675271987992843990372741064588671 6
9811835091012056834981767731009548469910066421703 7
5101296402795266807926201346490826570837312730887 7
0349853816883018041591073508780278978144452516540 7
7081274884737965503318298936026105151709009201102 2
2071001669479948606498841609925577821033292542220 2
3824316169379455244507711661278195720289949059237 1
7876307137916207732805190043595063027837205242860 7
1686319756831994495359654617582379331954922183557 1
4063821726217011899062436301646834987994306732489 7
4840299006267563686639344986687029574632955927635 8
2274173904767366468327098725400825658274079373013 4

701

2125015787224693593360232027880213344754711692547 2
4427882347885720204784810966824957325946506938183 9
3289944085629329548452346954732470720957681550003 1
3628681830587359766552445629233370980039202446539 7
0819808809751677590008294523393382538737975166366 8
4848199061917189230530293275282052288738997779857 7
5746443306673842846683423819777822394151522436389 8
7424951701065667853026766643708546240614507510982 3
8265082329219231169465936055216243701274300239492 4
6000846441913713453739088171054329719962592178595 8
3689002275354693441992705635449944646484635692114 7
3954542342093035095619125962942760332314028381564 1
9581239921684357059261155218643672939081140498842 9
9540135030458261668561511919247042480677787488387 1
3189871896738261924739749089221696564899815767170 4
2890174496662059680086819909195664839871279960006 0
6600983366508501317267050667807381053625332404361 5
6109801108476755494877494236585163719465279328497 9
9057701845104909170153356861363244389487965903436 7
5903495600216642655815244439282787227173594594830 7
8938720248473420322290052133606846053129294097497 5
9889320134905015546639978806999170087371588917595 6
7768947270618115030196472891325767848161909193884 5
9773052888173913796341910139122828818689576669158 1
7506640190664257591185763887548293436299211719127 1

05497738537301557783810188444186065783059241045272
43196692276439468819023029366036893929143527900678
34549205228896117886051875408310491808917759260962
57118288327086436346727818162747255714850253575093
56019445337057042972793165183243697073638748560927
28216957075593521798282931763040398854389505725017
94655341196643840611832817122580580931386536690163
23415504235539488039771007125070410567877416202585
99084007176820989414486746229922762892025508580816
21731508389755388405349427919056734487660483097079
10866592252931017597478538255714719464529629087845
19565174095947894396337685688784133633407353907274
37663722052802244591605345737540661837169580524217
18003218602285837532259788835018804231788756894023
19751974374446133525974578974005546624424324975934
40495376268236401505734726953980110100256582513119
57538915849382125129679967725362127646076391067226
91844111059166671823174812066194772280535025793861
89871073293114319621955835900757325454926544053448
58762379970486963982129062304652602371545697463982
18504024061606472122473862853691454227582815893032
57867192003815231307030123145001620383558559708463
62887285686618295880381514125979242712228006580721
75375995609753028168132431908826758112139786458977
99156707712334130061405072073787477542271334777231

8791387780604116028338928073229462986109438994804

6877630904138282008249327643784456946668559691350

7280929656029683784248319063766489758940229747652

3737070759029573229676410744477902854220571083318

4160628348328403937671338148094153081003836346209

6740923141625772592601642413107683838536096774393

9645388121987184708783576028465758500662643013183

6377598343942325631956738892178647425115391464830

1056176185226614849862117352993003941962679783511

4324719792100999023599501018504522633621366295417

8790411552911630059509298870937205111995320951919

6119111178565685631458237425273363487442621789437

4255594438827210995525834404807815336301231817250

7611209858621391195038127685768422270602288085792

8022789927013545026898289812867084694808586907736

7310488241352092533779928151782807224730432956057

6622345618996569294079904301031800558838515495600

7101536288339329630838861183757251344292962374362

6902862399081808966747840721541648215364669852511

8356093769538838247792682054035562293103398234617

1774992876114310711261869817671651010213281748432

6860492899962137442648917874708005217789914597936

3257690825447049955736546073833295445503760545561

9384629935269555982548143695227451351596350128443

1657623878219028344778419434849167543322089886572

10721638012574559205006261383235333100174635632696
78829979522312213359229559877714784256215281966009
58248039796074188068648146222184673502384649962094
82900237216747151301761618348664856900958044527129
24136107744855016454016588210094695318516709496532
02836855634394275525867623093990262646880252100234
83988108103139591567221675210364031168276980204470
84682751021600765291285961812328923919989837615465
40152884764023895640080091117077716866325847151888
65213418100963097892468142777674442490984819462072
09911860617837882725606027748920250775654960922415
37218489819139994930435616869362159642917710952569
50970699006323100610856485554482317681694918920335
38259383797795520178060026150453846602234805842806
66808005409727242488709889918140301721083740851971
68446555068686682595762131761853474144377640981168
97462020371211318615031805348163709928051005793939
58183960538157279905317356462047256467564657337523
24960442866627542283341194771011586148225132905747
23369645459350778630281397035026933558672025420653
20191136456842785222711304993084740155083205534502
20711518292503782458415159542385729092055590931555
27093715730436507139197066270720836605065359257807
53879966242782962602719086367858420342617942729278
38720742270392586478996988852017285437329638914179

8564954987123131742107811174584783471481011302200 6
6918811713906332237746391442787135013391013614654 7
5823547313216387797859422925909287326603980617051 4
5105189352613846356490075823486329152025865510311 0
3413814049101573516178860757643964618834101756544 4
1487477439695871259318206839292181168088355971272 2
6537119526746391354728890901025277742990668168005
3198706232475569631647941994318772899895890737174 4
7913822106916830314430210883271873693722363715982 4
8511277737658543952206649876302769812346134536976 2
1047397548443980664968551500182428724139629300207 8
4239040770171753087400621103886981275161331107671 0
4226560953420656279648030919591712222568605086606 9
7491958719528511720186301457223111255958058030059 5
9045178016209156003392715813561939615245058294094 2
3830675223104876027568331931395370615940569008254 6
7163407688518738062028393764941416952247897644827 4
1592439389073858703368311064748295916563631940759 7
8797738936856825365656798119405558294689075620974 8
6397051586280616049553801992987901072698852640686 9
4896100332327284203406188454212897943218868970727 3
8273627785013727011496387088466407860794265555255 5
4856648253672623885530195700899094418141196819278 2
2521474367302375772647906302136270092943519353752 0
2448246504450281774735303130558784042890529565361 6

706

6955757460304468400201302583472857878603479642966202856338390938504059599633820520131345977594954959152824913675826557737086309853431031656991864774935235587698561676402569436794965082659516493618563906776134086344949610923085281595759473244692997843787506957796523406627034893439922003933142022159640475307987724854719289903190331136067538740992626587614582952454629627447825306071370861009325656109106290159370323457846510942541565848633675971714103682469068213645950225938235868980342052145842415621097712594198860517418460981052180233091349159305532364021180135399382739076096018812708570022161499420235228530119785151482540926695185656765341040444548548817766062915333423935588304097708038262943189443850770239040847501710409323686830979044978493238921559850021435870077134287158470069302471676631228530283911202961584833228762187312702544027509886977752418671972580398456783452867233726268194259137689223732798696369957194750828057492990801609296385648875774366813059933003010651656716864331160038178433180947698249242660826392564722108563028212285843591291142036032720601825232379462931092541025124541700516649174969785017658680012863254457378725293267127745162433436012734039785930222159961775173614866679396765633221951493429837679037493082\u0035\u0031

7016185284933834424250418323030264100557818831 8544
2893640874032039660088923438710023409268523884 9673
2284456687365704234315669893811311708549805563 3424
1109039029402069878836686500964163691705281565 8583
5647747550488319116484306459899663270339800109 7062
7143154871743704811217006209186084162459632196 2758
1891687594715082363689276171748516314584518070 5435
6379707232789574505387584471007564558747372456 7162
6075875582631624163830175894812372734658328426 4334
9842119906790332769950618788667306344903282783 7648
5909168680653984403931713825696659592365734822 3568
7609504600206957367369539435373448928789454142 9944
9242296541992068707171799082027511232288302063 7409
3324308284076802365996223074507239548291325100 1462
3152283856699636464816199306108035011934098551 2877
3081595450154979098326100700084351632209140971 3166
8390509307770678257938489159213209928659807516 6477
6274042102287069580316910197690665849294116301 4490
4175524152840798558419204594222472240857954524 8996
6149963129567459931787449783413501974760024855 8309
3556978815369731363214452511408292841812804502 4919
9295984561729788649836529671737406535027575784 6534
1870784213098057357585098708923218338602766809 6878
6744587673937042506105294559344800003379484411 8691
0343848981992721780045698408825618002774024697 1556

9634535370581771324966543170795487952577664211206

5694340740736941652110453017077751449502966420150

5673418561330879369079908598888195417742618803144

4174869352930128628687697963497164412421773800196

0974862799608946093642530679104174593571283190402

8311315505930386112061927540034742996012976984567

8568007574786825685265588805504465028247234062122

7230987650952467955511675760755189736710818664873

9135554730387177148259924982090655636246368887442

1635475973802009270337279723575620585201948873117

7364152085688799839625539506720457656370866786849

1673992899051663954734806468841632161269623214043

0430349787937658955255912612733494431374931875585

5220350488771542061283232155425010369584201177706

5811310857406721768844739241215189067429767995284

4604620851042298929559015388617177785962596590245

747996448057375425903395571736901793975160019987

3699094035346020060061145708129727286492441555885

7502427490101997527856958345334494325002578020434

4408682890750774396173670553837615787863853870009

3573335902594668119751237389838726653687955430018

1504480720527649445702579946868034994929416867471

474523631365047115269827810552059962650022454407

2871399194980253833385058853936499417336369643189

803695321146317461717020388070866349064786340422

8469135590424245140281425972094336803940426469576220351976052537466919686468405748522732222141126346820073268099128359680433712489865124847133386599958155703624128431192371380520698554630522396286001693260924761875232125700995941645450175979130483158522690092440553118658153197845931405135496797501971591305636407967874274388697431812159633202424536950908108540107486745322336694887417447584560189776395844902174934597104770315419794721755903104895515071303375092264289474366150114617112854048983628782321775540335581513089008600231119089283171979461527339639814755795610481654721822820928241262244086617316118295314627011962136619959410879358356432093296418935628950752183416094956286605476082023394390369382944107069073784215937110084355080993495125848055614260279488811735778231410921563097755633435689280906240147043040680967454142850010531291101440719318106005561952937599440981612645437443677397892845582361680657305686818893290555248377738869788338482126900338552557729632948503625724161794560688062505674398343584068858652798471320568203326801584011861225371072994592972198314039824954643013641412093794464784632967308041240315791671468107172154657975950843790654639268944164367020267173333214286872793000675256808959472460540077392143662377477

0366937064798928068343630666235735491883630674089 6

9053454196254921859594829635299144250681242195784 9

3976249362699766843201171783094789764534282159211 0

5441925395673890680258742952347024625362720586244 5

2991614257874992015478349251604342385349243843410 3

0380727377077657014743734358079845112149890213877 2

6113074931251848497128991745909500393219062568077 2

3932545455469176735002114278251591537139224752151 0

2619575181255589919223775605562518625777871520402 4

2356430080154406473786864717745485337568513303957 7

3050554298410274520848824563801811743244115088666 9

4172029225138714052593329218903930234849521783732 3

5334465326269377747325041092055082762701360107626 8

8057349283410615014321179125841093281226749115294 9

6919441405798335403820079492052726207312385833278 5

8875647790567211041654416614707612883610006243841 3

0531050140081010798755577315225042463587242081346 5

1707819681326647305265266870097539010235484005431 9

1030305850507328485666218923073610160979873010960 4

5787862725969718214977745931912172420855203832230 9

7743733627260091079170854159065400695404757694645 2

6935273895890894656609355321694271294261140189336 8

1755821233660928809368683610841295931368976682546 3

4161807973379931143491994506197674140383673959104 3

3250837896097654632163442968447504718087753879660 1

1594691058469856934631546715196731054018943472532735101233055566492446253089798552598896344445382941448838257096712360533891982931364903499133212284219660873657571369432863633838749656941544771070613803436739395432994554889460443286211704228102975764901084613036258098852044456528892538656183554374669050757948211069811160943622727817194688442239013643555822522433014093711548401136621388410824798090054297249286908770786394338356975808913448554837537677719658959365875154327502949340116362862841933060481710939239987919008842034872943437214946123970170343033707916983162457660506136245905491835880524520307312984242588018709607849181635833763214177655264846608626744947775131163374609853261567716821601314781904456057708920308018521540881268882246108542068433312797584809219544443889667113144461789314741293665128198790259329194565273687344836398893389984361211680689865797567488516548886337690035375291987757693081057355173951443795272703800447049007285730925262631673099074000684904599758787132093533481479980729780306859252749215403250806206296793680290963657119655454749832657557609467247229240892061371056217009793399279320665670945892120839049846047586480114455232781360281453445795438733659918540295506010018789625823206446714509639808919967

66146598237014128736646880385940326652224087508860
52884106719799914085448700729302201722026030478638
07108861726314153139237489947781917810407754525553
69360545903637816192863942002266964803975868226345
37581285355079620606463620227634100156253911994632
57867883608702524372526283033010210448943262262753
22073667652910916281998887191616786697698617210689
50090236405929175721859458476306892124704365027536
32835065004334618318970305082839153585060525172234
42293318962943725776163152226873950058135915637995
00907045720072609689883738753698242621863149512139
88357167356388063005629032547514519966181726778207
89627279916563774802991022509472440941980146869018
86252851004233665906643076501671002367873518980417
50864760380556088271198478863911696605712575811161
43322031623986195399608106448911512990383218924496
71151819857985027704469785184162807329531875221707
37542780783674506060843688776930498302304143646891
39837008269396406069456288164169529166544373908475
72819696146411957158066368813124848782960051923653
81669691441316437821280803774582231914250665372731
86601585557631000545881914608634151201340660568618
30539910928422209722772766642007099875823159076 29
43912951563496720838098972472304203873278350860147
41160482852042007439596077939676657454574157343814

37629295610953115848209200019968349222746222332034

92297879772093259373458931853036322002185233292266

04326327773869929525440037460654804476294982724042

29146560052904598661490530533034118423277471347528

76324177468600510351968025950489335416177387650238

93191084066521380466746652964357719605228927287905

82333626717180104787074150978653274415552281550979

01531432569914109132995250276991641218479890353417

34180288807859437047470037468716698072913698781051

91348231743199718175697324716934112404219323832375

81583407505032512102423272159997622559536081716396

59554592152006263493832779387174509876695534287878

97746644363855170650265044857714758789516639052612

61876717387540459387759244936972468702219846805151

91826034341463515337517354398346584036650078008251

33761958111253960595894171880472178746360466850775

59560876646149799759072572546693095018122660597563

38320451208463864464994775567471104882581862451811

48216024173113511553376394180161986082932584828502

97215641249354354937014722183714909313527465161404

22988403472587358480471003049710367861996903966400

31890270141021874714397393047966712714696745248582

19615904435885750474711610835582761860115988679925

23277670077913488062706784305823037684432240837285

57775850821627326777552157538549313918894433113709

7187976549309906304370838121079727316041468874 1044
2732940307277743637828844239775948723462917 3289643
2364895042303033952547723285292251820978632 9412792
2776106997648396446154980303910368747636700 7442072
0134868042097834465670780850085124892609127 0815723
7896817953897147166531635417927413249374555 1049067
7088305382910466098618013354927364715788231 7517022
9529255747672943807184323528278938787305850 7172169
8784087093608489127582967318450352330091008 2450089
4600016837289698553478156770898606637024379 9181871
2713748359424429636432094727572711041804433 4601305
1070221778247291988409544429155924729679314 7664168
6467990945637704603699887007961285734670508 7176357
9926726419077586482979580150961497179864393 2311870
5902309745168343571252335874425716502513078 3843967
8124895410287899686721555835181821976729237 2675088
2719132592890457053921699623157341359810162 6063438
4197411159559871219485570791540409912608431 5344947
2936182597146663520940304301794361263079707 7809538
7707949828645366676326353342206894534303062 6974857
2960188084656490209749955256673401338028230 7886298
0681870520541252040119990430428919912401546 3064896
0755234800192945487528805570650554523548791 7895598
7440250913007416419180939972946822103570189 8118676
7215490449502844625996837678251688727079295 3349935

5139851172380491169556661244188049351821195423145 4
5793295497329011549763279700425725292885167605567 0
6957888189166689264962782660684281788855135682201 0
5986486442689731040420642038862021415931334335650 6
0797764837286117478541013181953882096326373978186 7
5015670201035161382762235549907816708176258006326 5
1909072309731132612645394806127461576397469729038 1
9915758063074587538517334833468607608896462270121 4
0401657955979081551364317926971432781160003950929 5
3053015664053854401446819567416891439500506012989 9
5325206242564025699973540563356851170626312937882 0
9655763055783267561616292217039451858995939277954 6
3337352050168898464364888207314613992856015764619 0
6088270052183882944905283501856406504336417535013 9
3498570510063500442327755328051663250155536001685 5
8606321618016788228898592777398070823443012187649 8
2988219507648793745273249775716467943768259786538 0
7770909315826869893218567541022181137066289150507 1
9169240557175153729798546795477169440460872858340 2
0071682558785035025806898027943094618467258018625 5
7176999143666925677662478882563671023905089297579 8
2489522270941846744341466441191197624863088675226 9
1737956084643416367635588308512954865371125074490 3
7322882719925727151996600021666938956050382795190 6
6233710710296452611253548201808162340593161238338 3

716

27872154509090544271980320064422532360012498934484
36367593719142322778515962657684525307584855373583
08416515247778499835560996791452905537128993380417
35803322331380434826019161910280534759866238541512
03895606113270055649668928131675551297996763366535
54047090793988866895306857810173302660568853689560
21180772162258921919924311730489252249712553122821
17588225282650923582291225204138370082863879599408
75331422920255378831925901788817597894307727113160
48915678508678373881223628875585526611865733674460
22611736332880225562068614958467226605377935752555
83609340989163829636599800730784500136994588212051
97427166295188936661788724519387988391498507463670
11614623559091808914648782476983237759787096345590
31545706800552820706294643107638481718364124284488
32224163453064177764928060031678970019137344145995
29081813008273571202445417814606123726714401875382
25274535151552424500790797536879918711567102845303
18732656311281918735814205042307746297225403696352
33574830656204856108640934273833183346343273512715
92642393900491279730288837834637442360464419658158
43840531910829032323939150063705253777010659429219
07663931808108787655759690707840731732397323550634
41358556746002928122819448262638691858136721604139
54633187907256169308154099694376002147684823666895

95833864458433913973419577395445894737996499396501
9731801875821543881858049244015386570718876787890 6
0589434397057243968067662330777502154247770823779 0
4412690412076066171751458329065681240190888065205 9
2144597223687602261730245554637405620748081399377 4
6700941252221532734488417063681524435825611869662 6
1363834029286644970066037996750179376316763918069 4
3767843386214908962356182010564061401237788509883 5
6670847311437168889139426847948538764665098411719 5
4337028921584835072586019765152460415435606762746 4
1178103795805511058527509424472965571294588954450 2
0468225672010620986206771821667486885596778133367 3
0489413888303965661219189330587140477845513287672 8
0301432209927052902106177139212773759052612468035 7
8323361223167245131430183282789876952990465506988 4
8503343483983359922741648106833596317970504048017 1
6357581169611089887526505039455450818904578203339 8
8805527336174058906607625678876023448996558182195 0
7130679827984374701471305670367804002790888262609 6
8751798433062161683649757733948961813441882416886 5
0228996780816279756256922749808740208876881035943 6
9299203957265613050681288387614411959186240022364 4
5248003947999424405825317268246513520948959665872 6
9366348840150992837598464647534240305615590651054 4
9169124218607878117680038993076090690483506727951 2

14030034045948829208453567271632950120071121468376
54494140706925962143328567874574683801853930454624
31369855987326420707337362095268253300224659565421
10218831635555322102232583541986992666491353192963
18782349014915870014774992191089465012801726186584
24119957747844638088817923589672365496158227535354
99698413029394932056796213757769896654209615618393
57548510610187366314026732506199565814384095884354
59271042752474485532015362900288790273637151170976
11575104474448575002325858148560788985128350955612
21244135323878162333181656119292576209991851687924
28624230801705860076558534645099212221386291932006
29166710405344413253099405031484201600328999231910
32840172480360326411739587737364393158054756344611
66744219590534169466563680049974608917632616393699
72680056711919008111646000296009990629766649508010
85080051586703858197181305523173246301735287693034
97898533046076126706915198052104187921693861999113
13682841025843874830863102275566524082814123688895
19506244729375224036690315921818643234026919293237
68871517708076749523898992149245741762991858043348
62960608936311062581001413806306012314943627930687
33268768771474454961182419660371730117322672115488
94144715807643463644764575907033408588793793885511
75194674235340453941225240645707121446590466567348

0924261538841750263649967640397964039506453603305 8
4671065916086949364276706384187525076396896156031 7
3119292686338323867446335181133083074391303543372 2
7907141030795282271658841103444348578821809080282 0
8295544281220038019526602186359524610566606314957 6
1270251582303335224947078904661050788518613260070 8
7053125210092418814033311098034325447218753564339 4
3220404659540269285044885564614251052654795847216 6
3057299456357882715607728021482175044787001124779 3
6570705673098921138721930592905808649783986319434 6
6325792242834020275207962010766746046940717056095 3
5133339937607492713011765060222240784478082149383 9
6398812005477893800566578035990431148710163727703 5
2144947284480659802102462962863743293337500534210 9
8402485860977159460346265070892757684803201836190 5
4988522892809537682131515043558251720372860169596 0
9587642513950138220984049612226242281734043402808 9
3997262257739330366102986819922133775791637356034 5
3780755018132559615693550103283299423849974751524 3
3810011519501213178050138796465628491543324891943 3
7183269470192681676759606159187889763652603208651 2
6585226424524119959018981878845082876944376766318 4
9223848799241374007672294068073105280395354023660 3
5209984205504305921203882755655930480839116597306 2
4501772525278790798854685084258555173838383385199 4

720

3442889159122536441186696441712424001358879607219 1
0613494230833029789663443088271107467000523629974 3
2610231802714226622261875057254396907738147426352 2
1552448324008043756966990710294726405178030151618 9
1026800926358769818418013034526647105519950731606 4
3267550404874531772816479749849316816351888113254 6
1499640318314012084999975450565440566511483583871 7
4381071044446819957363462868930027137176430696041 4
7832273275678903050809576914347830867035401616202 8
1849114412320084399928213181848433228813425512488 8
6686544852708423042840098831385549010037940264844 7
6236363753646511055008102940660991524814792631730 8
7744064207095391999167556393167624758908322427072 9
4829544328151229529031647506098107151709493216616 8
1302220084899907335192848409001433236988693791759 9
7792387280564485863635604716964436602044525970486 8
2215144197815912322747578772163986575276098408998 8
9373777508937404065845611540453448898263567944962 8
6422470716132658749959558344008024494005256475311 2
7582945824555238339938861602167095409039509622984 3
6975360579443816778281566351717190156086785010229 7
1066937877214909889193684543867259730079749381103 4
2945358118921302910485720499673562211673336635007 6
4326274058829544861575696143204789633059172525002 9
6559546804876536262815497576765802778755902367873 4

8162504245315702741835390649972371430862395364283
3798525880936563580878758721141673582000237858579
7146541612112026034272557384221551801587463057767
9395293678912532977700508226250081937416451141684
3736572522677789087457996823734527732736062994642
2416996715508622928060803167877150190204161663020
9350758837769066186746162964701677056344183089676
6618874403297051778814524340125122267941041217761
2182888508159721642083847933339829566994034959379
7282033978008796049701378070294014570618322752960
4853028371922261005939564499124150927787546136682
1461289469981672588247118985447614664135974724040
1167264640338329990401502635271218579913818751838
1542253047992153889028461653792947236379633347931
7084664272273704354107685379121319034331192450634
2076733343809168129039267109298757177148028222733
7085859022591392905258974002437571021699553265761
3351851876638602761997003980523930527428933709016
1023675207451770169640472375386382876543190430290
5798193044682863204543018914216075051699668512336
4518831394315814046520685035597675284062096864840
1463298802638325495627213258275734485355830002225
1331859622886497724944819666415281904070287971095
5677755838364707508929280129921465508984652700726
6571688974013243287957198217231190281099092249421

69115194270447735875202660217787299739380432917832
16346721288728433697903169348592455772175986332169
22910131299649345656945683126728480958429250935515
61535868203373672201361285171957991790678887948977
87415579507858280400519879514379310240973513754244
52291066587300786546251418820808073071926898391350
49253775437442026570165148549039037849153357835239
19509184229410079581794626130462168818441217468062
20722871046251493876491783338925853594154399135800
58590242985408557250448942910311306684106105252152
94364058942822561951509029885349670118520896464332
04187932153336684750090937947458624405009441979525
93058084705730441714228077856570371279475809345629
08770479883469716932355169605915512903946546491946
97695658010447721221152971788542420630144935999036
47048816869639454598739566495684468008279740648593
97628886154206344959520477876479602222481404518711
22057621282895120964242624397691077791875989150916
96748849690140417814624882189920472153978970100410
04451916374635484937776724048963056176085749019066
41992085649882441665925913641149797211057092004834
63562191125920531594952077285728535022771786911343
17095074741774046112597710544066392888757183933236
00024450260387599951742135949797649404000414409398
68093193286423323138073107260523470222699550297533

6413333363768383076991222391147770558599778428725
6964525973045897989161844009118754738104698043805 5
9517006296303294337501124376916592072295301512543 2
1394054433778916278191406215516820884736345341979 9
9887951611726102841063233698534566227140898250206 9
1286704441169025820479657650680608338935449086211 4
3873825659946434978803232721758292694516998631267 3
5875109548455878463140759717201962433708521996779 2
8830820417083628218867104294024260058440043773587 5
3310704188814221920924607149133502963690584664488 3
2031947410173461128786735179422094145466041853403 0
1551815562321431657473326661079898031090681700826 8
8732101936459561785851734505472858980078728721154 1
7256740244197902884322531541019214013509123867111 0
3232137314594051156147067212895932638196758037690 7
2313032161582473040701388589334636633597677154707 0
1977324954881451714956158891597270403164434951218 5
9747041467171509731132947384808502107073004895212 3
7484215403899818595132249014418572919357094375241 5
9215545692963115014493847033948930762435538342354 3
9507857917705875887328687263613772313179576318811 9
1749399736458295599559616847144784415189854307741 4
5594300916272777064006784526222188606338106724847 2
6902440264267413390721935300584244062259464253948 3
6856547845053434905296743058974864956438929352506 9

6872825573073886534797956973796373941631251221 1357
2366124201402646831987523491375325919651580619 3872
6661939160510493592652713216922096224639699245 3394
9416814876975945022756931601737297825225932113 9227
9726446990787079721129270100728931641413289755 4051
1298607130045424497219982559230173355939919666 2588
6284890280161029774147281472179960743046863683 9435
8376209663705921780035815169912947673154832624 3472
2529800380095958755554513635248529233660366613 3452
1578492026850615194920345290214617851420324233 1042
2848635208968797421845400387349417283201176273 7822
6479639784677713658735111930207072225600375074 9407
8103946338951998454416631432297316080844049828 1354
3030383363163531454052991483164256012510682085 6569
0016030297291658467891832210586994891004078010 7692
4778257280672186586644935759237706601999726065 9525
5433273364250389479833660143199307308480934516 1508
8048076463666752908667169362062492873981488799 0436
5333871639691167273697027312653742840860973486 9729
3255278854199301904168428232139585796602487375 4065
4392608495318634134694686789235833606803394455 7618
5648701132596427755820263192568099715894489345 4073
5451669323844921499118554933828244577076688230 5254
6979612822440415996689237159295093923732119547 8945
0740806774448900380624434575224611555723894226 8385

9305152775497654543180834902387291984674869316260887179215124829247615893514149141589042351050735349679694874918633443047936252036510556721569888239520349805230153122385212513261664494737046124818609901439565463727101755621611221104722479265060881879218785645647702019187081740982742638851785178231952934190481931571564040017826008047464154536425857968822131471202195068707370393121533322394296471014338817639918115074215554226048219902450082052031551588031076765688121985750384512044736027969238848943985040776693919191780385131179046372645787280056649950159576253027673424749035577873032069466976206793710953140878746609071909005478715022757386156228403119997936014817401814072685593464247081865137267612797342776412408940702412250575912833204487675083824823354900622431962572928264805660096775092853257303888341824250441019443837490829289077044151815134327901263186270934410280583331971839380845112478775779052879961424809685375809766676370156948434874317475748991463889163350433836273988511029559099726899559047151129179455591269835942930673857430486989898559443261989642534349217117176194986881381153736011925283763481221877710943925932205737095626981646452645930525413081768047684917996709459097562709945746416687312998517771315588620765543315126

0263023608492235320184002464426949822200938856198 1
417423529421101204488878651762047723100723557737 11
756964540267737869878293238488465868548243072513 22
459971819517637820651677017349639072911973231521 10
450838896369003436345649771388418056802984140532 30
978368787887332357458437167785962319311821299654 42
642274603311656218995807385709140748170907770720 60
125825537255988182554000170967909097413385517915 05
034624136279629433752798039212161244942285734805 54
092996174221867552670663871540197164959258041982 84
572723394358727384912980625052299082304144179642 01
863239335975640856264721140987102756842328471054 42
047692737227958693432551623728706130624894831768 30
059503162735392722215559603719126092705632090016 88
446422399745990762836038614515601146790867195227 44
225341537356304363680765820929448168157562440758 35
420944504148183694007247871993716080747143704805 27
241227205762001482655673842585276152042257561677 56
634489083551590403475597055278114985130250874121 65
561605854272923028993316547354990791561217866471 78
134339282499415905014092363201698408680599677236 46
311800323091723144906596018394433573246799472136 36
671430933226872592276995978663421984860476403833 12
151598246334815753891362137470506267760949391565 43
444966503071575601905256149343412398650086334976 87

7258201426160358764218865753091740518241749178412 1
5303222383004188066393854558891787620068788140487 6
6927605976263885084187671723906882151375344690742 0
5279687593862965749865441776294251870300911496135 2
8443892051450071551108730946649594990708997930523 4
0129573493866881785927244230815215906606499607550 2
7237608127238705851213727455288861773544544959385 1
5895687751951802687798564825202662409444861882867 2
7054207475043536799845846802118161245119179164083 8
8220977886418275681058507677565728648482836037024 9
3287158198060435558799803757574763317200005449598 4
9872516688565706303352876068093081590181410593721 3
7856078810315129253175041105096097516542537103085 5
1748548992807927921650826702477524637499837850472 3
4114872240388787796856216589184157356593968703031 9
3507502981382895299683035730430607120754662998058 4
7951077322904191430681628702950900718814134214582 8
4156116327645897977943185244670333572201518300806 7
7300984342814598555943657389719903262861007167469 1
1509026594642792375562493742351217445080312134998 7
4102105040262541157631141230640337384023024844739 3
6132777143177832648722787200003132437991158454107 3
2008325471765533577884197388111987830811612825334 3
5001379109732645804567535626928483455102531756976 1
3783144368252477854306937063143255096407622494270 9

6972762106167981630745864773136210291691319019350S
3917363387720959307728802113849522530852335642009l
4758211321508141634559373276638164620996415041814Z
79261478485611225096974418073994012186495761708774
29853908394199011888587733637311313017101357779033
47562044395262607677976568538504151178002862202601T
39831535789490454442716570559649205222318835447428
31119346960371194121860939647436968352163008411309
21221376123619315550911877534644560429373792151668
96202425471680377818274638590796820735640934299433
42717920802887522112543317901141491160047963896033
18772204714551925930589486933504992233576520706393
36657861080859200577595735770605634693457603884910
80506695516093810694366212875882733161322864831431
47176721157046192356146500377405387217627411136601
78235855845173100298207789993646817768759805771969
04429326564149288895061617432739545348233166639979
17484984027478354053591200222609439905312070766019
66727432146673132505991961537491912061092648781953
77790614253518922346613960953196062526178425715869
92437826609161717464971634720477389613148671942948
24902919894191675830888923397311741555417268094753
31027377979970981756504505473602276786210697540450
59261438837781516179253790106064022916738026962573
43430464530042110425276623030552072475739306792726

3937131887228801269585549042486632283070227740155 5
2803422055731726091592927513287204433777236381546 6
0224262722795524264047906912853466474395670390153 6
6644825118623402780402537808866611353566441069137 6
9723882365405370572032648513307118001886217776805 9
7953218065436753210222504280004399406185181288953 6
1407337239506631151707000571386315302132936855380 1
8489869696302851089301202179506470724877503209994 8
3675687172470029055814569840514467469450718871737 6
3680287347355619685317530756612015693057034430987 6
1497230689528664441564074834588089865256616643797 2
0289586844220392181943171512756411177614756371405 9
3686400010358802638912596923817062276371676287480 6
2838160227594105114626922888091294330277664959472 4
9738447309337632746003710843590785997667180055868 7
0287301832296672925665119592610059415810036508929 0
6260399978910764693101952271744645199443616999155 5
6415641215108714382080886807522978508148022862341 3
5318439205666397115246089048131844519231492910632 8
1540279224893782282515457682716245961176395668864 6
1742395371586574462664399615547890516373252182578 3
3325356445898929059519260586597986713448274478262 6
6678984191962736059352022149668157043655690416708 2
5752744588175728116095614818572243695464750508302 8
4430753170779235571329348761178390813029105991835 5

2262237468671157570593774909379757938195247331 6322
6623598269569980473433440261687965475130429 3461624
2661346074732526957031148814696916429336907 1948154
5481790829291072069429731875971973101542619 9335646
1532836182287015155903310706146530421700668 8253379
7013234495060714168352686098813122722054090 3094664
6066185857999914153978144847741564082258903 5406449
0646351061543371940040138616035071455973601 4278623
4514865734796217978467570218989951333364438 1929190
5300857739950452349349571896846127113768895 7597933
2349533208953814539846770285124109139999624 0942861
5356154952015641889962125930051264420968659 7252899
4184350366818804807529105972336008365482357 0191986
8550926035004876573788295162923741832713236 7686584
9464000596709506778345361003674425949188581 9559592
6902512393110725951212115633824158960673748 0071832
4687784130780969382414829151895604275501754 2065174
4208813401454360707135560267634995975759600 4103616
0961213773621820223563980101455924936015689 7148979
3336585499186349730410349500790550971037329 4892197
6405886995320189664933508204310048852305942 9848680
1785556564538971529638687139823938927886283 1305388
9870441633874853236655056254302382861317683 1474399
3446156093107653849475846489316215158358898 9339195
6732944334790390909645002015254529742236093 3487377

4857090601864807051699125755933251820304412057338 9
1169249497937444418172101800486952748158248607577 1
2217241382985252976703526885042133034637032059011 1
2769270842312247374039903446761895700102591785896 6
1470456118869055431800013574114545384809162384560 1
9398214576980154036744730933242141647275552190877 3
9691741737350641459518460785124018137745458837629 8
5179066094251799695036587235132911540694118558004 0
5756107804357919105154389529301786070568857811721 7
4213915509532072119708984152215425316479193046160 4
9811760099940434131909911892155136512261155018131 1
0735194067489641860940284869283055022119924343866 3
0966122998376165898127473066900407131315325819303
2028149674557028927119805023083429490724610549109 5
7995507893660263469846566281880554901043878989574 4
0931415296414337769026050643640983268217633628709 8
8262723974302300550638516752892264837509508861372 1
9833353460698489068556859024446788863364396043781 8
2364931607506979525366177704480786285210468209326 8
2668289722071591098008197780192649525383047246360 7
9589391737003693289663580220506598028533870299680 9
2228675427129133869994026633577360863754047202114 9
9273339955963867139414159950635550381622713179928 7
6143298924595866321022805072720176632829028139513 6
2463925987940841197742421478497488792853481329226 1

7580429695360568496416333588361246477604717663033 9
8537726717373232324351929797334237646067007259056 9
7847782259010224718618495510870041401552763492243 0
5850649791746999412247016670031010443276265309930 1
5284206842468595235910530969681058431185510376080 8
5368103331709534908134883131172235937743874146218 3
9265017156090327940281899356126944963967143320782 9
0473191666678085182551977172880062773545399159278 9
0340107862889636611570807579263712515753212564345 8
7976758227986056217853904634438782602247698316447 3
0911677313769865439441397481344800381829810375495 0
5885398354291463227532912260623917829319962139869 1
8817711118424419627718789923057350447245775383119 4
3385179322128576603521216877901140477658976778435 6
9635136532915149309638039104754501169967587802799 9
7955389558550059045533297935637026407703334811205 5
9679109660880465445819911756967335381794020297742 0
8446714055476253800166579619571991262008078166820 2
8859158624857236155994016255477707914111600676407 8
2608077107894734372899115676130685073224963159123 1
6341975884627647288192023676271637519476695332542 0
4908916102491648373349659172708001471152710129089 0
2961211040472462065622820963283626670888972846484 9
1945054852414755813392377362692127662809010703960 3
2994626272509471411769121429133539751301514317746 7

1685840290596862221708011103666071463020620642207396736740275444511153186803573711970612632143552346855554438245653255194962230924422262761618107635327121848671103874863324167078904688522332921111501979009872376674015547916753447485891162812686867360422299435607682697833173517639411375681873118531093914733161347146429574802588661209843333626447892327799217189381104902575089833295752311385116384118101924499132930087784725362736588016792732391195667737734602923116714725275438773239540964407417449308810335690168994473265062935681240746859168925465092110914231643396643496535539990522603047114871175019510860362143788792840744982527033242516917795343239338053753415428633449200572757968191874218427218858466626602813391591226508703295562974312100608476462382406120209740885851097134502445345626967484521749379519983660135959959804421055339305799463541215659260373954548130709002681616473580753090700579469859512185766928204335931333658021043935801610790827942664487820352801574984777718753666388687146928492233597970201859216375263706470723923280711774975523653624170626315463270059026630402473980453353020409393130497397130791718151488632385160351409187151727259632060397751818987737942983354896214929883065168797261732334295186029197912354209146610790827942664487820352801574984777718753666388687

1761858081206578509755405181262454785358714234 9872
282450762802185554164393735572873413177079533 18264
1069580231812678272926217247904786733132302602 8790
1476485433580999324437234918849958599486258306 7600
0122047336344668680030217744283089567321206573 1090
9298521268530829353520331626096123871927047491 0316
9411516483884747974567712343355744298126844614 3275
3371060377023811587306886288969394132363006060 5042
8996520045106037486769613649172511721417104539 7236
9837657482509286253199176103796050507004745275 1987
0692438307972081336510745808625339870452950365 7739
4794375194325536600142105564641482243606164677 0791
7165851176561085923563460948549764477962116551 1318
7009699029140731514839039089918159185783326502 7795
3957841825197056152467518107456330457082959442 8891
5066671592976041280335474515510043994933991135 7400
3681082145201003716633376952121337532395906445 1506
5233379074750428578159695275696181784704238178 4203
1599241711215728175313825528990831722270803193 3401
8499746246615068641371786793594805932728519643 3573
6880274143158690076520872345466373639831869120 2096
5620754134887411550435179457052021920866286215 7046
5012959513127937440724676204192266556744533344 4729
6817148735449387338480166542826423783384831756 5438
3336174408732187921997143097193907561528997991 9334

8168456648698943157601438028626335331361857237931 6
7236606367549438005252967139974035099407121933737 5
8571204555949602844456404613060336222636216293412 2
4576151165419387916848132809624695244456954621250 8
7911893539832219637899949870575517487718861051045 2
5870912001550271811121400833033945999772865870452 3
4191667304068557004717286117263358849682710717450 0
3538903363106665809112216112279535205973563154238 7
8627922117400279299276602723091008788964486719775 1
0644852854236760680678328702716021491220890738359 8
6791677907984654684765443288633275459268997647136 1
1821919363719709430918976095893307419509153578998 1
5945626817403109118621361123870326632874592512380 1
7221859237596420397178011973301354548630311562876 4
5397333010353519936890891716582118447202539404709 3
1783306012396416727093121636937919332391842597730 5
2761479229302123013163652956137623330528454637744 9
6678385572416305553286105327552078438940442472330 8
7001494007564853949389708563666247235115549684263 7
0742241985340721884331711808624785109999817623225 8
0581202049072702367515599603855846672839734732595 9
6127104449694899692807040872355613550188348609827 3 3
4494211927951159638914217013371362540595915840065 7
6371033621859435409072149507971926424741687886613 5
0962013130319398165644318423191036741420512556863 3

736

2809855207709323995574220458372892438309481108423300876415366308472416897637519419399848086392769531790164372780297768880616249084193376410364509612604065127369473343213647516686745418754235332490452514001261991025504942206089908653489121851977852080353829793516473616363948528497562849714885627036425437615253034856791421813834154676563036293594327156888851139645341755011355523422660951773817818038938644309083053992738653198839237082514434976695795125406640558213249534760824464237959520467403716910402286506016440118821281688727839234273692926062064096409195961459043145172341616179151070617767174151129700974362635716917980979131076075544400727482316585363917076912591900555112850732808167705134749074145011950248108427677357730810360845003755565026865827089490664096114629969042922698380843496813891492479886224871671281240892627970065093741291428012018819220654215938973633819322591270713038489421629319110049071492253628218620356176446854469959430764190727133878182633847902690514134885240883415970409316671764584851653904600109634729323170245268608078649180077024542605338592009166331507927787324832590160442171566874940579151896771159131892750178044518249937438743299329143554374680946834026083464252681707351360267844117117547680302578284

3274127129555092671085740230474696002644571189301805811218925757250024179106647302011294693754953338392710767838158558088756706132999649915893949904087497782355039210513630164671634086226936539403456769518652775268560312868088156891699160460136793560002887848650173870361186136616823370063762490171870354839165300888065752373767990681554788889386462338043367881447386263697514446353315136450336525098779541309399414676011222285012782734557551595619844872672888621691139127864441826501071593433318160552880980931375760219544842366891814048761296983574036801175518913300572269947591922872439694710724497704047329675133848537289891985144879126933995627276286301571782705735523845019366528869425030157128864909899305589774514806497400710813760206766061002833539832072435945672059494512168440253056141611504723767968712526931563193098160823297950425898166748008781526486773641449356958428795387951111209004138824350699988820915655540328925022880514169678792992662686222467052549066749536250132697003182451011407351929815270911682876316152545336231324226804522288961497091739711353525544012360861881545414708532046722994693907148818860332682826172282696478516984097556132809109049299420589020997586802701182971438113061665016560694050941744708413659317294

738

0368323148867837834015846665262779381103471856527 3
4290112646968995135220438138835925408450875742934 0
4830480525702636746819999711139249943082380948147 3
1925760115285382473572083149105271608169922281418 6
7532991179552447748792024698247835770179058176843 3
766677768902177649062193699589654676599694287218 01
097813692136744622097478300409271819051376356123 25
486127214522261680518029325681831093141396659245 31
034423688433970673528726638300045419514644230326 23
019071897598561247023586500542075982524898199075 03
165380324950260169372305831481731475243043594249 89
148791890628026340912272673533448537779853276889 70
476167261585288351406035252708851992921713307057 85
763874939374555940096761537521778280116269037726 52
898962034412615988106321682532064438164061291711 72
120095567473839167222962355574612439015599054488 32
262644162568712687048500344921141575761431548788 38
226244938257190720528224356540306686433949527866 39
197826196621288902931708091506933547609363069503 87
796483806500970877125842074421149971698556158998 97
47876513750578536272453652178066289777507327157034
98547747167890295666395835111199772543088210830083
87197030016360375482320318110345196341997195708016
26375425606969661834362972690706622306143131863618
11611331684184951612964799463540815516628864531220

1056179623810144384620141325246851026413793411662
6666044355543396726083900293342498560592304772543
160485968987816153242523488947992749956804057508780
5961584656399688277050582480803752624440992284265
8107196531396214742222341535077003136186652290242
242733975223220119730089596891049854054474276975630
8059626226908788476436765519375681951996304422809
2471965977981411229976113099668948406547030430616
5428405289846055561052774316709454797654256999443
5615151270411776840247262990518468739384403174909
2778671374650487756540035261823361358220969159516
3100302994702612137983269955154794300452825040411
1789922994791117641217399269377416582020283502426
1557953577101928695026460543592411800668078233417
9833422352511940395786903578680997957355566463481
4109235356638053216250587339612730165179209152696
077416035393436148765086569589441668759310281972
0842130060698903276812481364340882914506935350078
269002833896928900367663065196212569113708251495
4130730020572342600614347947841846620763374247401
6523490639302966223377308206402287040880954039448
2602375593027578381867271119555903626438180369441
2698956099702240268518929057056341157634566345353
9178364491270655146521452745160957092696019819351
8250423083093324020856938232573732465561978380507

8236783914896441321211903253837193051261214351 2054
3467213802491720844572406756078389118361442061 7219
6093241887871539065311934562423143050595975813 8968
0014593272680369903153148589817842184140862703 5413
2340571406372423344162305201146005372433545440 8580
4784915273835605370083298419441940878577289428 9429
8905564111848901279881742427130941732502246499 8977
6184995844482431963338771360641700505758811206 2601
8903546125859345154561817568409731473384201495 1893
7581589960120875257562760332950030118318809564 2910
8679299364914087426322667213868491522412990329 1462
9320268237349095662579032064280453385167557256 6335
9643282983690679715448949144144284457366131214 7165
2577292832283872251912278185033318457537523118 1388
9104687301120253329343303228176744479092066563 250
1883887499178312452779568780325185708787710821 3218
1754229913702999034634082431982200181814301695 0158
6756477231845517351601935397411806816255498633 4692
9742793638368312286209015008476329602715420554 0923
4721977487555773727712535843792997336755041353 9009
6260754601770478320092090000437030477206239693 1123
6199692306945192122807512806261090339608085511 9939
3625766456058454748929845661051643776323020476 2933
4883313664553345734804735715674449977347178219 8157
3926294356614853325635257380075373424585696273 2264

4329253912185483500847187261537611935992117554 4946
8751722095340217149673323008543031277343008442 1703
9223565805237469978119523847444933383738577485 1142
7462252203934675721232785066105269132797730634 6288
7372622241958467166720221516808291000526702236 4151
2652274077600461979496685044241492903303752615 3247
5565300931531455774156078548884372041571406008 7651
2807613311400021517609289824898629450626479863 9727
8120873344792984785453151232933405140684725574 6928
4862631503547709257191442014221858878025727912 8331
1779822123368077931168758654777139994623954398 6001
7821714044511587793376458252175919910881923830 0516
6331028283723613412721407224623795391293388364 1879
3155329932894879874861538613915230746891741006 6261
8607772267913487136322147516568508441991780694 8619
5460193408937081923214192638277533759194570326 4502
3630434756871734529583995536709739473113745139 4332
8197791122226939725459124938379823126607096382 2259
6701900838145328629046106065868563209780150854 2233
4848110590617385229862052817896049500732570427 2220
2039361363824795831035432598550726214034098596 2778
6017216895598750303288281768040946852093886403 3636
5236494428576533381097953342025875230660994737 7791
7483409964056208373304316767108759298266668435 4670
0959970485895374841511522145022499454415283865 7802

9285301765856291013881441726693837902070500341910
2138679134635465228748140715338202901919235146721
6838275100017394805179223575910310629411782671583
1863781954648843122973630207590729496131322642355
0849102649984741887018127403987203067935831231548
8787803868672076345498495199113445099124424731050
2272527668320660348538056734851263693194665299251
2902626465894163413960915097218723640275500269701
8838683249414212571204886964565829636160986536859
8378839028020706070296399620892916924201175646292
2717841443866094448415307132753827418051247560470
8456141960786049544859255813071615271768187109610
1702864624451063869927990313298023938322923078600
4611121256253749299206962360554973977933709055091
0615995807462647693070614654733657295388010846593
7737092643932709617335897987551332985173533580576
9820375607173964951210260568242153539432206578780
5433368166837918392543102962997862558313815084290
3460414642850633182078026674085750429654935395449
8651852756470881435132319597349789917141516937325
8833893316283389645184887032263989305568945183919
2430829325156540236753850043094552275229862193634
9930799560689684466187459894748823413664085188532
9367311437589463565702142223037174148120127262829
0573318578392273347952606800413122404444690695700

43265791095617342284655138302877708170928004370327
5264455762009029489870172647182289327617882346799 5
9538966801140286687052633670600630426129946084949 9
5638275599060264777652197025375830641181461287543 8
7609857828996342210595022534150439826096187609835 2
1652316543316977214412517700380390215981379748913 2
0292927755438711703391163224807524657249729623124 7
6509351794356748381143152864133302908912377714661 2
4690448645511649267993463415562118822817564230240 5
1694895444281683141404904380578860590107370067182 9
8499365040749470278557386272032710842602732695690 0
6412015558094691371012984255290544957645064575600 3
7403149458790821054735591136399067278064814591917 0
6433870697147736652477844338630255698388102589879 3
0950197131284070891871969674939400265719405722159 2
9586883457866981031818359493810271931161525153017 4
0904031945172383224596330526786264210007457363367 9
7264614352971498884605529190782295721345692646383 4
7921759405780513036734887954494733446456067966769 1
2782679904942003628806990026035221665252664880972 2
4672121294616782282247427178341053585849093818084 3
8207696712262215564925244641011600663839118183087 3
0856354226721501721889134911144340742316720185801 5
4409683941721845529247030666331743969920320999137 2
3079392087063326814950270241836323739355756594835 5

8643427585271530364753467460118162312180861113799324835451482289863062536933279374737264046931267375
65340199730090761426212286501158568944820803714283
61204858316174750390771287604650336123613522431214
20491140962045858292255435749009027171143100562027
79664273282036840883514218997367661285154174170155
05596692954335533849886870232490206106445807169228
63343391855394434659741831033154532910259130360646
22666879779455734904546748823275317375995937232273
10371044521133115338289304247739724195727440116541
84843155648940489213580557085576275584955348891913
85643791638342408939602209788019587504761416457873
38434431980873515751667496820037915379610297349443
21094760732700463633436612590711792603829657765048
98339968200528464234206854494699303871249646642485
81160442000466693398574168555172983698292635849104
47179338446832504338447175872526993668623375707985
86379951176474378774221029593262173881717992112564
96076654905036475301128460597199864223972784339196
77740389582319175573259941937900854928259806607678
94985484333355330520442978146864226215463907056678
04793891317765192204993576166388219632235722413875
80488187287554778343055337141624291591814407249101
83373607258613130585839379636913731605046386537876
16199765683527896039165412211971231637064638435087

50588046575531967200804810632083118215379561380098
35355952609363700064531708064420288837726690826800
94247506157736530695369994647344426417990880723658
56916238996365175780762373186136628030006775952545
69830359350209310340106654882387605906309667152580
31902701805651077417965996417788950664060278847170
68077927555703510222371473067950065096075380534263
98202615407127213785603227432886168024173389459790
50503213797484661490309530174023009549575261795889
69836097031429140848045838420177059333087278988292
10653986085497841770226800199431723125607279669350
93784616738081453471081329376345219647441631933117
86906499824823727616205615024443944723233791069608
39688560326743659447613243668623910583435263725870
26552727235468109736136753799885434022478297321958
64738470798498514172853867527792306584091743206050
10991022389298189386457216041689492340208559404805
97988871990753899448362457591817958726478548243687
17842805118165701035999489616756458144117743599941
55741564054198094077706078181787327808839235166527
29811729470451824894886940253978497040401257850170
85252294800326448553982933954102504934105444614356
13045371236961682202427087546803225777224676453869
06917358463290996597892708572413606852947228418998
88111976949257775673473149204541882499353860754485

3832734931602494458301840052011005971211224881 8992
6014090339058430141050559807188444154763356093 3892
9558270335638391892072441156624136346793755416 7389
0893091868608031263789230912916607550098980840 4308
7717386876849306238533350915041060003830601639 4885
3687921061238941057439403460624016371854842521 7716
7545163976002550502264396115259942943086934986 9074
6297837599701612950308438036606600589226585293 0563
7886695846678487572600253291839307185472610120 1435
3181230082628245390756526384816628430671241409 1535
3230173735777223170545453318573303986361162909 2807
9651400076258029586832521130356252134998540067 8329
0579810026266376780517206247540163537025216821 8735
5287204019963596188736069347306728409608128864 9892
2816545218524083282791281849386363527220300859 8275
4459989899958351115743687878881270485571738148 5740
3078036294204859420644334157901693839596815335 8527
7508781574397192432277988317060546340053309696 1159
9543732039412995177197409249372819386910424719 168
0745755805413172816833655379652759510402582937 6600
6937948476305024368669308749861291151557902990 8914
7511471436165509778108916891593890432286116309 8089
6160154365423970713173398762556138393349278906 0574
7145381691569264882015102621472183250340916562 4542
9353117328396837417555069788772460439855626108 5337

37402877099728804761149157785765104752908911381780
65469222072171325415946797805559574054495325587792
84323247504820257296107211930542720344543111901843
26515998329511924254995688662924512061554435485187
78433760228457318552553020385780679964233347394328
32550797681431749352903653552357083362272954029760
36224596787022467961087290065369158110329772411271
96871846317120153108720228291216785136832868288998
41006308305969973295124018343792808075866877889849
60437727540275895229293668539226751399282371615964
47373298270175090837568027446669159111149779944667
11356910889243791993094247213080730819842625931443
47965790856700825628858836114463307069019106360685
99518538704171062385680432411229940699769765217189
48993497188045038643217598286433134023273173503448
75527937834864131041994965955257706690456718435502
15620189672793973426821625686085922488113166647341
42989101387571275704830514594366360992466106272011
24409872399971042075654391506863102013575984601467
30265119903429865063967600069668795828289243397825
90587485678262692633034683723321240661577602951565
37226106822903836613368341504999895934280932018654
24703607359076560816219599759343820172461807695817
83472212715039912393733080598164349462313671749599
99463042117638181478301910213344735692656258805710

748

16446879845566172037587428149099843393046523931220
0035644248650280200221038723815085543608061 0859538
1742785324654979231101510181266741384662946 2674003
4072909243067756491785793427751652950984600 0986282
1986519350148631413113382340818641810195988 8722959
3585603437224236723960151462789656548533533 1740074
1984242601360667355298407544025731777149540 2192754
8762566366320979513483892323984730934282729 9390954
9226286852582803762571040814041407092153377 9824712
1933464825207183878537445007238525936056765 9576220
4021945192479291241307585464859181278455595 1253394
8537732743954653252016862250537285001304537 2400046
4744479074597825102944479047597268994937537 4692808
9331155435505142051612363683441007349842994 7070865
3487282616826119499544459888850359607914367 1119639
1393209112009541335128855089924933928537947 6656164
1592545275885347906803485930421014317785771 1724511
3741846243215533722405654121494232234673410 0328640
9237227571473170380930584666114105286653492 9215704
3843719387582548918498944658974892112398043 5592536
4919086589066917390808867500913233054266548 2077157
3640252081624830165898730360865980837961576 7364117
7362734669761566653921348293456423991292807 8599798
7881520429221519091416907854973618725169309 9991322
7000674997233515576579514366474702374876614 9644049

2613486082997609783626049278231738894979224685209775995080498826972392495765987223064695118767799160549567269969085152582265295227385885439302173427475574391874411376633994128594831234384848812794576013671006676165974395896325545306708168429451211409122120091086669898915001020556924848523722554213107166139198282765742981882917518337208417523869676828059102315199253128014453772216474368259508608886364434672080407995745610429010196560880839309828716061604912163604586908622289737564557413574307159108936724233166447733282968241883149217164949725140119493690567095296152704329196175641010185140596083954221011253004320324477290450956867286869283797899445334732540783200542835488045130887413631936955816828746079046566945900407442884187381232567699671646926799869558860520806372983832112386246812028817043481558140629498830626345933449988840386526057374223073857866400023774153128859094551257535393369408694442939407522182847100107766580951275670201477540829825943655390077790618030037104030191092185293284782411655189092287029012404160045214931709357753608163420856552332014438453889583422068417138823995322706356387242611330217236088753196924820117906522275084815465360634684320835251951083321606843173343658468059130157408787018229598765822830020

4252835566932045019819881714582611715984000117232324846223680233784983905719584208339418833025000410026003788342211483673054749609677924297044999837994790440543497108962658967669130028499096038606304624009333797909203575516255166640057112187717239030015039609540518458169993864304498040103991612865934744955827606683482489093373386292669896469705317415608922966624289143819273723567260303050110341597015039075941159915617925116562289244176755772026392710897852605994713153357004590483012453586022457077160582123321852958758220305193728902001773432061942873421475237886083007029979653155681030112879925893918338779647006752027036887724058406643691909028743876338820971458010174951013464584028127801131681398978065090074076746422096389980453326207651496082597745227584239041345026846186168145795337175946226830306366614536599202803008432528514981788177127257386753550285133836792305674324368696202727569049569472142242467988436041192263169155678827648422239119627403671459897414454318006168862933763562397525481610920180628944206508650886517438844517440293615708910665305181913440835241738539089529473312690900228814761735924054727557410087221186024807065527347854646708100332528804948728188464766451387194846470027398366396786911087224906894452544993030

1361359823021009664966265824979074179330260447961646789612176304735470941059054767787436276981114648195946765395331326021604518805685201238185383599352509055867304816958939312668888710724516375807869185298046443759849390149864088672912156151469350544680039277537716280028444617088728346133201602784693514171037189813592856544047388935336434225299535630671486435758226615070847224212139574905881236472608079566539182107806975919196272996137682505271901680135018259365039043148923742221829972943591050476651019843549677158363903560509027440945473762000866255189537989739869552494420945283689372916225586445881857232200509734021124202427013381380975063870736878622413461626607614186589036757567280494685139294924694749767044828627850379939428327879122033297139754384364472277941952483005331330832659412681654814318367241851907164537118394561885376718611463451009876355610396882403469322743163868563893669207826287866646316230586562320803446703322414896584429086201191797751836078981178470876262961531940034781546405063456598584539593367839204717781619611519781599153348323975611162122210452896830871383545998806585780135485937490426395602017297586811549407988789989527859449531291247582481713710885909691407061933036180030332389191321684024237117855941

4793817512261537355292820484620119087835578241076 7
9589872826483801883630605162587458132380717021270 7
0311601599319566532110559086844637230112193935288 2
9932843569560659719893014841894192469651419504713 1
0036209138468408714367868832381248718738058221779 6
9166872677052869491723296929757412937157650310486 1
4982649963942542515355227892655817659328122813519 9
0499862833891769509864987093885286522464162414980 0
9133604809416167206933424250017253335902412245206 9
6627428380607915709746101932343274422842790300921 9
7167819796597905954912721055386447240760083100058 8
0818190724478703436574542794750466602116861532820 7
9367042283157677410978706565288995809215120790091 0
6248893864651748603366304880883585836547541959063
5290169607959866719791951547267539998847762188847 8
5107366055679223745515800961273463703729547099641 4
4895440357070050979597124970791498940575042016503 0
7392100837573941328165780857198028511304247961345 1
4504277763666054870573901649799638800674927633569 9
9017421424708604276336870153889542554486051966156 0
1145707431101267836061897633765408595584416739699 8
9899171468666484090241900149311117346206295823077 8
7057948676463855675872109951364683099777160945465 5
7201681228539377637409942830395155749453169206582
0371452045827753578337982711615753554754759598809 0

753

28882500151326903062183753558815228008049946219926
31395147590076715044412010286404223234675721465222
55433374645407695544296373365183294408114816553112
31788856853449362565109233822325088751970064021785
62624050439203931155127424198127866118045752037903
13522638215002107721305024066241830028624776559111
14130894749764170442763287774736669514152962797298
47362290196362231543631914184179969689628035927750
61551398755785367266353781400817153183187933147980
31663073541838249854774614347582122035033039491346
26725084373973133134613497187865221548479521132806
55897451002032487297922392568927537490270425986685
61490405375284504662614426425991229576994984595616
88661293427415216860453695085827710553806842470639
68607781328993106285511287995439433670099191520888
61445556457442279253309475103278639998286086647782
46977669364695968209330630483252302728616288409185
40210758575059523354917451756350558943167491291170
86207384696004878978263910905625739599487492495979
01109019161465908020748496263935827926505836476767
08383011968855505051861579809721852980782027546790
77735284594885548642095718480957735502641837966220
10560620176724101647596182317714441988100961027947
77608196256246820854574993759391755772555043901644
27090909940333682021018189188094314468725119448839

754

7607261064289476377050838168092847287045308547161 0
7278666310122036688758290646249653294421504042608 9
6079559602848376811583310656398188715410222918563 6
3755468086146768060626175912547513262658963341657 0
6265117268170549301094065863026692204229894830237 6
4432367142194636490032001891029510553731974203939 9
3038094287078665529147692881385645878149664779808 2
3314826640216655484671340624018597141217542440978 7
1277182877853413438373825809953777455566863903097 0
0061492840773024700917201995246206245391985859237 1
3450742399985171822495428895132343503182334483788 3
1929595533487901099211718992253652942936533625825 9
5390946552963581374497293699746511875338537487094 2
1770808174570174225160409043884612157412445285020 2
3798390369991138969673477880497042088639312843891
5798686149953572063769482149209306281251312280804 9
9666262553222428383991735202566745252299084099463 25
8646834111304208458988032414287824148608262105774 9
4753300377060215168255421685888255205289137193877 2
4986908202539336294047304750500997044070946935891 9
6990053347830446358119649104831638160680743239747 5
1887377450485393208011892092176200325412859001921 2
8507800878010809612186997215672787878360378342850 5
0223359104738610037900336819582153479531242033219 2
3791186979738109328501036782788060812745282883103 9

18315704414803727152691119589138273502062661678813
67389300589434987192627542175867837758616929115641
96954978050050271744148214225317716645648976255943
75826764309491260552928577535565273114929560879110
82159619401757024920446262077946805377695544163790
23844428627076001335882937229058956135310992448792
37739700126380103906210362971005400902332662052868
55129238893654007663966398392572450824496898926245
99243943845087655789090281898568343345109961963840
91164376705960548419525350568787230520679162057973
98008695875004656119615450401629767770096547018528
43349776446794960280372242292312092581552380645150
73175826397848971659561076294495873794568519845906
09369134973227024282382935848347620097279573203973
90824404902652459373962572954491177296085988591097
98319161919237155743147773056132758650301867128792
23339994092210626790946258508116928279669238172379
85512762993523860883177146897285715591047969113529
00853677375489955124718689039574466000484795401447
80288223208242567018451147545838594639977604121232
18294512072077908176823315161845542195987497445589
01511992706236051896340735393487564095315603407069
35958257608166769558749209824048066652756245519232
20032514529417553964682719023521957637963789759417
50521586754201928536559666201450456338552783571256

71205128227519609295390924578418855401271282860622
03184030416252304573349919862033683941854919174431
28141702746834805331236365464080095227986799808167
86143876702299176420421935770303028892406338233711
88316668923472566531471542619736924881856774442368
30676285808035577667085249394327267591827130580282
04744986831092388451839656929128269141358022850879
20263815575944588577839176304153824777450273630047
96768568959057429077532824031838874195328472505758
23699898418557360973793479262107564800127606600568
48562895296270365033407284992457076821660600430851
92144993994615927401867906702492509188084254975382
50005736411527656278820683168374561361164661059452
96098764787617810657325699441300696040441275748480
59081543152521914759307810414099180436770663956672
63443535624561935640751365467271679094118794884807
86809230938328738225004285130861556467382313448911
97653033059034948850709043640855117089681596818853
55596836776708287592695900122268130634079052180831
41753428838750131652921876633335743143710101634779
66588836188698834998328981164007025965502047611990
68845930641188013743352809379510983052205865755190
25533132473935518421572608823101683181764097241796
64282170553923573318235997210559146758099096015712
54536259146573583451080849769670807172669437183081

2496641392852932420581483522627446937585856957168703450223775777783598158580954566745546272979473079756932050856264050352830255672286677544482840862099813897930370925326425964038534996170546386083723031489481001371999013197012628010849698683279080599525074937754235999978783744657783712375357578526777106381435613678907947372479242618159928019155423635840922410926951949867583701400806912594594455592546704732039280047011160015595417020287950359292017703968601134563044492333977435455716545727149517353452904622158776693210397256540533868239130580966002121232483113870490726163498817775250633988037352830441378850405352914195734486262214803329495448889085450792480542683741940669188555167572166221109208997318526676782935266132904276171207173433002345258919537355747509268743152936342844964077178567399584381489421046285181038496434277355192443854011056003640918609065983002337368459149958401444990129369372589395288983481155645581061030794545804756646504893576785275211183407994598744205675506984616282974816927434031957448112126921989132435503198370546664442496096363374848655871436934240008426830694664726867821605430760555551571130105499636942141201452860567154928145035636088579354204498831255719599558707858336533055121083928499841126847905712970

2202465501387082052447492723419195036030393946034767708515347254338076913543021032331182709941052543731637179189960813384440367350920911106317337658740160001869730425298420244888527033172514692497475393198235035252261761609438480970535124570875131868926737005074427741207097904073463122620529000639189290990331964353335337782773033800956435520237281189341422213163841246621876265629262131653747440952305454016919059121029833254873844314996900817917666244456257105500140603668001332495809064102834877164193564714304095505763803857385220987161679591048522208070839544381665295350087746068113602730824885662613928667728371703032378323346716406418651059916248176707063456531467640744926589904002493943382034766548273034152265790423510131092975678304848136329763976322746732729909893927449638572144129084870644807046616306718326269730189550522617503670443765606386089754748091995263944035360465439982377356190246502693129589140222105988734088163222562586861744532441158949303555099774824741515073734119475733373556527627418519164245146201049878262945368950884462321176358003511841835926759864297128139853841446909691719079951674046781893587502744350355118079967776249870628475929132726168844888493914112874532057248359162360674161634463880131235116126332

1415735073587378908986460331910104790495108805327 6
2436343801953205313641343554593647041984399732731 9
2818302576008576753025832169671464683435884003914 2
0370724267082601761625339029898671526756221981306 0
3529594844646404039688560064817661090330560790650 3
8768968446731694854343891836893537933416898764610 4
0506024109359855532664312999759390263679696925137 6
9369261591022851172165414889215726223597736677014 6
3984585521047074763889722549022179557834738536300 8
1933437898874815680276975999495121254415702713764 9
0277515078779949109561489574262273987940332212825 7
5324578456195527149717737489231107175800448526108 7
5339714409334236416700073947476053387663802542958 6
3552936913034769868990613336245908473538052999169 5
2374065057657039349015473906556528925808194469628 4
0122139245511198760380740566099410523116436019256 8
4722053285107258758837088787835407461779760153173 0
4950058293812475052503021700236109573670907840223 5
1162225972381301444079847918133032105443244311027 1
9791005913738093483775863613997719436720065592456 9
9381470276191846661211804296171866528310695776609 2
4377161598315124593617280103901636552046619370925 2
5125363139655920117782142768019428047658653485815 8
7470311992677097913350491107205165243246231253831 5
7448751295415603552750263679614546109344416853578 1

0273138996999546867343518103443255259516930023300505925727997815904820223589052604792034825075042171
7345546642531252852594784406842133378979724559983814529024913412772434245097179511864461506281528392
8650237212926436840813268942316931518881895385268180047631030778038992441215187198582722254498999677
8751458791602397076660441333059400177251968288276181389025401421411540322218807522149313873039438948386348804885872573129605440226754011944434427123955690237907150071386106419858388879568805486335172
8084446447248132772385956105213013091015106264293276316247222859852571026371594629994013226550518804
4657398980037754421846299791933040060517616187986026555760768914956796240330209203533823006419857512
1280549087681264999866296820216008393577425692390014509676551896830011498580395006624633861680225506
6870759127483197530001455406015411980784113494829465680601707418219448269420291459193117972944253523
5139331011218688316780023266376919519389893049565596364430499826362332222131737958633752729015980267
6243820849089436428312496796216250016352996689304462584580416724907109041427954474322776405586064497
9937748159790612922202930619833526180042611796654967580548290181068947372216120265716263043635302282
1293372450839435343709678543243805831288950527866

5657171288036985284548714950798562466555779317050
90289986859714364593077973507014015227544766934198
23926389892945353431902180169387585028778687970204
61682319735199280766975865127606468238391696014867
11150096038459388200510615266462562727086373994715
02577181072308962043626415525571521279045835429590
59101205185086051998335829520276445242512357735153
61451329122133578341196718707585660635000297664587
21899656846809835422555679769978615295831620657432
07372109968440619460852752139972077460283796182940
67782659809969835866089743865103656242556250842354
35456301512197111167328336550705832479172735651427
69410984986357066618802528434536119774234900016041
09135980658253251047772348737585884666978580299992
24197366504115511962816004732157650700516628984539
96379194144719612753684963848418407835392194951607
60752984767084138274604403017707579996667675686125
36105140039171681725678050138978371865837968976150
17209848060227215120876367111635529356196130402092
73964185286936047265139668755630400875358568683131
41286860922825551242269595679930350249011366770936
40349903748458741989108901894570519857812478440357
57867139319708554989380999706541057916902095988974
98738447272613724351806561649931638973511197033103
93978040928094799734337726502122497143409823782365

1965892886279223277990394182050685698376711662377215144120227663379491737437342283179727940119374539049057971446171836025673221405521946218628591454389656234024894537981195596496870707302186078051319309467852848444202128432499307154135644230793862725265852084922694843993948530535272706823358639486081705774075169738521202106289594177160792541306991346081438246328669352312659073430366809538595608450167393229096542828854097863778722182590727434195646611659593408713448120299579604000576414684856384192084025832685521237954962489115862600940098765413585870619251136537194814860857107708376020970237465955311440307339494234844861525237226662531720908162269400021122759183425529828168997196876101438519190128988074242805283555533252325715485875614477520119468011550944054296573101936215959187582194822074756153078334803008549943308739821340270700031128588792796739627366092071269711513819537715546410633745558491963169175525559918922408979783312427354538417960278459589864706009528418086646771109464159843150009597494702207595874936960934892351315530879522675319228875193269056992695901124280084378089758022372721112814277158092157861903143823282221584311973638679272276849581363281470182765236169987038316548057146175201779780107490052009862225386713

4378987984881044503027177386068210671823485666103 2
8159840918571490847707412577372152962362895142819 3
9493449231002475529468768814228268826338199210705 0
0314822969078127068502360967952456156317625378443 9
0868388545471766250548688614538858940190650918410 1
5885208833696129877316727526919756238642760951369 4
5838426185218338957051864132632025229313913483808 2
1287964338813629845539042373128573855900623287197 9
1590912181710334920882873657259600675103451691730 3
4840664773124728536498697032255058028512103145813 9
7165500540219991258467124752229623304794762041748 35
7339651293388462598605466902068727431079892009360 0
8629962585264955692634224434907588987120754055723 9
1778889837474006283110359893639753683143163791553 5
0844599499815179035719166459579726405356357962285 2
2323209995625290729565968625666476118217436889365 5
2658420973588048382356327038462917410427463403276 4
0442472179196338923330045235292002875730135630382 1
1172897133169436372206175085815202908497246369055 6
6762892184262651781976519538524643036425620321295 9
1608958533598154070650245252165708822643889695532 0
0330712386017719942697998742711966035304852835818 4
4146085491345064443171308666656732474479432280547 3
3913760627581890428365658659895466488561709859023 3
5718936471102219155448014160810863286526572025037 3

4779658698028969756875969566551715729978174149125
1945083377949744669806026864318152342292431677632 6
5101550537467770920415647646247512496723011428848 3
9539706060560724653142273218895838355013985022479 8
0616382349453661289940409355917809265868236064198 4
9478639492739255146759621855648434028716399842416 5
640792243204992151935270942749255097209837640554 79
950763696237008961585314208285497806440657569461 07
401242830116770917540880488062665750487449700100 64
4817281703371857168769905205043126912675894235464 2
4263219268161260713525593779984687684876663746373 7
0848309130230318759755192524399178262640279966163 6
7094369112530086284350297886671483877355700954085 0
9510925426723708716285087204991001466660693435254 3
9681324227750520412084311778362086425913741403701 8
9390584913088530767180337775977981545040600450842 8
169265395494242417343968257979429633223312132181 07
8012932197936027503888526310458725788790499330172 4
9371699290336354529074965146405609127548752881574 8
7485046656478815713364324270157712065088264725709 1
1545293554151064551035094710720178800179246413597 2
1384299487104597755279842745069774265641488340683 0
0809230546462603894832672239604062464659457420252 2
1084288128266889675278980243468265578962656266379 7
453689109293468920924841097023571316275330238902 07

765

6986731432584276094818388124585758734014097068671 8
9561813112229470021978448241581544509819889152942 4
2890693466056260795656643943393427998358823571167 5
7511632925562149947095183522331245810913158655773 5
9175847036941484881503863264098660524416089944214 2
3724467318576854052616459608035904616045947747232 0
5628789108869923420195755264555491518628810370985 5
6289818492084536281760741755782246663879072604677 5
548345174434818904968805637650325035359262713745 14
9886240548295624736933344962330902739113708105840 7
1237265540394440666165466698127940161174380314425 4
5836113138700180051064222504742126749539970759097 1
5271031416553633477320054963549146671949925664377 1
1135196471224844213383344829914740191692970978273 3
0482096570236574416621640413859757199401107550548 1
3835675097536770208621480224769057593128457961205 2
0106065272215959974558956392927416101354477714866 0
2722228078789190310493304860642348889412653650919 8
0468047266792907970770229050202576713844368458156 3
4829002226658722453892420758678126480742598431037 2
3144835073934916328568708798935308983035538438395 0
0797078015089931667721215355785047682448066812060 0
8160925249005506560688200539439752940429777997773 9
0954812182338828159978628439344893791861555638458 4
7942592989490543845037369764733322568524240216019 5

766

90447240163994449258915452220947381972857356081416
29442012082969234213675190569210533735923778160066
56687636414636657904357378244366516685104935195776
57907919335490054245374836258264105168437864450295
91835898396440568593688826368637105027687838531277
77056659956030015723582371471547219056714260143368
79664684364914394999572722150580428992181009895079
93449442141990214468925539286769175103982467582463
73438052397350830280687187344606418762993203121704
07048304612916426319820862850786951729018997001434
28968262441780781916264417195044507576668563242456
74581755185913604359995857459882503553846674132820
45253701080509023511484048195305888064160408235523
51294128140484544881037085694262600027163923010086
03721424248429126495719569873219052427563394901622
46454625934745670300567283750846724982527983673495
61770898365165478278894261861051832769208503603621
78003391524933714844455014157911625050689091071382
75802244650509860986883276779711832579391871621676
78835622419886753868393157565897768652016394528273
88674406517875660068949821735574807444325577590692
73637848180513357096270189715205890970811986200522
76793499133040582845672035856647241058894553087522
36461838439640259601125485287660886628483076360128
70066672280267000361494230261254165504582961699316

767

3843705829675070532292691091611967493612737291631205863688479052509527351543806222193273002895992407939074438573669093529492586894401073422178024370771528161242531908822717327154338237401474543621843332568029599407713014983323704510969965453202745335070217703707061138191051635880307474770819808265319510552403434618908040877285588710261912991092295950882251819205851887441986348625188245665450780329536348102634843303083724181136556278301939101618351740322384509791468752162387714423922323245576364107974700125539832471226019053048866664933322848632905380868351709643540440256866791168844434216940251772691672005423658795245864872919319419639837059108346595565457374554274722525638720491964846804561216346755578001839114580507202910409177461978829650486123555287269755200042382038183207642553640963208933924544967598152309215189473050197853510015299573530542811283648423659474359596095956980162027530239594199533446282082649792360794218868041106024158741508575194580615688808343018541253781954596974142367787418706672158427522319352770701887762803032337402862660420730505237852035421042577244255914042700874907643524826938681071637669307303727237417175424585224773575827029599664985410231151013874323704799159178790299448550168255865451538812548574

54146042912012322855614889532717717240122627994410
82686913997298743825568158111262387326261042642491
91467303139324078996737861432904142084411467415351
67426897337032190690287477060200884221903212516552
89117173856747773113661537343917519627079549216170
93780054340457873789689579406584026092226706663974
70647461914851144652443807415205521286862020067172
32636847179672315491533594924534289288748593176642
69936209673407497745053070568431410133263287775921
30576231470087437384507626030587577497873242071406
65136179949569456010819284319373673284179893518959
54235197022893472976977104975358649956731850469509
87396628013953152473360674595746536734225096595010
98766962373414060683935034819838271821186844060176
15765602547011395373572678345269455960791770944971
72723469473343678038722377574791686895552041362153
80142825486737769528370384142793400440013056897835
56227986071360705966044685334333224708199605172761
52201080667106523795019070974937418216335299386518
91700778898834763609236188052690600640828079713434
97894275959288720261078515554112397373046097592317
88346880725383510590800218660449028979118967259367
55213964729068579735073675718216974036670698961345
78745061097120350147956537516416615312164732544167
89277507245943628192382562336298103756532891328239

2322272506794170946913185669962267630084749332949237724820251680550666316199034578005029621609509712783134975497484970807501469286177972053920877355735426344654046917507878362978303712221263449953760458706825466567329277539722860367819247326075875375036396055575515247044790468927900741744080991621535352379551593168250391708411573389472148337705878936954153482731607170302320249290945466553120552501263225317414273729408935823231304140359670910492571838352019535775111030301893738736672956883475900280466901502804156922062794107897682809626966101213748811955631196777980468124930647837405316274760628345868471645943824367753427608269557653234427605339971298708052089898561442065934722157535135731353150964325686326997601181676887233090478473878261083800271876502608262925233194476909940416700264006555597136991814669791135677806574510572964711963826438069896023388113530721498585368708628587178926879629780160894163936301209416355230277734299630152634357751250413519834118736205833454731185380745726843372069052208562550105061009379428561404741845592117933927270859725115288005694028053614114492402092462087948741836224854453701673479359020150069908947111950095477169960645156934098095760872306116798593054474249458559276375426550790985078262274524170

4280564196195794701618141018859396702928840881750713269491264514792458713883472209570125453762871154613584471013113232014954909446401476000302376328571713953654714900135558696330692581126404792005317280921179128700967881389373295949068769162309178222864353334059339679160242893274844466315594574856113204517830646491662241813246295767509185902988333230655145023629404347405492556117642216093884711734189574071998503527366986933866985170257393806602302791062808535254935316619458529388540134761981829790192702699755397627097213320775214288831363827940377954810436396846216952494822984432296896920853355530853174095397100274487325283527573624794580127804455036106064558578035736262525556360647734905686383246005882645729967286706470688197188048995918209538769867241261058123133718832815387305324063517160488373186348319448785524534021310596054326978736278990273623581526866772864841376321754066899897348826118601800293600223626158849590389381838347815021647310891383695373808683164369908798085930128373528762206005362275872876794657916805763581432409253055023886548294925725127609771043084142413271492230145550249153801165157010725991966088910334458778020184201986872557983485892794115791654898418079655981652924400286000892833089959846125154134736412477

5537056580724960733728968639565510344975858300171880139293408159346577407491687314019903828427712262333244605887567398385935007695131185563168457383865551229294080306842203625672459181138606350480155226167063564964286732345965669379924358729329116688498393642069797039019159319455970361259262706370837171360797222924483897365994926322185943095293445517054009459274870328435199388140267085915289496359507636380732347053462309324415095756918504808919571739191653100024157142935668690970675538485026108040743406457426342832522110207103450374538340721719272860930797090878640274037560341962032609518023331944660470439348005406358691029418314381980766263692292015196267454788905487300853342208815974032892535678247804572344855566388429936517859381542871473470540776250407980710868325712720965952470280931298490597903061967508059944421798850698316109638043185757349320897027921443393913428290098389029276009981034971675340055350266575485135820698171894317365218737272703866524342059269683995858771658075362930491745821027533012670236222733052137092747575492754032248665363239284288788071811943447754439431574633737742190514462638401483845223060132636502788451471704790583180583489408569494249944151554838633423772040699601933580313753449760284449951541 0901

13815606641323294310535403566334982500900534136214
95974752980282398461972836700621058461397781582746
76579826017847296576463958941877424963316958842283
91191590565640228193496801758163840139429208142088
20454690299463765205998819783175448012711996556221
31732442716080219316644607184506702451604612011797
63827239211348339438798962905840179686360943255300
65062888973239251361632702390752395982653489399468
06580594876864627514109406499311534198732172991431
25910097771886869455712444493582861381259764637551
13427984573762023435625689831225304205902149070999
67416032154670753881650296586399155315134290551333
16532483088503470195490556744841010321876589956758
39455823828688310814186283547319475525274711575402
54348046617748038786859837871569491342785308294728
87354120431902320905952954328610661326976076266926
61135211466252769841277340852419138268582809550758
37578751829441953816699647593380581097441970408876
88325257374385618259110897501964314793725720708094
05896055397098285800445563078599861108297845198039
98823094162509868026351628228075608165070483489644
16836183659463297691973326645044332702652964407332
60835948712972056368036299922692205555021936131309
43929256168982589380953115434813289518491654287254
62863519781030237300349037991793076886122045326513

773

1810138168987919567846678661443310580143812599127 9
1415887667170290675999071222928172745278544319176 3
7751864885446905521418294754607553734560608556346 4
2039617667095752874549490120466035196463687357729 2
9742823475054967865445927360627608989246978241890 7
1366910300926678191303055919511695693178319754079 6
2403384211046644652404581868639326096463530334711 2
9213154369571442206723727019032161283163660683535 3
5914027988526095314744197670576401090753060472138 6
5706766549972656139956259081850853030455592840761 4
1246522180996543530716318507488647893313715980401 9
1058010242554171356618961206011069761203387121769 5
3627748147024046287959447965689291666561516291177 3
6946184946177683166359452851171641400879610965586 7
1942116381654578935594374741659601910402650699653 7
6089108849054090880766242236244525313285217856872 1
1710750728725802437027495835664624563513977205964 7
7873476721370969778743722222854441505162581475900
1600103498734216428737941520917280874385287068745 2
9967585063462361565683806568468586659128839299398 7
4919280450975993576219153034533964024162816375645 7
3379859690128292741879627625038064030579982239393 5
0958921995278510291646380478329362091927804077150 4
1873006891785738178253793126532269564298480575057 0
4338593699343393456044962325937243304357667147711 6

6426205667161937773757701820493615978206551775960445574271401595850624208614320221027947003286440974
9853119493397220525601724380678398080630198033038714010823737020217802399919659484742081004162463139
998938726781296983713965334369780639466764286002415282487378563941292793538360770760830075008546883668496834473813800019480999463927939725480926175571
232307228799147294996278293181211799953119139336829142170800391710839203996253246571242671148076218732388866302732632605102274855876858248299627378563037502052629488316960894901291631372634885580498192
4875455352488732623943936750450165476893402068214585655661710507751194373805894134256960413139475819197066823026324234090244505409588341087688988058360019058008561994910332388450133139604194546882835906148062791702742550569836303868190408076986074650
884423677617054622608454397222194035542026520331044552690070468827745821456966366744699942884173471148070234795179430778361527574001167542381049782265169967932701790991325359692564131021203176759602636795510869259891936051529316116399937906052216218262573447363342026307505726425225525500696250372133805324484465377149717057771217385550214036410911783897214179763547317648609973237020876571662328627364066666525224448442370474312602701940529325392038

8124561167839226071478001195718475045561161525038448220826918667452950019454795547426703119533884633675047534119243051728905583063960642730093178990339713439315840591610085863938221382022717081924757782100150391638486660170908139091359533406190146269042409568052624010705647776618407365199659831201591486191247910453282084900376962357904520492814748144846581726874291601112567800981177269122209070237851486611243714459198466857630947375120942433520044650532973912516708301825542971302260674660980052603919627557983895090692431900473756401836074549348591017944755771628631505548876102867291818675864766444478659627827294039993209905335496913847574304220358026682005018352485651517034209943110726037475082164349588541432104573557419801182940065163845907783130947300992993954182718180599773199552253765623522616879880482847203149589062569689442427840761719747852121117086752944603670533555703336195269940643523308190957437080465607841235006193415649510049733173836204004227344378915789653495861159191813589724449560707032232278280157914855808866326700924042342031392716468963013705622185503990346229467917697832970152412757358458013089759525863985502154636770509007033290797558326525697330992519942335234267432452628783434878039320990147869741317281125 49

6445904277973691266877075337938105295979219560094
5196472452145664478112940888425973995022893156732O
4890035956531488181813352488448698694800612536474
7755000504204046210344255588086621442523793246458
6130867091526143968878163367734969512409007739167
641409412421645618536462085838052194808988737746
2851400043979235067024246706670697307923553229765
6684570476290256322597831961833397249154695255251
3514347973072505898539350344143010372769330828701
7555261221323794891532424850154784570097745683673
5706462453231678342716059951325335038447646180452
8891008925761423645689209371216233577791901016985
7465074331339403860558383560512529911464752510497
0083923818804095246656978219067500774512734041374
9485989032430384217737576080925883639849428524916
1239742134030663996839945731531459218956185429736
4163929127458660214919325606290835478894538705890
9102877684263449092427581953822771544550755082820
8488360093885750407133806431446435106635772542001
7215128214873801278325521947726666964351963995138
0976645324332723557684264153138097822980463213153
7462523540429060358017056192744688484775984917808
7455498329658519534616200108125422426766724465919
5003737246700094531418328513802244338672642501595
7592114147496245184912047206467560940593359887917

79059001367488538645068696206561499083496822578568
11345564839572728890376856473485870278747092443784
17015400337456982748232469221776707380599850755861
66871378718683096809676558370216611140772207852210
64026826988873072896051684378352036740225003301294
22087997280733552033208498251879476366174290552837
59128564164974137281936511433254132159665447975088
96637844058341384482455733859312236750877569174580
77706663761431383703360433458674650157199994935709
26314983135394760109974600000537658144945733267458
61063304932150297383939354427370993864150604817313
38107605825309439419878575323657233230479592495750
58023465548576017407830040764894676825864095103880
43743992695534150692609552099668496362196097541990
25668927300183039884115526354875841019186258565195
89499175436701377526296212355626089075981447245106
34531684374203926963412512254942553244660392238541
49218025474882876575364066956656854499049481491528
05038253528556467200442522894314635745970560541321
11347761834591435006804097516578939671178548516522
92067783571075255139531452823122246077432648578021
47106967125824905495325200298011874329803856098208
47498781051624257385362174946834560794401386804272
59737217799597613484926836925904945447285453485554
76728550926269663335154395319199262090222901179165

778

0354053205354155732396286587788501001210509448364 3
6935545656529870251042733731127036864327018539304 6
2298639018498497790852704663810074106064199346768 3
4879214901823792623153577676004525398309488349953 1
2973156738110357671380950602689881032606604431764 3
5502995330743512178353637422630730894118909833411 9
6386055152202496844393942530531427282384519772446 0
1660403995835472791372575994876905630996389204706 29
3760505652182054213457997735548935383680336528207 6
0812514894362469001742501483694891032497863941911 4
6005402306216185569908610246731548646098802027810 7
3473737770491883439815296069606171715477091558045 3
9147213794488630702751062591007953739995139486174 4
9030229789218152339558821015764964020945919409001 6
0611658741111198073433510338190204012029929324031 4
4329877164721941875892567634592321990922901557239 3
3728886071369406177616450934567152280499827475092 7
8302635993198163991685562604495679935194832038447 0
3965009899853801126586133337947755213032889161978 7
9337327684474132831621538213505022329824795198558 4
2530644062732756704048542157953717334383013657922 7
1697658152542272531902691721583563479065501433932 2
2118454577433731865452718559410210622948825204347 3
0878381222298316872357783733734451599482329233926
9578929447998242009493926642707394323274713200971 6

779

0347570744107285030796303907572702838050209591617550700050166277924293181245052386723996858519317795903884046755651332557582149431535179594987901759399540186995861620669715389333257560018092077957850127158525013243702679838153216831510588027437455893982251650796556806740552933580416458692852316528925062441034507254751746696957664759912065568479831778838624441646954191913411663831359509426984078970554946580729459831838654621775210631145510433633536617757305037406342920891277502236209418309382037942049430183256488151462174731495312272496651940332666946548174825341725229124749705114616160054281880540354198947234572559079014198518298148145990271405143266071026229634919481259342145337898724583097604861888669585130390729173392077225689609836520912793114821797475064465597613403875759224022396034735708491833781121498925829532335444378531833361017437217127075561619143805327266024494866847503438075251839224592395717830234714190223503503807941127277487289504002308047407224556001247620731599212504578861913386499033912685147243309106085594366056248486764753301033636598577489631546413465281763741261581100781736701249544796541160122490093946034993309994023927494381350400802944899168793936676108675503546923865708941470394616477845589307011895036 01

6968430078158866532913562055689169725157812754395541621519521053001313362218719381457197443546784636798831874133330551292210015747304782227473543623380608200983366453685586892563315746920243151683123406729773141705079853683002114655362735781206338697324687906485958758167228676488743765465044904838056518022973211179540565437944615042021563406645608062174908344929657888829537930350472608621682320154984933606588503695960666607613634125466771426576696693825333353829686677801855476375874137561497408516836293864444543728252821275965733418806978040386375624321359353338276914364031872205194448826998998678043790503172651953332428847616800651629802990750232478834434240656782881288607696374064960256307156567675052037053083913616628392164184509828446743051228444239833464130153027392175042011926614572750828139037673363576392544605297160176537577389894691397706717184212302966812872049713645325528993086401233052322605408161138788925319487861723276315274802047699701084142223997929110102895691963294280332770835352538903514318588286319374292654222129276285260042254539798100595536678399989239291809150387773614009281530819407860664748423822595763528517849241474448436843425206682156596691976972880573667036215635512499443612266893305803948045462775097

8873567271612375825713839139410872431955195160533765155558925355182697971475606689317353105319152122
9835917302302675839274164931422439389744310087449119622448073715852494755275828413716873388568451397193571743513766510489523902901706309271226468406692783483998862859594239679364564173558718401990187572546346067620706262789623220348053718363517946910877638519911078379366902264789614265281989949894409583646926514431656582124717920789203351405936678284940177989652979815054754358031775856225586906101230234010936129553535763584329974630792884081670233667889701281459588474281994287498661437711859701046078611831222856749469131900448256430282620072487875253943979012522035179906701088644441733329427038504777629594843814990998912625348880022470112685386605943766222703650826722123222351572550376503854095253101757586873383531199693602416600396509280727438071375470484844568868489196872123109819909873074795320541401039597361969675230524421640561900526742759939791372686862785354305517912575047157660184923718223934849391969295394499883801965726625036517574940331196959794117212576237138316511479626055791784402781881225538340896398270497890725743044303341179108109059950541712207737379747750303681258203099584411948679998579401117139332423952627036190

92706377241703397811133323827156827734201479054726
1654340193226714421801961053370502633374273190 4551
8794871348524986266822221111131891445576221042 2898
3473903499812597781108090131864256708891036742 9803
0491363651421324982033989238262331145775400763 1638
2512686668485031584111114115588642679072134604 0922
1705074598247207024552431403520119565313924583 3100
9142536349587897907439371365970955272555666600 7024
2028391007459462466313074544675113059937775120 4119
2805564972915123491505532781022986430608405376 4409
8917444310769987172760038151634428606521830692 1009
1799279417093193629424774580681733533597017598 9328
6031485320156876979156521241896700403095917277 5708
1603018694597140799824436333287543192214073599 6952
6268303856595845208956554977810132745394340864 3865
2695414066042052501513083780866457299749256903 7617
0930028161622503187003032737144860512516407239 0070
0882382390681147399580435559035124122182329827 4366
7778903853858623918147815883532581378931913051 6472
3901590515007329258274620428914392667534952154 9429
2409278561294142586937295146893142705444227000 9324
1610933444781762618884916441692560813590775794 4738
6206015924040120633749989542529116340952448531 4231
8247458686792135102696628751705210646078470497 4666
1545188141510351673498157830888050629025247278 4913

28835858571968770316330097553904904884566448974688
88248422504227410769069154782415861985184219579094
59139269455393497074170826012991361372933199089961
24476112702770438892717017234886176319636850246720
82669876084819752651511784683974330831726048785403
03329427864436091148976287974130203367539268931859
45801618329179440100958324980587506458366412769529
28598265770333006234582654955532316653230563737351
21952849214896392942381059559822709275997303299473
75056874498728129347026066244776158346661704916269
75717975872429291141879750748782171533419974526805
57322560031417046342203189757820773023738624697850
41650979758445271645852204355139759287529508954652
28066269694344990148802004181186420397742204042702
66955446032990925495943520252796488734580054345846
84945297535391583792911305703761773663375795239771
08739337954733211854879061926854224008395361036877
89915221045210650200380051808347709316151054412972
68508996642282464489776423231947675602438097694631
00168877605725679893692800865024874467608245459575
01328381000122974730565399913766112760678583451295
80303840502530416631173982221137922074743939663003
40704960764328821987339877333802859793609821535465
59100724317097157060971059686886906647906795150810
11519705136357516361120759637386375738584999837864

5305790304439430129504109743783727473215821070 2226
7675703966141860877443969096247776142982681257 2551
8207382106291429179289825779700233074929888582 3539
9319356394252680619486420670833245104681706704 0554
2134187651641921977618868029589218724367391297 9296
7021700260470795407599880696538294706826294750 0799
2091780545010872131836710302140341239939886741 0140
4729131764442090801109198035244321133365358285 2718
2843262367250370024116259482255974488083176067 3701
5485628911866544655045630521377904505732818512 0197
9665409430270049744632546121224141128329366437 9403
2198447927665610927170763559401220553590244673 0707
3784068108916048402263161316537882261306234764 9322
8155229195223409251839601714955706253393019190 6745
9718990077654358539453730570858767339377522556 1887
5908626655726071481360268430480946337810894870 5332
5334693152865228184850150399380033663878973389 3411
2884345773523321999762575438761947829060841049 2317
0869792726685650177178453576014440687171686900 9528
0680343189335630427097277870650886333372970310 0159
3202232479700410181494676461336968844790945361 1490
1744629897493230037580253191769550524162500655 2842
6114373076226542082682213459467537033662184218 1656
6443477572096300136885151459679472036012139399 4632
6114541444682752648661586756681602323921704745 1257

01348659061643086005885568792084783360624630419584
64174708303366065330053420620428368631888832426681
60351752140074640269007587610894794635150844959617
00050182770896682426327475529391344648268756009627
62224250729627218837874695585396808698731268923748
12698135012870259485298709385372271299505563015937
16628582188659160520740380572603304513197216792914
77186756305293557276882390292266219730580487311401
17530813389217011861801173372514366353087565734208
94170480721933598874797364268619879410285421295294
10436548061666466560953506812679860837723426852206
15877477450454408597241235728136293950248772132291
81447460352824090500401017736626986417021816703518
18974670512042796054366627945217494148564864034233
75959054906013609693091684106291636794689232189120
91274019517061803872122843070879607731137254413060
54172989950548378827727046663864191137798869740632
77679996081032755656287090677016148581185167152557
20673109259432660248555938871841243042256167746151
08389728834242258914850508472905176061899777583007
06565252084740820884217337391076739811488077333220
16588911410051585422388406367286567250897128850384
52940316291883714453787866130540009170501111547185
43635583103320721198133485863115342360192029371830
43526169084401955004814506589376871523847124185820

7056441353048742051561451208666809688655364730701 4
5171155583996458356780034909490393274451441177991 6
3796310338254450612672966298207689283473834827563 7
6171383960793925089382875193889083742482839533422 5
6640130058887766579178359774040670750177108719391 1
4578468254250012110401156781381295662572551091764 6
0365967780579961308628200115012516792484947604849 8
8420373339395434686685902354575230954073815304116 7
5919196403395008232212122031948582192443475529337 5
3017393518181466920530067683549832608976267360301 1
7845855487527030732200353241223910296706648167195 5
9254532213478249740250027027480599816837621411818 3
3876083487925809813815166160414642080752020537454 9
5801305135529753878317955606609534527502899952843 0
5259958631497799031259959268523867599757644136022 5
7604706511987193235262649108130193591599676247754 2
0054683329136080933231845309103266426957027363688 6
1586841986355898696621612636942346269870652951646 0
3659088977630943695328921497180259712631079198634 2
3433683379854278159243753610595231367670588425147 2
6866925962255623338825444915338951480780353160096 2
3627236262932109383812134429259616897760712961096 5
3285812638563528406918707269095087199084875880597 6
8061543438498330786223732995053859544652872580091 7
3848216395247618669194284409202032528586359734273 6

787

5210841779240653376994870919040065362840026579910 2
7808588169428112419867803212676611908212068769439 0
2568983185502950735813628332588132934978756119965 7
0647703233546013593301573718699852759527884015523 1
3044666467007044570167374730294477842583797133957 9
8102341927430114166335631047200206230346672004347 3
6336209186074063793874108377983726591022622662816 6
8368174614508881058679402091696237070267227078556 7
0246696621523592324890655654114232165300123066831 5
8137095011751649747417707710478671144231270308259 6
4970280652309726522595350260937603204641810401282 5
7029715290996630179728749671607818738643460436560 3
1260091308019905591344969824305981044812142232391 9
8832330517487617761060380242248693360782698348799 0
5318712019365657188113798828547000366180337646164 1
8080056211065665713544573803557216270206698706659 6
1163026692813351285972342273474043550450301843661 5
7059758602591897297176293782075851521436630058441 3
7543530152873638639375592024940199122961478312053 3
9020402152495716237517713920740481216320695616878 3
7440675142766118193570409262254428125724467479356 6
9902240001616279356999773793622932889951096671881
4725472447442332450832816113588506261778134752263 7
7416689306796189069817385426207116834520208661722 5
5402151315203014261536352924176248872401938432847 0

3145335685532116346032411910969004980661636537048

300440101181291865610897469806955769191358515559383

379158906798187857369687334916653170293483274448262

349678936713440726772268408403907850447337091690161

194834174928447685766055823894997626657072609591728

102611237088220420489674179817610597121652434189

876973254051835763906896752464304945981403996019831

368186282170586073372014699356972850002318515413576

999413002897984546387206092599165675004257455772113

855821606623818818432608559086488423057729024583754

83327194659221890608225577193031024428450880238041

1824587454595405991187938986652434677606716241118

610010104090734913030671369690732159434848129745

453214650616117015870792378267767522436635663919191

604273126428902144018734759285470742567034499691767

523359847813886556570589998331860123461503647593817

1158603856970478924993590444127976041889820913034

83302149530678261969030240608250991840949624111714

750193668254719668444733985153038785005110697902006

49735354559385757078833367688924611079346271444198

02729030596670946542694668000365572482505385372657

00346455298437548560576643654846895919870325550908

5909374209804862413099267432372863561176180971636

87365885258754292899868407066740913105233311691390

17590611779084055504104097301267508771676860043269

4047173173087489445795368280651668288418809763876877516772254015070039336937988371358231367550158528752403375539868709478397561579463085259914621207238560952292201024194226436550096437281621236592956492120341931085580480579252070560970733110036108725733655124436397417268775153220654225639339142498791922029924304015135326183042516398217599879940327177063065296019659466033166091932252139785174202756045328225580091107055701608519778065710143163012118809125580649860309480491466761077207455026345069561581532830704419644626444019789530416738083329238465451537251333168403315256389658947110087988118295323646800461339453767014912177042821942828505066221884630508804097835701153266549162552495263850962757967494757716034923473596280176155626743906233034700445381194095286975509385806797026611456848448463089914943151524881780244169740998906039084394418502530473572469373056161853793406882946014254022114233731397240857449458623776193225518556891103646376840705160036061406435708118477977704059956412001046014130008907880893775952957450476550390531835991468545540757025419445358817282302171840873401560659477066982172966386591321277165192516662912421600260824045564181828242071555930414128479212381485951448399656715057646027136104073454888170722718
0083

790

2968140120396622375240917625930501196457437538992864618902187410750169415517307487965557943412213401861945711114145143476791105087385843795432281462392510321525178061022002985061171511522924684406233670927089226453241078178623493002036486152993070136846970506636958762130387191849673626286128773135307721316622088806901178452231994936532272443177479044080521012426828275776057685207211032353363551733222846585385579072592997658497868869011934529274642275255585048782417415962774392726950863003739197232432809642332098580674697455115723670387955932445758453122600239564518634241370010986150265195096501276333828196736597643559400008983705072192268375625342457964215208141538140352834232745745282188653998454027744122254522942265414501024628838852570646391990412738586374723771970181661501559306552580402449092982449535013277809532564263426263432798995168669229691978769462307638213428791853401663826586138981055665067401063420828539478180020453642269679016347991779681426970196243141837017933239208206963911456865343575178937024664269595259600654326091604270903277334124879376220897854569431847419434510620397466555147205617061019461222686681596904838394290430992831677354144429372219257639217779234223773397148488181910169982018278621131812845363263

8438621565509677653198854178318558674158239004305345117073737286728018823354578530695996778806741796430097938413254054481238083190305865408515322785423135428374235375872168823632205507065270649525135696367521210463206418432239356377952099896545472001696835107430770193988419787070947694987486420085547074572670602171274095669266543143833776902401314278999775677872417957135722306063230523856351476313255726446759773377698628417509403393812169214267356386462354340206694306350751394027442889765823700307564930106573451869821269475788504119196136104609343164407415337439577243588525650231378094754319577305451878520720986386116227304334532958754748551273383279722191850350478718978842492871068961821089941715867761208380151618886514540012858597164630136449651605514938227928344490837674328198921142910431061110868692165527920798201649329374581342150765511878489276738254879351178323516112085517841083762117528150078518547781860767942864148432332331910972668500329341289140458582044315576107787857625774238384899315723739598381106078124677863585568996527368845240942528704596435920760579346684324145325596356248748821179120818397034784641754929142248619881698358368191292319024071712957000768746334505854605361897413652911487487882667012766317504121007292

03157810889243766403677309117553090409281711961362
10539234138733422593767876852625713512243413482449
24378633188527682753743104903544552421435713693138
56402904000656993625368177991878558718447307705825
29743505748664127084654426038472744533183529848936
83898897808289018623074484047084490852849403039434
29554638527408547590152688160003747725228117811611
57423713981950740674175343184146350544342438357451
92486115808800396066834394019089873781924404002198
32284520765154792113692550747874165836602422185462
19464307751521861355815198875404635517614095905437
38570052501358093904859672162021606984416156907877
16840681274143766140911181396310855991516614810795
44515324959921366825499632712373562568414745414312
31206048819565493502823579799437677757183566590069
02041799336909172824104906231327124424941601428516
09628077906360383358414199270915422768425817749922
19930572580325951237712012994424840701227968679444
73418067925826579349589147678883789154409326316567
00608894731093256105619880308605486520877456454524
74853531540501116812428474957904372159415539436702
90712577865368975422894964011618502443713140843463
03543580647721271143504313625484386609243615500319
65108550050907158337041502556889102458400418193352
02521244984571676792556822180232663962315709645890

7968699494137343262118149547389785624882172010558278984533333136548489450888785675190404459592653195
2158119244898113529022134550383565982719369493176565781867600470077316918164550341947667743801815903
3309930256659566680601025092653011515016062246861638971930902143214170400219145772685840786520972216
8098063403409743086907298822309751951983100298612670489081778827687757961178330223290184600190716087
4768423152240507743607793306997142082661884079404692580632742472750415657425467147233099626039572865
3859055288800591122257746897621928238904065552137197494522321276833845155145768466112776688207883475
8858600648865735763165275569994119108346614456186706812749463392864273661511558912240868597078927007
5033942198758365359734300410695592267610355330599310591763127935116297140796065012532936194013665063
0794157005021118804358149453379132085873254843046365963575445347023689576407547704415571493176867930
2277753119882184837301911786289306940111589359951274829912053068129551929824938272147795541012944377
3451756425117165262161669991858356468746493579240977245513328023629366757099076978525142266411911935
8543450137409607937600508655283422806572647802204206130795169963953324761662289154668469409691451525
2563415426976727096542892366968403192535094906738411

5090202972431809123127018255195138346002937882176207767661470179105698709532770660030841618105920658
7486560051483952184824992543254856132508585197436417072553803196406928071563221322173345451876615575
5263903183393965684200294607011191290037403223439767010625918954941108166177756219216231211370903139
7199510930006010300715333345290159788935879859588478418005253796008798347110926578754895419075386106
6220189959789540593437873947063842367677502183369288728660527834544522024058057113629600759746651977
7111126309694695034238465105314336670951107606862905878290788220871334642003643903663329809885008513
3781496316618857710806631255804432420769864751221658236162083468148414083152527539605062706669652630
1902593848744034126606357473771924725215165229394066955245342248129991832656594423759120559882004728
6420420670742228727590740971398215723796321454991672967308028648644840683221903368490269899297102009
2041186578702517859183575055270334768877563858546273960750997614740057219289818296672620120311458260
8158553826922251013825611025429443067962436400899781005440067802134276707642549925936710102284674866
2259411752940516675558186269417505939971153767539966509833016157369709227005573096959556492723851825
7578755341788875263978855596462447492326407482162

54233803633594937489952680601675414219788350902373
1057687503281918259052125331849318306100702202678 5
8052785156302432419555393856571133062252246234147 9
7114479325789937362652202228457992303460117710415 7
4409412468197295002911413986761550352599819480735 2
3915452858111822298181564944792756355332235062904 9
6237602188857729408189351450563943338935339776554 5
6340866555282658136000816463334525449484505955566 7
0516310770887250520662602256057362921445167472113 8
8601691629300542051242064155552724019455873595097 5
2625533729093899907528808524234255268789623261274 5
3557578081715309102459635355394814762771969164198 4
2611182758862589058043661548756206816374340800476 0
0164419843802937341468286777176160414285412606425 6
4158093743961591292427136313673177612445899338591 7
7730611332988466552457482834925231194587069989123 8
1060083820227026598562576333919033672940001264290 6
9966838423817943612746986659318961904532222329360 3
1663296014943687182809327430491523893225625519111 4
7300753148128807206426842226981136185520154479808 7
6010728760945026924945406148795259778098636006966 9
1013778141234900206869198389264153767225517687495 1
5204014883031204113020227806459645894805871377996 7
6887349391870379821439167206459086965189722569169 8
5099903102030966573633018772157910787814264457256 1

7411584185877699635635291576611517161175561912 1463
7721380113652263627127850352145333065842404271 9346
5708056180564286269988319327273724685080806372 5345
8677431435647134329913610845871145670176806024 1563
9874524038583363793983563393494459503071442769 4213
9216593351516100280682600186217108027589909163 4546
2460226985867174542310977297306019504557502121 7866
7292686336651258071050500174721336920726980719 2779
0633012919033429182201301171302068612463736153 6176
3948055611226790359599834582073680303215605083 6640
1669154640260872605066519849075749621296331192 0460
8642470105996627520406799085211118873939526222 1717
1839456743584366250259407567787455206883177021 0182
2639289293331994618955621433939875377741823349 0776
3855993540087193532155781063434926469216680197 3069
5877934717222544807911811119639263927648001235 1772
5719274788305783971136690606455254331919032228 9193
6095497184324910090454066272923850274056338385 4859
0188268149435843645843980262611116171765842816 0979
5765250678761179511632399263517003261953415092 9750
0553404886640965835191659794919350863488219261 5981
4484369243754556511220419480552682307533247697 4088
4727787435452359272108804052625835368689199319 8446
0989716084467426367359168005528478634062691271 7217
3171756061677171463475561619807884390311358477 7164

2605104747457663614383208549936721974573997978665 2
2775035398061891408888385909321374375272033623025 7
8779561047292856386085130915778464960008736333920 3
1048977816919904548372115769326147221016937339567 7
0865691376111086915327835405568948605071082295424 8
0918055808095852840667352878148038653802146646757 1
4389654758086043451295539355130958693211086299311 1
0605839939424965760106574952402644946365524442407 3
0599036528490896664804046794551760568902763171719 1
8768727725748903365671778563823216530569212911505 0
3264128157327075011383551978930940891074880342610 9
0882741413711940912309437167869613636072477657104 6
2348615040606854704645771878916603821401434750973 0
5369103110844079695504562377538119827552159521365 0
1877563397073543958012047196601951288251054503317 3
0516216341090518192260525546312264355322592957475 7
2882001626270808236042444590358136199045960449167 5
4037553727206181988999514777161493276079799935405 3
2317930374352758499542681718721374730002593356153 6
1921111292616389162184695669562033564970596509332 3
7168855187842033304180750306650556062517416050526 2
3316640919252238258870955218902881295750521711655 9
7917130825340460843307977465476881666919681447689 7
3284839179217767764271032151745244795073588076328 9
0541673160318119261024170038177565961182565415251 8

798

0967987602616343017278370327961732925081347047 6548
5765605901072767352138545982768929873329758329 9446
8536565991927202723128419689666325935947726672 2350
0113719502646730844926286095985262052240952182 2359
2003147069826977926672250423655929192492054350 3544
4239094088057620105046530926977313494108572799 7638
0113049279739865584198988765833201593343961046 8750
7963520178472987317304408427266965840609618054 6546
5631930250501495988401925085596318809233280147 303
8791291957958251012920437765334741089180758072 4712
7240276166629686262222231660704487522921471507 1461
5960773351238272166915455272913078876136704003 3447
7105207700594289972711773659192429911321208097 06489
6312558843911944264248345550207274615226720992 5644
5652834679899490660341741368476155773134407346 9800
3798042141226713203724653210732173573760491932 0627
5564676654903913028689978015277912027247510532 9245
9552739864206624529571800868091573355539701965 1293
1004832314704135049429359651182657240498204431 3975
6703147053709850613146155991545967908038206332 7112
7053976438946130683352466915676444805847905318 5626
4957839354546836297097508864072557823669299065 0812
7064320767425390436885713810940745855659674181 1348
1026729780128765977058162672845756159328126606 4575
3286983567541694373351718691544942980395328095 6253

2967176474278419217105496385341428321986214861895267914830400454230243724462494276958818851304787948051509240221847272687432602896204859856831807437521486290992133913992180695380744363471106230210202399080166428312197903931088989028681277449139877816012369634935383790483373886164973988642408564038860012173560371256630282419328441393715260355025536500684691379951253301570881693176198059576609611328145362486381437470813760997339279340713871021835604437946559576321085972638056113173862779961866282810658000636060566965160500275463200064283833990047068610621589780135918708023883757689557911171327021871913861244609228509466217880091235664671425284581316883233438617026345453106357326861714173268252109927195832490783232192898048512298230337937859269722693195895033354126067763684519202799011294351329008525896049061348176846124481858634526732494412395033702428955285667455763776548313039154490724174469903334896301032696085126405368878222121462152194238250907818894026435367515689104488568329212836025815748009984583205487653084082425613508935972296031858838858038358185664412153867087676012483101046308447443218801447909336747468844785641481744590912453981032300885920637101563587565164309596112739640158617697813140879507371428831776043668981962

4134750069719405651950455051677423979401968998625 2
7890085237445807328867069741773963572545060985423 4
5678985204250732286070942026394841828669256606166 5
4440720457756839393231226540781247831666880180301 8
4225045200535518686848505584530852538497542612057 9
4305353308074775082649608852944557278500344139558 9
3793350511840302252987061629150596422599960058564 8
9572336531798691366969944278665789125256846260414 7
9811086568557173907213307893310852590333311371858 7
7287034926279027156732916866271667490819931825831 6
6832828500157570780161193169221931514754937755159 8
0465409283999109493742010371708560860588178544900 5
7041041360404351376424689981526806092554011234653 2
9504349180537477356166667104692983095678920316482 0
6393173922124840551203478063211131681337322406321 6
4554155882378460919427380885028383123622665497443 0
0558099898299574258432353764298631465635055283560 4
7709075747328263677043963097923465629794934456641 3
9608514643713039321367742124709044527215406879215 4
2630642597260292018994655298115142612604900763867 1
4173023572727683904155972345066669386646058829201 2
4711441788317822348215338918760583632761818194332 2
7695553112581904847517462905620013468996440716198 2
3205434718461102051131555093022682510749199014960 8
1785626051088590365847451503763849151340003295163 9

9106219240557283008103521761979616832213981692408

5763955621165712611219290508716325525855864961663

2541935914821818761959232920569955063764581826855

5221152787011802994335467415362762077497854054133

0313633542368241010846476374906388527984149007646

6976485400947963589549754614481376369705916356998

6811987525054793069353207570766780148447701424716

4190816682249007420711186488154772891718653596776

3957993350334272821460541696496009847069795855926

3042870363664713071314782330611576419913222420646

9989883076268583605552740990478467610760424178421

0628517557352999647862552954283674298706645794337

8010140740211618614484329765744263428528704778556

0830963143527878304194501970294657577773281674685

0874539316039372533158992805794346314087358608617

8826334927746151184911655130681846713677348823341

8513640394793920887688633633946138235834479408156

6109142938773471389342377361910964605642444747790

2076049660271356168954106444832136598082938909729

1891211834291490616389638610693752089534688398334

4671898212434780723874074576975545074368467471350

4858818399665568196344528811941833172636825050611

6490039412552057457120360355780251419043526718372

9213848299058032246958424323158984432510396544353

0535432292167470407786146848597625574461535118800

802

14305699549278471674544972697612839332518381972223
28360707522781292813010656941262948730634268837338
18174217060864754827639424239140275321804295190341
16351704698074233515560578575624509992532017874996
36640473477038985587306507603870997731843128109897
89882085435595509432539023718952168202334424557257
53078792633985509016455942373396625223351648750589
55694217297244895998825089232112034795894154654603
03787861759157166139886932687374968473054965329378
21475648105793808285300532447080506569294223400109
59348294614539078890661626402150130735330033192074
56372637707709993999228862122432488020626348508885
30360107234368901360642758142528398785949179979611
21963797576519245218670960880921371119775000878159
30430729344883930957574159241375285977797291893453
85050803831986774590025186579172370808574164297153
80788406071306868036198241971577476389507253468404
56919275953193722370222901558006560760473854735990
44779967487499697694271376686955331951253377640985
87096683863263926164945608684140374568420719405950
70174303546918215090046649399855174138938519757312
15682616228622318810967297476060130283311937161140
87472706762558567775119956667486151964912970193318
08499410961813929649278936090212535443327375064260
62429941203273625582441749834509473094534366159072

8416319368307571979806823153573715557181612215678793642501388711702327555577930226678580319993081083057630765233205074001393909580790163771762925928376487479017727412567819055556218050487674699114083997791937654232062337471732470336976335792589151526031561403332127284919441843715069655208754245059895678796130331164628399634646042209010610577945815

Eternal God—for whom who ever dare
Seek new expressions, do the circle square,
And thrust into straight corners of poor wit
Thee, who art cornerless and infinite—

John Donne

www.ingramcontent.com/pod-product-compliance
Lightning Source LLC
Chambersburg PA
CBHW070217190526
45169CB00001B/1